园林树木
选择·栽植·养护

第三版

赵和文　主　编

陈洪伟　刘建斌　崔金腾　副主编

化学工业出版社

·北京·

《园林树木选择·栽植·养护》第三版是在 2014 年第二版的基础上修订、完善的。

全书系统讲述了园林树木选择、栽植、养护的基础理论和实用技术。主要内容包括园林树木的生命周期和年周期，园林树木各器官的生长发育，环境对园林树木生长的影响，园林树种的选择与配置，园林树木的栽植（植物工程施工），园林树木的整形修剪与伤口处理，园林树木的土、肥、水及其他管理，古树名木的养护与管理，园林树木病虫害防治。每章后附有思考题，便于巩固所学知识。

本次修订增加了部分新技术，如机械移植，园林树木反季节栽植技术措施、常见的园林树木病害等内容，以保障图书的内容适用性更强。全书内容安排注意理论联系实际和对实际技能的培养。语言精练，深度适中。

本书适于作为园林绿化技术工人职业技能培训教材，也适于园林绿化管理者、农林工作者以及大中专院校相关专业的师生阅读参考。

图书在版编目（CIP）数据

园林树木选择·栽植·养护/赵和文主编. —3 版.
—北京：化学工业出版社，2020.1
ISBN 978-7-122-35525-6

Ⅰ.①园… Ⅱ.①赵… Ⅲ.①园林树木-栽培技术
Ⅳ.①S68

中国版本图书馆 CIP 数据核字（2019）第 248569 号

责任编辑：袁海燕　　　　　　　　装帧设计：史利平
责任校对：王鹏飞

出版发行：化学工业出版社（北京市东城区青年湖南街 13 号　邮政编码 100011）
印　　刷：北京京华铭诚工贸有限公司
装　　订：三河市振勇印装有限公司
710mm×1000mm　1/16　印张 19　字数 396 千字　2020 年 2 月北京第 3 版第 1 次印刷

购书咨询：010-64518888　　　　　　售后服务：010-64518899
网　　址：http://www.cip.com.cn
凡购买本书，如有缺损质量问题，本社销售中心负责调换。

定　　价：68.00 元　　　　　　　　　　　　　　　　版权所有　违者必究

《园林树木选择·栽植·养护》
第三版 编写人员

主　　编：赵和文
副 主 编：陈洪伟　刘建斌　崔金腾
参编人员：赵和文　陈洪伟　刘建斌　崔金腾　柳振亮
　　　　　刘悦秋　侯芳梅　王　芳　王　建　何祥凤

第三版前言

《园林树木选择·栽植·养护》是园林类专业的专业课程，本书系统讲述了园林树木选择、栽植、养护的基础理论和实用技术，是从事园林、绿化城市、城市林业和城市景区工作的技术与管理人员需要掌握的一门学科。本书自 2009 年、2014 年相继出版第一版、第二版以来，受到业界多方面好评。为更好地适应教学需求，编者对第二版内容作了适当修订，删除陈旧的内容，补充了近些年的新理论、新方法、新技术等内容。

本次修订的主要内容如下：

（1）第一章补充了树木生长周期中的个体发育阶段：春化阶段、光照阶段、其他阶段；

（2）第二章在相应的小节中补充了嫁接根，多歧式分枝，花期出现时间与花期长短受气候因素的影响等，第六节中补充了果实的观赏、果实着色等；

（3）第三章在相应小节中补充了土壤 pH 值，消除有毒物质，塑料污染等；

（4）第四章在相应小节中补充了乡土树种、配置的艺术效果等；

（5）第五章对相应章节目录进行调整，并补充部分园林树木栽植新技术，如机械移植，园林树木反季节栽植技术措施等；

（6）第六章完善了整形修剪的原则，补充整形方式，修剪方法，伤口敷料的作用和种类等；

（7）第二版第七章与第八章合并为第三版第七章园林树木的土、肥、水及其他管理；

（8）第八章增加古树名木的标准及其保护意义；

（9）第九章对园林树木病虫害防治知识进行了统一调整和完善，并补充了园林树木病害等内容。

本书内容安排注意理论联系实际和对实际技能的培养。修订编写过程中，力求内容精炼，深度适中，并在调整过程中使内容层次更为清晰，实用性更强。

本书由赵和文担任主编，陈洪伟、刘建斌和崔金腾担任副主编。内容分为九章，修订分工如下：第一章、第二章和第五章由陈洪伟修订；第三章由崔金腾和柳振亮修订；第四章、第六章由赵和文和崔金腾修订；第七章、第八章由刘建斌修订；第九章由崔金腾、刘悦秋和何祥凤修订；侯芳梅、王芳和王建分别参与了部分章节的修订。

由于编者水平有限，不妥之处，请广大读者批评指正。

编者

2019 年 9 月

第一版前言

园林绿化工作的主体是园林植物，没有园林植物就不能称为真正的园林。园林树木不仅在园林中有美化环境的作用，而且在保持水土、调节气候、减少风沙危害、净化空气等保护改善环境方面起着不可替代的作用。

园林树木的生长状况直接影响园林绿化的效果，要使树木生长健壮，获得良好的生态效益与观赏效果，需要科学合理的种植设计与栽培养护。园林树木选择、栽植、养护是研究园林树木栽植与养护理论和技术的科学，要在了解园林树木生长发育规律的基础上，学习和掌握园林树木选择、栽植、养护的理论及其各个环节的主要操作技术，培养在绿化施工与实际养护中分析问题和解决问题的能力。

本书内容安排注意理论联系实际和对实际技能的培养。在编写过程中，力求内容精练，深度适中。

全书共十章。由赵和文担任主编，石爱平、刘建斌担任副主编。第一章、第二章、第五章由石爱平编写；第三章由柳振亮编写；第四章和第六章由赵和文编写；第七章、第八章、第九章由刘建斌编写；第十章由刘悦秋编写；侯芳梅、王芳、王建分别参加第三章、第四章和第六章的部分编写。

由于编者水平有限，不妥之处，敬请广大读者批评指正。

编者
2009 年 1 月

第二版前言

《园林树木选择·栽植·养护》是园林类专业的专业课程，是从事园林、绿化城市、城市林业和城市景区工作的技术与管理人员需要掌握的一门学科。自2009年出版以来，受到业界多方面好评。为更好地适应教学人员和技术人员阅读需求，编者对第一版内容作了适当修订，每个章节的内容各有调整。

《园林树木选择·栽植·养护》（第二版）集合编者多年教学经验，并参考大量国内外相关文献，对园林树木选择、栽植和养护等方面的科学技术进行了全面的、系统的阐述，基本反映了国内外园林树木选择、栽植和养护的先进水平，是对第一版的升级修订。

本书内容安排注意理论联系实际和对实际技能的培养。编写过程中，力求内容精炼，深度适中。

全书共分十章。由赵和文担任主编，石爱平、刘建斌和崔金腾担任副主编。第一章、第二章和第五章由石爱平编写；第三章由崔金腾和柳振亮编写；第四章和第六章由赵和文和崔金腾编写；第七章、第八章和第九章由刘建斌编写；第十章由崔金腾和刘悦秋编写；侯芳梅、王芳、王建分别参加了部分章节的修订。

由于编者水平有限，不妥之处，请广大读者批评指正。

编者
2013 年 12 月

目 录

第一章 园林树木的生命周期和年周期

第一节 树木的生命周期

生长发育是植物共有的现象之一。生长与发育是两个相关而又不同的概念，树木通过细胞的不断分裂、增大和能量积累的量变，这种体积和重量的增长是不可逆的，称为树木的"生长"。在生长中，通过细胞分化，形成树木根、茎、叶等器官，并且一些营养体向生殖器官——花器、果实转化，这种使树体结构和功能从简单到复杂的变化过程称为"发育"。生长是发育基础，没有生活物质的形成和细胞的增殖，就没有生殖器官的形成和发育。而发育是树木生长目的，如果没有发育进程中的生理变化，树木就只能继续进行营养生长，不能有性繁殖后代。我们把树木生长分为营养生长和生殖生长，只是有时以营养生长为主，伴随年龄增加和量变，发生质的变化，就出现开花、结实的生殖生长，而营养生长相应缓慢下来。园林树木的生长和发育是紧密相连的，体现于树木整个生命活动过程中，它不仅受树木内在遗传基因的支配控制，还受环境条件的影响。生长是发育的基础，发育是生长的发展。

树木的生命周期是指树木从形成新的生命开始，经过多年的生长、开花或结果，出现衰老、更新，直到树体死亡的整个时期。它反映了树木全部生长发育的过程。

生长发育既受树木遗传特性的控制，而且也受外界环境的影响。树木是多年生的植物，其发生、发展与衰亡，不但受一年中温度、湿度等因子及季节变化的影响，而且还受各年份的温度、湿度等因子变化的影响。自然生长的树木，从繁殖开始都要年复一年地经历萌芽、生长、休眠的年生长过程，才能从幼年到成年，开花结实，最终完成其生命周期。

一、实生树、营养繁殖树木的生命周期特点

（一）个体发育的概念

植物的个体应该是有性繁殖形成的植物体，其发育应该是从雌雄性细胞受精形成合子发育成种子，再从种子萌发生长直到个体死亡的全过程。它们都要经历发生、发展、生长、开花、结实、衰老、更新和死亡的各个阶段。这是一个个体在其整个生命过程中所进行的发育全过程。其中，个体经历了整个生活过程出现一切生命活动现象。

各种植物个体发育从种子萌发开始，直到个体衰老死亡的全过程长短不同。一

年生植物的一生是在一年中一个生长季内完成的。例如，凤仙花和鸡冠花等，一般于春季播种后，可在当年内完成其生长、开花、结实、衰老、死亡整个生命周期，个体发育的时期是短暂的。二年生植物的一生是在相邻两年的生长季内完成的。例如，雏菊和金盏菊等二年生花卉，一般第一年播种萌芽，进行营养生长，越冬后于次年春夏开花结实和死亡。而多年生植物的树木个体发育与一、二年生植物的差别，主要反映树木的幼年期长，一般要经历多年生长后才能开花结实，一旦开花结实，就能够多年开花结实，经过十几年或数十年，甚至成千上万年才趋于衰老直至死亡（图1-1）。它们完成个体发育所需时间长，例如榆树约500年，樟树、栎树约800年，松、柏、杉、梅可超过1000年。

图 1-1　不同植物生命周期的对比（沈德绪等，1989）

（二）实生树、营养繁殖树木的生命周期特点

在树木栽培中提到的个体、群体一般是指一株树木和多株树，但严格地说，真正的个体应是有性繁殖的实生单株。这样的单株都要经历由合子开始至有机体死亡的过程，苗木培育中称为实生树。在苗木繁殖中，从母株上采取营养器官的一部分，采用无性繁殖方法繁殖形成新植株。这类植株与个体有区别，是母株相应器官和组织发育的延续，可叫作无性或营养繁殖个体，也称为营养繁殖树。因此，树木的生长发育中存在着两种不同起点的生命周期。实生树的生命周期是从受精卵开始，发育成胚胎，形成种子，萌发成植株，生长、开花、结实直至衰老死亡的过程。营养繁殖树的生命周期是树木的营养器官，如枝条、芽、根等器官发育而成独立植株后，生长、开花结实直至衰老死亡的过程。

研究实生树、营养繁殖树木生命周期的目的，在于根据各自生命周期的特点，采取相应的栽培管理措施，对树木进行养护，使其健壮生长，充分发挥其园林绿化功能和其他效益。

1. 实生树的生命周期

实生树的生命周期包含了植物由合子开始至有机体死亡生命周期的全过程。根据个体发育状态，可以将树木的发育周期分成五个不同的发育阶段。

（1）胚胎期　是从受精形成合子开始到胚具有萌发能力并以种子形态存在，至种子萌发时为止的这段时期，可以分为前后两个阶段：前一阶段是从受精到种子形成，此阶段是在母株内，借助于母体预先形成的激素和其他复杂的代谢产物发育成胚，并进行营养积蓄，逐渐形成种子；后一阶段是种子脱离母体到开始萌发，种子在完全成熟以后，在温度、水分和空气三要素不适合的情况下会处于被迫休眠的状态。这个阶段对树木生长有两种影响：一是有性繁殖造成树木生长变异，二是营养积蓄不足或种子储藏营养消耗过大影响出苗。

（2）幼年期　是从种子萌发形成幼苗到具有开花潜能（有形成花芽的生理条件，但不一定开花）时为止的这段时期。它是实生苗过渡到性成熟以前的时期，也是树木地上、地下部分进行旺盛的离心生长的时期。树木在高度、冠幅、根系长度和根幅方面生长很快，体内逐渐积累起大量的营养物质，为从营养生长转向生殖生长打下基础。俗话说："桃三杏四李五年"是指不同树种幼年期长短有差异。一般木本植物的幼年阶段需要经历较长的年限才能开花，且不同树种或品种也有较大的差异。如有的紫薇、月季、枸杞等当年播种当年就可开花，幼年阶段不到一年；而梅花需 4～5 年；松树和桦树需 5～10 年；核桃除个别品种只需 2 年外，一般为 5～12 年；银杏 15～20 年；而红松可达 60 年以上。这一时期完成之前，采取人为任何措施都不能诱导开花，但这一阶段通过育种或采取一些措施可以被缩短。

但至今还没有明确的形态和生理指标来表示幼年阶段的结束。有些学者认为幼年期树木的形态结构指标比用树木有无开花能力优越得多。而在各种植物中，幼年的形态表现能提供更有意义的有关幼年期的判断特征。例如，与成年树相比，幼年期的叶片较小、细长，叶的边缘多锐齿或裂片，芽较小而尖，树冠趋于直立，生长期较长，落叶较迟，扦插容易生根等。还有些树种，如柑橘、苹果、梨、枣、光叶石楠、刺槐等可明显表现多刺的特性。栎类（如栓皮栎、板栗、水青冈等）一些幼年树待到来年春天发芽时落叶。这一时期，树冠和根系的离心生长旺盛，光合和呼吸面积迅速扩大，开始形成树冠和骨干枝，逐步形成树体特有的结构，同化物质积累逐渐增多，为首次开花结实做好了形态上和内部物质上的准备。

幼年时期的长短因树木种类、品种类型、环境条件及栽培技术而异。如在干旱、瘠薄的土壤条件下，树木生长弱，幼年阶段经历的时间短，可提前进入成熟阶段；反之，在湿润肥沃的土壤上，营养生长旺盛，幼年阶段较长；空旷地生长的树木和林缘受光良好的树木，第一次开花的年龄要比郁闭林分内或浓荫中的树木早。

在幼年期，园林树木的遗传性尚未稳定，易受外界环境的影响，可塑性较大。所以，在此期间应根据园林建设的需要搞好定向培育工作，如养干、促冠、培养树形等。这一时期的栽培措施是加强土壤管理，充分供应水肥，促进营养器官健康而匀称地生长，轻修剪、多留枝条，使其根深叶茂，形成良好的树体结构，制造和积累大量的营养物质，为早见成效打下良好的基础。对于观花、观果树木则应促进其生殖生长，在定植初期的 1～2 年中，当新梢生长至一定长度后，可喷布适当的抑制剂，促进花芽的形成，达到缩短幼年期的目的。园林中的引种栽培、驯化也适宜在该期进行。

（3）青年期　树木生长经过幼年期生理状态以后具有开花的潜能而尚未真正成花诱导的一段时期，至开花、结果的性状逐渐稳定时为止，也可称为过渡阶段。当树木营养生长到一定阶段，才能感受开花所需要的条件，也才能接受成花诱导，如接受人为措施的成花诱导（如环剥、使用生长调节剂）。青年期内树木的离心生长仍然较快，生命力亦很旺盛，但花和果实尚未达到本品种固有的标准性状。此时期树木能年年开花结实，但数量较少。

青年期的树木遗传性已渐趋稳定，有机体可塑性已大为降低，所以在该期的栽培养护过程中应给予良好的环境条件，加强肥水管理，使树木一直保持旺盛的生命力，加强树体内营养物质积累。花灌木应采取合理的整形修剪，调节树木长势，培养骨干枝和丰满优美的树形，为壮年期的大量开花结实打下基础。

为了使青年期的树木多开花，不能采用重修剪，过重修剪从整体上削弱了树木的总生长量，减少了光合产物的积累，同时又在局部上刺激了部分枝条进行旺盛的营养生长，新梢生长较多，会大量消耗贮藏养分。应当采用轻度修剪，在促进树木健壮生长的基础上促进开花。

（4）成熟期　这一时期是从树木生长势自然减慢到树冠外缘出现干枯时为止。树木度过了青年阶段，具有开花潜能，获得了形成花序（性器官）的能力，在适当的外界条件下，随时都可以开花结实。成年期树木不论是根系还是树冠都已扩大到最大限度，树木各方面已经成熟，植株粗大，花、果数量多，花、果性状已经完全稳定，并充分反映出品种的固有性状。树木遗传保守性最强，性状最为稳定，对不良环境的抗性较强。在这个阶段，树木可通过发育的年循环而反复多次地开花结实。这个阶段经历的时间最长，如板栗、香樟、银杏、圆柏、侧柏等都长达 1000 年以上。这类树木个体发育时间特别长的原因在于其一生中都在进行生长，连续不断地形成新的器官。因此，根据成熟期树木营养生长和生殖生长的差异，分成成熟初期、成熟盛期、成熟后期。

① 成熟初期　从初次开花到开始大量开花之前的时期。其特点是：树体的营养生长旺盛，树冠和根系加速扩大，接近树体最大营养空间。初次开花时只在树冠先端部位开始形成少量花芽，花芽较小，质量较差，部分花芽发育不全，坐果率低，大部分枝条仍处于幼年阶段。随着逐渐生长，枝条成熟，开花结果数量逐年上升。

这一时期的栽培措施是，对于以观花、观果作为目的的树木，为了迅速进入开花结果盛期，轻剪和重肥是主要措施，其目标是使树冠尽快达到预定的最大营养面积；同时，要缓和树势，促进树体生长和花芽形成。如生长过旺，可控制水肥，少施氮肥，多施磷肥和钾肥，必要时可使用适量的化学抑制剂。对于庭荫树、行道树等乔木，此时是树高生长量较大的时候，可通过水肥促进生长。

② 成熟盛期　成熟盛期自树木开始大量开花结实，经过维持最大数量花果的稳定期到开始出现大小年，开花结实连续下降的初期为止。其特点是：树高生长逐渐减缓趋停，树冠达最大限度，主干生理成熟部位以上的树冠部分都能结果。树冠外围枝短而多，开花结果部位扩大，数量增多，花芽发育完全，叶片、芽和花等的形态都表现该树种的特征，其他性状也较稳定。在正常情况下，生长、结果和花芽形成趋于平衡状态。因不同年份花果量大小、消耗的营养物质多少差异，出现了大小年现象，并造成枝条和根系的生长受抑。随着末端小枝的衰亡缩小、枯死，冠内开始发生少量生长旺盛的徒长枝。

栽培技术中，充分供应水、肥，保障供给，通过细致地修剪，均衡地配备营养枝、叶，使营养生长、开花、结果形成稳定平衡的状态，并适当进行疏花、疏果。

③ 成熟后期 从营养生长和生殖生长的稳定状态遭到破坏，开始出现大小年，营养生长量和生殖生长量明显下降的年份起，直到花果几乎失去观赏价值为止。其特点是树冠外围分枝数量太多，单枝叶量少，同化物生产量低，开花结果耗费营养太多，积累量减小，输导组织相应衰老，先端的枝条和根系出现枯死衰亡现象，抗性减弱等。

栽培技术是采取大量疏花、疏果，以促进营养生长为重点，加强土壤管理，增施肥水，促发新根，适当进行重剪、回缩修剪，以延缓衰老。

（5）衰老期（老化期） 实生树经多年开花结实以后，营养生长显著减弱，开花结果量越来越少，器官凋落枯死量加大，对干旱、低温、病虫害的抗性下降，从骨干枝、骨干根逐步回缩枯死，最后导致树木的衰老，逐渐死亡。树木的衰老过程也可称为老化过程。其特点是骨干枝、骨干根由远及近大量死亡，开花结果越来越少，枝条纤细且生长量很小，树冠更新复壮能力很弱，抵抗力降低，树体逐渐衰老死亡。

衰老期里，在栽培技术措施上，应视栽培目的的不同采取相应的措施。对于古树名木来说，应采取施肥、浇水、修剪等各种更新复壮措施，延续其生命周期。对于一般花灌木来说，可以萌芽更新，也可砍伐重新栽植。

2. 营养繁殖树的生命周期

营养繁殖树的生命周期是树木的营养器官（如枝、芽、根等）发育而成的独立植株后，生长、开花结实直至衰老死亡的过程。这些植株进行着与母体相似的延续生命的活动，通过无性繁殖多"世代"地继续下去，它们遗传基础与母体相同，阶段发育是原母树阶段发育的继续。营养繁殖树与实生树相比较，它们的地上部分在形态特征和生物学特征上存在着某些本质的差别，这和它们在阶段发育不同有关。根系来源、组织结构与生长习性上也不同，因此营养繁殖树的发育特性要看营养体取自什么起源、什么发育阶段的母树和部位。成熟枝条取自发育阶段已经成熟的营养繁殖的母树，或实生成年母树树冠成熟区外围的枝条，在成活时就具备了开花的潜能，但一般都要经过一定年限的营养生长才能开花结实，在繁殖成独立植株的头几年，由于树体生长、营养积累、内源激素不足不能开花。利用年轻的实生幼年树的枝条或成年植株下部的幼年区的萌生枝条、根蘖枝条繁殖形成的新植株，因其发育阶段同样处于幼年阶段，即使进行开花诱导也不会开花。这一阶段的长短取决于采穗幼年阶段的长短。乔木的营养繁殖多用年轻的实生幼树或成年植株下部幼年区的萌生枝条、根蘖枝条，以延长营养生长的时间，在园林树种中用的较少。而花灌木的营养繁殖多用已经成熟的营养繁殖的母树，或实生成年母树树冠成熟区外围的枝条，以利及早观花观果。

从以上对营养繁殖树生命周期的分析来看，认为营养繁殖树生命周期没有胚胎阶段，幼年阶段可能没有或相对较短，因此，营养繁殖树生命周期中的年龄时期主要划分为幼树期、成熟期（成熟初期、成熟盛期、成熟后期）和衰老期三个时期。

（1）幼树期　通常指繁殖成独立植株后，树体还很小，由于植株个体生长、营养积累、内源激素不足而不能开花，要经过一定年限进行营养生长，以扩大营养空间的阶段。在通过扩大树体的营养空间、促进营养物质的积累、内源激素的增加后，才能进行成花诱导并会开花。

这一时期的栽培措施是加强土壤管理，充分供应水肥，促进营养器官健康而匀称地生长，轻修剪、多留枝，扩大树冠，形成良好的树体结构，制造和积累大量的营养物质，为花芽分化和开花打下良好的基础，缩短幼树期的时间。

（2）成熟期　营养繁殖树度过幼树期后，树冠大、枝叶繁，营养物质、内源激素充足，在适当的外界条件下，随时都可以开花结实。在这个阶段，树木可通过发育的年循环而反复多次地开花结实。根据成熟期树木营养生长和生殖生长的差异，同实生树一样，分成成熟初期、成熟盛期、成熟后期，但时期较实生树短。

这一时期的栽培目的是促进树木健壮生长，控制好树木观花、观果的景观效果。措施是，在成熟初期，对于以观花、观果为目的树木，为了迅速进入开花结果盛期，采取轻剪和重肥使树冠尽快扩充到最大营养空间，促进树体生长和花芽形成。如生长过旺，可控制水肥，少施氮肥，多施磷肥和钾肥，必要时可使用适量的化学抑制剂。在成熟盛期，栽培技术中，充分供应水、肥，保障供给，通过细致地修剪，均衡地配备营养枝、叶，使营养生长、开花、结果形成稳定平衡的状态，并采取适当的疏花、疏果措施，延长成熟盛期的年限。在成熟后期，采取大量疏花、疏果，促进营养生长，通过重剪、回缩修剪，减少花枝、促生营养枝条，增施肥水，促发新根，以恢复树势。

（3）衰老期（老化期）　营养繁殖树经多年开花结实以后，营养生长显著减弱，枝条纤细且生长量很小，开花结果量越来越少，枝条凋落枯死量加大，更新复壮能力很弱，骨干枝、骨干根从高级次逐步回缩枯死，抗性下降，最后导致树木的衰老，逐渐死亡。

衰老期里，应视栽培目的的不同，采取不同栽培技术措施，对于一般萌芽的花灌木来说，可以通过平茬修剪进行萌芽更新，施肥水，促新根，以恢复树势；也可砍伐挖除，重新栽植。

二、树体发育阶段分区

作为多年连续生长的木本植物，树木的生长发育是逐渐完成的。不同的阶段，树木要通过一定的条件才能使生长着的细胞发生质的变化。这种变化只能通过生长点细胞分裂传递，并在生长发育过程中由一个发育阶段发展到另一个发育阶段。当树木的组织和器官的发育进入到更高级的阶段，就不可能再回到原来的发育阶段，并由此反映出阶段发育的局限性、顺序性及不可逆性的特点，使树体不同部位的器官、组织存在着本质差别。

成年实生树的树体靠近根颈的部位年龄大，阶段发育年轻；反之，离根颈越远则年龄越小，阶段发育越老，即"干龄老，阶段幼；枝龄小，阶段老。"因此实生树不同年龄时期、不同部位形成的枝条和部位，存在着发育差异，并表现出生理和形态上，由此在整个树体上形成了空间区域的差别（图1-2）。通常以花芽开始出现的部位作为幼年阶段过渡的标志。最低花芽着生部位以下空间范围内不能形成花芽的区域称为幼年区，即树冠下部和内膛枝条处于幼年阶段的范围。在这个范围内，枝、叶和芽等器官表现出幼年特征。因为在树木生长发育的过程中，具有分裂能力的分生组织可重复产生具有相同生理和形态的细胞、组织和器官，但是不会永远处于幼龄状态，随着离心生长的扩展，生长发育并逐渐成熟和衰老。因此，树体的不同空间构成不同的发育阶段（图1-3）。

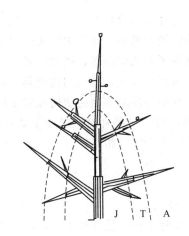

图1-2 实生果树的发育阶段分区

（沈德绪等，1989）

A—成年区；T—转变区；J—幼年区

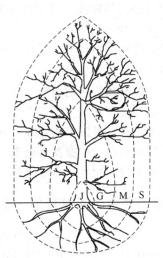

图1-3 树木生长发育阶段分区

J—幼年阶段；G—生长阶段；

M—成熟阶段；S—开始衰老阶段

实生树幼年阶段发育完成后就具有了成花潜能，已经能够进入成年阶段而开花，但幼年阶段结束和第一次开花有时是一致的，有时是不一致的。当不一致的时候，其中那个插入的阶段称为过渡阶段。同样，在树冠范围内也形成了一个过渡区。现在只能以花芽初次形成的时间作为鉴定幼年阶段结束的依据，根据根颈与花芽着生的范围来确定幼年区的范围。然而，过渡区与幼年区没有明显的界限，因此很难将过渡阶段与幼年阶段区分开来。因为根据叶形、叶色、叶厚、叶序、针枝、落叶迟早及形成不定根的能力等外观性状和特性，区分这两个阶段并不十分确切可靠。同时，有些实生树在具有开花能力时，还表现出某些幼年征状或过渡的特征，有些则可能表现成年型特征。

成年实生树上最下部花芽着生部位以上的树冠范围，即树冠的上部和外围是成年区。已通过幼年阶段发育而开花结果的部位称为成年区或结果区，说明实生树已完成幼年阶段的发育，已达到性成熟，具备了生理成熟的条件，可以形成花芽、开花结果。

许多研究者对树木阶段发育的研究结果表明，树木阶段性的变化发生在地上部枝条生长点分生组织细胞内，茎干上不同部位长出的枝条具有不同阶段性的特征。有关根的发育阶段，研究不多。树木地上部分与地下部分生长的对称性是众所周知的，米丘林观察了大量的果树根蘖苗所表现的形态特征，认为与实生苗是相似的，它们同样表现为枝上有刺、叶片较小、锯齿明显等。因而他认为从根上长成的根蘖苗是从幼年阶段开始发育的，如同种子胚芽长成的实生苗那样。较多研究者支持了这个论点。Passecker（1952）用苹果、樱桃、李等为试验材料研究根的发育阶段时指出，根部也存在着阶段发育的差异。他用根做扦插试验，结果表明，取自靠近根颈的根处于幼年阶段，易于扦插发根和长枝条；而远离根颈的根则处于成熟阶段，难于发根和长枝条。

营养繁殖树的树体发育阶段分区，要看营养器官取自什么起源、什么发育阶段的母树和部位。取自发育阶段已经成熟的营养繁殖的母树，或实生的成年母树树冠成熟区外围的枝条繁殖的植株，在成活时就具备了开花的潜能，虽然经过一定年限的营养生长才能开花结实，但已形成整株成年区或结果区，已达到性成熟，具备了生理成熟的条件，可以形成花芽、开花结果。利用年轻的实生的幼树或成年植株下部的幼年区的萌条、根蘖条繁殖形成的新植株，因其发育阶段同样处于幼年阶段，因此这种营养繁殖树的树体发育阶段分区与成年实生树的相似。

三、生命周期中生长发育的一些特点

（一）离心生长、离心秃裸和树体骨架的形成

树木个体自小往大生长、分枝逐年形成各级骨干枝、侧枝和小枝，不断扩大营养空间时，往往出现两个现象：一个是离心生长，即树木以根颈为中心，向两端不断扩大空间的生长（包括根的生长）；另一个是离心秃裸，是指在树木骨干部分着生的侧生小枝（须根）因其所在位置，导致环境条件恶劣以及激素影响、营养收不抵支，造成寿命短、枯落死亡，从根颈开始，沿骨干部分由近及远出现光秃的过程。这是随着树木离心生长的过程中，随着枝条不断的延长、分枝，树冠外围的枝量逐渐增多，枝叶生长茂密，造成内膛光照条件和营养条件恶化，先期形成的小枝、弱枝所在位置光合能力下降，得到的养分减少，长势减弱，逐年枯落。离心秃裸的过程一般先开始于初级骨干枝基部，然后逐级向高级骨干枝部分推进。

树木离心生长的能力因树种和环境条件而异。受遗传影响，每个树种的生长发育都有相应的营养空间。但在不同的环境条件下，受某些因素影响，树木只能长到一定的高度和体积，这说明树木的离心生长是有限的。离心秃裸的主要原因是树体骨干枝及其侧生部分原有的差异及其随着离心生长而造成的位置变化。原来的强枝处于高位，枝长、叶量丰富，营养和激素充足，竞争力强，而小侧枝由于环境条件的变化，营养供应与激素分配的不均衡，内膛内、下部的弱小枝条本身叶片的光合能力下降，缺乏营养和激素供应，生长势逐渐下降，因其处于通风透光差和湿度大的环境易生病虫，导致弱小枝条的衰弱、死亡，直至脱落。这种现象也随着树木生长点的不断外移而向梢端推进，产生了离心秃裸的现象。因此，树木离心生长在先，离心秃裸在后。此后在离心生长的同时也发生离心秃裸。但不同树种因受遗传

性和树体生理以及所处土壤条件的影响，其离心生长的时间是有限的。

乔木树种以高位芽和中高位芽分枝生长，如中心干的芽较饱满和具有顶端优势，所获得的养分充足，能抽生较旺盛的枝条，以一年生枝或前一季节形成的顶芽萌动、抽枝进行离心生长，成为主干的延长枝。几个侧芽斜向生长，强者成为主枝。第二年又由中心干部的芽抽生延长枝和第二层主枝。第一层主枝先端芽抽生主枝延长枝和若干长势不等的侧枝，在树体扩展的阶段内，每年都以相应方式分枝生长，主枝上部较粗壮的侧枝随着年龄增长，有些发展成为次一级的骨干枝；而下部芽所抽生弱小的枝条伸长生长停止较早，节间也短，叶量不足，很快衰弱、死亡，直至脱落。因此乔木树种从整个树体来看，在生长发育过程中有较长离心生长时期。灌木树种以基部萌蘖芽和中高位芽分枝生长形成树冠。基部萌蘖芽所获得的养分充足，能抽生较旺盛的枝条，形成丛生的主枝。枝条中高位的芽较饱满，具有一定的顶端优势，以一年生枝或前一季节形成的顶芽萌动、抽枝进行离心生长，成为主枝的延长枝、侧枝，但扩展时间短，主枝上的侧枝随着年龄增长，长势渐弱，枝条节间也短，叶面积量不足，最后衰老直至死亡，因此灌木树种从整个树体生长来看，在生长发育过程中离心生长时间很短，伴随而来基部萌蘖更新。当然，树木离心生长还取决于树种或品种特性、植株年龄、层次、在树冠上的位置以及生长条件和栽培技术等。

（二）树木主侧枝周期性更替

树木受遗传性和树体生理以及环境条件的影响，其根系和树冠只能达到一定的大小和范围。树木由于离心生长与离心秃裸，造成地上部大量的枝芽生长点及其产生的叶、花果都集中在树冠外围（结果树处于盛果期），造成主枝、侧枝的枝端重心外移，分枝角度开张，枝条弯曲下垂，先端的顶端优势下降，离心生长减弱。由于失去顶端优势的控制，导致在主枝弯曲高位处附近潜伏芽、不定芽萌发生长成直立旺盛的徒长枝，以替代先端的生长，形成新的主枝，徒长枝仍按离心生长和离心秃裸的规律向树冠外围生长形成新的树冠，全树在生长过程逐渐由许多徒长枝替代老主枝，形成树冠新的组成部分。但是新形成的部分多是徒长枝，侧枝少，在整体树冠叶枝量大，光合作用能力下降、无机营养恶化的条件下，这类枝条往往达不到原有树冠的分布高度，当随着时间的延长达到树冠外围枝条分布区以后，枝条先端下垂，顶端优势下降，生长减弱，再次造成枝条的更替，这种枝条的更替往往出现多次，形成周期。作为树体，其主侧枝周期性更替规律是不变的，但更替的周期长短、枝条生长的好坏常常受到很多因素的影响，如光合作用条件、水分养分状态、离心生长能力等。从一些现象看，有时侧枝的生长甚至超过主枝的生长范围和时间。总体上看，在自然状态下，更替枝条的生长空间随树冠枝量增加而逐渐缩小，并导致主侧枝更替的周期越来越短，形成衰弱式更替。

（三）树木的向心更新和向心枯亡

当树木失去顶端优势的控制，整个树体在老化，在土壤无机营养恶化、树木生理状况衰老的条件下，枝条衰老枯死的现象从高级骨干枝条逐渐向初级骨干枝转移。这种由冠外向内膛，由顶部向下部，直至根颈进行的逐渐衰老枯死的现象称为

"向心枯亡"。而出现先端衰弱、枝条开张、"向心枯亡"后，引起树体顶端优势部位下移，即在枯死部位下部又可萌生新徒长枝来更新。这种更新的发生一般是由冠外向内膛，由顶部向下部，直至根颈进行的，故叫"向心更新"。"向心枯亡"和"向心更新"在树体老化上是一对相关的现象。

有些树种先出现枝条衰老枯死，后萌生新徒长枝来更新，有些树种先出现枝条衰老，衰老枝条下部开始萌生新徒长枝，然后逐渐上部枝条因养分不足枯死。这种现象主要发生在有潜伏芽和不定芽的树种里，可以通过修剪、施肥、浇水等措施更新复壮。没有潜伏芽和不定芽或潜伏芽寿命短的树种没有这种现象。

以上树木的"离心生长"与"离心秃裸""树木主侧枝周期性更替""向心枯亡"与"向心更新"导致树木在生长、衰老过程中出现不同的体态变化（图1-4）。

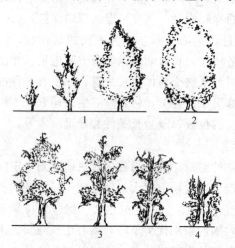

图1-4 （具中干）树木生命周期的体态变化
（仿自陈有民《园林树木学》，1990）
1—幼、青年期；2—壮年期；
3—衰老更新期；4—第二轮更新期

树木离心生长持续的时间，离心秃裸的快慢、向心更新的特点等与树种、环境条件及栽培技术有关。在乔木树种中，凡无潜伏芽或潜伏芽寿命短的只有离心生长和离心秃裸，没有或几乎没有向心更新，如桃树等；只有顶芽而无侧芽者，只有顶芽延伸的离心生长，而无离心秃裸，更无向心更新，如棕榈等。竹类多为无性繁殖，绝大多数种类几十天内可以达到个体生长的最大高度。成竹以后虽然也有短枝和叶片的更新，但没有离心生长、离心秃裸和向心更新的现象。灌木离心生长时间短，地上部枝条衰亡较快，向心更新不明显。多以干基萌条和根蘖条更新为主。多数藤木的离心生长较快，主蔓的基部易光秃，其更新与乔木相似，有些则与灌木相似，也有介于二者之间的类型。

根颈的萌生枝条可像小树一样进行离心生长和离心秃裸，并按上述规律进行第二轮的生长与更新。有些实生树也能进行多次这种循环的更新，但树冠一次比一次矮小，甚至死亡。根系也会发生类似的枯死与更新，但发生较晚。由于受土壤条件影响较大，周期更替不那么规则，在更新过程中常有一些大根出现间歇死亡现象。

四、树木的幼年特征与衰老特征

树木的一生中，经历了复杂的生理和形态变化，主要在树木生长发育的早期和晚期有着差异不同的变化。早期明显的变化是幼年阶段转变为成熟阶段出现相对突然的和不可预测的形态、生理变化；进入成熟期后，随着树龄的增加、树体的增大及器官、结构的复杂性，树木的生长和生理代谢逐渐减弱，并逐渐在形态上出现衰老的性状。

（一）树木幼年特征及养护控制措施

随着种子萌发生长，树木因其遗传特性，可保持不同年份的幼年生长，然后才能进入成年阶段。幼年期与成年期有着较明显的形态区别，幼年期一般不开花，而且一些树木幼年期还具有叶形、叶的结构以及叶序、叶保持性、刺的有无、插条生根难易等形态的特点。

兰桉的幼年树及萌生条上的叶子为无柄椭圆钝尖叶，对生于枝条上，成年树叶片为披叶形叶片，互生于枝条上，叶柄长 1～3cm。

砂地柏的幼年苗木上着生刺形叶，成熟树着生鳞形叶。

洋常春藤的幼年苗木上着生的叶片有浅裂，并有气生根；成年期的叶片为全缘叶，无气生根。

一些树木的树体处于不同阶段发生的枝条反映出不同的年龄阶段。如兰桉、砂地柏成熟树的基部萌条依然呈现幼年期叶片；成熟的刺槐、光叶石楠基部萌生枝条有刺，而树上枝条无刺。

一些树木幼年期的叶片在冬天还保持叶片枯萎而不脱落的现象，如板栗、栓皮栎等壳斗科树种。

很多树种在幼年期的枝条，其扦插、压条的生根成活效果较好；而成熟期的枝条，其扦插繁殖成活率下降。如水杉、池杉类，一年生幼树扦插的成活率最高，随着年龄的增大，生根变难。即使在同一株树上，树体下部幼年区的萌生枝条的扦插、压条成活率高，虽然下部生长年龄长，但萌生枝条为幼年阶段；树冠外围的枝条虽然生长年龄短，但处于成熟阶段，可开花结实，而扦插质量不及树体下部幼年区的萌生枝条，故有"干龄老，阶段幼；枝龄小，阶段老"的特点。

树木的幼年期向成熟转化因为受树木遗传控制，由小向大，由幼年到成年的变化，是不可逆转的变化，只不过这个时间的长短不同而已。针对不同的树种，人们栽培目的不同，因此对幼年期长短的要求不同。

很多专家在花木培育中，采取一些控制环境的方法，缩短幼年期，促进提早开花，如利用扩大叶面积促进有机物质积累、蛋白质形成和基因活化，达到具有开花的能力，以缩短树木的幼年期生长。如日本落叶松在正常的条件下，需要 10～15 年时间才能开花，但在温室中采取连续长日照的条件下，仅 4 年即开花。

为了延长树木的旺盛生长，使树体营养生长量大，除了延长幼年期外，也可采取其他措施。可以通过重修剪，将其修剪到幼年期，促进营养生长；采用嫁接方法，将成年枝条接在幼年砧木上，利用砧木影响接穗青年化，有利营养生长；也可用生理活性物质赤霉素的施用使成年植株向幼年状态转化，如用赤霉素诱导洋常春藤从成年向青年转化，为了保持植株的成年形态的稳定，也可采取脱落酸、乙烯利等抑制赤霉素的生物形成。

（二）树木衰老特征及控制措施

虽然树木在生长发育过程中最终都将进入衰老并死亡，但每个树种的寿命因遗传因素差异很大。如桃树为 20 多年，而栎类树木在 200～500 年仍可健壮生长；很多裸子植物的寿命可达数千年，如我国很多寺院的松、柏、杉、银杏等。

虽然各种树木的衰老速度不同，但都具有共同衰老的标志。即当树木生长在其遗传特性、环境条件所控制的范围下，形成复杂的分枝系统，出现树木的代谢降低、营养和生殖生长逐渐减少，顶端优势下降，枯枝增多，衰老特征随着变化而逐渐显现。

树体营养生长与生殖生长之间的矛盾实际上是对水分、养分的需求与土壤状况的矛盾，是导致树体衰老的主要原因。随着生殖生长大于营养生长，造成树体营养生产积累小于消耗，收不抵支，由于土壤环境的恶化，难以满足树体进行光合生产所需的水、养分，出现枝条生长量逐渐减少，树木枝茎的加粗生长也逐渐减少，年轮变窄，这都反映了树木衰老的征兆，如果不采取措施，将继续衰老并死亡。这种树体的衰老现象可以采取措施，协调树木的生理活动，以恢复树木生长，缓解树体的衰老。

树木进入成年后，每一年生长都存在着新梢的生长、新芽的形成、花芽分化以及开花及果实发育的对立、统一关系。其中在营养物质的竞争中，分配往往优先发育的树木的果实、种子，这是自然界植物的共性，但却造成其他器官生长发育受到抑制。由于营养供给不足，即会出现树体通过落花落果进行自我协调，在这时，一些营养器官的生长已受到抑制。根系、枝叶是营养物质的合成基地，是树木生长、结实、长寿的保证。根系弱了，减少树木对水分、矿物质的吸收能力，新梢的生长减弱造成植物的光合产物不足，有时衰老树木的叶面积虽然比较恒定，但其总光合产物却略为降低，而呼吸作用的能量消耗明显增加。而且随着树木从根到枝干距离的增加，有机物、水分、矿物质和激素运输的困难也增加。运输器官的衰老造成某些叶、枝的水分严重亏缺，导致死亡，树体中酶的活性下降是导致树体代谢速率全面下降、树势衰退的因素。树势衰老，导致病、虫群体的增加，使树木的抗性、长势越来越弱。

为了延长树木的寿命，使其在园林绿化中发挥绿化、美化的作用，必须在生长中采取措施进行调整，促发新芽、新枝的生长，实现局部复壮的目的。可以通过土壤的深翻熟化、水肥管理、修剪根系来促进根系的再生，增强树木吸收水分、矿物质能力，为树体光合产物生产创造条件；对树木进行修剪、疏花疏果，减少营养物质消耗，通过回缩修剪，缩短树体枝叶与根系之间的运输距离，并利用植物生长调节剂有利于促进局部营养器官的生长，促进树体更新复壮。老树在生长中易出现衰老现象，但在某些因素的改变时，是可逆的，如杉木、栎树、悬铃木、泡桐等经过数代无性繁殖仍有顽强的复生能力。利用修剪恢复更新复壮，一年生枝的萌芽能力高于二年生枝，二年生枝则高于多年生枝，年龄愈大的，恢复状况愈差，因此对树木的衰老进行复壮的养护管理需在每年的养护中进行，而不能等到树体衰老后再进行，那就相对困难些。

第二节　树木的年周期

树木每年随着环境（气候因素，如水、热状况等）的周期变化，在形态和生理上产生与之相适应的规律性生长发育变化，称为树木的年生长发育周期，简称树木的年周期。树木在一年中，随着气候的季节性变化而发生相应的形态规律性变化，这种与之相适应的树木器官的动态时期称为生物气候学时期，简称物候期。而发生相应的形态（萌芽、抽枝、展叶、开花、结实及落叶、休眠等）规律性变化的现象，称之为物候。由于物候现象使植物与群体在不同季节呈现出不同的外貌特征称为季相。通过物候认识树木每年随环境的周期变化而进行的生长活动，抓住生理机能与形态发生的节律性变化及其与自然季节变化之间的规律，服务于园林树木的栽植与养护。年周期是生命周期的组成部分，物候期则是年周期的组成部分。在树木的年周期或物候期中，休眠和生长是两个重要现象，是伴随着气候条件的变化而变化的。许多研究者认为，与年发育阶段有关的，主要是休眠期的春化阶段和生长期的光照阶段。了解树木的年生长发育规律对于园林设计、园林树木的栽植与养护管理具有十分重要的意义。

一、树木年生长周期中的个体发育阶段

（一）春化阶段

树木的春化阶段是芽原始体在黑暗状态下通过的不甚明显的生理和形态变化（如芽的分化和缓慢生长），又称黑暗阶段。通过黑暗阶段的主要因素是温度。不同类型的树木，通过春化阶段所需的温度不一样。冬型树木，在低于 10℃ 的条件下通过春化阶段；春型树木，能在 10℃ 以上的条件下通过春化阶段。但是，同为冬型或春型树木，因树种、类型以及品种起源地生态条件的不同，通过该阶段所需温度的高低和所需时间的长短也有相当差异。种子阶段或处于休眠状态的树木经历避光的一定低温过程，也就是通过了春化阶段。落叶树种子经过低温层积处理后，能够促进种子萌发和加速幼苗生长。

此外，树木的春化阶段与休眠阶段有相关性，不同树木的休眠深度与春化阶段所需的时间是一致的。一般来说，冬性强的树种，休眠程度较深，通过春化阶段要求的温度较低，需要经历的时间也较长。

（二）光照阶段

树木在通过春化阶段以后，必须满足其对光照条件的要求，再通过光照阶段，才能正常地生长发育和进入休眠。在引种驯化过程中，南方树种引入北方，由于北方日照时间长，导致树木营养生长期延长，不能及时结束生长，组织不充实，易遭受冻害。正确方法是缩短日照，提早结束生长保证嫩枝及时成熟。而北方树种引入南方，虽能正常生长，但发育期延迟，甚至不能开花结实。所以，芽和嫩枝的正常生长必须满足其对光照条件的要求，及时通过光照阶段。

（三）其他阶段

除春化阶段和光照阶段外，还有研究者提出了需水临界期阶段，即第三发育阶段。该阶段处于嫩枝迅速生长阶段，如果这一时期水分不足，就会引起生长衰弱。此外，还有人提出第四发育阶段，即嫩枝成熟阶段。在该阶段内进行的木质化过

程，可为增强越冬能力做好生理准备。

二、树木的物候

（一）物候的形成与应用

对物候观测及应用，我国已有 3000 多年的历史，东周的《吕氏春秋十二纪》已开始对物候有所了解、进行观测，并逐渐出现反映物候现象的"二十四节气"，还有冬季的"数九"、夏季的"三伏"等以及各种有关的谚语，通过植物的物候现象反映气候和季节，并首先在农业、林业等行业上应用，如"枣芽发，种棉花"。北魏贾思勰的《齐民要术》一书记述了通过物候观察，了解树木的生物学和生态学特性，直接用于农、林业生产的情况。该书在"种谷"的适宜季节中写道："二月上旬及麻菩杨生，种者为上时，三月上旬及清明节桃始花为中时，四月中旬及枣叶生、桑花落为下时。"我国从 1962 年起，由中国科学院组织全国物候观察，掌握物候变动的周期，为长期天气预报提供依据。利用物候预报农时，比节令、平均温度和积温准确。因为节令的日期是固定的，温度虽能测量出来，但对于季节的迟早尚无法直接表示。积温表示各种季节冷暖之差需要经过农事验证，物候的数据是从活的生物上得来的，能准确反映气候的综合变化，用来预报农时就很直接，而且方法简单。树木物候观测记载的项目可根据工作要求确定，并应重复 1~2 次。物候除了作为指导农林生产和制定经营措施的依据，也有利于旅游业的发展，如春天的"孤山探梅""桃花节""牡丹节""樱花节"及秋天"赏红叶"，给一些旅游景点创造经济效益。

由于树木的物候能够反映出在不同的环境条件下而发生相应的形态（萌芽、抽枝、展叶、开花、结实及落叶、休眠等）规律性变化的现象，常表现为量的变化，或从一种形态变化到另一种形态都可以从物候反映出来。因此，在园林绿化中，通过物候观察，不但可以研究树木随气候变化而变化的规律，为树木的利用提供依据，而且可以了解它们在不同物候期中姿态、色泽等景观效果的季节性变化，为园林设计提供依据。更重要的是通过物候观察可为树木栽培的周年管理，如移栽定植、嫁接补枝、整形修剪以及灌溉施肥等提供依据。

（二）树木的物候特性及影响物候变化的因素

1. 树木的物候特性

（1）树木的物候具有一定的连续性和顺序性　树木每年随着环境的周期变化，在一定营养物质的基础上与必需的生态因素相互作用，通过内部生理活动进行着物质交换与新陈代谢，推动其生长发育的进程。树种每一个物候的出现时，既是在前一个物候的继续，同时又成为下一个物候的基础，为下一个物候的到来做好了准备，反映出物候的连续性。然而不同树种，甚至不同品种，物候先后出现的顺序是不同的。如梅花、蜡梅、紫荆、玉兰等为先花后叶型，而紫薇、木槿等则是先叶后花型。即树木器官的动态变化具有顺序性。树木的物候具有的连续性和顺序性是受树种的遗传控制。

（2）树木的物候具有重演性　很多树种的一些物候现象一年中只出现一次，由于环境条件的出现非节律性变化，如灾害性的因子与人为因子的影响，可能造成器官发育的中止或异常，使一些树种的物候在一年中出现非正常的重复，如病虫危害、高温干旱、去叶施肥等都可能造成多次抽梢、开花、结果和落叶。如有些树种的再度开花：桃、海棠、梨、苹果、连翘、丁香等一年早春一次开花的树种由于某些原因在秋季再次开花。有些前期生长型的树种出现二次抽枝，如松树一类在夏秋出现二次枝条生长的现象。这种由于环境条件的非节律性变化而造成的重演性往往对绿化树木的生长不利。

（3）树木各个物候可交错重叠，高峰相互错开　由于树木各器官的形成、生长和发育习性不同，不同器官的同名物候期不一定同时通过，具有重叠交错出现的特点。如同是生长期，根和新梢开始或停止生长的时间并不相同。根的萌动期一般早于芽的萌动。同时，根与梢的生长有交替进行的规律。有些树种可以同时进入不同的物候期，如油茶可以同时进入果实成熟期和开花期，人们称之为"抱子怀胎"，但新梢生长、果实发育与花芽分化等物候高峰期可交错进行。如金橘的物候期也是多次抽梢、多次结果交错重叠进行的。

2. 影响树木物候变化的因素

每年春、夏、秋、冬四季都是有规律地周期性重复出现。由于树木长期适应年气候的这种节律性变化，形成了与此相适应的物候特性与生育节律。从春到冬随着季节的推移，树木也相应地表现出明显不同的物候相。树木每年周而复始地发叶生长、开花结实、落叶，以休眠状态度过冬季。树木的物候期主要与温度有关。每一物候变化都需要一定的温度量。以刺槐为例，在南京地区日平均温度 8.9℃时叶芽开放，11.8℃开始展叶，17.3℃始花，27.4℃荚果初熟，18℃叶开始变色，10.5℃叶全落。一些因素由于温度的原因影响树木物候的变化。

（1）树种不同，物候变化不同　不同树种的遗传特性不同，物候先后出现的顺序是不同。有些树种，如柳树发芽早、落叶晚，生长活动超出生长季以外。黄檀要到立夏后才萌动，人们称它为"不知春"，生长期较短而休眠期较长。又如梅花、蜡梅、紫荆、玉兰等为先花后叶型，在早春开花；而紫薇、木槿等则是先叶后花型，在夏季开花；桂花、糯米条虽然是先叶后花型，但开花在秋季。在树种搭配上，利用这种物候的差异达到三季有花的效果。

（2）品种不同，物候变化有差异　在人为作用下，使得品种间的遗传特性不但在形态上有差异，而且在物候变化方面也不同，少量品种物候差异大些，如桂花中的四季桂、日香桂一年可多次开花，而不是仅在八月份开花。大多数品种物候差异小，在同一个物候内相差若干天数，如碧桃、牡丹等，有早花品种、中花品种、晚花品种，这在园林中多用在延长花期。

（3）地区不同，物候变化有差异　同树种、品种的树木的物候阶段受当地温度的影响，而温度的周期变化又受制于不同地区地理纬度、经度。根据美国物候学家霍普金斯（A. D. Hopkins）物候定律，每向北移动纬度 1°，向东移动经度 5°，植物的物候阶段在春天和初夏将各延迟 4 天；在秋天则相反，都要提早 4 天。我国地处亚洲东部，属大陆性气候，南北物候的差异有自己的特点。在我国东南部，从广东沿海直至福州、赣州一带，南北纬度相差 5°，物候相差 50 天，即每一纬度相差达 10 天。该区往北，情况就比较复杂。如北京与南京纬度相差约 7°，在三四月间桃李始花物候先后相差 19 天，但四五月间柳絮飞落和刺槐盛花时，南北物候相差只有 9～10 天。其主要原因在于我国冬季南北温度相差很大，而夏季则相差很小。如 3 月份南京平均温度比北京高 3.6℃，而 4 月份两地平均温度只差 0.7℃，5 月份则两地温度几乎相等。物候的东西差异受气候条件的影响，凡大陆性强的地方，冬季严寒而夏季酷热；反之，凡海洋性强的地方，则冬春较冷、夏秋较热。因此我国各种树木的始花期为内陆地区早，近海地区迟，推迟的天数由春季到夏季逐渐减少。据宛敏渭研究，仁寿与杭州在同一纬度，经度相差 16°，仁寿刺槐盛花期（4 月 9 日）比杭州（5 月 1 日）早 22 天，经度平均每差 1°，由西向东延迟 1.4 天。初春洛阳的迎春始花期（2 月 22 日）比盐城（3 月 3 日）早 12 天，平均经度每差 1°，迎春始花期由西向东延迟 1.5 天。初夏洛阳的刺槐盛花期（4 月 28 日）比盐城（5 月 6 日）的早 9 天，平均经度每差 1° 由西向东延迟 1.1 天。

根据以上所述，春季随着太阳北移，低纬度、西部地区物候早于高纬度、东部地区；秋季随着太阳南移、西北风刮起，低纬度、东部地区物候晚于高纬度、西部地区。

（4）海拔不同物候变化有差异　一个地区如果有很大的地形起伏，海拔高度差异大，海拔上升 100m，植物的物候阶段在春天延迟 4 天；夏季树木的开花期每上升 100m 约延迟 1～2 天。例如，西安在洛阳的西部，纬度比洛阳低 27°，经度约相差 3°，海拔高度比洛阳高 280m，西安的紫荆始花期比洛阳迟 13 天，即海拔高度每上升 100m，春季紫荆的始花期约延迟 4 天；到了夏季，西安刺槐盛花期比洛阳迟 5 天，即高度每上升 100m，刺槐的盛花花期延迟 1.8 天；在秋天则相反，都要提早 4 天。因此春季开花的物候低处早于高处，秋季落叶高处早于低处。所以，出现了唐代白居易的佳句"人间四月芳菲尽，山寺桃花始盛开"。

（5）年份不同物候变化有差异　虽然，一个地区的气候年变化有着周期性变化规律，有一个平均年变化曲线，但每一年的气候变化（如气温、湿度、降水等）都会有很大差异，这种年际间温度的变化，必然会影响到物候期的提早或推迟。如北京春季开花时间通常与 3 月平均温度有关，与 4 月的最高温度有关，也有人认为与开花前 40 天的平均温度有关。如北京榆叶梅一般在 4 月中旬前后开花，但 2002 年是在 3 月下旬开花。

（6）树木年龄不同，物候变化有差异　树木的不同年龄时期，同名物候期出现的早晚也有不同。一般成年树木，春天萌动早，秋天落叶早；幼小树木，春天萌动晚，秋天落叶迟。两者物候期明显不同。

（7）部位不同，物候变化有差异　同一地区受地形影响，不同部位小气候差异，造成物候的差异。春季阳坡树木开花早于阴坡，秋季阴坡树木落叶早于阳坡。

（8）栽培技术措施不同，物候变化有差异　树木物候早晚还受栽培技术措施的影响。园林树木栽培中的施肥、灌水、防寒、病虫防治及修剪等土壤与树体管理措施，都会影响树木生理活动，导致树木物候变化差异。土壤化冻时灌解冻水促进土壤化冻升温，有促进树木萌动作用；树干涂白、土壤化冻后灌水会使春天增温减缓而推迟树木萌芽和开花；花前的修剪对树木的花期有延长作用；夏季的强度修剪和多施氮肥可推迟树木落叶和休眠；应用生长调节剂（如生长素、细胞分裂素、生长抑制剂和微量元素等）可控制树木休眠。

三、树木的物候期

外界环境条件的周期变化，使树木发生与之相适应的形态和生理机能变化的能力。不同树种或品种对环境反应不同，因而在物候进程上也有很大的差异。差异最大是落叶树种和常绿树种两类。

（一）落叶树种的物候期

温带地区的气候在一年中有明显的四季，而作为落叶树种对气候相对应的物候季相变化尤为明显，一年中有两个最明显的物候特征期，称为生长和休眠两大物候期。从春季开始进入萌芽生长后至秋季落叶前，为生长期，在整个生长期中都处于生长阶段，表现为营养生长和生殖生长两个方面。到了冬季为适应低温和不利的环境条件，树木处于休眠状态，为休眠期。在生长期与休眠期之间又各有一个过渡期，即从生长转入休眠的落叶期和由休眠转入生长的萌芽期。历时虽短，但很重要。在这两个时期中，某些树木的抗寒、抗旱性与变动较大的外界条件之间常出现不相适应而发生危害的情况。

1. 休眠转入生长期（萌芽期）

这一时期处于树木将要萌芽前，即当日平均气温稳定在3℃以上起，芽开始萌动膨大，经芽的开放到叶展出为止。树木休眠的解除通常以芽的萌发作为休眠期转入生长期的形态标志，而生理活动则更早。树木由休眠转入生长，要求一定的温度（北方树种，当气温稳定在3℃以上时，经一定积温后，芽开始膨大。南方树种芽膨大要求的积温较高）、水分和营养物质。当有适合的温度和水分，经一定时间，树液开始流动，根系加大活动，有些树种（如核桃、葡萄等）会出现明显的"伤流"。春季开花的树种，花芽膨大所需积温比叶芽低。树体贮存养分充足时，芽膨大较早。此时气温上升符合树木的生长，发芽整齐，进入生长期也快。树木在此期由于营养物质转化，抗寒能力降低，是树木易受冻害的时候，一旦降温，萌动的芽和枝干易受寒害。可通过灌水、涂白、施用 B_9 和青鲜素（MH）等生长调节剂，延缓芽的开放，在晚霜发生之前，对已开花展叶的树木根外喷洒磷酸二氢钾等，提高花、叶的细胞液浓度，增强抗寒能力。

2. 生长期

在萌动之后，幼叶初展至叶柄形成离层，树体开始自然落叶之前为生长期。这是全年最长时期，也是树木的物候变化最大、最多的时期，反映着物候变化的连续性和顺序性，同时显示各树种的遗传特性。树木随季节变化会发生极为明显的变化，如萌芽、抽枝展叶或开花、结果。由于遗传性和生态适应性的不同，其生长期的长短、各器官生长发育的顺序、各物候期开始的迟早和持续时间的长短不同。各种树木由于遗传性不同，物候顺序有较大的差异，即使是同一树种各个器官生长发育的顺序也有不同，主要反映在地下部与地上部活动先后的顺序、展叶与开花的顺序、花芽分化与新梢生长的顺序、果实发育与新梢生长的关系，如有些先萌花芽而后展叶，也有的先萌叶芽、抽枝展叶而后形成花芽并开花。

树木生长期是园林树木的光合同化时期，也是其生态效益与观赏功能发挥得最好时期，更是最需要帮助的时期，对树木的生长发育和发挥功能效益都有极大的影响。人们可以根据树木生长期中各个物候、各器官生长发育的特点进行栽培，才能取得预期的效果。

3. 生长转入休眠期（落叶期）

落叶期从叶柄开始形成离层，至叶片落尽或完全失绿为止。秋季叶片自然脱落是生长期结束并将进入休眠的形态标志，说明树木已做好了越冬的准备。在自然落叶前，新梢必须经过组织成熟过程才能顺利越冬。秋季日照变短、气温的降低是导致树木落叶、进入休眠的主要因素，落叶前对叶片的组织和生理活动产生一系列的影响，如光合作用和呼吸作用的减弱、叶绿素的分解、叶片中的养分转移到枝条、茎干、根系中，最后叶柄基部形成离层而脱落。随着气温降低，树体细胞内脂肪和单宁物质增加；细胞液浓度和原生质黏度增加；原生质膜形成拟脂层、透性降低等，有利于树木抗寒越冬。

过早落叶影响树体营养物质的生产、积累和组织的成熟，干旱、水涝、病害等会造成早期落叶，甚至引起再次生长，危害很大；该落叶时不落叶，树木还没有做好越冬准备，物质运输未完成，树体还未达到休眠状态，容易遭受秋季早霜的危害，发生冻害和枯梢。在华北，常见秋季温暖时，树木推迟落叶而被突然袭来的寒潮冻死，树体的营养物质来不及转化贮藏，必然对翌年树木的生长和开花结果带来不利影响。

皮层和木质部进入休眠早，形成层最迟，故初冬遇寒流形成层易受冻。地上部主枝、主干进入休眠较晚，而以根颈最晚，故易受冻害。不同年龄的树木进入休眠早晚不同。幼龄树比成年树进入休眠迟。刚进入休眠的树，处在初休眠（浅休眠）状态，耐寒力还不强，遇间断回暖会使休眠逆转，突然降温常遭冻害。

在树木栽植与养护中，应该抓住树木落叶物候期的生理特点，在生长后期停止施用氮肥，不要过多灌水，并多施磷、钾肥等，促进组织成熟，增加树体的抗寒性。在大量落叶时进行树木移栽可使伤口在年前愈合，第二年早发根、早生长。在落叶期开始时，对树干涂白、包裹和根颈部培土等，可防止形成层冻害。

4. 休眠期

休眠期是从秋季叶落尽或完全变色至次春树液流动、芽开始膨大为止的时期。树木休眠是在进化中为适应不良环境，如低温、高温、干旱等所表现出来的一种特性。正常的休眠有冬季、旱季和夏季休眠。树木夏季休眠一般只是某些器官的活动被迫休止，而不是表现为落叶。温带、亚热带的落叶树休眠主要是对冬季低温所形成的适应性。休眠期是相对生长期而言的一个概念。从树体外部观察没有任何生长发育的表现，但体内仍进行着各种生命活动，如：呼吸、蒸腾、芽的分化、根的吸收、养分合成和转化等。这些活动只是进行得较微弱和缓慢而已，地下部的根系在适宜的情况下可能有微小的生长，因此确切地说，休眠只是个相对概念，是生长发育暂时停顿的状态。

落叶休眠是温带树木在进化过程中对冬季低温环境形成的一种适应性。如果没有这种特性，正在生长着的幼嫩组织就会受早霜的危害，并难以越冬而死亡。根据休眠期的生态表现和生理活动特性，可分为自然休眠和被迫休眠。

（1）自然休眠 又称深休眠或熟休眠，是由于树木生理过程所引起的或由树木遗传性所决定的，落叶树木进入自然休眠后，要在一定的低温条件下经过一段时间后才能结束。在未通过自然休眠时，即使给予适合树体生长的外界条件也不能萌芽生长。大体上，原产寒温带的落叶树通过自然休眠期要求 0～10℃ 的一定累积时数的温度；原产暖温带的落叶树木通过自然休眠期所需的温度稍高，约在 5～15℃ 条件下一定的累积时数。具体还因树种、品种、生态类型、树龄、不同器官和组织而异。一般原产温带冬暖地区的树种，早春发芽的迟早与生理休眠期的长短有密切的关系。原产温带中北部寒冷地区的树种，其早春发芽的迟早与被迫休眠期长短，即低温期长短有关。不同树龄的树木进入休眠的早晚不同。一般幼年树进入休眠晚于成年树，而解除休眠则早于成年树，这与幼树生活力强、活跃的分生组织比例大、表现出生长优势有关，树木的不同器官和组织进入休眠期的早晚也不一致。一般小枝、细弱枝、形成的芽比主干、主枝休眠早，根颈部进入休眠晚，但解除休眠最早，故易受冻害。花芽比叶芽休眠早，萌发也早。同是花芽，顶花芽又比腋花芽早萌发。同一枝条的不同组织进入休眠期的时间不同。皮层和木质部较早，形成层最迟。所以进入初冬遇到严寒低温，形成层部分最易受冻害。然而，一旦形成层进入休眠后，比木质部和皮层的抗寒能力还强，隆冬树体的冻害多发生在木质部。柿、栗、葡萄开始休眠后随即转入自然休眠期，而梨、桃、醋栗进入深度自然休眠期较晚且休眠的程度浅。柿、栗和葡萄于 9 月下旬至 10 月下旬开始休眠；桃为 10 月下旬至 11 月上旬；梨和醋栗是 10 月；苹果始于 10 月中旬至 11 月上旬。

冬季低温不足，会引起萌芽或开花参差不齐。北树南移，常因冬季低温不足表现为花芽发育不良，次年发芽延迟，开花不正常，或虽开花而不能结果，易脱落，或新梢的节间短，叶片呈莲座状在新梢上着生等现象。

（2）被迫休眠 落叶树木在通过自然休眠后，已经开始或完成了生长所需的准备，但因外界条件不适宜，使芽不能萌发而呈休眠状态。一旦条件合适，就会开始生长。此时如遇一段连续暖和天气，易引起树体活动和生长，再遇气温下降，易受冻害。树木在被迫休眠期间如遇回暖天气，可能开始活动，但如果又遇寒潮，易遭早春寒潮和晚霜的危害。如核果类树种的花芽冻害的现象，苹果幼树遭受低温、干旱而抽条的现象等。因此，在某些地区应采取延迟萌芽的措施，如树干涂白、灌水等使树体避免受到危害。冬春干旱的地区，灌水可延迟花期，减轻晚霜危害。

了解不同树种、品种通过生理休眠期需要的低温量和时间的长短，对品种区域化和引种等工作都具有重要参考价值。

休眠期是树木生命活动最微弱的时期，在此期间栽植树木有利于成活；对衰弱树进行深挖切根有利于根系更新而促进下一个生长季的生长。因此，树木休眠期的开始和结束对园林树木的栽植和养护有着重要的影响。根据栽培实践的需要，可以从两个方面考虑：一是提早或推迟进入休眠；二是提早或延迟解除休眠。这样，可以延长光合时间，延长营养生长期，或可以推迟次年萌芽和开花物候期，免遭冻害。对于幼树则需采取措施，提早或适时结束生长，避免冬春冻害。

（二）常绿树种的物候特点

常绿树的特点就是叶的寿命较长，并非周年不落叶，多在一年以上至多年，每年仅仅脱落部分老叶，又能增生新叶，因此全树终年连续有绿叶存在。而且不同树种其叶片脱落的叶龄也不同，一般都在一年以上。常绿针叶树类：松属针叶可存活 2～5 年，冷杉的叶可活 3～10 年，紫杉叶存活高达 6～10 年。它们的老叶多在冬春之际脱落，刮风天尤甚。常绿阔叶树的老叶多在萌芽展叶前后逐渐脱落。常绿树的落叶主要是失去正常生理机能的老化叶片，是新老叶片交替的生理现象。常绿树中不同树种，乃至同一树种不同年龄和不同的气候区，物候进程也有很大的差异。生长在北方的常绿针叶树，如油松每年发枝一次；松属树木在春季先长枝、后长针叶；其果实的发育有些是跨年的。热带亚热带的常绿阔叶树木，其各器官的物候动态表现极为复杂。各种树木的物候差别很大，难以归纳。如马尾松分布的南带，一年抽二、三次新梢，而在北带则只抽一次新梢；幼龄油茶一年可抽春、夏、秋梢，而成年油茶一般只抽春梢。又如柑橘类的物候，大体分为萌芽、开花、枝条生长、果实发育成熟、花芽分化、根系生长、相对休眠等物候期，其物候项目与落叶树似乎无多大差别，而实际进程不同。如一年中可多次抽生新梢（如春梢、夏梢、秋梢），各次梢间有相当的间隔。有的树种一年可多次开花结果，如柠檬、四季橘等。有的树种甚至抽一次梢结一次果，如金柑，而四季桂和月月桂则可常年开花。有的树种同一棵树同时有开花、抽梢、结果、花芽分化等物候期重叠交错的现象，如油茶。有的树种，果实生长期很长，如伏令夏橙，春季开花，到第二年春末果实才成熟；金桂秋天（9～10 月）开花，第二年春天果实成熟。有些树木的果实发育期很长，常跨年才能成熟，如红花油茶的果实生长成熟也要跨两年。

在赤道附近的热带雨林中年无四季，终年有雨，全年可生长而无休眠期，但也有生长节奏表现。在离赤道稍远的季雨林地区，因有明显的干、湿季，多数树木在雨季生长和开花，在干季落叶，因高温干旱而被迫休眠。在热带高海拔地区的常绿阔叶树也受低温影响而被迫休眠。

四、园林树木物候观测法

（一）观测的目的

园林树木的物候观测主要有以下的目的：

（1）掌握树木的季相变化，为园林树木种植设计选配树种，提供四季景观依据；

（2）为园林树木栽培提供生物学依据，以此确定栽植季节及树木周年养护管理措施。

（二）观测目标与地点的选定

在确定观测树种进行物候观测前，按照以下原则选定观测目标或观测点。

观测树种无论是露地栽培还是野生树木，要选具有代表性的、生长发育正常的树木和相应环境条件的观测点。在同地同树种有许多株时，宜选 3～5 株作为观测对象。观测植株选定后，应做好标记，并记载当地环境特点，绘制平面位置图存档。

（三）园林树木物候观测项目

针对观测对象，要首先了解树木的生长发育习性，观测项目制定要细致，如果做长期观测或多树种观测的，可先制作统一的观测表格（见表 1-1）。

表 1-1　树木物候观测记录

名　　称：		树木年龄：	
观测地点：		生态环境：	
地　　形：		同生植物：	
一、萌动期	树液开始流动期	芽膨大始期	芽开放期
二、展叶期	开始展叶期	展叶盛期	全部展叶期
三、新梢生长期	春梢开始生长期	春梢停止生长期	夏梢开始生长期
	夏梢停止生长期	秋梢开始生长期	秋梢停止生长期
四、开花期	花蕾或花序出现期	开花始期	开花盛期
	开花末期	二次开花期	
五、果熟期	果实初熟期	果实盛熟期	果实全熟期
六、果落期	果实初落期	果实盛落期	果实全落期
七、叶变色期	叶开始变色期	叶变色盛期	叶全部变色期
八、落叶期	开始落叶期	落叶盛期	落叶末期

如萌动期，树木由休眠转入生长的标志：

（1）芽膨大始期　具鳞芽者，当芽鳞开始分离，侧面显露出浅色的线形或角形时，为芽膨大始期（具裸芽者，如：枫杨、山核桃等，不记芽膨大期）。

（2）芽开放（绽）期或显蕾期（花蕾或花序出现期）　树木之鳞芽，当鳞片裂开，芽顶部出现新鲜颜色的幼叶或花蕾顶部时，为芽开放（绽）期。

如开花期：

（1）开花始期　在选定观测的同种数株树上，见到一半以上植株，有 5% 的（只有一株亦按此标准）花瓣完全展开时为开花始期。

（2）开花盛期（或盛花期）　在观测树上见有一半以上的花蕾都展开花瓣或一半以上的葇荑花序松散下垂或散粉时，为开花盛期。针叶树可不记开花盛期。

（3）开花末期　在观测树上残留约 5% 的花时，为开花末期。针叶树类和其他风媒树木以散粉终止的、或柔荑花序脱落时为准。

（四）观测时间与方法

常年进行，可根据观测目的要求和项目特点，以不失数据为前提，来决定观测间隔时间的长短。那些树木生长变化快、要求细的项目须每天观测或隔日观测。冬季深休眠期可停止观测。选向阳面的枝条或上部枝（因物候表现较早）。高树顶部不易看清，宜用望远镜并用高枝剪剪下小枝观察，无条件时可观察下部的外围枝。应靠近植株观察各发育期，不可远站估计进行判断。

（1）观测记录　物候观测应随看随记，不应凭记忆，事后补记。

（2）观测人员　物候观测须选责任心强的专人负责。人员要固定，专职观测者因故不能坚持者，应经培训的后备人员接替，不可中断。不能轮流值班式观测。

第三节　树木生长周期与养护的关系

园林树木的生长反映出树木的生理、生态习性，也给园林树木养护管理人员予以提示应采取哪些养护措施对树木的生长进行促进或抑制。

树木的生命周期是指树木从形成新的生命开始，经过多年的生长、开花或结果，出现衰老，更新，直到树体死亡的整个时期。它反映了树木全部生长发育的过程。生长发育既受树木遗传特性的控制，也受外界环境的影响，受温度、湿度等多种环境因子、季节变化的影响，才能从幼年到成年，开花结实，最终完成其生命周期，通过对树木不同阶段生长对环境的需求不同，采取相应的栽培管理措施。如树木幼年期是离心生长的时候，要水、要肥、要空间，要保证水、肥供给，轻修剪，确保足量的叶量和营养空间。树木衰老期时，树木由于生理机能和环境较差，导致枯枝死杈多，需要采用复壮更新措施调整。

树木每年随着环境（气候因素，如水、热状况等）的周期变化，在形态和生理上产生与之相适应的规律性生长发育变化，抓住生理机能与形态发生的节律性变化及其与自然季节变化之间的规律，用于园林树木栽植与养护的安排，如春季根据树木的生长与气候条件，及时浇水施肥，根据生长季节调节树木的长势，抓住物候及时疏花、疏果、疏枝，既有利于树木生长，也有利于形成观赏景观。了解树木的年生长发育规律对于园林设计、园林树木的栽植与养护管理具有十分重要的意义。

思 考 题

1. 简述实生树与营养繁殖树在生命周期不同阶段的生长不同之处。
2. 简述树木生长周期不同阶段的生长发育特点。
3. 简述树木物候特性及影响物候变化的特点。

第二章 园林树木各器官的生长发育

第一节 树木各器官生长发育规律

一株正常的树木主要由树根、枝干（或藤木枝蔓）、树叶所组成，当达到一定树龄以后，还会有花、果、种子等。习惯上，把树根称为地下部，把枝干及其分枝形成的树冠（包括叶、花、果）称为地上部，地上部与地下部交界处称为根颈。各类树木（乔木、灌木、藤木）其组成又各有特点。树体的组成见图 2-1。树木是由各种不同器官组成的统一体。为了深入掌握和控制树木的生长发育，必须了解各器官的生长习性及其相互关系。

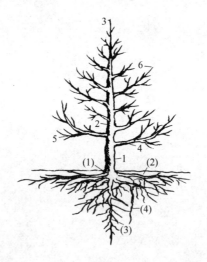

图 2-1 树体的组成

1—主干；2—中心干；3—中心干延长枝；4—主枝；5—侧枝；6—主枝延长枝

(1) 根颈；(2) 水平根；(3) 主根；(4) 垂直根

树木生长也同草本植物一样，分两种生长：营养生长与生殖生长。营养生长包括新原生质的形成，新细胞的增殖和各组织器官的分化，也就是根、茎、叶的形态建成及其数目和体积的持续增长。生殖生长则以器官的分化开始，从花芽分化、性细胞形成、开花、授粉受精、结果，直到果实成熟与种子生产。

树木在生长中，生长量上出现两种现象的生长，有限结构生长与无限结构生长。有限结构生长：树木某些组织器官受其遗传影响，生长到一定大小后就停止，直至最后衰老和死亡，如叶、花和果就是有限结构生长。无限结构生长：茎和根依靠分生组织生长，能不断地自我补充和更新，称为无限结构生长。

树木各个器官生长速度的变化都有一个规律——S曲线，S曲线是所有器官、植株、植物或动物种群等典型的生长曲线，至少由四个不同的部分组成。

① 最初的缓慢上升期：这时发生准备生长的内部变化；

② 对数期：用生长速度的对数与时间作图得出一条直线；

③ 生长速率逐步减小的时期；

④ 有机体成熟：生长停止，体积稳定时期。

第二节　根系的生长

一、根的功能

根是树木在进化过程中为适应陆地生活逐渐形成的主要器官。除了一些热带树木和少数特定的树种具有气生根外，根是树木生长在地下部分的营养器官，它的顶端具有很强的分生能力，并能不断发生侧根形成庞大的根系，有效地发挥其吸收、分泌、固定、输导、合成、贮藏、繁殖和再生等功能。

（1）根的吸收功能　根的主要功能是吸收作用，它能从土壤中吸收所需要的水分、矿质养分供植物利用。植物体生长发育所需要的各种营养物质，除少部分可通过叶片、幼嫩枝条和茎吸收外，大部分都要通过根系从土壤中吸收。吸收功能主要在根尖部位，以根毛区的吸收能力最强。许多树木的根与微生物共生形成菌根或根瘤，增加根系吸水、吸肥、固氮的能力，刺激地上部分的生长。

（2）根的分泌功能　有些园林树木的根系能分泌有机和无机化合物，以液态或气态的形式排入土壤。有利于溶解土壤养分，或者有利于土壤微生物的活动以加速土壤养分的转化，改善土壤结构，提高养分的有效性。有些树木的根系分泌物能抑制其他植物的生长而为自己保持较大的生存空间，也有一些树种的根系分泌物对树木自身有害，因此在进行园林树木栽培与管理中，不仅要在换茬更新时考虑前茬树种的影响，而且也要考虑树种混交时的相互关系，通过栽植前的深翻和施肥等措施加以调节和改造。

（3）根的固定功能　园林树木庞大的地上部分能抵御风、雨、冰、雪、雹等灾害的侵袭，这是由于其强大根系把树木固定在土壤上所起的作用。根内牢固的机械组织和维管组织是根系固着和支持作用的基础。

（4）根的输导功能　由根毛吸收的水分和无机盐通过根的维管组织输送到枝。而叶制造的有机养料经过茎输送到根，以维持根系的生长和生活的需要。

（5）根的合成功能　根也可以利用其吸收和输导的各种原料合成某些物质，如将氮转化成酰胺、氨基酸、蛋白质等；合成某些特殊物质，如细胞分裂素、赤霉素、生长素等激素和其他生理活性物质，对地上部分和生长具有调节作用。

（6）根的贮藏功能　庞大根系是树木营养物质贮藏的场所，许多树木的根内具有发达的薄壁组织，能够贮藏有机和无机营养物质。特别是秋冬季节，树木在落叶前后将叶片合成的有机养分大量地向地下转运，贮藏到根系中，翌年早春又向上回流到枝条，供应树木早期生长所需要的养分。全部根系约占植株总重量的25%～30%，骨干根中贮藏的有机物质可以占到根系鲜重的12%～15%，所以树木的根系是其冬季休眠期的营养储备库。因此，根系是树木贮藏有机和无机营养物质的重要器官。

（7）根的繁殖功能　许多园林树木的根具有较强繁殖能力，其根部能产生不定芽形成新的植株，尤以阔叶树木和大多数灌木树种产生不定芽的能力较强。多数树木在根部伤口处变容易形成不定芽，能够萌蘖发芽，繁殖形成新的植株。许多树木的根系还是良好的繁殖材料，可采用插根、根蘖等方法进行园林树木的营养繁殖。用根繁殖是种群生存扩展的重要基础。

（8）根的再生功能　树木根系具有很强的再生能力，当根系受到伤害时，伤口能够迅速愈合并发生长出大量根系恢复吸收能力。

二、树木根系的分类

1. 根系的起源分类

根据树木根系的发生来源，分为三大类型。

（1）实生根系　实生树的根系为实生根系，是由种子的胚根发育成的根系，它是树木根系生长的基础。实生根系的特点是：一般主根发达，根系分布较深；由胚根发育成的根系发育阶段幼，生活力强；对外界环境有较强的适应能力；因个体遗传影响，实生根系个体间的差异比较大。

（2）茎源根系　是指从地上部的器官（茎、枝、芽或叶）生长出的根系，如利用扦插、压条、埋干等繁殖方法培育成苗木的根系。它来源于茎、枝形成层和维管束组织形成的根原始体，生长出的不定根称之为茎源根系。其特点是：主根不明显；根系分布较浅，生理年龄（即发育阶段）取决繁殖器官的年龄，一般较老，生活力弱；对外界环境的适应能力较差；同一品种的器官来源于同一株母树，因遗传影响，个体间的差异较小。

（3）根蘖根系　是指利用母株根系皮层薄壁组织生长出不定芽形成独立植株后所具有的根系称为根蘖根系，是母株根系的一部分。根蘖根系的特点与茎源根系相似。如泡桐、香椿、枣、石榴、樱桃等形成的根蘖苗。

2. 根系的形态分类

根据树木根系的形态分为两大类型（图2-2）。

（1）直根系　主根、侧根发达粗壮，须根较小，有明显的区别，主根、侧根、须根分布的层次明显。这种主根、侧根、须根有明显区别的根系称为直根系。大多数双子叶植物和裸子植物树种的根系都属于这种类型，如银杏、松柏、玉兰、栎类等。

（2）须根系　主根不发达，或早期停止生长，由茎基发生许多粗细相近的须根，呈丛状生长，根与根之间区别不明显，这种根系称为须根系。单子叶植物树种的根系都属于这种类型，如竹、棕榈类。

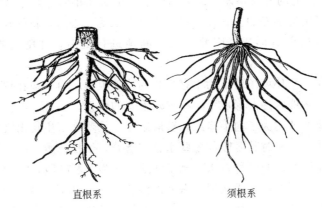

直根系　　　　　须根系

图 2-2　根系的形态分类

3. 根系的结构分类

完整的根系包括主根、侧根、须根和根毛。

（1）主根、侧根　主根由种子的胚根发育而成，它上面产生的各级较粗大分支统称侧根。生长粗大的主根和各级侧根构成树木根系的基本骨架通称为骨干根，这种根寿命长，主要起固本、输导和贮藏养分的作用。有些树种，如棕榈、竹类等单子叶树木，没有主根和侧根之分，只有从根颈或节发出的须根。

（2）须根　须根是着生在主根、侧根上的细小根系，这种根短而细，一般寿命短，但却是根系最活跃的部分。根据须根的形态结构与功能，一般可分为以下三大类型。

① 生长根　生长根（轴根）为初生结构的根，白色，无次生结构，但可转化为次生结构。具有较大的分生区，分生能力强，生长快，有吸收能力。它的功能是促进根系向土层新的区域推进，延长和扩大根系的分布范围及形成小分支——吸收根。这类根在初生须根里属生长较快、粗度和长度较大（为吸收根的 2～3 倍）的。生长根通常是输导根的延长部分，也称为延长根。

② 吸收根　吸收根（营养根）是着生在生长根上无分生能力的细小根，白色。它的长度通常为 0.1～4mm，粗度 0.3～1mm，初生结构，一般不能变为次生结构，寿命短（15～25 天）。其主要功能是从土壤中吸收水分和矿物质，并合成有机物。在根系生长的最好时期，其数目可占整个植株根系的 90％ 以上。吸收根的多少与树木营养状况关系极为密切。吸收根在生长后期由白色转为浅灰色，而经一定时间的自疏而死亡。通过加强水肥管理，可以促进吸收根的发生，提高其活性，是保证园林树木良好生长的基础。

③ 输导根　输导根是次生结构，主要来源于生长根。生长根经过一定时间生长以后，颜色变深，进一步发育成具有次生结构的输导根。它的功能主要是输导水分和营养物质，并起固着作用，随着年龄的增大而逐年加粗变成骨干根。

（3）根毛　根毛是树木根系吸收养分和水分的主要部位，是须根吸收根上根毛区表皮细胞形成的管状突起物，其特点是数量多、密度大，每平方毫米表面能着生

600多个根毛。根毛的寿命很短，多数的根毛仅生活几小时、几天或几周，并因根的栓化和木化等次生加厚的变化而消失。由于老根毛死去时，新的根毛有规律地在新伸长的根尖生长点后形成，因此根毛不断地进行更新，并随着根尖的生长而外移。

（4）树木在一些环境条件下为生存生长的特殊根形　由于根在树木生长期中适应不同陆地生态条件，逐渐形成了一些特殊形态的根系。

一些攀缘藤本植物为了向上攀缘，获取阳光，从茎杆上生长出吸附根，吸附与穿扎在其他物体上，有时甚至吸收一些水分与营养，如扶芳藤、薜荔等。

一些生长在低湿地的树种在水大淹没陆地后，为有利呼吸，从地下向上长出膝状根进行呼吸，如落羽杉，或从树干纵裂的缝隙中生长出较短的气生根进行呼吸，如柳树。一些生长在热带雨林地区或雨量较大的地区的树种为了呼吸，从树干上长出下垂的气生根，并与地面连接，形成一木成林的景观，如榕树。

一些生长在低湿地或雨量较大的地区的树种为了支撑树体不倒，有的生长出板根，如水杉；或在树基部膨大形成大肚形保持稳定，如水松。

一些树种为了更好地生存，与一些微生物共生，形成菌根与根瘤，以豆科植物为多。

此外，还有嫁接根，即根连生，是根的自然嫁接，由树木的亲和力及生长的压力等条件形成。树木根系生长密集或土壤中石块较多，因为生长挤压擦伤，最终使不同植株的根融合为一体形成嫁接根。根据此原理，在老树周围栽种同种小树进行靠接换根可复壮。

三、树木根系生长的习性

（一）根系生长的向地性

地球上的植物一旦发根，都有根向下生长的特性，这是受地球引力的影响，也可称是植物的本能。

（二）根系生长类型

树木根系受遗传特性的影响，在土壤中分布的深浅变异很大，可概括为两种基本类型，即深根性和浅根性。深根性有一个明显的近乎垂直的主根深入土中，从主根上分出侧根向四周扩展，由上而下逐渐缩小。此类树种根系在通透性好而水分充足的土壤里分布较深，故又称为深根性树种，在松、栎类树种中最为常见，如银杏、樟树、臭椿、柿树等。浅根性的树种没有明显的主根或不发达，大致以根颈为中心向地下各个方向作辐射扩展，或由水平方向伸展的扁平根组成，主要分布在土壤的中上部，如杉木、冷杉、云杉、铁杉、槭、水青冈以及一些耐水湿树种的根系，特别是在排水不良的土壤中更为常见。同一树种的不同变种、品种里也会出现深根性和浅根性，如乔化种和矮化种。

（三）根系的水平分布和垂直分布

根系依其在土壤中伸展的方向，可以分为水平根和垂直根两种。水平根和垂直根的分布受环境因素的影响。

水平根多数沿着土壤表层几乎呈平行状态向四周横向发展，根系的水平分布一般要超出树冠投影的范围，甚至可达到树冠的 2～3 倍。根系水平分布的密集范围一般在树冠垂直投影外缘的内外侧，这就是平时施肥的最佳范围。水平根分布范围的大小主要受环境中的土壤质地和养分状况影响。在深厚、疏松、肥沃及水肥管理较好的土壤中，水平根系分布范围较小，分布区内的须根特别多。但在干旱瘠薄的土壤中，水平根可伸展到很远的地方，但须根稀少。水平根须根多，吸收功能强，对树木地上部的营养供应起着极为重要的作用。

垂直根是树木大体垂直向下生长的根系，其入土深度一般小于树高。垂直根能将植株固定于土壤中，从较深的土层中吸收水分和矿质元素，所以，树木的垂直根发育好、分布深，树木的固地性就好，其抗风、抗旱、抗寒能力也强。垂直根虽然在根系中所占的比例小、分生能力弱，但由于垂直根受地上环境影响小，主要受地下深层环境影响，对适应不良的环境和气候起着重要的作用。其主要作用是固着树体、吸收土壤深层的水分和营养元素。根系入土深度取决于土层厚度及其理化特性和地下水位。在土壤疏松、地下水位较深的地方伸展较深；在土壤通透性差、地下水位高或土壤下层有砾石层等不利条件下，垂直根的向下发展会受到明显限制。

树木水平根与垂直根伸展范围的大小决定着树木营养面积和吸收范围的大小。凡是根系伸展不到的地方，树木是难以从中吸收土壤水分和营养的。因此，只有根系伸展既广又深时，才能最有效地利用水分与矿物质。

（四）根系与微生物共生的习性

很多植物的根与微生物能够共生，相互利用，相互促进。

一些植物的根与微生物共生形成根瘤。这些根瘤具有固氮作用。不仅豆科植物而且非豆科植物也能形成根瘤。迄今为止，已知约有 1200 种豆科植物具有固氮作用，而在农业上利用的还不到 50 种。木本豆科植物中的紫穗槐、槐树、合欢、金合欢、皂荚、紫藤、胡枝子、紫荆、锦鸡儿等都能形成根瘤。

豆科植物的根瘤是一种称为根菌的细菌（革兰染色阴性菌）从根毛侵入，而后发育形成的瘤状物。菌体内产生豆血红蛋白和固氮酶进行固氮，并将固氮产物氨输送到寄主地上部分，供给寄主合成蛋白质之用。

非豆科植物可分为赤杨型、苏铁型、罗汉松型及豆科型根瘤植物。赤杨型如木麻黄、桦木、胡颓子、鼠李、马桑、蔷薇、杜鹃和杨梅等，多为放线菌与根共生形成的；苏铁型如苏铁多与蓝藻共生，个别与极毛杆菌和固氮菌共生；罗汉松型如罗汉松、金钱松与细菌共生；根瘤的中心组织叫类菌体。非豆科植物固定的氮量与豆科植物几乎相近。据测定的资料表明，桤木与放线菌的共生结合体在森林内每年每公顷可为地表土壤积累氮素 61～157kg。在红桤木的纯林中，每年的固氮量竟高达 $325kg/hm^2$；成年的木麻黄林每年约可固定氮素 $58kg/hm^2$。

一些树木的根系常有真菌生长。菌根是非致病或轻微致病的菌根真菌，侵入幼根与根的生活细胞结合而产生的共生体。菌根从树木幼苗期即能开始形成。菌根量多，树木生长良好。菌根菌一方面从寄主那里摄取碳水化合物、维生素、氨基酸和生长促进物质，另一方面，对树木的营养和根的生长和吸收起着有益的作用。这些作用表现在以下几个方面。

（1）树木利用菌根的菌丝体在土壤中形成较大的吸收面积，能够吸收到更多的养分和水分。

（2）树木能够利用菌根能溶解土壤中难溶性矿物或复杂有机化合物，并吸收树木所需求的各种养分。

（3）菌根能在其菌鞘中贮存较多的磷酸盐，并能控制水分和调节过剩的水分。

（4）菌根菌能产生抗生物质，排除菌根周围的微生物，防止病原菌侵入。

总之，园林树木养护利用树木与微生物通过物质交换形成互惠互利的关系促进树木的生长。

（五）根系的繁殖习性

一些树木的根系受遗传的影响，具有较强繁殖能力，其根部能产生不定芽形成新的植株。以阔叶树木和大多数灌木树种为多，产生不定芽的能力较强，在根部伤口处更容易形成不定芽，能够萌蘖发芽，繁殖形成新的植株。利用这些树木的根系繁殖习性，采用插根、根蘖等方法进行园林树木的营养繁殖，用根繁殖是树木种群生存扩展的重要基础。

四、根颈及其特点

根和茎的交接处称为根颈，是树体中比较活跃的器官。实生树的根颈是由下胚轴发育而成的，称真根颈；而茎源根系和根蘖根系没有真根颈，其相应部分称假根颈。根颈既不属于茎，也不属于根，具有本身独特的习性。根颈处于地上部与地下部交界处，是树木营养物质交流必需的通道。在秋季它最迟进入休眠，而在春季又最早解除休眠，因而对环境条件变化比较敏感。根颈易受日灼、冻害，深埋又易窒息，因此根颈部深埋或全部裸露对树木生长均不利。

五、影响树木根系生长的因素

树木根系没有自然休眠期，只要条件合适，就可全年生长或随时可由停顿状态迅速过渡到生长状态。其生长势的强弱和生长量的大小随土壤的温度、水分、通气与树体内营养状况以及其他器官的生长状况而异。

（1）土壤温度　土壤温度是限制树木根系生长的生活因素。树木根系的活动与温度有密切的关系。不同的树种对开始发根生长所需要的土壤温度不一致，一般原产温带寒地的落叶树木需要温度低，而热带亚热带树种所需温度较高。根的生长都有最适温度、上限温度和下限温度。温度过高过低都会对根系生长产生影响，造成低温休眠或高温休眠，甚至导致伤害。土壤温度的变化受气候影响，秋季随气温降低由土壤上层向下传导降温，春季随气温上升由土壤上层向下传导升温。由于土壤不同深度的土壤温度随季节而变化，分布在不同土层中的根系活动也不同。以中国中部地区为例，早春土壤化冻后，地表 30cm 以内的土温上升较快，温度也适宜，表层根系活动较强烈；夏季表层土温过高，根系活动受抑，30cm 以下土层温度较适合，中层根系较活跃；90cm 以下土层，周年温度变化小，根系往往常年都能生长，所以冬季根的活动以下层为主。上述土壤层次范围又因地区、土类而异。

（2）土壤湿度 土壤湿度与根系生长有着密切关系，也是限制树木根系生长的生活因素，并具有不可替代性。土壤水分状况对根系生长的影响是多方面的。通气良好而又湿润的土壤环境有利于根系的生长，当土壤含水量达最大持水量的60%～80%时最适宜根系生长。当土壤水分降低到某一限度时，即使温度、通气状况及其他因子都适合，根也要停止生长。水分不足、土壤过干，易造成根系出现木栓化和发生自疏，影响树木生长；根在干旱条件下，根受害，早于叶片出现萎蔫的时间。一是根对干旱的抵抗力要比叶子低得多，二是在严重缺水时，叶子可以夺取根部的水分，或是根系把体内的水分供给了叶子，这样根系因缺水不仅停止生长和吸收，甚至死亡。轻微干旱对根的发育却有好处，可抑制地上部的生长，使较多的树体营养先用于根群生长，致使根群形成大量分支和深入下层的根系，能有效利用土壤的水分和矿质，提高根系的耐旱性。水分过多而含氧少时便会抑制根系的扩展，土壤过湿，甚至出现积水，不但能抑制根的呼吸作用，还造成停长或腐烂死亡。在地下水位高和沼泽地的土壤里，树木主根不发达，侧根呈水平分布，根系浅。落羽松在沼泽地上的侧根多有"笋"状隆起，高出地面或水面。柳树遭水淹后，树干上萌发气生根浮于水面，靠水面荡漾进行气体交换，而一些树种如油松等积水几天就可能死亡。可见选栽树木要根据其喜干、湿程度，并正确进行灌水和排水。

（3）土壤通气 土壤通气也是限制树木根系生长的生活因素，土壤通气、土壤湿度的变化都受土壤孔隙率的限制，因此土壤通气与土壤湿度在土壤中形成互补，对根系生长影响很大。土壤孔隙率高、通气良好的地方，根系密度大、分枝多、须根量大。孔隙率低、土壤气体交换恶化、通气不良的地方，发根少，生长缓慢或停止，易引起树木生长不良和早衰。现在城市由于铺装路面多、市政工程施工夯实以及人流踩踏频繁，造成土壤紧实，土壤孔隙率缩小，内外气体不易交换，影响根系的穿透和发展，并且引起有害气体（CO 等）的累积，导致根系中毒，影响菌根繁衍和树木的水分和矿物质吸收。土壤水分过多也影响土壤通气状况，并以此影响根系的生长。

（4）土壤养分 土壤养分是影响树木根系生长的生活因素，但不会像温度、水分、通气那样成为限制根系生长的因素。在一般土壤条件下，土壤养分状况不至于使根系处于完全不能生长的程度，但可影响根系的质量，如根系的发达程度、细根密度、生长寿命的长短。根有趋肥性，总是向肥多的地方生长，在肥沃的土壤和施肥的条件下，根系发达，细根密集，活动时间长；在贫瘠的土壤中，根系生长瘦弱，细根稀少，寿命短。有机肥有利树木发生吸收根，适当施有机肥有利根的生长，可以增加根系密度，促进根系的吸收能力增强。适当施无机肥对根的生长有好处，如施氮肥可通过叶的光合作用来增加有机营养及生长激素，从而促进根系的发根量，但是过量地施用会引起枝叶徒长，消耗大量营养物质，反而会削弱根系的生长。磷和微量元素（硼、锰等）对根的生长都有良好的影响。但如果在土壤通气不良的条件下，有些元素会转变成有害的离子（如：铁、锰会被还原为二价的铁离子和锰离子，提高了土壤溶液的浓度），使根受害。

（5）树体有机营养　根的生长与执行其功能的状况取决于树木地上部所供应的营养物质的多少。土壤条件好时，根的生长总量取决于树体向下输送有机营养的多少。当叶片受害或结实过多，树木生产的营养物质不足以满足根的生长需求，根的生长就受阻碍，此时即使加强施肥，短时间作用也不大，难以改善根系的生长状况，需通过保叶、改善叶的机能或通过疏果来促进营养物质生产、减少消耗，以促进根系的生长。这种直接效应不是其他因素所能代替的。其他一些因素，如土壤类型、土壤厚度、母岩种类及分化状况、地下水位高低等，对根系的生长与分布都有密切关系，但往往通过对以上因素的作用间接影响根系的生长。

六、根系的年生长动态

树木根系由于没有自然休眠，只要满足所需条件，可以周年生长，但受气候影响，与地上部密切相关。由于气候在一年呈周期性的变化，树木根系的伸长生长在一年中也是有周期性的。根的生长周期与地上部不同。其生长又与地上部密切相关和往往交错进行，而且不同树种的表现也有所不同。掌握园林树木根系年生长动态规律，对于科学合理地进行树木栽培和管理有着重要的意义。

经有些研究者的研究报道，根据不同树种、不同环境，树木根系一年中有多个生长周期。据河北农业大学（1965年）对初结果的金冠苹果观察，根系一年中有三次生长高峰。第一次，一般春季根开始生长后从3月上旬开始到4月中旬达高峰，然后是地上部开始迅速生长，而根系生长趋于缓慢，这次生长程度、发根数量与上一生长季树体贮藏营养水平有关。第二次，从新梢将近停止生长开始到果实加速生长和花芽开始分化前后，约6月底7月初出现高峰。这次根系生长出现一个大高峰。其强度大，发根多，时间长、生长快，是全年发根最多的时期，随后由于果实迅速发育而转入低潮。第三次，自9月上旬至11月下旬，随着叶片养分的回流积累，根的生长又出现第三个高潮，但随着土温下降，根的生长越来越慢，至12月下旬便停止生长，被迫进入休眠。一年中，树木根系生长出现高峰的次数和强度与树种和年龄有关。据研究，苹果小树的根系一年有上述三次高峰；大树虽也有三次，但萌芽前出现的第一次高峰不明显。又如生长在佐治亚州的美国山核桃根的生长周期多达4~8次。根在年周期中的生长动态还受当年地上部生长和结实状况的影响，同时还与土壤温度、水分、通气及营养状况等密切相关。因此，树木根系年生长过程中表现出高峰和低峰交替出现的现象，是上述因素综合作用的结果，只是在一定时期内某个因素起着主导作用。冬季根系生长最慢的日期与土壤温度最低的日期一致，而夏季根系生长最慢的日期则与土壤湿度最低的日期相一致。

一般来说，根系生长所要求的温度比地上部分萌芽所要求的温度低，因此春季根系开始生长比地上部分早。有些亚热带树种的根系活动要求温度较高，如果引种到温带冬春较寒冷的地区，由于春季气温上升快，地温的上升还不能满足树木根系生长的要求，也会出现先萌芽后发根的情况，出现这种情况不利于树木的整体生长发育，有时还会因树木地上部分活动强烈而地下部分的吸收功能不足导致树木死亡。

根在年周期中的生长动态取决于树木种类、砧穗组合、当年地上部生长、结实状况，同时还与土壤的温度、水分、通气及无机营养状况等密切相关。因此，树木根系生长高、低峰的出现，是上述因素综合作用的结果。但在一定时期内，有一个因素起主导作用，树体的有机养分与内源激素的累积状况是根系生长的内因，而夏季高温干旱和冬季低温是促使根系生长低潮的外因。在整个冬季虽然树木枝芽进入休眠，但根并非完全停止活动。这种情况因树种而异。松柏类一般秋冬停止生长，阔叶树冬季常在粗度上有缓慢生长。在生长季节，根系在一昼夜内的生长也有动态变化，如葡萄和李树根系夜间的生长量和发根数多于白天。

七、根的生命周期

在树木生命周期中，根系同样要经历发生、生长发育、衰老、死亡和更新的过程与变化。不同类型的树木都有一定的发根方式，常见的是侧生式和二叉式。树木自繁殖成活以后，在幼年期根系生长很快，从根颈开始伸入土中，出现离心生长，逐渐分叉，依次形成多级骨干根和须根，向土壤的深度和广度伸展速度都超过树冠投影扩展速度，但树木根系生长领先的年限因树种而异。随着年龄的增加，根系生长速度趋于缓慢，并逐渐与地上部分的生长形成一定的比例关系，如梨在定植的头两年垂直根发育很快，4～5 年可达其分布的最大深度。此后，主要是水平根迅速向四周扩展。树龄达 20 年以后，水平根延伸减慢，直至停止。根的粗度变化，在3～4 年以前，垂直根的粗生长占优势。随着树龄的增加，水平根的粗生长逐渐超过垂直根。40～50 年生的梨树幼年形成的垂直根已经枯死，此时主要靠水平根向下成为垂直或斜生根系，伸向土壤深层。

在树木整个生命活动过程中，根系始终发生局部的自疏与更新。从根系生长开始一段时间后就会出现吸收根的死亡现象，吸收根逐渐木栓化，外表变为褐色，逐渐失去吸收功能；有的轴根演变成起输导作用的输导根，有的则死亡。至于一个小的须根系统，自身也有一个小周期规律变化，从形成到壮大直至衰亡一般只有数年的寿命。须根的死亡起初发生在低级次的骨干根上，其后发生在高级次的骨干根上，以致较粗骨干根的后部出现光秃现象。这种根系在离心生长过程中，随着年龄的增长，骨干根早年形成的弱根、须根，由根颈沿骨干根向尖端出现衰老死亡的现象，称之为"自疏"即根系的离心秃裸。不利的环境条件、病虫害和其他有机体的侵袭以及树龄的增大，是造成一些根系衰老死亡的原因。健康树木的很多小根在形成后不久就死去，但有些小根的寿命较长，如挪威云杉的大多数吸收小根，通常生存3～4 年。由于受树种、品种遗传的影响，树木根系分布的深度和广度是有限的，因此根系的生长发育状况很大程度受当地土壤环境条件及地上部生长状况所影响。当根系生长达到当地土壤环境条件下最大幅度后，随着土壤中的水分、养分和树体营养物质不足，开始发生向心更新。由于受土壤环境影响，不是有规律地更新，常出现大根季节性间歇死亡现象。当部分根系死亡后，更新发生的新根仍按上述有规律生长和更新。随树体衰老而逐渐缩小。有些树种进入老年后常发生水平根基部的隆起。当树木衰老，地上部濒于死亡时，根系仍能保持一段时期的寿命。利用根的此特性，我们可以进行部分树种的老树复壮工程。

八、栽培管理与根系生长

树木栽培的重要措施就是创造良好的土壤环境条件，促进根系的生长发育。在不同树木年龄阶段，根系生长发育特点是不同的。在树木幼年期里，树木迅速生长扩大树冠的同时，根系生长很快，离心生长，逐渐分叉形成多级骨干根和须根，向土壤的伸展速度超过树冠投影扩展速度，必须进行深耕或扩穴，增施有机质改良土壤，以形成强大的根系。而在密植的情况下，对乔砧及生长旺盛的品种，则必须抑制根系的生长发育，并注意采取减少树木的叶量以减少地上部分对根系营养物质的供应，同时通过弯根、垫根等方法控制根系徒长。在施肥上应多侧施和浅施，诱导水平根的发育。随着树龄的增大和果量的增加，要加深耕作层，深施肥，促进下层根的发育，同时控制地上部分的果量，以增加地上部分对根系营养物质的供应。到衰老期，应促进根系的更新复壮，多施粗有机质，增加土壤孔隙率，改善土壤环境条件，调节土壤中的水分、养分状况，促进再生新根的发生，以延缓衰老。

在年周期中，土壤管理也要根据生长特点进行。在早春，由于气温低，养分分解慢，根系处于刚恢复生长的阶段，在南方和土壤水分多的地方，应注意排水、松土，迅速提高土温；在北方和春旱地区，要注意灌水、解冻，促进根系的活动。施肥应以腐熟肥料为主，促进吸收根的生长发育。至夏季期间，气温高，蒸发量大，同时又是树木生长发育的最旺盛期，保持根系的迅速生长特别重要。在高温干旱季节，通过灌水、松土、土面覆盖等措施防止水分不足，保持根系正常活动；降水过多的时候，通过排水措施防止积水影响根系正常活动。秋季的土壤管理也十分重要。据观察，秋季和初冬根系生长往往比春季多，既可继续吸收水分与养分，又能将树体回输的物质合成有机化合物积累贮藏起来，提高树木抗寒能力，而且寿命长，也可满足树木生长的需要。因此，在秋季进行土壤深耕，深施较多的有机肥，灌冻水，对促进生长根的发育十分必要。

第三节　枝条的生长与树体骨架的形成

树木除了少数具有地下茎或根状茎外，茎是植物体地上部分的重要营养器官。植物的枝茎起源于芽，又制造了大量的芽。枝茎是联系地上、地下各组织器官，形成庞大的分枝系统，连同茂密的叶丛，构成完整的树冠结构，主要起着支撑、联系、运输、贮藏、分生、更新等作用。树体枝干系统及所形成的树形决定于枝芽特性，芽抽枝，枝生芽，两者极为密切。了解树木的枝芽特性，对整形修剪有重要意义。

一、枝茎的作用

（1）枝茎的支撑作用　树木利用枝茎整个分枝系统支撑起地上部的叶、花、果、芽等器官在空间的分布，以利器官的生长发育。

（2）枝茎的联系作用　枝茎是联系地上、地下各组织器官的分枝系统，将信息通过系统传导到各个部位和器官。

（3）枝茎的运输作用　树木利用枝茎分枝系统中运输通道输送水分、无机盐和有机养料，维持和促进各个器官的生长发育。

（4）枝茎的贮藏作用　树木利用地上茎、地下茎或根状茎贮藏叶片生产的有机营养。枝茎是植物体地上部分体积最大的器官，可以多年贮藏、多年利用。

（5）枝茎的分生作用　枝茎顶端具有极强的分生能力，能形成庞大的树冠。生长着的枝条通常包括茎、叶和芽，由节和节间组成。节是茎上着生叶、芽的部位，也是枝着生的地方。节间是茎上相邻节之间的部分。芽开放和延伸的结果是枝条生长、新枝的出现以及增加芽的数量，为枝条分生做准备。

（6）枝茎的更新作用　一些树种枝茎上的一些芽具有一定的潜伏期或能萌发不定芽，当一些枝条衰老死亡时，这些芽可以萌发生长，进行更新。

二、芽的分类、特性

芽是树木在生长活动中为适应不良环境、延续生命活动而形成的重要器官。它是树体各个器官的原始体，与种子有相似的特点，在适宜的条件下，可以形成新的植株。同时，芽偶尔也可由于某些刺激而发生遗传变异，为芽变选种提供条件。因此，芽是树木生长、开花结实、保持母本优良性状及营养繁殖的基础，是修剪整形、更新复壮等措施应用的依据。

1. 芽的分类

（1）根据芽的位置分类

① 定芽　有固定着生位置，如顶芽和腋芽。

② 不定芽　没有固定着生位置的在其他部位（如茎、根）的芽。

（2）根据芽的性质分类

① 叶芽　生长枝条叶片的芽。

② 花芽　形成花器官的芽。

③ 混合芽　同时具有枝叶、花器官的芽。

④ 潜伏芽　是指一些休眠芽和隐芽，多年不萌发、呈潜伏状态的芽。

2. 芽的特性

（1）芽序　芽在枝条上按一定规律排列的顺序性称为芽序。因为大多数的定芽都着生在叶腋间，所以芽序与叶序一致。不同树种的遗传不同，芽在枝条上排列的顺序不同。主要有三种芽序，多数树木为互生芽序，其中大部分为 2/5 式，即相邻芽在茎或枝条上沿圆周着生部位相位差为 144°；少量树种的芽序为 1/2 式，即着生部位相位差为 180°。另外，有对生芽序，如泡桐、丁香、洋白蜡、大叶黄杨、女贞等，即每节芽相对而生，相邻两对芽交互垂直。轮生芽序，如夹竹桃、南洋杉、雪松、油松、灯台树等，芽在枝上呈轮生状排列。由于枝条也是由芽发育生长而成的，芽序对枝条的排列乃至树冠形态有影响，对树木的整形修剪有重要的指导意义。

（2）**芽的异质性**　同一枝条上不同部位的芽在生长发育过程中，由于所处的环境条件不同以及枝条内部营养状况的差异，使处在同一枝条上的芽存在着大小、饱满程度和性质上的差异，称为芽的异质性。在早春新梢生长时基部形成的芽，由于气温低，叶面积小，正处于生长耗养阶段，芽的发育程度较差，常形成瘪芽或隐芽。随着气温升高，叶面积增大，光合作用增强，同化营养物质增多，芽的质量逐渐提高。在枝条缓慢生长后期，叶片合成并积累了大量的养分，这时形成的芽极为充实饱满。此外，如果长枝的生长延至秋后，由于时间短，芽往往不易形成，或质量不好。如柑橘、板栗、柿、柳、杏等新梢顶端的芽有自枯现象，故最后形成的顶芽是腋芽（即假顶芽），一般较为饱满。芽的饱满程度能够显著地影响以后新梢的生长势。

树体成年期枝条的异质性，不仅表现在芽的饱满程度上，而且表现在芽的性质（叶芽、花芽等）上。由于同化营养物质多少的差异，即抽生不同的器官（叶芽、花芽等）。

（3）**芽的早熟性和晚熟性**　有些树木当年新梢上的芽能够连续萌发生长，抽生二次梢或三次梢，这种不经过冬季低温休眠就能够在当年萌发的称为早熟性芽，这种特性称为芽的早熟性。如紫叶李、红叶桃、金叶女贞、大叶黄杨、柑橘、月季等均具早熟性芽。具有早熟芽的树种一般分枝较多，进入结果期早。另有一些树木的芽，当年一般不萌发，必须经过冬季低温休眠，翌年春天才能萌发的，这种芽称为晚熟性芽，这种特性称为芽的晚熟性。如紫叶李、红叶桃、苹果、梨的多数品种都具晚熟芽。如榆叶梅、红叶桃的叶芽有早熟性可生长出夏、秋梢，而花芽则是晚熟性芽。芽的早熟性和晚熟性还与树龄及栽培地区气候有关，如树龄增大，晚熟芽增多，夏秋梢形成的数量减少；北方树种南移，早熟芽增加，发梢次数增多。

（4）**萌芽力及成枝力**　生长枝上的叶芽萌发的能力叫萌芽力。一般以萌发的芽数占总芽数的百分率表示，因此也称萌芽率。生长枝上的叶芽，不仅萌发而且能抽成长枝的能力，叫成枝力。一般以具体成长枝数占萌芽数的百分率表示，也称为成枝率。萌芽力和成枝力因树种、品种、树势而不同，如柑橘、葡萄、核果类树木，萌芽力及成枝力均弱；榆叶梅的萌芽力强而多数品种成枝力弱。臭椿、青桐的萌芽力弱成枝力强。

（5）**芽的潜伏力**　许多树木枝条基部的芽或上部的副芽由于芽的质量及树体营养原因，在一般情况下不萌发而呈潜伏状态，这类芽称之为潜伏芽。树木衰老或因某种刺激，使潜伏芽萌动发生新梢的能力称芽的潜伏力。芽的潜伏力可用潜伏芽保持萌芽抽枝的年限（即潜伏芽寿命）表示。芽潜伏力强弱与树种的遗传特性有关，也和外界环境有关。芽潜伏力强的树种，枝条恢复能力强，容易进行树冠的复壮更新，如金银木、柑橘、女贞、月季、悬铃木、榔榆等。芽潜伏力弱，枝条恢复能力也弱，所以树冠容易衰老，如桃等。芽的这种特性对树木复壮更新是很重要的。芽的潜伏力也受营养条件和栽培管理的影响，条件好，隐芽寿命就长。潜伏芽的多少、潜伏寿命长短都影响树冠的更新和复壮。

三、树体的结构组成及茎枝的特性

（一）树体的结构组成

树木地上部分的骨架由茎枝组成，可以分成茎干与树冠两部分（图2-3）。

1. 茎干

（1）主干 从地面起至第一主枝间的树干称为主干，其高度称为干高。主要起着支撑树冠、运输物质和贮藏营养的作用。

（2）中心干（中央领导干） 主干上部位于中央直立生长的大枝，通常是主干的延伸部分，有时把它归为树冠中的骨干枝。有明显中心干，如雪松、银杏等；中央领导干不明显或无中央领导干，如槐树、榉树、梅等。

2. 树冠与枝条分类

树体树冠是主干以上集生枝条的部分，由中心干、主枝、侧枝和其他各级分枝构成的空间形态。冠长（高）是指第一主枝的最低点至树冠最高点的距离；冠幅是指树冠垂直投影的平均直径，一般用树冠纵横两个方向的平均值表示。

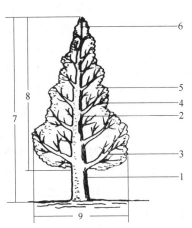

图2-3 树体结构
1—主干；2—中心干；3—主枝；
4—侧枝；5—树冠；6—中心干延长枝；
7—树高；8—冠长；9—冠幅

（1）主枝 着生在主干或中心干上的永久性大枝，通常与主干或中心干呈一定角度着生，在中心干上常以一定层次排列，位置最低的主枝称第一主枝，依次向上为第二、第三主枝等。

（2）侧枝 从主枝上分生的主要大枝（亦称二级枝），从侧枝上分生出的主要大枝也称为副侧枝（亦称三级枝），以此类推。这些构成树冠的骨干大枝统称为骨干枝。它们支撑树冠的全部侧生枝及叶、花、果，具有贮藏和运输的作用，并构成不同树冠外貌。

（3）延长枝 延长枝是各骨干枝及中心干先端领头延伸的一年生枝，统称延长枝。延长枝在幼年、青年期是处于大生长量的阶段，起着扩展树冠的作用。随着枝龄的增加而成为骨干枝的一部分，随着分枝级次的增加和离心生长的能力逐渐减弱，到达一定级次后，其生长量已很小，同附近的小侧枝的差异难以区分。

（4）小侧枝与枝组 自侧枝分生出许多细小的小枝叫小侧枝，许多细小的小枝形成的枝群称为枝组。常能分化花芽并开花结实。

凡是具有发芽分枝的树种，基本拥有以上各种组成树木地上部骨架的茎枝。这些也是园林绿化中通过修剪获得艺术造型的根本。

（二）茎枝的特性

1. 顶端优势

顶端优势是指枝茎顶部活跃的分生组织或茎尖对其下侧芽生长发育的抑制现象，也包括树木中心干对主枝、主枝对侧枝的抑制。一般高大乔木树种都具有较强的顶端优势。树木枝茎上顶端优势的明显反映是：树木同一枝条上顶芽或位置高的芽比其下部芽饱满、充实，萌发力、成枝力强，抽生出的新枝生长旺盛。许多园林树木都具有明显的顶端优势，它是保持树木具有高大挺拔的树干和树型的生理基础。顺枝向下的腋芽，枝条的生长势逐渐减弱，最下部的芽甚至处于休眠状态。如果剪去顶芽和一些上部腋芽，即能促使下部腋芽和休眠芽萌发，并促进了新梢的生长量。这种顶端优势还表现在树木的中心干生长势要比同龄的主枝强，树冠上部的枝条要比下部的强。一般树种都有一定的顶端优势。越是高大的乔木，顶端优势也越强；越是低矮的灌木，顶端优势也越弱。目前已经证实，顶芽（梢）的生长素对下面的侧芽有抑制作用，摘除顶芽，下部腋芽和休眠芽萌发，并促进了新梢的生长量；但是如果在摘除顶芽的伤口上涂抹生长素，侧芽就像没有摘除顶芽一样受到抑制。来自根的细胞分裂素对顶端优势也有作用。侧芽由于缺乏细胞分裂素，因而不能从抑制作用中解脱出来。如果对植物体施用细胞分裂素，可以使侧芽萌发。萌发以后，侧芽的生长发育还要有较高的生长素、赤霉素和必要的营养。顶芽的生长素可以控制根部合成的细胞分裂素的分配和运输。体内生长素含量较高的芽得到的细胞分裂素也多，生长势也较强。一般来说，幼树、强树的顶端优势比老树、弱树明显，枝条在树体上的着生部位愈高；枝条上顶端优势愈强，枝条着生角度越小，顶端优势的表现越强，而下垂的枝条顶端优势弱。

无论乔木或灌木，不同树种的顶端优势的强弱相差很大。在园林树木养护中，必须了解与运用树木的顶端优势，才能在园林树木修剪中达到整形目的。顶端优势强的树种容易形成高大挺拔和较狭窄的树冠，而顶端优势弱的树种容易形成广阔圆形树冠。对于顶端优势比较强的树种，为了扩展树冠，抑制顶梢的顶端优势可以促进主、侧枝的生长；对于顶端优势较弱的树种，为了增加树高，可以通过对侧枝的修剪来促进顶梢的生长。因此，要根据不同树种顶端优势的差异，通过科学管理，合理修剪培养良好的树干和树冠形态。

2. 枝的生长类型

多数园林树木茎的外形呈圆柱形，也有的呈椭圆形或扁平柱形等。不同植物的茎在长期的进化过程中，形成了各自的生长习性以适应外界环境，除中心干延长枝、突发性徒长枝呈垂直向上生长外，多数枝条因对空间和光照的竞争而呈斜向生长，也有向水平方向生长的，这样可使叶在空间合理分布，尽可能地充分接受光照。根据树木茎枝的伸展方向和外部形态特点可分为以下几种生长型。

（1）直立生长 茎以明显的背地性垂直于地面生长，处于直立生长状态。但枝条伸展的方向取决于背地角的大小。多数树种主干和枝条处于直立、斜生状况，但也有许多变异类型。大多数园林树木的茎属于直立茎。从枝条生长特点分为以下类型。

① 垂直紧抱型 一般树木的主干或主茎都有垂直向上生长的特性，也有一些树种的分枝有垂直向上的生长趋势。多数枝条呈垂直向上生长的树种容易形成紧抱的树形，如钻天杨、千头柏、侧柏、冲天柏等。

② 斜伸开张型 这类树种的枝条多与树干主轴呈一锐角斜向生长，一般容易形成圆形或半圆形的树形，如榉、榆、合欢、樱、梅等。

③ 金字塔型 这类树种的主、侧枝与树木中心干呈直角沿水平方向生长，一般容易形成塔形、圆柱形的树形，如冷杉、杉木、雪松、柳杉、南洋杉、台湾杉（秃杉）等。

④ 龙游型 这类树种的枝条在生长中呈现扭曲和波状形斜生状况，如龙游梅、龙桑、龙爪柳、龙爪枣等。

⑤ 下垂型 这类树种的枝条萌芽时有一定的顶端优势，即高位长势旺，但新梢生长有十分明显的向地性，随着枝条的生长而逐渐向下弯曲，有些树种甚至在幼年时都难以形成直立的主干，必须通过高接才能直立。这类树种容易形成伞形树冠，如垂柳、龙爪槐、垂枝碧桃、垂枝梅、垂枝榆等。

（2）攀缘生长 是指茎长得细长柔软不能直立，需要通过缠绕或特有的结构攀缘在其他物体上实现向上生长、具缠绕茎和攀缘茎的木本植物，统称为攀缘植物，简称为藤木。有的通过能缠绕攀缘在其他物体上如紫藤、金银花等；或附有适应攀附他物的器官——卷须、吸盘、吸附气根、钩刺等，借他物支撑，向上生长。可分为卷须攀缘茎，如葡萄等；气生根攀缘茎，如常春藤等；叶柄攀缘茎、钩刺攀缘茎，如叶子花、蔷薇类等；吸盘攀缘茎，如地锦、五叶地锦等。

（3）匍匐生长 是指茎蔓细长不能直立，又无攀附器官的藤木或无直立主干的灌木，常匍匐于地生长。在热带雨林中，有些藤木如绳索状，爬伏于地面或呈不规则的小球状铺于地上。匍匐灌木只能匍匐于地面生长。这种生长类型的树木在园林中常用作地被植物。

3. 树木的分枝方式

分枝是园林树木生长发育过程中的普遍现象，是树木生长的基本特征之一。主干的伸长和侧枝的形成是顶芽和腋芽分别发育的结果。侧枝和主干一样，也有顶芽和腋芽，可以继续产生侧枝，依次产生大量分枝构成庞大的树冠，使尽可能多的叶片避免重叠和相互遮阴。枝叶在树干上按照一定的规律分枝排列，可更多地接受阳光，扩大吸收面积。各个树种由于遗传特性、芽的性质和活动情况不同，形成不同的分枝方式使树木表现出不同的形态特征。

（1）总状（单轴）分枝 这类树木顶芽优势极强，生长势旺，每年主干由顶芽不断向上伸长而形成，从而形成高大通直的树干，主、侧枝由各级侧芽形成，长势小于顶端生长，分枝能力要比主干弱。大多数针叶树种属于这种分枝方式。属于这一分枝方式的阔叶树大都在幼年期总状分枝生长表现突出，但维持中心主枝顶端优势年限较短，侧枝相对生长较旺，在成年期已形成庞大的树冠，总状分枝的表现得不很明显。总状分枝的树木中有很多名贵的观赏树和极为重要的用材树，如雪松、圆柏、龙柏、罗汉松、水杉、池杉、黑松、湿地松、杨树、栎、七叶树、薄壳山核桃等。

（2）合轴分枝　这类树木的新梢在生长期末因顶端分生组织干枯死亡或形成花芽，不能继续向上生长，而由下部的侧芽代替原有的顶芽生长，每年如此循环往复。这种主干是由许多腋芽伸展发育而成，实际是侧枝联合组成的，这种分枝方式称为合轴分枝。合轴分枝使树木或树木枝条在初期呈现出曲折的形状，随着老枝和主干的加粗生长曲折的形状逐渐消失。合轴分枝的树木，树冠开展，侧枝粗壮，整个树冠枝叶繁茂，通风透光，有效地扩大光合作用面积，是较为进化的分枝方式。由于合轴分枝的树木有较大的树冠能提供大面积的遮阳，在园林绿化和景观美化中适合于营造一种悠闲、舒适和安静的环境，是主要的庭阴树木，园林中大多数树种属于这一类，且大部分为阔叶树。如白榆、刺槐、悬铃木、榉树、柳树、樟树、杜仲、槐树、香椿、石楠、苹果、梨、桃、梅、杏、樱花等。

（3）假二叉分枝　指有些具对生叶（芽）的树种顶端分生组织干枯死亡或形成花芽，下面的两侧腋芽同时发育，形成二叉状分枝。这类假二叉分枝的树木实际上是合轴分枝方式的一种变化。有泡桐、黄金树、梓树、楸树、丁香、女贞、石榴、连翘、迎春花、金银木、四照花、卫矛和桂花等。

（4）多歧式分枝　这类树种顶芽在生长期末，生长不充实，侧芽之间的节间短或在顶梢直接形成3个以上长势均等的侧芽，下一个生长季节梢端附近能抽出3个以上的新梢同时生长，称为多歧式分枝。具有这种分枝方式的树种一般主干低矮，如苦楝、臭椿等。

4. 树木的干性与层性

树木干性指树木中心干的长势强弱及其能够维持时间的长短。凡顶端优势明显，中心干长势强而持久，且中心干坚硬，能长期处于优势生长的树种，称为干性强，这是高大乔木的共性，即中轴部分比侧生部分具有明显的优势。反之称为干性弱，如弱小灌木的中轴部分长势弱，维系时间短，侧生部分具有明显的优势。

树木层性是指中心干上的主枝、主枝上的侧枝分层排列的明显程度，层性是顶端优势和芽的异质性共同作用的结果。从整个树冠看，在中心干和骨干枝上有若干组生长势强的枝条和生长势弱的枝条交互排列，形成了各级骨干枝分布的成层现象。有些树种的层性一开始就很明显，如油松等；而有些树种则随年龄增大，弱枝衰亡，层性才逐渐明显起来，如雪松、马尾松、苹果、梨等。具有明显层性的树冠有利于通风透气。层性能随中心主枝生长优势保持年代长短而变化。

不同树种的层性和干性强弱差异很大。凡是顶芽及其附近数芽发育特别良好、顶端优势强的树种，层性、干性就明显，如裸子植物的银杏、松、杉类干性很强；由于顶端优势弱，芽的异质性小，成枝率高，层性与干性均不明显，如柑橘、桃、金银木、石榴等。因此，顶端优势的强弱与保持年代的长短可以表现为其层性是否明显。干性强弱是构成树干骨架的重要生物学依据，对研究园林树形及其演变和整形修剪有重要意义。

四、茎枝的年生长

树木每年都通过枝茎生长来不断增加树高和扩大树冠，枝茎生长包括加长生长和加粗生长两个方面。在一年内树木生长增加的粗度与长度称为年生长量。对于乔木调查是每年的树高、胸径和冠幅生长量，对于灌木调查是每年的树高、冠幅和枝条生长量，在一定时间内，枝条加长和加粗生长的快慢称为生长势。这些是衡量树木生长状况的常用指标也是评价栽培措施是否合理的依据之一。

1. 枝条的加长生长

枝和干的加长生长来自芽的生长与发育，芽的生长点在一定内外条件下发生快速的细胞分裂，产生初生分生组织，经过分化与成熟，形成了具有表皮、皮层、韧皮部、形成层、木质部、中柱鞘和髓等各种组织的嫩枝或嫩茎，从而开始了年周期内枝的加长生长活动，而且生长点的活动贯穿着新梢生长的始终。加长生长并不是匀速的，从芽发展到枝的形成，一般都会表现出慢—快—慢的生长规律。根据这个规律，多数树种的新梢生长可划分为以下三个时期。

（1）开始生长期　随着春季气温回升，芽开始萌动后，叶芽幼叶伸出芽外，随之节间伸长，幼叶分离。此期的新梢生长主要依靠树体在上一生长季节贮藏的营养物质，新梢生长速度慢，节间较短；叶片由前期形成的芽内幼叶原始体发育而成，其叶面积较小，叶形与后期叶有一定的差别，叶片薄，叶脉稀，叶的寿命也较短，有些树种在这个时期生长的叶量小，甚至无叶。叶腋内的侧芽的发育也较差，常成为休眠芽。有些树种的春季生长取决于上一年枝条的生长状况与贮藏营养物质的多少。

（2）旺盛生长期　从开始生长期之后，随着幼叶迅速分离，叶片增多，叶面积加大，光合作用增强，枝条很快进入旺盛生长期。此期的枝条生长由利用贮藏物质转为利用当年的同化物质，树木要从土壤中吸收大量的水分和无机盐类，生长点分生组织的细胞液浓度低，细胞形成新组织的速度加快。此期形成的枝条，节间逐渐变长，叶片的形态也具有了该树种的典型特征，叶片较大，寿命长，叶绿素含量高，同化能力强，侧芽较饱满。因此，上一生长季节的营养贮藏水平和本期肥水供应对新梢生长势的强弱有决定性影响。

此时水分供给不足或出现干旱，会导致提早停长封顶。通常把这个时期称为"新梢需水临界期"。枝梢旺盛生长期的长短是决定枝条生长势强弱的关键。

（3）缓慢生长和停止生长期　旺盛生长期过后，由于外界环境如温度、湿度、光周期的变化，芽内抑制物质的积累，新梢生长量减小，生长速度变缓，节间缩短，新生叶片变小。新梢从基部开始逐渐木质化，最后形成顶芽或顶端枯死而停止生长。枝条停止生长的早晚与树种、部位及环境条件关系密切。新梢停止生长的时间，北方树种早于南方树种，成年树木早于幼年树木，花、果短枝或花束状果枝早于营养枝，有些徒长枝甚至因没有停止生长而受冻害。土壤养分缺乏、透气不良、干旱等不利环境条件都能使枝条提前1~2个月结束生长，而氮肥施用量过大，灌水过多或降水过多均能延长枝条的生长期。在栽培中应通过合理调节肥、水，来控制新梢的生长量，加以合理的修剪，促进或控制枝条的生长，达到园林树木培育的目的。

2. 枝条的加粗生长

树干、枝条的加粗都是形成层细胞分裂、分化、增大的结果。在新梢伸长生长的同时，也进行加粗生长，但粗生长高峰稍晚于加长生长，停止也较晚，新梢加粗生长随着加长生长，由基部到梢部进行。在同一株树上，下部枝条停止加粗生长比上部稍晚。春天当芽开始萌动时，加粗生长最先在接近萌动芽部位的形成层开始活动，然后由上而下开始微弱增粗。因此，落叶树形成层开始活动稍晚于萌芽，离新梢较远的树冠下部的枝条形成层细胞活动也较晚。随着形成层的活动，枝干出现微弱的增粗。此后，随着新梢不断地加长生长，形成层活动也持续进行。新梢生长越旺盛，则形成层活动也越强烈，持续时间也越长。秋季由于叶片生产的大量光合产物回输，枝干明显加粗。但从加粗生长的量看，级次越高的枝条粗生长高峰期越早，粗生长量越小。级次越低的枝条粗生长高峰期越晚，粗生长量越大。一般幼树粗生长持续时间比老树长，同一树体上加粗生长的开始期和结束期是从上到下逐渐停止，而以根颈结束最晚。

五、影响树木新梢生长的因素

树木新梢的生长状况不仅影响着树木每年叶、花、果数量的多少，影响一年光合产物量的多少，影响树体营养物质积累的多少，而且以此影响树木年周期的生长状况，并影响树体长势旺盛、衰弱与否，导致树木生命周期的长短。新梢的生长与树体的内因与外界环境条件有密切的关系，树木养护中，了解各种因素对新梢生长的影响是采取相应技术措施的基础。

（一）树种遗传基因的控制作用

不同树种和品种的遗传特性不同，导致新梢在生长量上差异很大。生长势旺盛、枝长粗壮、树体高大的树种称为乔化型，而生长势弱、枝条短、树体矮小的树种称为矮化型。同一树种中，不同品种的树木由于遗传的差异，同样会出现乔化型和矮化型。如在桃树中，山桃的长势快，枝条长，树体高大，可称为乔化型；而寿星桃长势慢，枝条短，树体矮小，为矮化型。

而将接穗嫁接在乔化型或矮化型砧木上，同样受到砧木遗传特性的影响，导致新梢生长势上出现明显差异，并使嫁接树在树形上出现高低、大小的差异。

（二）树体贮藏营养多少对新梢生长的限制影响

新梢生长的快慢、长短与树体营养物质积存的状况有着密切的关系。营养物质多少是新梢最初生长好坏的基础。贮藏的营养物质多，新梢初期生长快，枝条健壮，叶多叶大；营养物质不足，新梢生长短小纤细，叶少、叶小。一株树的营养物质积存有限，在给新梢生长提供营养的同时，同样给其他器官提供生长必需的营养物质，对新梢生长产生不利的影响。在春季，先花后叶的树的树种，开花结实量过多，耗费大量营养物质，造成新梢生长势减弱；在生长期由树木叶片生产的大量营养物质被大量的果实耗费，不利于树体营养物质的积累，影响来年新梢的生长。常绿树种的营养物质有40％积存在叶片中，冬季落叶过多，造成贮藏物质的不足，会造成春梢生长得短而细。

（三）树木内源激素对新梢生长的限制作用

树木体内不同器官生产着五大类内源激素——生长素、赤霉素、细胞分裂素、脱落酸和乙烯，并对树木新梢生长产生不同的影响。前三种内源激素对新梢的生长起着刺激、促进生长的作用，后两类对新梢生长产生抑制作用。

新梢的茎尖生长素含量高，促进营养物质向上供给，合成蛋白质，并不断地形成新叶，而幼嫩的新叶中生产形成赤霉素，促进茎尖生长素含量增加，两种激素共同作用节间生长，根系产生的细胞分裂素促进细胞的分裂生长。而随着新梢上的幼叶逐渐生长为成熟叶片，成熟叶片生产脱落酸，当幼叶与成熟叶片的数量比例发生变化后，脱落酸量愈来愈大，对赤霉素产生拮抗作用，并抑制新梢生长。现在养护中，针对树木的生长，可以采取人工生长调节剂来协调体内激素的平衡，协调新梢的生长。

（四）母枝生长状况、新梢在母枝着生部位不同对新梢生长的影响

1. 母枝生长状况

母枝生长状况不同，对新梢生长强弱有很大影响，"母肥子壮"，母枝分枝角小，直立生长顶端优势强，生长势旺，粗壮，营养物质积累多，生长过程中，争夺营养的能力也强，新梢的生长就健壮。而随着母枝斜生到下垂，生长势逐渐衰弱，叶量减少，生产和积累的营养物质量少，新梢生长量就小。

2. 新梢在母枝着生部位

新梢在母枝上生长状况的差异受顶端优势的影响较大。顶端优势强的树种，上部芽饱满，发枝易生成强壮枝条，而下部芽质差，营养物质不足，生长后光照不足，长势弱。而顶端优势弱的树种，生长健壮的枝条通常偏于中下部。下垂的母枝往往发生优势转位，旺枝不生长在茎尖，而是多发生于枝条的弯曲高处，形成"背上优势"。而当修剪后，尤其是短截修剪后的树木，新梢优势主要反映在剪口芽处。

（五）环境条件与栽培措施的影响

在大自然环境中，各种环境因素都会不同程度地影响新梢的生长，尤其是在生长季节，而影响作用最大的还是光、热、水、营养等生活限制因素。光照能够调节温度，间接地影响树木生长，强烈的光照对树冠发育起着抑制作用（紫外线产生的抑制），但有增强根系的生长的作用，有利促进新梢木质化。光周期的变化对枝茎生长期的长短、生长量的多少有影响，长日照能增加枝条生长时间和速度，短日照会降低树木新梢的生长速度，并促使营养回流，促进芽的形成；温度对新梢生长产生限制作用，每个树种的生长受气温的影响，都有适生的气温范围，气温过高过低不仅对枝梢生长不利，甚至造成灼伤或冻害。水分在生长期内对新梢生长有关键作

用，充足的水分能够促进新梢的生长，尤其在新梢旺盛生长期，水分不足，会限制新梢加长生长，在水分严重不足时，新梢的加长和加粗生长都会减少。土壤养分虽然不是限制新梢生长的因素，但不同元素吸收量的多少对新梢生长有影响，氮素量大对新梢的发芽和伸长有明显影响，钾素的用量过多，对新梢加长生长有抑制作用，但有利于新梢粗壮充实。

因此在树木的栽植养护过程中，通过对某些环境因素的调整以及对树木某些器官的处理，均会使新梢生长产生不同效果。如在修剪整形中，去除一些器官，集中营养，促进新梢的生长；利用灌溉保持和延长新梢的旺盛生长期，但有时会造成新梢的徒长，耗费大量营养，不易木质化，降低了树木的抗寒力；春季施速效氮素肥料，促进新梢加长生长；秋季施钾肥，促进树木新梢的木质化，增加抗性。

六、树体骨架的形成、发展过程

树体骨架的形成、发展过程是树木生长发育的过程，整个树形的变化受着树木遗传特性的控制。乔木树种从幼年期开始离心生长，新梢不断从老枝条分生出来并延长和增粗，随着树龄逐渐由幼年树形生长形成壮年树形，并逐渐出现离心秃裸现象，骨干枝上先期形成的小枝、弱枝，光合能力下降，得到养分不断减少、长势衰弱，开始出现枯枝脱落现象。树木的根、冠受遗传特性和生理状况影响，在一定环境条件下长到一定空间范围后，大量的枝、叶、花、果集中于树冠外围造成分枝角开张，枝条下垂，中心干延长枝发生分杈、变曲、枯死。离心生长趋于衰弱，或向心枯亡，从而失去顶端优势，有潜伏芽的树种开始在骨干枝弯曲高位或枯死部位附近位置萌生直立生长的徒长枝，开始进行树冠的更新，在大树冠上形成一簇簇的小树冠，称为"树上长树"。这类树冠因长势不如原有树冠，长不到原有高度即会出现衰弱枯亡现象，再次出现向心枯亡，使得树冠一次比一次小，最后死亡（见图1-4）。乔木树种的这种树体骨架周期性演变是树木比较典型的模式，而在受不同环境因素（如重力、光照强度、温度、水分状况和土壤养分等）的影响时，形成不同树木的形态，如在阳光充足的地方栽种的孤植树，树冠宽大；而种植在片林内的树木由于空间有限，树冠窄小，甚至形成偏冠。一些树种在气候湿润、土壤肥沃的环境条件下能够生长成高大的树形；而在气候干旱、土壤贫瘠的地区生长受到抑制，形成小乔木状树形；在接近树木线的高海拔地区，形成灌木状。环境的差异不但导致树形的差异，而且导致年龄周期长短差异。

丛生花灌木与竹类是以地下芽更新，多干（或多主枝）丛生，每棵植株由很多粗细相似的丛状枝茎组成，形成树冠。有些树种的每一个枝茎的生长特性与乔木相似，具有离心生长、离心秃裸的现象，每个枝茎可形成一个小树冠。但竹类及多数丛生灌木与乔木不同，植株基部或根系上的芽饱满，抽枝较旺盛，单枝的生长能很快达到最大值，如竹类仅几十天即可达到个体生长的最大高度，上部着短枝和叶片，生长量小，并很快会出现衰老现象，基本上没有向心更新，通过干基部或根系上的芽形成萌生枝条或根蘖条重新更替衰老的枝茎。

藤本类树种的主蔓生长势旺盛。有些藤木犹如乔木，幼时离心生长较快，壮年时将出现较多的分枝，并开花结果。有些藤木幼时为灌木，树体生长健壮后逐渐攀缘。

第四节　叶和叶幕的形成

树木的主要器官之一是叶片，整个植物体的 90% 左右的干物质是叶片利用光合作用制造出的有机物质。同时，叶片还具有很多其他方面的功能，叶片的活动是树木生长发育的物质基础。叶片状况如何不但影响到树木的生长发育，而且还影响到园林绿化、美化及生态效益的发挥。要做好养护工作，必须了解树木叶片和叶幕形成的特点。

一、叶片的功能

作为树木的叶片，其具有很多生理功能，以维持树木的生长。作为园林树木的叶片，除了对树木所具备的功能外，还具备一些美化、生态的功能。

1. 树木叶片的生理功能

（1）光合作用　作为绿色植物的生产器官，利用光能将吸收到的养分合成为有机物质，作为树体生理活动的营养物质或进一步形成树体各种器官、各种组织的组成部分。叶片光合能力的强弱直接影响到树木生长发育的速度。

（2）呼吸作用　叶片的呼吸作用是利用光合作用进行的，也是吸收光合原料 CO_2 的途径，利用吸收 CO_2 制造有机营养物质，并放出 O_2。

（3）蒸腾作用　叶片利用气孔泄放出大量水分，通过蒸腾，既可以提高树体对水分和养分的吸收和输送作用，还可以利用蒸腾作用降低树体的温度避免灼伤。

（4）吸收作用　叶片利用气孔、叶面角质层缝隙能够吸收水分、外来养分，为植物生理活动所用，养护中进行叶面施肥、施药（如有机磷杀虫剂）即是利用叶表面的吸收作用进入植物体内。

（5）分泌作用　一些树种利用叶面腺体分泌一些挥发物质起到保护作用，防病抗虫，减少伤害。

（6）贮藏作用　常绿树种在休眠期时，约有 40% 的营养物质贮藏在叶片内，冬天常绿树的叶片受到伤害而脱落，将影响树木的发芽生长。

2. 叶片的园林功能

（1）美化作用　在园林绿化中，无论是单株还是群植，叶子、叶幕在园林美化中利用叶色、叶形给人们以客观的直接感受，如利用色泽的差异形成层次景观、图案效果，尤其是季相色彩，给人们带来早春送暖、枫红撼谷、秋风送凉、霜叶满山的感受，实现园林美景的效果。

（2）叶片的生态功能　叶片在生态环境中具有改善、协调的作用。首先，植物的叶片是环境 CO_2 与 O_2 的调节器，在光合作用中每吸收 44g CO_2 就可以放出 32g O_2。虽然植物也具有吸收 O_2、放出 CO_2 的呼吸作用，但是叶片在日间通过光合作用所放出的 O_2 比进行的呼吸作用消耗的 O_2 量大 20 倍。

树木叶片大量地蒸腾水分对园林绿地环境可以起到调节气温和空气湿度的作用。城市里林木覆盖面积大的地方，夏天的温度比周边地区低，空气湿度大，有凉爽的感觉，在调节局部小气候方面有着重要的作用。

树木的叶片能够吸收空气中的有毒气体。如忍冬的叶片具有很强的吸收有毒气体的能力，单位面积吸收 SO_2 的量可达 $438.14mg/(m^2 \cdot h)$，叶片上受害现象不严重，只有星点烧伤，树木通过叶片吸收、解毒或富集于体内，以减少有毒物质的含量。

树木利用叶片面积及上面的附着物对空气中的烟尘起阻滞作用，使得空气更加清洁，如利用树木大量的叶片面积、粗糙的叶面、着生的毛状物、腺点分泌出的油脂、黏液吸收和滞留烟尘。各种树木由于叶面状况、有着生物不同，阻滞烟尘的能力也不同，如榆树的滞尘量为 $12.27g/m^2$，女贞为 $6.63g/m^2$，栀子为 $1.47g/m^2$。据广州市测定，在居住区墙面上爬有植物"五爪金龙"的室内的空气含尘量比没有绿化地区的室内少 22%。

利用一些树木叶面分泌的一些挥发性物质可以起到杀菌的作用。公园绿地中细菌少的原因之一就是植物能分泌杀菌素，具有杀灭细菌、真菌和原生动物能力的有柏、松、桉类和盐肤木、枇杷、麻叶绣球、臭椿等很多树种。有很多植物在杀菌的同时，还可以给人以精神愉快的感受。

树木的茂密枝叶能够起到降低噪声的作用，减少危害，并起到遮阴作用，给人们一个安静的工作、生活的环境。

再有树木的枝叶可以起到减缓雨水对地表的冲击力、减少地表径流、防止水土流失的作用。

二、叶片的形成

树木的叶片产生自树木枝条生长的过程中形成芽时，叶原基出现并开始进行叶片、叶柄（包括托叶）的分化，形成叶的雏形，随着芽萌动、展叶直到叶片停止增长为止，这个过程称为叶片的整个发育过程。不同树种的遗传特性不同，构成不同的叶片形态、大小上的差异，这是作为种间分类的依据。同一新梢上不同部位上的叶片由于形成的时间和生长发育的时期各不相同，不同时期的树体生理状况不同和环境因素的差异，导致叶片在生长时间长短、形体大小、叶绿素多少、光合作用高低、寿命的长短有着明显的差异。

不同的树种、品种，其叶形、大小不同，差异很大，但每个树种本身其叶片在形态、大小上有一个相对的稳定性，通常是作为树木分类的依据。但由于不同环境条件，树体生理状况不同，而造成同一株树上、甚至同一枝新梢上不同部位上的叶片之间出现种种差异。在一株树上，壮枝、壮芽生长出的新梢由于营养状况好，叶片大多面积大；而弱枝、弱芽生长的新梢由于营养状况不佳，形成的叶片面积较小。枝梢的不同部位叶片在生长上、叶面积上差异显著，春梢枝条基部由于温度低、营养不足，叶片的生长期短，叶形往往不足以代表树种的特有叶形，叶面积小，而在新梢的旺盛生长期内，环境适宜、营养充足，叶片生长期长，叶面积大，并反映出树种特有形态。在梢尖处形成的叶片面积取决于营养状况及温度，一些树种在高温条件下叶片生长期短，叶面积小，有一些树种则因为此时营养物质充裕，叶面积增大。

新梢不同部位上的叶片在叶龄、叶片光合能力上差异很大。春梢基部在初期形成的叶片小而薄，光合效率因叶内叶绿素含量少而较低，并随着新梢旺盛生长期的到来，大量叶片生长。初期形成的叶片由于对水分、养分和竞争力弱而走向衰老，一旦恶劣环境出现很快枯亡脱落，叶龄较短。旺盛生长期里长出的叶片处于幼嫩阶段时，叶片小，叶绿素含量低，光合效率低，而随着叶龄的加大，叶面积加大，叶绿素含量增加，光合作用增强，此类叶片在没有特殊原因时可一直生长到秋季自然落叶，寿命长。缓慢与停止生长期生长成的叶片，叶绿素含量较高，光合作用较高，但因为生长晚，到秋季自然落叶时，其整个生长时间较旺盛生长期生成的叶片短，因此其寿命短。

树木叶片生长的这些指标的大小还与树木栽培养护措施有密切的关系。在肥力不足、管理粗放的条件下，树木的叶片一般小而薄，叶片的光合效能差。在肥水过多的情况下，叶片大，植株有徒长现象；在正常养护条件下，叶片的指标都有一个相对稳定的指标。因此，在树木养护中，掌握或深刻了解叶片的形成、发展和衰亡的规律，就可以有效地加以控制。

三、叶幕的形成特性

树木的叶幕是指叶片在树冠内集中分布的区域。树木叶幕的厚薄、形成叶幕时间的长短、形态的不同、出现的早晚与持续时间的长短均受树种、品种、环境条件、树木年龄和栽培技术影响。

落叶树种叶幕的厚薄和形成叶幕的时间长短与新梢的长度有着密切关系。新梢的长短与树种的遗传特性、树木的年龄、树势的强弱关系密切。而且栽培养护措施的实施对发芽新梢生长，对叶幕厚薄及形成叶幕时间长短起着非常重要作用。抽生长枝的树种、幼龄及树势生长旺盛（包括一年多次发芽的）的树木，生成的长枝比例大，叶幕形成的时间长，叶幕厚，叶幕的体积在树冠中占有很大比例，叶片几乎能够充满整个树冠。而抽生短枝的树种、年龄大的或树木长势非常弱的树木，生长的枝条中短枝比例大，叶幕形成的时间短，叶幕薄，在树冠外围边缘形成壳状，叶幕的体积在树冠占有的比例较小。栽培养护技术的不同，造成叶幕厚薄差异很大，如果修剪、水肥管理比较粗放或管理不当，树木长势衰弱，枝条生长得短，叶幕薄，光合产物量积累少，对来年新梢的生长、叶幕厚度依然有着抑制作用。如果管理精细，利用修剪减少发芽新梢数量，使充足的营养促进保留新梢的加长生长，并在水肥上进行促进，新梢生长量大，叶幕厚。如木槿、红叶李等树种，在管理粗放的绿地，生长到一定年限时，短枝比例很大，导致木槿的新梢短，叶幕薄，花期短；紫叶李的新梢短，叶幕薄，叶片颜色陈旧。而在修剪、水肥管理好的地方，木槿的新梢长可达 1m，叶幕厚、花期长；紫叶李的新梢可达 1.5m 左右，叶幕厚，而且叶色鲜艳。

常绿树冠由于叶片的寿命较长（可达 1 年以上），而且始终有叶幕存在，老叶多在新叶形成后开始脱落，因此叶幕相对比较稳定，但环境条件对叶幕的厚薄仍有影响。在环境比较适应的条件下，新梢生长量大，叶幕稳定地增厚；环境条件比较恶劣的情况下，叶幕量也会比较稳定地减薄，生长逐渐衰弱，最后导致树木死亡。

叶幕的形态和体积与树种、年龄、树冠形状、新梢的长度有着密切的关系，并且受修剪整形的影响。叶幕的形态变化对树木叶面积的大小有着重要影响。

不同树种的树冠形态不同，导致叶幕的外形和体积随其发生相应变化。自然生长的单株树木受遗传特性影响，在不同年龄阶段形成不同的树形，幼年期的树木往往形成圆锥、圆柱、卵圆形叶幕，其体积与树冠相近；成年树木则受遗传影响很大，自然生长而无中心干的树木，叶幕的形态、体积有很大变化，形成半圆形叶幕，有中心干的树木形成卵圆形叶幕；人工修剪后的树木，其叶幕与修剪技术措施有关，用杯状整形就形成杯状叶幕，用分层形整形就形成层状叶幕，圆头形整形（如馒头柳）形成半圆形叶幕，球状树冠形成近球形叶幕。如果种植片林、色带，枝条由于光照条件向上生长，下面出现光秃而在上部形成平面叶幕；一些在高压线下的林木（如道路两侧的行道树）修剪成杯状，叶幕形成下弦月状。很多在一些重要场所为了艺术需求而将树木修剪成各种几何形状，但叶幕多以形成表层壳状形式。

藤木类的叶幕随攀附的物体形态而发生形态变化。落叶树种叶幕在年周期中有着明显的季节变化，生长期里，树冠外围新梢生长区域即是叶幕区，而秋天落叶后，叶幕消失。常绿树种的叶幕不会消失，但随着新叶生长、老叶脱落，而出现叶幕加厚、变薄的规律变化。

为了保持城市园林绿化的效果，通常希望绿化效果好，叶幕保持时间长。在春季，希望种植萌芽早、展叶快、提早出现新绿的树种如珍珠梅、馒头柳、小叶杨、加杨、复叶槭等树种。展叶晚的有刺槐、梧桐、枣、合欢、柳、紫藤等。

四、叶面积指数

叶面积指数（LAL），是指一个林分或一株树的总叶面积与其占有土地面积的比率，这个指标的变化受树体大小、年龄、株行距和其他很多因素的影响，同时叶幕的形状和厚薄是确定树木叶面的主要因素。不同树种由于遗传差异，环境差异，在相应的空间内会有一个比较稳定的叶面积指数值。

大多数落叶树种的叶面积指数为 3～6，而速生被子植物的叶面积指数因集约栽培养护，叶面积指数可高达 16～45，在园林绿化中，落叶树种的叶面积指数在 4 左右，生长效果和观赏效果较好。过低树体长势衰弱，过高树体易出现徒长现象，需要通过栽植养护措施进行调节。常绿树种的叶面积指数较高，常绿阔叶树种可达 8，常绿针叶树种的叶面积指数可高达 16 以上。常绿树种的叶面积指数受新梢生长长度和叶片寿命的影响，在正常条件下，叶面积指数达到较高水平时，即可处于生长的稳定状态，常绿树种的管理在不影响美化的前提下修剪量很小，以水肥养护维持叶面积指数的较高水平。

第五节　花芽分化与开花

随着树木的生长，度过幼年期后，具有了开花的能力。对于观花树木，已具备人们所需的季节性物候观赏对象，其开花效果的好坏直接影响园林植物种植的绿化、美化效果。

一、花芽分化的意义与概念

花在园林树木观赏中具有很重要的地位，要达到花繁、果丰，在绿化中促进花期提前或采取抑制手段拖延花期，首先要了解树木花芽的分化规律，才能提供可靠的需求。如果不掌握花芽分化规律，不知道花芽分化时期和花芽的形态特征，对花木就进行修剪，很有可能达不到应有的观赏效果。对于园林绿化来说，掌握树木花芽分化的规律，促进花、果类树木的花芽形成和提高花芽分化质量，是满足花期景观效果的主要基础，对增加园林美化效果具有很重要的意义。

花同叶一样，都起源于树木枝茎的顶端或侧生分生组织（也可称为生长点），但是花与叶的分化基础条件各不相同。叶芽在一定的营养条件下，当能够满足其成花生理条件时即可向花芽方向转化。枝茎的生长点由叶芽的生理和组织状态转向花芽的生理和组织状态的过程称为花芽分化。生长点由叶芽的状态转向花芽状态后，并逐渐分化为萼片、花瓣、雄蕊、雌蕊以及整个花蕾或花序原始体的全过程，称为花芽形成。生长点由叶芽生理状态转向花芽生理状态（代谢方式）的过程称为花芽生理分化，此过程是生长点内物质代谢的变化过程，无法用解剖方法观察。花芽形态分化是指生长点由叶芽细胞组织形态转向花芽细胞组织形态的过程，这种分化在生理分化后方能进行，由于细胞组织形态发生变化，可以利用解剖方法加以判断。花芽分化是树木生命周期中的一个重要生命过程，是完成开花的先决条件，但在外形上有时是不容易觉察的。花芽分化的概念有狭义和广义之分，狭义的分化是指花芽生理、形态分化，广义的分化包括生理、形态分化、花器的形成与完善直至性细胞形成的全过程。

二、花芽分化期

花芽分化一般分为生理分化期、形态分化期和性细胞形成期三个分化期，由于树种遗传特性不同，因此树种间的花芽分化时期具有很大差异。

1. 花芽生理分化时期

花芽生理分化时期是芽内生长点的叶芽生理状态向分化花芽的生理状态变化的过程，这是花芽能否得以分化的关键时期，此时植物体内各种营养物质的积累状况、内源激素的比例状况等方面的调节都是为了形成花芽做好准备。据研究，生理分化期约在形态分化期前1～7周。由于生理分化期是花芽分化的关键时期，且又难以确定，故以形态分化期为依据，称生理分化期为分化临界期。

2. 花芽形态分化期

花芽形态分化期是花芽分化具有形态变化发育的时期，在这个时期，根据花或花序的各个器官原始体形成划分出以下五个时期。

（1）分化初期　是芽内生长点由叶芽形态转向花芽形态的最初阶段，往往因树种而稍有不同。一般是由芽内突起的生长点逐渐肥厚变形，顶端高起形成半球形状，四周下陷，从形态上和叶芽生长点有着明显区别，从细胞组织形态上改变了芽的发育方向，是判断花芽分化的形态标志，利用解剖方法可以确定。但此时花芽分化不稳定，如果内外条件不具备，可能会出现可逆变化，退回叶芽状态。

（2）萼片形成期　下陷四周产生突起物，形成萼片原始体，到此阶段才可以肯定为花芽，以后的发展是不可逆的发展。

（3）花瓣形成期　在萼片原始体内侧发生突出体，即为花瓣原始体。

（4）雄蕊形成期　在花瓣原始体内侧发生的突起物，即为雄蕊原始体。

（5）雌蕊形成期　在花原始体的中心底部发生的突起，即为雌蕊原始体。

形态分化期的长短取决于树种，分化类型等因素。

3. 性细胞形成期

当年进行一次或多次花芽分并开花的树木，花芽的性细胞都在年内较高温度的时期形成。夏秋分化型的树木经过夏秋花芽分化后，并经冬春一定时期的低温（温带树种 0～10℃，暖温带树种 5～15℃）累积条件，形成花器并进一步分化完善，随着第二年春季气温逐渐升高，直到开花前，整个性细胞形成才完成。此时，性细胞器官的形成受树体营养状况影响，条件差会发生退化现象。

三、花芽分化的类型

不同树种的生长特性和生态特性差异很大，其花芽分化对环境条件的要求不同，有着不同的适应性，根据不同树种花芽分化的特点，可以分为以下四个类型。

1. 夏秋分化型

绝大多数在早春、春夏之交开花的树木，如玉兰、蜡梅、迎春、连翘、榆叶梅、碧桃、樱花、海棠、紫荆、紫藤、丁香、牡丹、山茶（春季开花的）、杜鹃、泡桐等属于夏秋分化型，在北京地区大致在枣树开花前开花的树种多属于此种类型。新梢上的芽在 6～8 月份开始进行花芽分化并延续到 9～10 月份，才逐渐完成花器的主要部分分化。有些分化较晚的树种，如板栗、柿子的花芽分化较晚，在秋季只形成花原始体，还未形成花器，延续的时间较长。夏秋分化型树种进行花芽分化并进一步完善还需经过一段低温时期，直到第二年才能完成性器官的发育，完成整个花芽分化的过程。有一些树种虽然由于某些条件的刺激或影响，在夏秋已经完成分化，但仍需要经过相应的低温条件才能提高开花的质量。因此提前开花的一些树木，其开花距自然开花期愈远，开花的质量就愈差。

2. 冬春分化型

生长在热带地区、亚热带地区的一些树种，在秋梢的生长停止后到第二年春季萌芽前，即 11 月到次年 4 月之间的时期内，树木的芽逐渐分化并形成花芽，不同树种或在不同时期，花芽分化的时间有差异。如龙眼、荔枝类一般在秋季新梢停长之后到春季萌芽之前逐渐进行花芽分化，即11月至次年4月这段时间；而柑橘类的柑、橘、柚等常常从12月至来年春季萌芽前完成花芽分化，分化期较短，并连续进行；偏南地区的树木花芽分化偏晚；偏北地区如浙江、四川等地由于气温下降得早，花芽分化较早。

3. 当年分化型

夏秋开花的一些树种，如木槿、紫薇、国槐、荆条、合欢、珍珠梅、糯米条等都是在当年新梢的生长过程形成花芽并开花，此类树木的花芽分化不受低温影响，而是随春季的温度逐渐升高，在树体营养生产量大、物质积累充足的条件下，进行花芽分化并开花。花期的长短、花量的多少、花序的大小、花质的差异与新梢的生长状况有关系。

4. 多次分化型

在一年中可以多次新梢生长，并且每生长一次新梢，即进行一次花芽分化和开花，如月季、茉莉花、无花果等以及其他一些树种中的变异类型，如四季桂、日香桂、四季橘等，这类树木春天第一次开花的花芽有些可能是上一年形成的，也有可能是随着生长即分化形成的。分化的次数交错发生，没有明显的分化停止期，规律性分化不很明显。

四、影响树木花芽分化的因素

树木花芽分化的多少直接影响到开花的质量、数量及结果量，影响到园林观赏效果。因此，这是园林绿化工作者在研究、养护中非常关注的，尤其是注意影响花芽分化的因素，以利促进花芽分化，提高开花质量和数量。

（一）花芽分化的内因

花芽分化受树木本身遗传特性、生理活动及各个器官之间关系的影响，各种因素都有可能抑制花芽分化。

1. 花芽分化的基本内在条件

树木的花芽分化是由简单的叶芽转化成复杂的花芽，在分化过程中由量变转向质变、从营养生长转向生殖生长的过程。根据树木生长发育的规律及花芽分化的一些研究成果，树木花芽分化须具备以下几个条件。

（1）树木花芽分化时，树体内须具备比叶芽分化更为丰富、充足营养物质，包括光合产物、矿质盐类以及以上两类物质转化合成的碳水化合物、氨基酸和蛋白质等物质。这些物质是花芽分化的基础物质，是花芽分化中所需的能源和转化物质。

（2）树体内的调节物质，如内源激素中的生长素（IAA）、赤霉素（GA）、细胞分裂素、脱落酸（ABA）和乙烯等，还有在树体内进行物质调节、转化的酶类。

（3）在花芽分化中的遗传物质，如在花芽分化中起决定作用的脱氧核糖核酸（DNA）和核糖核酸（RNA），影响芽的代谢方式和发育的方向。

这三个条件是生长点由叶芽状态转向花芽状态时必须具备的物质基础，物质不足，无法进行花芽分化。

2. 树木各种器官对花芽分化的影响

在树木生长期内，各器官都处于生长或生理活动中，在不同的阶段对花芽分化产生不同的影响。

（1）枝叶生长与花芽分化　枝叶的营养生长与花芽分化的关系在不同的时期不相同，既有抑制分化的时候，也有促进分化的时候。叶片是同化器官，是植物有机物质的加工厂，叶量的多少对树体内有机营养物质的积累起着非常重要的作用，影响花芽分化。只有生长健壮的枝条才能扩大叶面积，制造有机营养物才多，形成花芽才能有可靠的物质基础，否则比叶芽复杂的花芽分化就不可能完成。国内外的研究结果一致认为，绝大多数树种的花芽分化都是在新梢生长趋于缓和或停止生长后开始。这是由于新梢停止生长前后，树体的有机物开始由生长消耗为主转为生产积累占优势，给花芽分化提供有利条件。如果树木的枝叶仍处于旺盛的营养生长之中，有机物质仍处于消耗过程或积累很少，即使在花芽分化的时期，由于树体有机物质的不足，同样无法进行花芽分化。由此可见，枝条在营养生长中消耗营养物质，这种消耗促进枝叶量的增加也是对花芽分化的投资，只有扩大枝条空间才能扩大叶面积，促进光合生产和有机物质的积累，促进花芽分化，增加花芽分化的数量；但消耗过量，始终满足不了花芽分化的物质条件，就抑制了花芽分化。因此，在花芽分化期前的新梢生长可采取措施促进枝叶的生长，健壮的枝叶有利于花芽分化。而在花芽分化期中，如果仍有大量的营养生长，则不利于分化，可以通过措施抑制或终止新梢的生长来促进花芽分化。

同时，枝叶生长的过程中除了对营养物质消耗外，还通过内源激素对花芽分化产生影响。新梢顶端（茎尖）是生长素（IAA）的主要合成部位，生长素不断地刺激生长点分化幼叶，并通过加强呼吸促进节间伸长和输导组织的分化；幼叶是赤霉素的主要合成部位之一，赤霉素刺激生长素活化，与生长素共同促进节间生长，加速淀粉分解，为新梢生长提供充足营养，这种作用不断消耗营养物质，影响了营养物质积累，抑制花芽分化。成熟叶片产生脱落酸（ABA），对赤霉素产生拮抗作用，导致生长素、赤霉素的水平降低，并抑制淀粉酶生成，促进淀粉合成、积累，有利于枝梢充实、根系生长和花芽分化，随着老熟叶片量的增加，脱落酸的作用增加，新梢、幼叶停止生长、分化，营养物质积累，方能进行花芽分化。

总之，良好的枝叶生长能为花芽分化打下坚实的物质基础，没有这个基础，花芽分化的质与量都会受到影响。

（2）根系生长与花芽分化　根系生长（尤其是吸收根的生长）与花芽分化有明显的正相关。这一现象与根系在生长过程中吸收水分、养分量加大有关，也与其合成蛋白质和细胞分裂素有关系，茎尖虽也能合成细胞分裂素，但少于吸收根。当枝叶处于最大量时，也是光合作用、蒸腾作用最强的时候，根系的不断生长才有利于满足树体蒸腾，促进光合作用，有利于营养物质积累，有利于花芽分化；细胞分裂素大量合成也是花芽分化的物质基础。

（3）花、果生长与花芽分化　花、果既是树体的生殖器官，也是消耗器官，在开花中和幼果生长过程中消耗树体生产、积累的营养物质。尤其是幼果具有很强的竞争力，在生长过程中，对附近新梢的生长、根系的生长都有抑制作用，抑制营养物质的积累，抑制花芽分化。而且在幼果种胚生长阶段产生大量的赤霉素、生长素促进果实生长，对花芽分化抑制，而到果实采收前一段时间（1～3周），种胚停止发育，生长素与赤霉素水平下降，果实的竞争能力下降，使花芽分化形成高峰期。

枝、叶、花、果、根在生长期中的不同状况综合对花芽分化产生影响，在枝、叶、花、果均在生长过程中时对花芽分化产生抑制，而当新梢停长、叶面积形成后则起促进作用，而果实仍起抑制作用。此时要给花芽分化提供物质条件，又要保持果实的生长，必须保持足够的叶量。如西北农大针对果实做的摘叶试验，每个果保有 70 片叶，既有利果实生长，也有利于大量花芽分化。而每果只有 10 片叶时，成花量大大减少。就不同枝条的叶面积看，长枝条叶面积绝对量大，但从枝条单位长度看，短枝叶成簇状，面积最大，叶量大，积累多，极易形成花芽。先花后叶的树木，繁盛的花期能消耗大量的贮藏营养，抑制根系、新梢的生长，也间接地影响果实生长和花芽分化。

树木各个器官与花芽分化动态关系主要有以下几个方面：一是影响花芽分化的物质基础、营养物质的积累水平，在生长素、赤霉素处于低水平，脱落酸、乙烯及细胞分裂素含量较高时有利于花芽分化；二是花、果的生长通过对营养、激素的控制抑制花芽分化；三是根的生长有利水分、养分的吸收，促进叶片的光合作用、营养作用和营养物质积累，促进花芽分化。

（二）影响花芽分化的外界因素

外界因素随着气候、季节发生变化，并且可以刺激树木内部因素变化，启动有关的开花基因，促使开花基因指导形成有利于花芽分化的基本物质，如特异蛋白质，促使花芽的生理分化和形态分化。

1. 光照

光照对树木花芽分化的影响是多方面的，不但可以通过对温度变化的影响、对土壤微生物活动的影响间接地影响花芽分化，而且影响树木光合作用和蒸腾作用，造成树体内有机物质形成、积累、体细胞质浓度增加以及内源激素的平衡发生变化，并影响花芽分化。光对树木花芽分化的影响主要是光量、光照时间和光质等方面。经试验，在绿地里种植的许多绿化树种对光周期变化并不敏感，其表现很迟钝，但对光照质量要求比较高。如苹果、柑橘各为不同日照植物，苹果为长日照，柑橘类为短日照植物，但都对光照强度要求较高，苹果在花芽分化期如遇 10 天以上的阴雨天，即降低分化率。温州蜜橘从 12 月 1 日到第二年 3 月 17 日草帘覆盖遮阴，花芽仅为对照的 1/2。一些松树和柏树对光也有一定量的要求，葡萄在强光下有较大量的花芽分化。

2. 温度

温度是树木进行光合作用、蒸腾作用、根系的吸收、内源激素的合成和活化等一系列生理活动过程中的关键影响因素，并以此间接影响花芽分化。

苹果花芽开始分化期的平均温度在 20℃左右，分化盛期在 6～9 月，平均温度稳定在 20℃以上，最适宜温度在 22～30℃之间；在秋季，温度降到 10～20℃时，分化减缓；而当气温降到10℃以下时，分化停滞。

葡萄花芽分化受温度影响，主要表现在芽内分化的花数与叶芽状态转向花芽状态的前三周温度高低有关，13℃少量分化，30～35℃时分化增到很大的量。

一些林木树种如山毛榉、松属、落叶松属和黄杉属等的花芽分化都与夏天温度的升高成正相关。夏秋进行花芽分化的花木如杜鹃、山茶、桃、樱花、紫藤等在6～9月份较高的气温下完成花芽分化，而冬春进行花芽分化的树木如热带树种柑橘类、油橄榄等树种则需要在有较低生活温度条件下进行花芽分化，如油橄榄要求冬季低温在7℃以下，否则较难成花。

3. 水分

水分是植物体生长、生理活动中不可缺少的因素。但是，无论哪种树木花芽分化期的水分过多，均不利于花芽分化。适度干旱有利于树木花芽形成。如在新梢生长季对梅花适当减少灌水，能使新梢停长，花芽密集，甚至枝条下部也能成花。因此控制对植物的水分供给，以达到控制营养生长，促进花芽分化，这是园林绿化中经常采用的一种促花的手段，尤其是在花芽分化临界期前，短期适度控制水分（60％左右的田间水量）。对于这种控制水分促进成花的原因有着不同的解释：有人认为在花芽分化时期进行控水，抑制新梢的生长，使其停长或不徒长，有利于树体营养物质的积累，促成花芽分化；有人认为适度缺水，造成生长点细胞液浓度提高而有利于成花；也有人认为，缺水能增加氨基酸，尤其是精氨酸水平，有利于成花。水多可提高植物体内氮的含量，不利于成花。缺水除了以上作用外，也会影响内源激素的平衡，在缺水植物中，体内脱落酸含量较高，抑制赤霉素和淀粉酶的作用，促进淀粉累积，有利成花。以上种种解释，可能都只强调了某个侧面，但采取控水措施确能促进成花、早成花。

4. 养分

不同矿质养分对树木的生长发育产生不同影响。施肥，特别施用大量氮素对花原基的发育具有强烈影响。树木缺乏氮素时，限制叶组织的生长同样不利于成花诱导。氮肥对有些树木雌花、雄花比例有影响，如能促进各种松和一些被子植物的树种形成雌花，但对松树雄花发育的影响小，甚至负作用。而施用不同形态的氮素会产生不同效果，如铵态氮（如硫酸铵）施与苹果树，花芽分化数量多于硝态氮。而对于北美黄杉，硝态氮可促进成花，而铵态氮则对成花没影响。虽然氮的效果被广泛检定，但其在花芽分化中的确切作用没有真正清楚，施氮的时间与其他元素配比是否正确有待于深入研究。

磷对树木成花作用因树而异。苹果施磷肥后增加成花，而对樱桃、梨、桃、李、杜鹃等无反应，在成花中，磷与氮一样，所产生什么样的作用很难确定。缺铜可使苹果、梨的成花量减少，苹果枝条灰分中钙的含量与成花量成正相关，钙、镁的缺乏造成柳杉成花不足。研究中，当树种大多数元素相当缺乏，不利于成花，这说明矿物质含量在树体内相互作用，对成花很重要。

5. 栽培技术与花芽分化

从对花芽分化的影响因素来看，都集中在营养物质的累积水平这个首要因素上，这是花芽分化的物质基础。园林树木栽培技术措施就是为了控制和调节树木的外部条件，平衡树木内部各器官之间的生长发育关系，从而达到人为控制。如对枝条生长、对花芽分化的控制。

我国树木管理的经验是：对于要进行花芽分化的成年树来说，搞好周年养护，加强肥、水管理，防治病虫害，合理修剪、疏花、疏果来调节营养分配、减少消耗，使每年都有足够花芽形成。

综合以上，根据各类树木栽培所获得经验和研究结果说明，满足树木的花芽分化需要具备以下三个条件。

（1）树体内有效同化产物在一定部位（生长点）、一定时间（花芽分化时期）相互作用以及内源激素平衡，以此构成花芽分化的物质基础。

（2）生长点的分化是从量变到质变的过程，生长点分化处于分裂又不过旺的状态，进入休眠的芽、停止细胞分裂的芽不能分化，过旺的营养生长也不利于花芽分化。

（3）适宜的环境条件（包括日照、温度、水分、养分等状况）是必备因素，并通过对树体的生理活动影响成花。

五、树木花芽分化的一般规律

虽然树种因分化类型不同，花芽分化期有很大差异，而且树体庞大，每个生长点受树体的内部因素和外界因素的影响会出现分化的异质性，但各种树木在分化时期的变化都有着共同的规律性。

1. 花芽分化的长期性和不一致性

树木都具有芽器官多的共同特性，每个芽发育的阶段、树体营养供给状况及外界环境条件均有差异。所有的芽无法绝对集中在一个很短的时间内同时分化，而是分散地分期分批陆续分化完成的，由不同芽进行花芽分化的先后时间拉大了花芽分化时期，尤其是一年多次花芽分化的树木，其花芽分化期更长，有的甚至保持全年的花芽分化（如在温室中种植的月季）。夏秋花芽分化的一些树种的分化时期从夏秋一直延续到来年的 2～3 月，反映出树木花芽分化的长期性。正是由于这个原因，同一枝条、同一株树上的花芽分化动态不整齐，这与每个枝条顶端组织停止生长的早晚有关，与每个枝条上芽的异质性有关，也造成形态分化期出现的不均衡性，所以每个叶芽转向花芽分化成熟的时期当然不一致。因此，进行全年合理养护是保持花芽分化质量的主要措施。

2. 花芽分化的相对集中性和相对稳定性

各种树木的花芽分化开始期到分化盛期（相对集中分化期），虽然在不同的地区、不同的年份有差别，但并不很悬殊。以果树为例：苹果的花芽分化在 6～9 月，桃在 7～8 月，柑橘在 12～2 月，而且多数树木在新梢停止生长或果实成熟以后通常是花芽分化的高峰，这与每年周期性的气候变化、树木的物候期有着密切的关系，使树木花芽分化具有相对的集中性和相对稳定性。

3. 花芽分化都有一个生理分化期（或称为分化临界期）

虽然生理分化期是花芽分化期中始终处于一个不稳定状态，对树体内、外因素均高度敏感，是一个无法通过解剖进行判断、易于改变代谢方向的时期，基本上是大部分短枝开始形成顶芽到大部分长梢形成花芽的一段时间内，如苹果通常是在花后 2～6 周，短梢已经基本上封顶了。柑橘为通常是果实采摘之后开始积累营养物质，进入生理分化期。很多促花措施通常在这个时期采取应用。

4. 单个花芽形成所需的时间因树种、品种而定

因树种的遗传特性决定，一个花芽形成所需要的时间很长，从生理分化开始到雌蕊形成结束需要的时间，苹果 1.5～4 个月，芦柑 0.5 个月，雪柑 2 个月，福柑需 1 个月，梅花从 7 月上旬到 8 月下旬，牡丹为 6 月下旬到 8 月中旬。

5. 树木的花芽分化早晚因树木年龄、生长状况、花芽着生部位等因素而有差异

同一树种，幼树营养生长较成年树生长量大，故花芽分化较成年树晚；同一生长季中，旺树新梢的封顶比弱树的晚，故花芽分化较弱树晚；同一株树上、中、长枝的新梢封顶比较短枝的新梢晚，在营养物质充实的情况下，一般停止生长早的枝条（如短枝），枝上腋芽进行花芽分化早。停止生长晚的枝条（如长枝），枝上的腋芽进行花芽分化晚。树木结果量多少对花芽分化有影响，大年枝条虽然停长早，但因树体营养不充分，花芽分化较晚。

六、控制花芽分化的途径

人们在了解各种因素对花芽分化的影响及树木花芽分化规律的基础上，利用园林树木养护的各种途径，控制和调节树木生长发育的外部环境因素，平衡树木各器官之间的生长发育关系，从而达到控制花芽分化的目的。如适地适树、繁殖栽培技术措施、嫁接与砧木的选择，整形修剪、水肥管理及生长调节剂的使用等。

在利用栽培措施控制花芽分化时须要注意以下几个关键问题。

（1）要了解树种的开花类别和花芽分化时期及分化特点，确定管理技术措施的使用。

（2）抓住花芽分化临界期，适时采取措施控制花芽分化。

（3）根据不同类别树木的花芽分化与外界因子的关系，利用满足与控制外界环境条件来达到控制花芽分化。

（4）根据树木不同年龄时期、不同树势、不同枝条生长状况与花芽分化关系采取措施协调。

以苹果为例，幼树的营养生长旺盛，花芽分化期比成年期的要晚，可重施用磷、钾肥，少施氮肥并控制灌水，夏季修剪利用疏枝开张分枝角增加冠内光照，利用环剥控制营养运输走向，施用乙烯利、B₉、三碘苯甲酸（TIBA）等生长抑制剂控制新梢的生长，促进芽生长充实进行花芽分化，以利于早成花、早开花、多结果。而大龄树，除了抓住花芽分化期进行促控工作外，还要抓住一切时机促进树体营养生长，采取保叶，加强后期养护管理，并通过休眠期修剪保护已形成的花芽。

对于任何开花结果的树种，要抓住"分化临界期"这一分化的关键时期，重点加强肥水管理,适当使用生长调节剂,在全年管护过程中还可通过修剪协调树木长势。生长调节剂种类繁多,对树木生长发育的作用也不同,如赤霉素对苹果、梨、樱桃、杏、葡萄、柑橘、杜鹃等能促进生长、抑制成花,阿拉、矮壮素、乙烯利等能促进苹果成花,阿拉、矮壮素可促进柑橘、梨和杜鹃成花。

七、花木观赏的特点

花木种植目的主要是为了观赏,在观赏中以花型、花相、花色、花香等四方面为主,并且园林植物观赏上形成近观远视的效果。

1. 花型

花型是指植物的花和花序形态。一朵完整的花可分为六个部分,即花梗、花托、花萼、花冠、雄蕊群和雌蕊群。花序是指花在总花柄上的排列方式。花序生于枝顶端的叫顶生,生于叶腋的叫腋生。整个花序的轴称为花序轴。最简单的花序只在花轴顶端着生一花,称为单生花。花序的形式复杂多样,表现为主轴的长短、分枝与否、花柄有无以及各花的开放顺序等的差异。根据各花的开放顺序,可分为两大类:一是无限花序,花序的主轴在开花时,可以继续生长,不断产生小花,各花的开放顺序是由花序轴的基部向顶部依次开放,或由花序周边向中央依次开放。它又可分为简单花序和复合花序。花序轴不分枝的花序称为简单花序,如苹果、柳树等。复合花序指花序轴具分枝。二是有限花序,也称聚伞类花序,开花顺序为花序轴顶部花先开放,再向下或向外侧依次开花。在花型观赏上,有的以单花欣赏,如牡丹、月季、玉兰、扶桑等一些大花型植物,也有的以一个花序形态进行欣赏,如近球形的八仙花,圆锥状的紫丁香,蝴蝶戏花状的天目琼花等。

2. 花相

将花或花序着生在树冠上的整体表现形貌,特称为花相。园林树木的花相,从树木开花时有无叶簇的存在而言,可分为两种形式。"纯式"指在开花时叶片尚未展开,全树只见花不见叶的一类,故称纯式;"衬式"在展叶后开花,全树花叶相衬,故称衬式。

观赏树木花相有以下几类。

(1) 独生花相　本类较少,如苏铁类。

(2) 线条花相　花排列于小枝上,形成长形的花枝。由于枝条生长习性的不同,有呈拱状花枝的,有呈直立剑状的,或略短曲如尾状的等等。简而言之,本类花相大都枝条较稀,枝条个性较突出,枝上的花朵成花序的排列也较稀。此类花相树木有连翘、金钟花、珍珠绣球、三桠绣球等。

(3) 星散花相　花朵或花序数量较少,且散布于全树冠各部。如珍珠梅、鹅掌楸、白兰等。

(4) 团簇花相　花朵或花序形大而多,就全树而言,花感较强烈,但每朵或每个花序的花簇仍能充分表现其特色。如玉兰、木兰、大绣球等。

(5) 覆被花相　花或花序着生于树冠的表层,形成覆伞状。属于本花相的树种有绒叶泡桐、泡桐、广玉兰、七叶树、栾树等。

（6）密满花相　花或花序密生全树各小枝上，使树冠形成一个整体的大花团，花感最为强烈。例如榆叶梅、毛樱桃、火棘等。

（7）干生花相　花着生于茎干上。种类不多，均产于热带湿润地区。典型的如槟榔、枣椰、鱼尾葵、山槟榔、木菠萝、可可等。此外，紫荆亦能于较粗老的茎干上开花。

3. 花色

花瓣中因含有有色体和花青素的不同，导致花的颜色千变万化，可归为红色系、黄色系、蓝色系和白色系几个基本颜色。

（1）红色系花　合欢、紫荆、木棉、牡丹、山茶、杜鹃、西府海棠、月季、玫瑰、锦带花、日本晚樱、丹桂、凌霄、石榴、胡枝子、火炬树等。

（2）黄色系花　迎春、连翘、黄刺玫、蜡梅、栾树、黄蔷薇等。

（3）蓝色系花　紫藤、木兰、紫丁香、木槿、泡桐、紫穗槐、八仙花等。

（4）白色系花　梨、珍珠梅、白玉兰、木香、白木槿、红瑞木、络石、大花溲疏、白碧桃等。

4. 花香

目前花的芳香还无统一标准，却是人们在欣赏花卉中非常关注的，花香可大致分为清香（茉莉）、甜香（桂花）、浓香（白兰花）、淡香（玉兰）、幽香（树兰）。

八、树木开花

树体上正常的花芽（或花蕾），当花粉粒和胚囊发育成熟，花萼和花冠展开的现象称为开花。一朵花从花蕾的花冠伸展到花冠脱落为止或树木全株有少量开花到全部落尽为止称为树木的开花期，简称花期。树木开花是树木成熟的标志，也是大多数树种成年树体年年出现的重要物候现象。许多被子植物的乔木、灌木、藤木的花有很高的观赏价值，在绿地中每年一定季节中发挥着很好的观赏效果。树木开花的好坏，直接关系到园林种植设计美化的效果，了解开花的规律对提高观赏效果及花期的养护技术有很重要意义。

（一）树木开花的习性

树木的开花习性是植物在长期生长发育过程中形成的一种比较稳定的习性，在园林绿化中，利用开花习性提高绿地的景观效果。

1. 花期阶段

树木花期阶段的划分主要根据花蕾或花序出现以及花的盛开数量确定，一般分为花蕾或花序出现期、初花期（5％的花已开放）、盛花期（50％的花已开放）和末花期（仅留存了5％的花）。

2. 开花顺序性

（1）不同树种开花有先后顺序。开花期的早晚与树种遗传特性有关，不同树种具有不同的开花时间。长期生长在不同气候带的树木，除在特殊小气候条件外，同一地区、同一年各树种的开花期均有一定的顺序排列。如北京地区一些树木开花顺序：银芽柳、毛白杨、山桃、玉兰、杏、桃、紫丁香、紫荆、牡丹、紫藤、刺槐、合欢、木槿、国槐等。上海地区一些树木开花顺序：绿萼梅、迎春、玉兰、贴梗海棠、西府海棠、樱花、丁香、杜鹃、泡桐、牡丹、忍冬、山梅花、月季、大八仙花、夹竹桃、合欢、海州常山、糯米条等。利用不同开花时间特点，合理配置达到三季有花的效果。

（2）同一树种不同品种的树木开花也有先后顺序。同一环境中，同一树种不同品种的遗传差异导致了开花顺序，往往形成早花、中花、晚花品种。对一个树种来说，延长了开花期。如上海地区山樱花在 3 月 21～25 日开始开放，东京樱花在26～31 日，日本晚樱在 4 月 1～5 日，福建山樱花在 6～10 日开始开放，从而延长了樱花的开花期。

（3）雌雄同株异花树的雄花和雌花既有同时开放的，也有雄花先开或雌花先开的。凡实生繁殖的树木差异较大，如核桃，常有雌花先开、雄花先开或雌、雄花同开的几种类型混杂在一起。以风媒花的树种较多。

（4）对于同株树不同部位枝条或花序，由于树体生理状况、外界环境的影响，不同部位上、不同枝条上的花开放有先后顺序，阳面花较阴面花开得起，外围花开早于内膛花。短枝花先开，长枝花和腋花芽开得晚。同一个花序上开花早晚不同，伞形总状花序的花从顶部先开，伞形花序的花先从基部开，葇荑花序的花从基部先开。

（二）花、叶先后开放的类型

不同树种的开花与展叶的先后次序不同，以此可分为三个类型。

1. 先花后叶类

此类树木在春季萌动前已完成花器的分化，春季芽萌动时，以花芽先萌动开放，先开花后展叶。如早春开花的银芽柳、迎春、连翘、玉兰、山桃、梅、杏、紫荆等。很多落叶树种花量大，开放时可以形成一树繁花的景观。

2. 花、叶同放类

此类树木的花器也是在春季萌芽之前完成了分化，春天在萌芽时，开花和展叶几乎同时进行。由于芽的性质不同和生长的差异，划分出两种。一种是先花后叶类的花、叶同放，以纯花芽、纯叶芽的形式出现。开花和展叶虽然同时进行，但花蕾形大，叶芽形小，因此从花蕾期到开花期阶段的景观基本上以花的形态为主，开花末期，叶片显现才比较明显，如榆叶梅、碧桃等。另一种是先叶后花类的花、叶同放，以混合芽的形式出现。在萌芽生长的时候，虽然先发芽展叶而后开花（景观变化也是先见绿叶，后见花），但混合芽的枝短叶小，萌芽展叶后，立刻显出花蕾开花，花的形体、数量较大，全树花开花后，花色大于叶色，基本上也是一树繁花的景观效果，如苹果、海棠等。

3. 先叶后花类

此类树木以先生长出相当长度的枝叶，然后再开花。由于花芽分化和开花的时期不同，可分为两部分。一种即在上一年花芽分化并逐渐形成混合芽，萌芽后抽生相当长的新梢，于新梢上开花，形成红花绿叶的景致，开花较晚，多在前两类之后。此类树木如黄刺玫、玫瑰、牡丹、柿树、柑橘等。另一种树木的花器多是当年生长的新梢上形成并完成分化的，一般在夏秋开花，在树木中属开花较晚的一些花木，很多树木的花期比较长。常见的如木槿、紫薇、凌霄、桂花、珍珠梅、荆条、月季、茉莉、国槐、合欢、糯米条等。

（三）花期长短与影响因素

树木开花期延续时间长短与树种、类别、外界环境条件以及树体营养状况有关。

1. 不同树种、类别不同，花期长短不同

园林树种类繁多，而且还有很多的栽培品种和类型，几乎包括各种花芽分化类型的树木，花芽分化的时期不同，开花时间不同，都会影响花期的长短。即使在同一个地区里，树木的开花期长短不同，如夏秋分化型的树种，经过较长的花芽分化期后，随着秋季树体营养物质积累和冬天休眠期，春季树木萌动时，花芽生长整齐，几乎在同一段时间内开始进行，所以花期较短而整齐，如山桃、玉兰、榆叶梅、丁香等，开花期7～8天左右。而当年分化、多次分化的树种、品种由于是在生长中受营养状况的影响，每个枝条、芽逐渐先后成花、生长、开花，分化有早有晚，导致花与花开放之间的时间差，开花就不一致，造成树木、品种、树种开花期延长，如木槿可达60多天、紫薇70多天、茉莉长112天、六月雪117天、珍珠梅130多天、月季可达200天左右。新梢生长的长短差异、花芽分化早晚都会导致开花的不一致，短枝开花早，长枝开花晚，加上个体差异大，因而花期较长。

2. 因树龄、树体营养状况而异，花期长短不同

同一树种的青壮龄或树势强的树木，枝条生长旺盛，营养的水平高，单朵花期长，或长、短枝差异大，拉长花期。老龄树木或树势弱的树木由于营养状况较差，发枝弱，花量少，开花不整齐，单朵花期短。

3. 花期出现时间与花期长短受气候因素的影响

在园林绿地里，不同的环境条件下形成不同的气候因素，并影响花期长短，主要与光照、温度、水分有关。

光照充足、强烈及气温高、空气湿度低是造成花期缩短的因素，阴天、气温低、空气湿度大可延长花期。因此，在树荫下，建筑、地形的背阴面光照不足、气温低，并在冷凉气候条件下可延长花期；在光照充足地方，建筑物、地形的阳面气温高，空气湿度低，或遇有干旱、高温的大气条件下则花期短。

（四）开花次数

树木每年开花次数的多少与树种、品种、树体营养状况及环境因素有着密切的关系。

1. 因树种、品种遗传特性差异而不同

大多数树种、品种每年只开一次花，有些树种、品种有一年多次开花的习性，如茉莉花、月季、柽柳（三春柳）、四季桂、四季橘、佛手、柠檬等。一年中，随着每次新梢的生长，逐渐进行花芽分化，逐渐开花。

2. 再度开花

原产温带和亚热带地区的大多数树种一年只开一次花，但有时一年中可能发生二次开花的现象，常见如园林树木中的碧桃、杏、海棠、苹果、连翘，有时还有丁香、玉兰、金银木、紫藤等偶尔见花。出现再度开花主要有两种原因。一种是由于不良条件，花芽分化发育不足或树体营养不足，部分花芽延迟到春末夏初，待营养充足、花芽发育完全后开花。这种现象经常在一些苹果、梨的花枝上发生，是由于树体本身因花芽分化、营养状况不足造成的。另一种是发生在秋季出现的又一次开花现象，这是典型的再度开花，是由于不良条件引起，到"条件改善"而形成的，多发生在春季开花、夏季开始花芽分化的树种上。当树木春季开完花、夏季花芽分化完成后，因秋季病虫害的发生失去叶子或过旱遇大雨而落叶，促使新梢上芽重新萌发生长所致再度开花，如梨、紫叶李、桃等。

由于花芽分化的不一致，故再度开花不及春季开花繁茂，很多花芽上此时仍不开。此类现象多用在国庆花坛摆放上，人为措施对所需花木如碧桃、连翘、榆叶梅、丁香等在8月底9月初摘去全树叶片，并追施肥水，到国庆节时即可成花。但在绿地里种植的花木不宜出现这种现象，一是树木的物候变化是反映景观动态的主要因素，再度开花不适于反映植物真正的景观效果，二是再度开花造成树体营养不易消耗，不利于越冬，影响第二年树木开花的数量、效果。因此，树木养护时要做预防病虫，排涝，防旱的措施。

（五）花期管理养护

园林绿地中花木的管理养护主要是为人们能够适时观花，并防止低温对花器的危害。树木花期的提前和推后主要受环境因素的影响，亦可以采取人为措施进行调节。如杏、李与桃的早花品种易受晚霜、寒流的危害，萌芽过早而造成冻芽现象，因此可以采取各种措施进行缓解，如用喷水、用豆浆石灰液对全株喷白，可减缓树体升温、推迟花期防晚霜，或用喷施生长抑制素 B_9、青鲜素（MH）延迟花期。已经萌动并形成花蕾后，在霜冻到来之前可对正开之花喷以磷酸二氢钾溶液，提高细胞浓度，提高抗寒力；也可喷水，利用水降温放热原理防霜；农业上熏烟防霜的效果很好，但难以在市区内实施。

第六节　果实生长发育

一、果实的观赏

树木果实是绿地树木美化中的一个重要器官，通常利用果的奇（奇特、奇趣）、巨（巨形）、丰（丰收效果）、色（艳丽）以提高树木的观赏价值。

奇（奇特、奇趣）：指形状奇异有趣为准。如铜钱树的果实形似铜币；象耳豆的荚果弯曲，两端浑圆而相接，像耳朵一般；腊肠的果实好比香肠；秤锤树的果实如秤锤一样；紫株的果实宛若许多晶莹透体的紫色小珍珠；佛手的果实像佛手。

巨（巨形）：巨指单体的果形较大，如柚、炮弹树；或果小而果形鲜艳，果穗较大，如接骨木。

丰（丰盛效果）：丰指全树而言，无论单果或果穗，均应有一定的丰盛数量，才能发挥较高的观赏效果。

色（色彩艳丽）：色是指果实成熟的颜色。对于观果树木，果实颜色有着更大的观赏意义。果实红色的观赏树木有：金银木、火棘、山楂、小檗类、平枝栒子、冬青、枸杞、桃叶珊瑚、构骨、南天竹、珊瑚树等。果实黄色的观赏树木有：银杏、梅、杏、甜橙、佛手、金柑、梨、木瓜、沙棘、贴梗海棠等。果实蓝紫色的观赏树木有：海州常山、小紫株、葡萄、十大功劳、桂花、白檀等。果实黑色的观赏树木有：小叶女贞、小蜡、女贞、毛梾、君迁子、金银花等。果实白色的观赏树木有：红瑞木、芫花、湖北花楸等。

在树木养护中，需要掌握果实的生长发育规律，通过一定的栽植养护措施，才能达到所需的景观效果。

二、授粉和受精

树木开花后，花药开裂，成熟的花粉通过媒介到达雌蕊柱头上的过程称为授粉，花粉萌发形成花粉管伸入胚囊，精子与卵子结合过程称为受精。影响树木授粉、受精主要有以下几个因素。

1. 授粉媒介

木本植物里有很多是风媒花，靠风将花粉从雄花传送到雌花柱头上，如松柏类、杨柳科、壳斗科、桦木、悬铃木、核桃、榆树等。有的是虫媒花，如大多数花木和果树、泡桐、油桐、椴树、白蜡树等。树木授粉的媒介并非绝对风媒或虫媒，有些虫媒花树木也可以借风力传播，有些风媒花树开花时很多昆虫的光顾也可起到授粉作用。

2. 授粉选择

树木在自然生存中，针对自身繁殖特点，对授粉有不同的适应性。同朵花、同品种或同一植株（同一无性系树木）的雄蕊上花粉落到雌蕊柱头上，称为"自花授粉"，并结果实称为"自花结实"，自花授粉结实后无种子称为"自花不育"。大多数蝶形花科植物，桃、杏的品种，部分李、樱桃品种和具有完全花的葡萄等都是"自花授粉"树种。不同品种、不同植物间的传粉称为"异花授粉"，异花授粉出现的适应有雌雄异株授粉的杨、柳、银杏等，雌雄异熟的核桃、柑橘、油梨、荔枝等。雄蕊、雌蕊成熟的早晚不同，有利异花授粉；雌蕊、雄蕊不等长，影响自花授粉和结实，多为异花授粉；雌蕊柱头对花粉的选择影响授粉。

3. 树体营养状况、环境条件对授粉受精的影响

树体营养是影响授粉受精的主要内因。氮素不足会导致花粉管生长缓慢；硼对花粉萌发和受精有作用，并有利于花粉管伸长；钙有利于花粉管的生长；磷能提高坐果率。花期中喷施磷、氮、硼肥有利于授粉受精。

环境条件变化影响树木授粉、受精的质量。不同树种授粉最适宜的温度不同，苹果 $10\sim25\,^{\circ}\mathrm{C}$，葡萄要求在 $20\,^{\circ}\mathrm{C}$ 以上。在开花期，温度低，期间长，开花慢，花粉管生长慢，未到珠心时胚囊已失去功能，不利受精，而且低温也不利于昆虫授粉。

阴雨潮湿不利于传粉，花粉不易散发，并极易失去活力、雨水还会冲柱头上的黏液。

微风有利风媒花传粉，大风使柱头干燥蒙尘，花粉难以发芽，而且大风影响昆虫的授粉活动。

三、坐果与落果

坐果是经过授粉受精，花的子房膨大发育成果实。发育的子房在授粉受精并促使子房内形成激素后才能继续生长。花粉中含有少量生长素、赤霉素和芸苔素（类似赤霉素的物质），花粉管在花柱中伸长时，促进形成激素的酶系统活化，而且受精后的胚乳也能合成生长素、赤霉素。子房中激素含量高，有利于调运营养物质并促进基因活化，有利于坐果。但授粉受精后，并不是所有的花都能坐果结实。

树木落花落果的原因很多，一是花器在结构上有缺陷，如雌蕊发育不全，胚珠退化；二是树体营养状况，果实激素含量不足；三是气候变化，土壤干旱，温度过高过低，光照不足；四是病虫害对果实的伤害等都会导致落花落果，影响果实成熟期的观赏效果。除此外，果实间的挤压，大风暴、雨、冰雹也是造成落果的因素。

四、防止落花、落果的措施

对于观果树木来说，果量不足，达不到所需的景观效果，在栽植养护中需要有所针对地采取措施，促进坐果率。

1. 加强土、肥、水管理及树木管理与养护

改善树体营养状况，加强土、肥、水管理，促进树木的光合生产，提高树体养物质的积累，提高花芽质量，有利受精坐果。由于树体营养不良，如能分期追肥，合理浇水，可以明显减少落果。

加强树体管理，通过合理修剪，调整树木营养生长与生殖生长的关系，使叶、果保持一定比例，调节树冠通风透光条件，新梢生长量过大时，可及时处理副梢，摘心控制营养生长，减少营养消耗，提高坐果率。

2. 创造授粉、坐果的条件

由于授粉受精不良是落花、落果的主要原因之一，应创造良好的授粉条件，提高坐果率。异花授粉效果好的，需适当布置授粉树，在适当的地段可放蜂帮助授粉；在天气干旱的花期里，可以通过喷水提高坐果率，如河北省枣农在花期里，早晨、傍晚喷清水，能增产 14.5%。

有些树木出现落花落果的原因是由于营养生长过旺，新梢营养生长消耗大，造成坐果时营养不足而落果。可以利用环剥、刻伤的方法调节树体营养状况，一般操作在花前或花期中进行，如枣、柿树等通过环剥和刻伤，分别提高坐果率 50%～70% 和 100% 左右。

五、果实着色

果实着色是指果实呈现出黄色、橙色、红色、紫色等鲜艳色彩的过程。使果实表现红、紫、黄、橙的化学物质主要有花色素苷、类胡萝卜素和黄酮类物质。花色素苷（或称花青苷）和花色素（或称花青素）通常呈现红色、紫红色、紫黑色等，类胡萝卜素和黄酮类物质表现黄色、橙色、橙红等。果实的色泽是花色素苷、类胡萝卜素、叶绿素和类黄酮等物质综合表现的结果，光照、温度、水分、金属离子、激素等会影响花色素苷的显色。

第七节　园林树木各器官生长发育相关性

树木体各部分器官之间在生长发育过程中都存在着相互联系、相互促进、相互制约的关系。这种关系在植物生理学上称之为植物生长发育的相关性，表现为树体的某部分器官对其他部分器官在生长发育上的调节作用，尤其是植物体内营养物质的供给关系和激素等调节物质产生的作用。树木各部分之间的相关性反映出树木有机体系统的协调和联系，也是树木有机体整体性的反映。

将树木器官间的相互促进、相互制约的关系搞清楚，制定各项技术措施，能掌握和利用树木的相关关系，就能提高栽培措施的效果，达到栽培的目的。

一、地上部分和地下部分的相关性

树木地上部、地下部相互联系、相互促进、相互制约的关系在各个器官相关性中最为明显。不但在形态上地上部分枝叶和地下部分根系易于区分，而且在树木上下营养物质的生产、运输的作用对其他器官之间的相关性起着重要影响。

1. 树木地上、地下部营养生产、供给是树体生长发育的关键

根系在生命活动中所需的营养物质和某些特殊物质主要是由叶片光合作用生产的，将太阳能及其他物质合成转化的。这些物质通过枝茎的韧皮部向下运输给根系。如果在一定时期内，根系得不到这些物质，就有可能因饥饿死亡。在落叶树木秋季落叶前将枝叶内有机营养物质转存于根系中。同时，地上部分的生长、光合、蒸腾等一系列活动所需要的水分、矿物质元素需要利用根系强大的吸收能力从土壤中获取。根系发达、生理活动旺盛，不但可以满足对地上部分水分，矿物质元素的供给，而且通过根系的代谢性能能合成多种氨基酸磷脂、蛋白质、细胞分裂素等物质，对地上部分的生长发育起着上、下运输的生理活动、物质交换的过程，并且这种关系无时无刻地相互影响，任何变化都会不同程度地影响树木的生长活动。

2. 树木地上部、地下部的动态平衡

树木地上部、地下部结合构成树木的整体，两者之间相关性密切，并在生物量上保持着一定的比例，称为冠根比（T/R）或枝根比。冠根比的测定在落叶后进行调查，称取树木根与冠的鲜重计算比值，不同树种因遗传特性而冠根比有差异，并因土壤条件及其他栽培措施而发生变化，与土壤的质地、通透性的关系最为密切。如苹果树在沙地、壤土和黏土种植，其冠根比分别为 0.7～1.0，2.0～2.5，2.1 以上，一般树木的冠根比多为 3～4。在贫瘠、干旱、沙土条件下，树木为了获取水分、养分，根系生长可能会大于地上部分生长；而在肥沃、湿润、黏土条件下，冠根比大。

树木的地上部、地下部的动态平衡不但反映在生物量上，而且树木的冠幅与根的水平分布、树高与根的垂直分布均有着动态平衡关系，一般根系的水平分布范围大于树冠投影，根的垂直伸长小于树高。在环境条件变化时，同样出现动态变化，当沙性土、贫瘠条件下，水平根系范围大；肥沃、黏性土壤中根系生长困难，分布范围小。垂直生长根系在湿润地区、地下水位高或黏重的土壤上，其伸长生长较树高小，但在干旱地区、地下水深、沙性土地上，根系为获取水分，能生长很深，甚至远远超过树高。当地上部、地下部遭受自然灾害或经过重修剪后，均会表现出某些部位出现器官再生，局部生长转旺，上下建立新的动态平衡。移植树木时伤根较多，如能在保持湿度、减少树木蒸腾以及有利于生根的条件下，可轻剪或不剪树冠，利用萌芽后生长点多、产生激素多的特点，有利于促进根系迅速再生而恢复平衡。

3. 枝根对应，上下对称

在自然状态下生长的树木，地上部树干上的大骨干枝与地下部的骨干大根之间具有局部对应的关系，尤其是主干矮的树木，对应的关系更为明显。即在树冠的同一方向上，地上部枝叶繁多，地下部根系粗壮密集，生长旺盛；而枝叶稀疏的方向，根系也较少。这种现象既与地上部、地下部的物质交换状况有关，也与地下部根系对地上部支撑作用有着密切关系。在人工修剪管理、土壤条件有限的环境中，有时只能反映出上下主侧枝、根的关联，而须根分布的方向因土地的限制、地上部由于人工修剪或空间的限制出现无法对应的现象，极易出现风倒。

4. 地上部、地下部生长高峰相互错开

树木各部分、各器官的生长都需要耗费营养物质，不论是树体贮藏的营养物质还是叶片光合生产的营养物质，都不可能同时满足所有器官的生长并同处高峰状态，而是在不同阶段集中满足某一部分的生长，其他部分往往也在生长中，但高峰期或前或后相互错开。如根系在早春比枝叶先生长，而在新梢旺盛生长时处于低潮而缓慢生长，当枝叶生长到一定量时，根系的吸收能力满足不了地上部分对水分的消耗与蒸腾，从而再次出现高峰生长。当满足枝叶需求，幼果开始膨大要消耗大量营养物质时，根系生长逐渐减缓，在秋后落叶树种开始落叶，营养物质回输，根系为贮藏营养又出现一次生长高峰。如曲泽洲等对苹果的根系与枝叶生长相互关系的研究中指出，一年中根系生长有三次高峰，并与枝条生长高峰相交错出现。

从地上部、地下部的相互联系可见，在土壤的肥、水、通气状况及适宜的低温条件下，利用对上部修剪、疏花疏果，促进光合作用、营养物质的积累，有利于地下根系的生长；而在适宜的较高气温条件下，在土壤肥水充足、树体营养物质供给集中的情况下，通过适当疏剪短截，有利于地上部枝、叶生长。无论哪部分生长好，都会给另一部分生长提供条件，关键是抓住它们生长的节奏特点及在不同阶段的影响作用不同，通过各种栽培措施，调整树木的根系和根冠的结构比例，调整其营养关系和生长速度，促进地上部、地下部的整体协调、健康生长。

二、各器官之间的相关性

树木各器官的相互关系使它们之间相互联系、相互促进、相互制约，其中既有树木整体协调统一的关系，也有相互争夺、制约而抑制其他器官的关系。

（一）相邻同类器官之间的关系

相邻树木同类器官之间（如枝条之间、叶片之间、各根系之间、芽之间、花之间、果之间），具有相互抑制的作用，抑制作用的强弱与顶端优势、器官的大小、位置有关系。

枝条长短、大小对水分、养分及树体营养物质竞争力不同。在树冠上部、直立生长的长枝、顶端优势、竞争能力强，获取的水分、养分、光照充足，光合产物量大，生长快，枝叶量大，叶面积覆盖大，对其他枝叶产生抑制作用；而在树冠下部、内侧平生的短枝受光量少，对水分养分及树体营养竞争弱，叶片面积不足，光合产物量低，处于弱势生长，甚至枯萎死亡。同样，主根与侧根生长之间实际上也是由于根系顶端优势的作用，主根的生长量大于侧根的生长，对侧生根部分产生抑制作用。在同一枝条上芽由于顶端优势和芽的异质性的特点，顶芽通常生长饱满、生长旺盛，而腋芽相对弱、生长缓慢，甚至处于休眠状态。同一新梢上的叶片因部位不同也具有这种抑制作用，枝上部的叶片光合能力强，获取的水分、养分充足；而枝条下部对水分、养分的竞争力弱。这些同类器官之间的抑制可以通过栽培措施协调，如顶芽的摘除、受损和自枯，顶端优势下移，可以促使下部较多腋芽萌发，通过短截削弱顶端优势，促进分枝，以此确定枝条的走向；枝条之间的相互抑制，可以采用疏剪技术去除对保留枝的抑制，通过对壮枝重短截的抑制，促进弱枝能够获得充足的水分、养分及营养物质，促进生长，调整树冠内枝条的均匀分布。同样，切断主根的根端有利于促进侧生根生长，切断侧生根有利于多发侧生须根。在苗木培育、大树移植中，可采取"断根"的办法，促发根系的分生，以保证移植成活。对壮老龄、衰老的树木采取扩穴、深翻改土，切断一些有一定粗度的根系或老根，有利于促进新根、吸收根的生长，增强树势和更新复壮。

大花大果类树木，相近的同类器官具有相互抑制的作用，因为都是依靠消耗营养生长的，营养物质不足，花之间、果之间产生竞争，尤其是花量、果量过多时，导致花小、果小，一般先开放的花、先结的果实形体较大。通过疏花、疏果及提高叶片的光合作用等措施达到提高观赏效果的目的。

（二）营养器官与生殖器官的相关性

树木枝、叶、根为营养器官，花芽、花、果实和种子为树木的生殖器官，虽然它们在生长过程中都需要大量的光合产物，但是两类器官在生理活动上有区别。在树木正常生长状态下，营养物质的生产、积累与营养器官的生长成正相关。营养器官的正常生长发育表现在树木体积的增加，如干茎的增粗、枝叶的增加以及树高的增长，也包括根系的扩展。而树木营养器官的良好生长发育是生殖器官正常发育的物质基础，虽然营养器官在扩大树体的过程中要消耗大量营养，并在生长中两类器官不断地发生营养竞争矛盾，每年生长期中，营养器官在生长中与生殖器官相同，需消耗大量营养物质，此时两类器官互为抑制，而当营养器官停止生长后，产生促进作用，促进花芽分化，促进开花，促进结果。在树木生命期的成熟期中，营养生长和生殖生长之间的动态平衡有时会偏向营养生长，树木扩大树冠，积累营养物质；有时会偏向生殖生长，出现结实大年，抑制营养生长。如果树木的营养生长始终受到生殖生长的抑制，树体开始衰老，直至死亡。在园林树木栽植养护过程中，可以根据树木两类器官之间的关系采取合理地栽培养护措施，进行协调，以保持良好的美化、绿化效果。

良好的枝叶是树木开花结实的基础，要让树木早开花结实，需要一定的枝量和叶面积，才能使达到性成熟的树木由营养生长转向生殖生长。但每年生长的枝条过弱、过旺都会导致树体的营养状况不良，物质积累不足，往往导落花、落果，或花芽分化受影响，影响到树木的开花结果。而生殖生长过量，即树木开花结实过量，造成树体营养物质消耗量过大，造成了树体营养器官的生长减弱，使树体衰弱。因此在养护中，除了肥水措施外，应合理地调节枝叶量与开花结果量，维持树体健康生长。

枝条生长状况对花芽分化有不同的影响。枝条在生长中消耗营养物质，抑制花芽分化；枝条封顶之后积累营养物质，才有利于促进花芽分化。如夏秋进行花芽分化的树木的发育粗壮、生长斜平的枝条在生长前期如能及时封顶停长，容易形成花芽、而生长细弱枝条和徒长枝难以形成花芽，因此可采取措施协调枝条生长发育状况，促进花芽分化。

根系的生长过程中，一方面从土壤中为叶片光合作用提供水分与矿物质，另一方面利用叶片生产的营养物质直接合成花芽分化所需的一些结构物质和调节物质。根据调查，根系生长与花芽分化成正相关，由生长低峰转向生长高峰，并在生长的同时生产促进花芽分化的物质。

根据树木各部位和各种器官相关关系的分析，主要具有以下几个特点：

（1）树木的各部位、器官相互依赖，形成一个整体，具有整体性；

（2）树木各器官之间在不同季节相互影响不同，相关关系具有阶段性，不同阶段作用不同；

（3）局部器官在生长发育中除了具有整体性外，还具有独立性。

树木的根系在生长中，把从土壤中吸收的水分和矿物质，把根系中贮存、合成的营养物质向地上部各个器官运输时，以及树木叶片把光合形成的产物向地下根系贮存时，是将树木作为一个整体，尤其根系用水分往上运输时，不论是长枝还是短枝，都可以获得。但由于各个器官生长的前后不同，营养物质分配以不同器官的生长节奏特点，分阶段向不同器官生长中心提供。各分生部分之所以生长差异大，取决于枝条养分积累的独立性，枝条将生产积累的物质除了本身利用生长外向自身的母枝、主干、根系输送，很少向其邻近枝条输送，因此在营养物质积累充分的条件下，不但花芽分化、开花结实，而且生长健壮；而有些枝条的营养物质积累不足，甚至缺乏，不但难以成花、开花结实，而且甚至无法生长，逐渐死亡。因此，为恢复树木的长势，可采用根系的肥水供给，为了促进局部生长，可采用叶面喷肥效果较佳。

思 考 题

1. 简述树木根系的功能、根系的分类。
2. 树木根系有哪些生长习性，影响根系生长有哪些因素？
3. 简述枝茎的作用、生长习性及影响生长的因素。
4. 简述枝芽的分类及特性。
5. 树木生长周期不同阶段有哪些生长现象？
6. 简述叶片的功能及影响叶幕生长的因素。
7. 简述花芽分化不同时期的特点、分化类型、一般规律及影响分化的因素。
8. 简述树木花芽类型及影响开花的因素。
9. 简述树木各部分器官的相关性（以地上部、地下部为例）。

第三章 环境对园林树木生长的影响

第一节　非生物因子对园林树木生长的影响

一、气候因子对园林树木生长的影响

（一）光照

光照是树体生命活动中起重大作用的生存因子。它不仅为光合作用提供能量，还作为一种外部信号调节植物生长发育。在植物生活史的每个阶段，如种子萌发、幼苗生长、开花诱导及器官衰老等，光通过对基因表达的调控，调节植物生长发育。在一定的光照强度下，植物才能进行光合作用，积累碳素营养；适宜的光照，使植株生长健壮，着花多，色艳香浓。提高光能利用率，是园林树木栽培的重要研究内容。下面从光照强度、光照持续时间和光质等方面分析光对植物生长的影响。

1. 太阳辐射和光质

（1）太阳辐射与植物吸收光照　太阳辐射通过大气层而投射到地球表面上的波段主要为 $150\sim4000nm$，其中被植物色素吸收具有生理活性的波段称为光合有效辐射，为 $380\sim760nm$，这个波段的光与可见光的波段基本相符。太阳辐射强度与太阳高度角有关，在接近直角时强度值最大。我国太阳辐射资源的地理分布整体上是西部高于东部，辐射量最大的西藏南部为每年每平方厘米 $749.96J$，四川盆地最低，每年每平方厘米不到 $376.56J$，华北居中每年每平方厘米 $543.92\sim585.76J$，长江中下游为每年每平方厘米 $460.24\sim502.08J$。

植物感受光能的主要器官是叶片，并由叶绿素完成光合反应。叶片以吸收可见光为主，即太阳光谱 $380\sim760nm$ 区间的能量，通常称为生理有效辐射或光合有效辐射。生理辐射光主要由叶绿素和类胡萝卜素所吸收，其中以红橙光的吸收利用率最多，具有最大的光合活性，红光还能促进叶绿素的合成，有利于碳水化合物的合成；蓝紫光也能被叶绿素、类胡萝卜素吸收；另外，蓝光有利于蛋白质的合成，但蓝紫光对植物生长和幼芽形成有很大作用，能抑制植物生长而形成矮态，还能促进花青素的形成。绿光大部分被绿色叶片所透射和反射，很少被吸收利用，所以植物的叶片多为绿色。

（2）光质　光质指太阳光谱的组成特点。光是太阳的辐射能以电磁波的形式投射到地球表面的辐射。根据人眼所能感受的光谱段，光可以分为可见光和不可见光，其中不可见光根据波长的长短可分为红外光和紫外光。当太阳辐射通过大气时，不仅辐射强度减弱且光谱成分也发生变化，随太阳高度角升高，紫外线和可见光所占比例增大；反之，红外光比例增加。

植物细胞中有多种组分吸收紫外线区的光子，紫外光会破坏核酸而造成树体的伤害，而叶片的表皮细胞能截流大部分紫外光而保护叶肉细胞。高海拔地区的强紫外光，会破坏细胞分裂和生长素的合成而抑制植株生长，因此在自然界中高山植株都具有茎秆短矮、叶面缩小、茎叶含花青素、花果色艳等特征，这除了与高山地区日交叉温度值大有关系外，主要与蓝、紫光等短波光以及紫外光较强等密切相关。

（3）直射光与漫射光　作用于树木的光有两种，即直射光与漫射光。通常漫射光随海拔升高而减少，直射光随海拔升高而增强，垂直距离每升高 100m，光照强度平均增加 4.5％，紫外光强度增加 3％～4％。南坡和北坡的漫射光不同，如坡度为 20°的南坡受光量超过平地面积的 13％，而北坡则减少 34％，山坡地边缘的树木受漫射光最少。在一定限度内直射光的强弱与光合作用成正相关，但超过光饱和点后则光的效能反而降低。漫射光强度低，但在光谱有效的红、黄光（可达 50％～60％）可被树体完全吸收，而直射光中仅有 37％的红、黄光被树体吸收利用。

2. 光对树木生长发育的影响

（1）光照强度　园林树木需要在一定的光照条件下完成生长发育过程，但不同树种对光照强度的适应范围则有明显的差别，一般可将其分成三种类型：

① 喜光树种。又称阳性树种，喜光不能忍受任何明显的遮阴，其光饱和点高，光合速率和呼吸速率也较高。在弱光下生长发育不良。植株一般枝叶稀疏、透光，叶色较淡，生长较快，自然整枝良好，但寿命较短，典型的阳性树种有马尾松、桦木、杨、柳、月季等。

② 耐阴树种。又称阴性树种，具有较强的耐阴能力，在气候干旱的环境下，常不能忍受过强光照射。能在较弱的光照条件下生长良好，植株一般枝叶浓密、透光度小，叶色较深，生长较慢，自然整枝不良，但寿命较长。园林树种如铁杉、八角金盘、珊瑚树等即属于阴性树种。

③ 中性树种。介于上述两者之间，比较喜光、能稍耐阴，光照过强或过弱对其生长不利，大部分园林树种属于此类。

不同树种均有一定的光照强度适应范围，当树木的光合作用系统吸收的辐射能量超过其能利用水平的能量时，树木生长受到影响甚至出现伤害，这个现象称为光伤害。喜光树种具有避免受到光伤害的生理机制，因其叶绿体中的类囊体腔酸化，而产生一种酶使类胡萝卜素转化为玉米素，此过程将辐射能量以热的形式散失从而避免受到伤害。

各种植物对光照强度都有一定的适应范围。这与其原产地的自然条件有关，如生长在我国南部低纬度、多雨地区的热带、亚热带常绿树种，对光的要求就低于原生于北部高纬度地区的落叶树种；原生在森林边缘空旷地区的树种绝大部分都是喜光树种，如落叶树种中的落叶松、杨树、悬铃木、刺槐、桃、杏、枣等，常绿树种中的椰子、香蕉等。而阴性树种在全日照光强的 1/10 时即能进行正常的光合作用，其光补偿点低，仅为太阳光照强度的 1％，如落叶树种的天目琼花和猕猴桃及常绿树种中的杨梅、柑橘、枇杷、水青冈等，光照强度过高反而影响其正常生长发育。

（2）光照延续时间　光照延续时间是指一天中从日出到日落的时数。其随纬度和季节不同而各不相同，呈周期的变化：纬度越低，最长日和最短日光照延续时间的差距越小，而随着纬度的增加，日照长短变化也趋明显。树木对昼夜长短的日变化与季节长短的年变化的反应称为光周期现象，主要表现在诱导花芽的形成与休眠开始。不同树种在发育上要求不同的日照长度。根据植物开花所需要的日照时数将园林树木分为三类。

① 长日照树种。日照长度超过某一数值才能开花的植物。大多生长在高纬地带，通常需要14h以上的光照延续时间才能由营养生长向生殖生长的转化，花芽才能分化和发育。如日照长度不足，或在整个生长期中始终得不到所需的长日照条件，则会推迟开花甚至只进行营养生长。

② 短日照植物。日照长度短于某一数值才能开花的植物，起源于低纬度地带，光照延续时间超过一定限度则不开花或推迟开花，通常需要14h以上的黑暗。如果把低纬度地区的短日照树种引种到高纬度地区栽种，因夏季日照长度比原产地延长，对花芽分化不利，尽管株型高大，枝叶茂盛，花期却延迟或不开花。

③ 中日照植物。对光照延续时间反应不甚敏感的树种，如月季，只要温度条件适宜，几乎一年四季都能开花。

进一步研究证明，对短日照植物的花原基形成起决定作用的不是较短的光期，而是较长的暗期。根据这个认识，人们用闪光的方法打断黑暗，可以抑制和推迟短日照植物的花期，促进和提早长日照植物开花。

（3）树体的受光量　树体的受光类型可以分为四种，即上光、前光、下光和后光。前两种光是从树体的上方和侧方照到树冠上的直射光和部分漫射光，这是树体正常发育的主要光源。下光和后光是照射到平面（如土壤、路面、水面等）和树后的物体（包括邻近的树和建筑物墙体等）所反射出的漫射光，其强度取决于树体周围的环境如栽植密度、建筑物状况、土壤性质和覆盖状况等。树体对下光和后光的利用虽不如前两种光，但因其能增进树冠下部的生长，对树体生长起相当大的作用，在栽植及采取管理措施时不应忽视。

树体的受光情况与树体所在的地理位置（海拔、纬度）和季节变化有关。照射在树体上的光，不会被全部利用，一部分被树体反射出去，一部分透过枝冠落到地面上，还有一部分落在树体的非光合器官上，因此树体对光的利用率取决于树冠的大小和叶面积多少。

（二）温度

太阳辐射是光的来源，也是热量的来源。热量是植物生命活动中不可缺少的重要生活条件。它会影响植物的生理代谢反应，并使植物周围环境增温。所以温度是树木的重要生态因子，它决定着树种的地理分布，是不同地域树种组成差异的主要原因之一。温度又是影响树木生长速度的重要因子，对树体的生长、发育以及生理代谢活动有重要的影响。

1. 温度变化

（1）温度的空间变化　地球表面上各地的温度条件随所处纬度、海拔高度、地形和海陆分布条件的不同而有很大变化。

① 纬度变化。从纬度来说，地球上随着纬度增高太阳高度角减小，太阳辐射量也随之减少，年均温度逐渐降低；一般纬度每升高1°，年平均温度下降0.5～0.9℃。从赤道到极地可以划分为热带、亚热带、温带和寒带，不同气候带的树木组成成分不同，森林景观各异。如从高纬度到低纬度分别为，寒温带针叶林、温带针阔叶混交林、暖温带落叶阔叶林、亚热带常绿阔叶林、热带季雨林、雨林等。我国领土辽阔，最南端为北纬3°59′，最北段为北纬53°32′，因此，我国南北各地的太阳辐射量相差很大。

② 海拔高度及地形的变化。温度还随着海拔高度而发生有规律的变化。随着海拔升高，虽然太阳辐射增强，但由于大气层变薄，大气密度下降，保温作用差，因此温度下降。所以海拔每升高100m相当于纬度向北移1°，年平均温度降低0.5～0.6℃，而高山上的昼夜温差可达30～50℃。温度还受到地形、坡向等其他因素的影响。一般情况下，南坡接受太阳辐射量最大，气温、土温比北坡高，但土壤温度一般西南坡比南坡更高，这是因为西南坡蒸发耗热较少，热量多用于土壤增温。所以南坡多生长阳性喜温暖耐旱植物。

③ 海陆分布。海陆分布影响气团流动，同时影响温度分布。我国的东部沿海，为季风性气候，从东南向西北，大陆性气候逐渐增强。夏季温暖湿润的热带海洋气团，将热量从东南带向西北，冬季寒冷而干燥的大陆性气团，使寒流从西北向东南移动，造成同样方向的温度递减。

（2）温度的时间变化　温度的时间变化是指全年的季节性变化与一日中昼夜的变化。温度的全年变化节律主要表现在四季的变化，温度由低逐渐升高再逐渐降低。一般以候（5日为一候）的平均温度来划分四季，即候平均温度达到10～22℃的为春、秋季，22℃以上为夏季，10℃以下为冬季。我国大部分地区一年中根据气候寒暖、昼长夜短的节律变化，可分为春、夏、秋、冬四季。我国大部分地区位于亚热带和温带，一般是春季气候温暖，昼夜长短相差不大；夏季炎热，昼长夜短；秋季和春季相似；冬天寒冷而昼短夜长。

温度的昼夜变化也是有规律的。一般气温的最低值出现在凌晨日出前。日出后气温逐渐升高，至13：00～14：00达到最高，以后又逐渐下降。温度的昼夜变化对植物的生长和果实的质量产生影响，如云南的山苍子含柠檬醛高达60%～80%，而浙江产的含量只有35%～50%，其主要的原因是高原地区日较差较大，导致生化反应不同物质积累有异。但是昼夜温差只是在夜间温度下降到一定范围以内时才对植物有良好的作用，如夜晚过于寒冷，则生长受到抑制。

2. 温度影响

（1）基础温度　在地球表面，植物的分布与温度有密切的关系。植物的生长发育也需要有一定的温度范围，并且要有一定的温度总量才能完成其生长周期，植物生长所需的基础温度主要有年平均温度和生长季积温，植物的生态分布和气候带的划分主要以此为依据。

植物在达到一定温度总量时才能完成其年生长周期,对园林树木来说,在综合外界环境条件下能使树体萌发的日平均温度为生物学零度。即生物学有效温度的起点,不同物种的生物学零度是不同的,但在同一热量带相差不大,一般温带地区的生物学零度为5℃,亚热带地区的生物学零度是10℃。落叶树种的生物学零度多在6~10℃,常绿树为10~15℃。树木生长季中高于生物学零度的日平均温度总和,即生物学有效温度的累积值,称为生长季积温(又称有效积温),其总量为全年内具有效积温的日数和有效温度值的乘积。不同植物要求不同的有效积温,一般落叶树种为2500~3000℃,而常绿树种多在4000~4500℃以上,如柑橘需要有效积温4000~5000℃才能正常生长发育。根据各植物的生长发育需要的积温量,再根据各地的温度条件,初步可知各园林植物的引种范围。此外,还可根据各种园林植物对积温的需求量,推测和预报各发育阶段的到来,以便及时安排生产栽培措施。

温度对植物生长发育的影响从种子发芽开始。植物只在一定的温度条件下才能萌发。一般温带树种的种子,在0~5℃开始萌发。大多数树木种子萌发的最适温度为25~30℃。早春气温对树木的开花有很大影响,开花期主要受3月份气温的支配,一般在大陆性气候带,由于春季温度突然升高,开花物候期通过较快;而海洋性气候带,春季温度变化小,有效积温热量上升慢,则物候期相对延长。6月中旬至7月上旬的最低气温与花芽分化有关。温度对果实的品质、色泽及成熟期有直接影响。一般情况下,在日照强度大,温差大的高海拔山地、高原,果实性状比在平原地区表现好,果实含糖量高、色鲜、品质佳。

树木在年发育周期中,旺盛生长时对温度要求渐高,落叶树种为10~20℃,常绿树为12~16℃。树木的生理活动对温度反应有其最低点、最适点和最高点,即为温度三基点。在最适点树木的生长、发育表现正常,温度过低或过高则树体生理活动受到抑制或死亡。

以日温≥10℃的积温和低温为主要指标,可以把我国分为六个热量带。从南向北依次为赤道带、热带、亚热带、暖温带、寒带、寒温带。由于每个带内的温度不同,都有其相应的树种和森林类型。

(2)极端温度

① 低温。低温对树体的危害主要表现在低温既可伤害树木的地上或地下组织与器官,又可改变树木与土壤的正常关系,进而影响树木的生长与生存。低温伤害其外因主要决定于降温的强度、持续的时间和发生的时期;内因主要决定于树木种类(品种)的抗寒能力,此外,还与树势等发育状况有关。根据低温对树木伤害的机理,可以分为冻害、冻旱、霜害和寒害四种基本类型。

a. 冻害。即因受零下低温侵袭,树体组织发生冰冻而造成的伤害。还表现为:树干黑心,树皮或树干冻裂,休眠的花芽冻伤,幼树被冻拔。

b. 冻旱。又称冷旱,是低温与生理干旱的综合表现。

c. 霜害。即秋春季的早晚霜危害。

d. 寒害。即受0℃左右低温影响,树体组织虽未冻结成冰但已遭受的低温伤害。

低温造成对树木的危害，主要发生在春、秋季，冬季寒冷的季节，特别是温度回升后的突然降温，对树木危害更严重。早春的温暖天气，使树木过早萌发生长，最易遭受寒潮和夜间低温的伤害。黄杨、火棘和朴树等对这类霜害比较敏感。当幼嫩的新叶被冻死以后，母枝的潜伏芽或不定芽发出许多新枝叶，但若重复受冻，终因贮藏的碳水化合物耗尽而引起整株树木的死亡。

春季初展的芽很嫩，容易遭受霜害，但是温度下降幅度过大也能杀死没有展开的芽。园艺学家们发现，树木芽对霜害的敏感性与芽在春天的膨大程度有关。芽越膨大，受春霜冻死的机会越多。

南方树种引种到北方，以及秋季对树木施氮肥过多，尚未进入休眠的树木易遭早霜危害；北方树木引种到南方，由于气候冷暖多变，春霜尚未结束，树木开始萌动，易遭晚霜危害。一般幼苗和树木的幼嫩部分容易遭受霜冻。

树木受低温的伤害程度还决定于自身的抗寒能力，而抗寒性的大小，主要取决于树体内含物的性质和含量。抗寒性一般是和树木体内的可溶性碳水化合物、自由氨基酸、甚至核酸的含量成正相关。因此，不同树种或同一树种不同的发育阶段及其不同器官和组织，抗寒的能力有很大差别。热带树木，如橡胶、可可、椰子等，当温度在 $2\sim5℃$ 时就受到伤害；而原产东北的山定子却能抗 $-40℃$ 的低温；树木品种间的抗寒能力也不尽相同，如梅花中的"美人梅"品种，能耐 $-30℃$ 低温，为北京等地适栽的优良抗寒品种。另外，树木处于不同的发育阶段其抗寒能力也不尽相同，通常休眠阶段的抗寒能力最强，营养生长阶段次之，生殖生长阶段最弱。树体的营养条件与其对低温的耐性有一定的关系，如生长季（特别是晚秋）使用氮肥过多，树体因推迟结束生长，抗冻性会明显减弱；多施磷肥、钾肥，则有助于增强树体的抗寒能力。

低温对树木的影响主要表现为感光氧化作用，即光合作用对温度变化产生的生物物理反应的敏感性要低于对此产生的生物化学反应。当树木遇到低温时，叶绿素继续吸收太阳辐射，但能量却不能以有效的速度被转送到正常的电子吸收成分中来避免光阻效应。对低温具适应性的树种，其避免感光氧化作用的机理是，通过增加叶黄素的循环来避免自由基的形成，自由基是有毒的活性分子。树木避免因低温形成自由基造成损伤的机理（特别是在高海拔伴有高辐射的情况下），可能有以下几种：a. 具有合成抗氧化剂的酶。b. 高海拔的树木含有如抗坏血酸（VC）、生育酚（VE）、三肽谷胱甘肽抗氧化剂，其浓度随海拔高度的上升而增加，在一日中抗氧化剂浓度在中午最高、夜间最低。c. 有些树种对低温的适应性因土壤含水量低而提高，或与低温以及土壤缺水都可能增加植物激素，如脱落酸（ABA）的水平有关。

②高温。树木在异常高温的影响下，生长下降甚至会受到伤害。它实际上是在太阳强烈照射下，树木所发生的一种热害，以仲夏和初秋最为常见。生长期温度高达 $30\sim35℃$ 时，一般落叶树种的生理过程受到抑制，升高到 $50\sim55℃$ 时受到严重伤害。常绿树种较耐高温，但达到 $50℃$ 时也会受到严重伤害。而落叶树种于秋冬温度过高不能顺利进入休眠期，影响次年的正常生长萌芽。

a. 高温对树木的直接伤害。夏秋季由于气温高，水分不足，蒸腾作用减弱，致使树体温度难以调节，造成枝干的皮层或其他器官表面的局部温度过高，伤害细胞生物膜，使蛋白质失活或变性，导致皮层组织或器官溃伤、干枯，严重时引起局部组织死亡，枝条表面被破坏，出现横裂，负载能力严重下降，并且出现表皮脱落、日灼部位干裂，甚至枝条死亡。

b. 高温对树木的间接伤害。树木在达到临界高温以后，首先破坏了光合作用和呼吸作用的平衡。叶片气孔不闭、蒸腾加剧，使树体"饥饿"而亡；其次，临界高温下植物的蒸腾作用加强，根系吸收的水分无法弥补蒸腾的消耗，从而破坏了树体内的水分平衡，叶片失水、萎蔫的结果使水分的传输减弱，而使叶片的温度再升高，如此循环使所有的叶片死亡而导致树木最终枯死。

高温对树木的伤害程度，不但因树种、年龄、器官和组织状况而异，而且受环境条件和栽培措施的影响。不同树种（品种）忍受高温的能力不同，如叶片小、质厚、气孔较少的树种，对高温的耐性较高；同一树种的幼树，皮薄、组织幼嫩易遭高温的伤害。同一棵树，当季新梢最易遭高温的危害。当气候干燥、土壤水分不足时，因根系吸收的水分不能弥补蒸腾的损耗，将会加剧叶子的灼伤；在硬质铺装面附近生长的树木，受强烈辐射热和不透水铺装材料的影响，最易发生皮焦和日灼。同一树体在不同发育阶段对高温的抗性也不同，通常休眠期抗性最强，生长和发育期最弱。树木的不同器官对高温的反应也不同，根系表现最为敏感，大多数树木的幼根在 $40\sim45℃$ 的环境中 4h 就会死亡。夏季表层裸露的土壤可能达到致死的温度。

（3）激烈变温的伤害　树木在长期的进化过程中，适应了年生长周期中温度所呈现的正常季节变化和日变化，但由于气象因子的作用导致温度的突然升高或降低，对树体的生长十分有害。其中，低温的伤害比高温涉及的面大、程度也深，严重时甚至导致树体的死亡。降温速度越快、低温持续的时间越长，对树体的危害越大；特别是在生长发育的关键时期，如寒潮以后的温度急剧回升对树体的危害更加严重。如冻害后即遇太阳直射，树体组织细胞间隙内的水分迅速解冻蒸腾，导致细胞原生质破裂失水致死。树体抗冻或适应温度剧变的能力，决定于树种、品种的遗传特性及其树体的适应状态，在冬季急剧变温的最初几小时内，可观察到氧的吸收下降，抗寒品种比不抗寒的较能适应，恢复有氧呼吸也快一些。越冬锻炼得好的树体，其组织内部水分含量发生变化，易结冰的游离水含量下降，束缚水含量增加；磷代谢发生重大变化，磷酸酯糖和核苷含量增多；其皮层薄壁细胞中的花青素含量增多。

（三）水分

水是植物生存的重要因子，也是植物体的重要组成部分。不同的植物种类、不同的部位含水量也不同，根尖和茎尖等幼嫩部分含水约占其鲜重的 90%；树干木质部含水量约为 50%。水是生化反应的溶剂，树体内的一切生理活动都要在水分参与下才能进行，水是植物新陈代谢的直接参与者和光合作用的原料，光合作用每生产 0.5kg 光合产物，约蒸腾 $150\sim400$kg 水。水通过不同质态、数量和持续时间的变化对树体起作用，水分过多或不足都影响树体的正常生长发育，甚至导致树体衰老、死亡。各种质态的水对树体起不同的作用，但其中以液态水最为重要。

1. 水在树木生理活动中的重要作用

水能调节生物体和环境的温度，水的比热容很大，因此水的温度不像大气温度变化显著，为生物创造一个相对稳定的温度环境，保证正常的生理代谢活动。同时水是树木生命过程中不可缺少的物质，细胞间代谢物质的传送，根系吸收的无机营养物质输送，以及光合作用合成的碳水化合物分配，都是以水作为介质进行的。另外，水还可以保持细胞和组织的紧张度，使植物保持一定的状态，维持正常的生活，当枝叶细胞失去膨压即发生萎蔫并失去生理功能，如果萎蔫时间过长则导致器官或树体最终死亡。一般树木根系正常生长所需的土壤水分为田间持水量的60%～80%。

树木生长需要足量的水，但水又不同于树体吸收的其他物质，其中99%的水分通过蒸腾作用耗失体外，大约只有1%的水分在生物体中被保留下来。蒸腾作用能完成对养分的吸收与输送，蒸腾使树体水分减少而在根内产生水分张力，土壤中的水分随此张力进入根系。当土壤干燥时，土壤与根系的水分张力梯度减小，根系对水分的吸收急剧下降或停止，叶片发生萎蔫、气孔关闭、蒸腾停止，此时的土壤水势称为暂时萎蔫点。如果补给土壤水分或树木蒸腾速率降低，树体会恢复原状；但当土壤水分进一步降低时，则达永久萎蔫系数，树体萎蔫将难以恢复。蒸腾的另一个生理作用是同时降低树体温度，风能把叶表附近的水汽吹走，带走一部分热量，从而降低叶表的温度。

2. 树木生长与需水时期

植物在不同的发育时期对水分的需求也不一样，在种子萌发时期，需充足的水分软化种皮，增强透性，将种子内凝胶状态的原生质转变为溶胶状态，才能保证种子的萌发。生长季内的降水能满足植物进行代谢所需的水分，促进植物生长。如花果期降雨过多则不利于昆虫的传粉和风媒授粉，降低植物授粉效率，延长果实成熟期，而干旱会增加落花落果，降低种子质量。

3. 土壤水分与树木生态类型

不同地区水资源的供应有很大差距，植物长期适应不同的水分条件，从形态和生理两方面发生变异，并由此形成了不同的植物类型，它们对水因子的要求各不相同，根据植物对水分的需求量和依赖程度，可以把植物分为旱生类型、湿生类型和中生类型。

（1）旱生类型　是指生长在干旱环境中，能长期忍受干旱环境，且能维持水分平衡和正常的生长发育。这类植物在形态和生理方面有多种多样的适应干旱环境的特征，多分布于干热草原和荒漠地区。

这类树木对干旱的适应形式主要表现在两种类型：一类是减少水分的丢失，具有小叶、全缘、角质层厚、气孔少而下陷并有较高的渗透压等旱生性状，如马尾松、扁桃、无花果、沙棘等；叶面缩小或退化以减少蒸腾，如麻黄、沙拐枣等；叶具有复表面，气孔藏在气孔窝的深腔内，腔内还具有细长的毛，如夹竹桃等；肉质多浆具有发达的贮水薄壁组织，能缓解自身的水分需求矛盾，如仙人掌、景天等。另一类是具有强大的根系，能从深层土壤中吸收较多的水分供给树体生长，如葡萄、杏等；戈壁上的骆驼刺，根深常超过 15m，能充分利用土壤深层的水分。

（2）湿生类型　在潮湿环境中生长，不能忍受较长时间的水分不足，有的甚至能耐受短期的水淹，即抗旱能力最弱的陆生植物。这类树种的生态适应性表现为植物叶面大，光滑无毛，角质层薄，无蜡层，气孔多而经常开张等。一些树种在高湿土壤条件下生长会发生形态变异，如树干基部膨大，产生肥肿皮孔；形成膝状根，树干上产生不定根。耐涝树种中，常绿类有棕榈、杨梅等；落叶类以池杉、落羽杉、水松、柽柳、垂柳、枫杨等较为常见。树木的耐涝性与水中含氧状况关系最大，也与气温有关。据试验，在缺氧死水中，无花果淹 2 天、桃 3 天、梨 9 天、柿和葡萄 10 天，枝叶表现凋萎；而在流水中经 20 天，全未出现上述现象。黑杨派的南方无性系树木可在连续水淹达 100 天的江滩生长。但高温积水条件下，树体抗涝能力严重下降。

（3）中生类型　介于旱生和湿生类型之间的树种，生长在水分条件适中生长环境中的植物。多数园林树木属于此类型。对水分的反应差异性较大，有的倾向旱生植物性状，如油松、侧柏、母荆。有的倾向湿生植物性状，如桑树、旱柳、乌桕。

（四）空气

1. 大气成分对园林树木的影响

大气成分主要是氧气、氮气和二氧化碳，另外还有一些极微量的稀有气体，其中氧气约占全部大气成分的 21%，氮气约占全部大气成分的 78%。大气成分组成对园林植物的生长具有十分重要的影响，如氧气对植物的呼吸作用有重要影响，二氧化碳对植物光合作用有重要影响。

（1）氧气　氧气是植物进行呼吸作用所必需的物质，呼吸作用是植物体在生物化学反应中被不同程度地氧化并释放能量的过程。呼吸作用是植物细胞都具有的一种代谢活动，是各种代谢的基础和中心枢纽，参与植物形态的建成和生理功能的调控。呼吸作用的最终产物是二氧化碳，氧气不足直接影响呼吸速率和呼吸性质。在氧气浓度下降时，有氧呼吸降低，无氧呼吸增高，短时期的无氧呼吸对植物的伤害不大，但是时间一长植物就会死亡。当外界环境中的二氧化碳浓度增加时呼吸速率就会减慢，在二氧化碳体积百分比上升到 1%～10% 及以上时，呼吸作用明显被抑制，这将极大地影响植物的正常生长。

（2）氮气　空气中氮气的含量虽然有 78%，但是它不能直接被多数植物利用，空气中的氮气能被少数植物的固氮根瘤菌固定成氨或铵盐，这些氨或铵盐再经过硝化细菌的作用变为硝酸盐或亚硝酸盐被植物吸收，进而合成蛋白质。

（3）二氧化碳　在空气中的含量大约为 0.03%，并且随时间、地点的变化而变化，但是对植物的生长却十分重要。二氧化碳是绿色植物进行光合作用所必需的物质。光合作用是植物在可见光的照射下，叶绿体把经由气孔进入叶子内部的二氧化碳和由根部吸收的水转变成为淀粉等能源物质，同时释放氧气。光合作用是一系列复杂代谢反应的总和，是生物界赖以生存的基础，是一种重要的固碳作用，也是地球碳氧循环的重要媒介。

2. 空气污染对园林树木的影响

园林树木对空气污染都具有一定的抵抗能力，但是空气中的污染物浓度超过园林树木的忍耐限度，会使园林树木的细胞和组织器官受到伤害，生理功能和生长发育受阻，产量下降，产品品质变坏，群落组成发生变化，甚至造成个体死亡，种群消失。园林树木容易受大气污染危害，首先是因为它们有庞大的叶面积同空气接触并进行活跃的气体交换；其次，植物一般是固定不动的，不可自行避开污染。

园林树木受大气污染物的伤害一般分为两类：受高浓度大气污染物的袭击，短期内即在叶片上出现坏死斑，称为急性伤害；长期与低浓度污染物接触，因而生长受阻，发育不良，出现失绿、早衰等现象，称为慢性伤害。大气污染物中对园林树木影响较大的是二氧化硫（SO_2）、氟化物、氧化剂和乙烯。空气污染对园林树木的危害程度因树种、树龄、发育期和环境因子的不同而有差异，具体为以下几点：①木本植物比草本植物抗性强；②阔叶植物比针叶植物抗性强；③常绿阔叶植物比落叶植物抗性强；④壮龄树比幼龄树抗性强；⑤叶片厚具有角质层，单面积内气孔数少的抗性强；⑥具有乳汁或特殊汁液的抗性强。不同的园林树种和变种对污染物的抗性不同，同一种园林树木对不同污染物的抗性也大有差异。树木个体主要表现为生长减慢、发育受阻、失绿黄化、早衰等症状，有的还会引起异常的生长反应。在发生急性伤害的情况下，叶面部分坏死或脱落，光合面积减少，影响植株生长，产量下降。在发生慢性伤害的情况下，代谢失调，生理过程如光合作用、呼吸机能等不能正常进行，引起生长发育受阻。在污染物的长期作用下，树木群落的组成会发生变化，一些敏感种类会减少或消失；另一些抗性强的种类会保存下来甚至得到一定的发展。

3. 风对园林树木的影响

风对植物的生态作用是多方面的，风既能直接影响植物，有助于风媒花的传粉，例如银杏雄株的花粉可顺风传播数十里以外；云杉等生长在下部枝条上的雄花花粉，可借助于林内上升气流落至上部枝条的雌花上。风又是传播若干树种果实和种子的自然动力。风还可间接影响植物，如改变环境温度、湿度状况和空气中二氧化碳浓度，从而间接影响树体的生长发育。微风可以促进空气的交换、增强蒸腾作用、改善光照条件、促进光合作用、消除辐射霜冻、降低地面高温。

（1）风对树木生长的负面影响　风对植物的蒸腾作用有极显著的影响。据测定，风速达 0.2～0.3m/s 时，能使蒸腾作用加强 3 倍。当风速较大时，蒸腾作用过大，耗水过多，根系不能供应足够的水分供蒸腾所需，叶片气孔便会关闭，光合强度下降，植物生长减弱。特别是春夏生长期的旱风、焚风等干燥的风，因加速蒸腾导致树木失水过多而枯萎；在北方较寒冷地带，冬末初春的风，加强了枝条的蒸腾作用，但此时地温低根系活动微弱，造成细枝顶梢干枯死亡，称为干梢或抽条。我国西北、华北和东北地区的春季常发生旱风，致使空气干燥、新梢枯萎、花果脱落、叶片变小，呈现生理干旱现象，影响树体器官发育及早期生长。试验观察，大风条件下，无支柱小树比有支柱者树高平均减少 24%；盛行一个方向的风常会使树冠畸形。而高山上长期生长在强风中的树木成匍匐状。海边地区的潮风常夹杂大量盐分，使树枝被覆一层盐霜导致嫩枝枯萎，甚至全株死亡。

另外，大风可使空气相对湿度降低到 25% 以下，引起土壤干旱。黏土，由于土壤板结、干旱易龟裂造成断根现象；沙土地，有营养的表土会被吹走，严重时因移沙现象造成明显风蚀，影响根系正常的生理活动。冬季大风会降低土壤表面温度，增加土层冻结深度，使树体根部受冻加剧。飓风、台风等则更可造成树木的机械伤害，如当风速超过 10m/s 时的大风能对树体产生强烈的破坏作用；13～16m/s 的风速能使树冠表面受到 15～20kgf/m^2（1kgf/m^2＝9.8Pa）的压力，在强风的作用下，一些浅根性的树种能被连根拔起。我国东南沿海一带，每年夏季（6～10 月）常受台风侵袭，倒树现象严重，对树体危害很大。

（2）不同树种的抗风性　各种树木对大风的抵抗力不同，树木的抗风性与树种的生物学特性、形态特征、树体结构有关，凡树冠紧密、材质坚韧、根系深广的树种抗风力强，而树冠庞大、材质柔软或硬脆、根系浅的树种抗风力弱。但同一树种的不同个体间，又因繁殖方法、立地条件和栽培方式的不同而有异。扦插繁殖者比播种繁殖者根系浅，相对受风易倒；在土壤松软而地下水位较高处根系浅，固着不牢，易倒；稀植的树木和孤立树比密植树木易受风害。

二、土壤因子对园林树木生长的影响

土壤是岩石圈表面能够生长植物的疏松表层，是绝大多数植物生长的基础，是树木生长发育所需水分和矿质营养元素的载体，更是固定植物的介体，树木通过生长在土壤中的根系来固定支撑其庞大的树体。由于植物根系和土壤之间具有很大的接触面，在植物和土壤之间有频繁的物质交换，彼此强烈影响，因而土壤是重要的生态因子。良好的土壤结构能满足树体对水、肥、气、热的要求。土壤对树木生长的影响主要表现在土壤厚度、质地、结构、水分、空气、温度等物理性质，土壤酸度、营养元素、有机质等化学性质，以及土壤的生物环境等方面。

1. 土壤温度

土壤温度与植物生长有密切关系。它影响种子的萌发、根系和土壤微生物的活动、有机物分解速率以及植物对水分和养分的吸收。树木根系生长与土温有关，对于大多数植物来说，在 15～35℃ 的范围内，随土壤温度的升高，根系生长加快。但夏季当土温过高时，表土根系会遭遇高温伤害甚至死亡，故可采取种植草坪、灌木等地被植物或进行土壤覆盖加以解决。

根际土壤温度与树体生长有关，其实质是对光合作用与水分平衡的影响。据测定，光合蒸腾率随土温上升而减少，当土温为 29℃ 时开始降低，到 36℃ 时根组织的干物质明显下降，叶中钾和叶绿素的含量显著减少；当土温为 40℃ 时，叶片水分含量减少，叶绿素含量严重下降，而根中水分含量增加，这是由于高温导致初生木质部的形成减弱，水的运转受阻。当冬季土温低于 −3℃ 时，根系冻害发生，低于 −15℃ 时大根受冻。

土壤热量主要来源于太阳辐射能，由于太阳辐射强度有周期性日变化和年变化，所以土壤温度也具有周期性日变化和年变化。土壤表面在白天和夏季受热，温度最高，这时热量从表层向深层输送；夜间和冬季土表温度最低，这时热量从深层向土表流动。土壤表面和深层的温差越大，热量交换就越多，如沙土升温快散热也快；湿土层温度变化小，增温和冷却较缓，干土则相反。因此在水少的情况下，比热容量大的黏土白天增温比沙土慢，夜间冷却也慢；春季黏土比沙土冷，但在温度上升时比沙土持暖期长。

2. 土壤养分

在土壤中含有树木生长所必需的各种养分，虽说树木可以通多种渠道获得生长需要的营养，但主要是由根系从土壤中吸收。其中无机元素除碳元素来自二氧化碳，氢氧元素来自水，氮部分来自大气，其他元素均来自土壤。土壤的有机营养大部分保持在有机碎屑物、腐殖质及不溶性的无机化合物中，它们只有通过荒蛮的风化和腐殖作用，才能成为有效养分而为树木所吸收。有效养分主要为土壤胶粒所吸附的营养元素和土壤溶液中的盐类，如阳离子态的 NH_4^+、K^+、Na^+、Ca^{2+}、Mg^{2+}、Cu^{2+} 等；而阴离子态的 SO_4^{2-}、NO_3^-、Cl^- 则主要存在于土壤溶液中。树木根系通过离子交换方式吸收这些营养元素。

3. 土壤水分

矿质营养物质只有溶解在水中才能被吸收和利用，所以土壤水分是提高土壤肥力的重要因素，肥、水是不可分的。一般树木的根系适应田间持水量 $60\%\sim80\%$ 的土壤水分，通常落叶树在土壤含水量为 $5\%\sim12\%$ 时叶片萎蔫（葡萄 5%、桃 7%、梨 9%、柿 12%）。干旱时土壤溶液浓度增高，根系非但不能正常吸水反而产生外渗现象，所以施肥后强调立即灌水以维持正常土壤溶液浓度。

4. 土壤通气

树木根系一般在土壤空气中含氧量不低于 15% 时生长正常，不低于 12% 时才发新根；土壤空气中二氧化碳增加到 $37\%\sim55\%$ 时，根系停止生长、土壤淹水造成通气不良，尤其是有机物含量过多或温度过高时，氧化还原电位显著下降，使得一些矿质元素成为还原性物质，如 $Fe^{3+}\rightarrow Fe^{2+}$，$SO_4^{2-}\rightarrow H_2S$，$CO\rightarrow CH_4$ 等，抑制根系呼吸，造成根系中毒，影响根系生长。黏重土和下层具有横生板岩或白干土时，也造成土壤通气不良。

各种树木对土壤通气条件要求不同，可生长在低洼水沼地的水杉、池杉忍耐力最强；可生长在水田地埂上的柑橘、柳、桧、槐等对缺氧反应不敏感；桃、李等对缺氧反应最敏感。

5. 土壤有害盐类

以碳酸钠、氯化钠和硫酸钠为主，其中碳酸钠危害最大。妨碍树木生长的极限含量是：硫酸钠 0.3%，碳酸盐 0.03%，氯化物 0.01%。大多数树木根系分布在 $2.5\sim3m$ 的土层内，树体受害轻者，生长发育受阻、枝叶焦枯，严重时整株死亡。

6. 土壤 pH 值

土壤 pH 值与土壤水解氮、有效铁、代换性钙和镁呈显著和极显著相关。树木叶片中钙、镁含量低通常与土壤酸度过大有直接的关系，施用石灰可以提高土壤pH值。碱性土壤中过量的交换性钠大量堆积，易引起土壤物理性状恶化，土温上升慢，水分释放慢等问题，施用有机肥可以中和碱性，减轻碱性危害。

各种树木对土壤 pH 值要求不同，在酸性土壤中生长良好的树种有杜鹃、冷杉、栀子、雪松、油茶、马尾松等。耐盐碱土壤树种有怪柳、小叶杨、胡杨、杜梨、紫穗槐等。

三、地势因子对园林树木生长的影响

地势因子主要包括，海拔高度、坡度、坡向和小地形等，地势因子通过对环境条件的影响间接对树木产生影响，因此与树木的生长发育关系密切。在日常的建园、配植以及建立栽培管理制度时都要根据地势情况统筹安排。

1. 海拔高度

海拔高度对气候有很大影响，一般来说温度随海拔升高而降低，海拔平均每上升 100m，温度下降 $0.6℃$，而雨量分布在一定范围内是随海拔升高而增加。由于树木对温、光、水、气等生存因素的不同要求，具有各自的"生态最适带"。这种随海拔高度成层分布的现象，称为树木的垂直分布。在安徽黄山海拔 800m 以下分布为马尾松，800m 以上分布为黄山松；亚热带地区的云南，山麓生长龙眼、荔枝和柑橘，但到海拔 500m 以上时就代之以桃、李、杏和苹果等温带树种，再向上则又以山葡萄和野核桃为主。山地园林应按海拔垂直分布规律来安排树种、营造园景，以形成符合自然分布的雄伟景观。树木在高海拔条件下往往表现为寿命长、衰老慢，如寿命短的桃树在四川西部海拔 2000m 山地有的可活 100 年。这是因为生长季随海拔升高而缩短，生理代谢活动减缓所致。

2. 坡度

坡度对土壤含水量影响很大，坡度越大，土壤冲刷越严重，含水量越少；同一坡面上，上坡比下坡的土壤含水量小。在一般情况下，山脚的坡度小，土层深厚，肥力和水分条件也好。地势越陡，径流量越大，流速越快，冲刷力也越大，从而造成土壤瘠薄，肥力减低，水分条件也差。如板栗、核桃、香榧、橄榄和杨梅等耐旱和深根的树种可以栽在坡度较大（$15°\sim30°$）的山坡上。坡度对土壤冻结深度也有影响，坡度为 $5°$ 坡时结冻深度在 20cm 以上，而 $15°$ 时则为 5cm。

3. 坡向

不同坡向的日照强度差异较大，在北半球同一地理条件下，南向坡日照充足，而北向坡日照较少；温度的日变化，阳坡比阴坡一般可高 $2.5℃$。由于生态因子的差别，不同坡向表现不同。生长在南坡的树木，物候早于北坡，但受霜冻、日灼、旱害较严重；北坡的温度低，影响枝条木质化成熟，树体越冬力降低。北方，在东北坡栽植树木，由于寒流带来的平流辐射霜，易遭霜害；但在华南地区，栽在东北坡的树木，由于水分条件充足，表现良好。

4. 小地形

由于复杂地形构造形成的局部生态条件对树木栽培有重要意义。因为在大地形所处的纬度气候条件不适于栽培某树种时，往往某一局部由于特殊环境造成的良好小气候，可使该树种不仅生长正常而且表现良好。如江苏一般不适于柑橘的经济栽培，但借助太湖水面的大热容量调节保护，可降低冬季北方寒流入侵的强度，保护树体免受冻害，围湖的东、西洞庭山成为北缘地区的重要柑橘生产基地。

第二节　生物因子对园林树木生长的影响

在园林树木生存环境中，影响其生长发育的生物因子主要有动物（主要指昆虫）、植物及微生物。它们与树木间有着各种或大或小、直接间接的相互作用，即使在树木间也存在着错综复杂的相互影响。对园林树木生长有害的生物为有害生物。有害生物的种类很多，如有害昆虫、细菌、真菌、病毒等。对园林树木生长有益的生物为有益生物，如蜜蜂、蚯蚓和螳螂等。另外，人类的经营活动也影响到园林树木的生长。在栽培过程中正确利用有益生物，抑制有害生物，可以大幅促进园林树木生长。

一、昆虫对园林树木生长的影响

根据杨秀元的《中国森林昆虫名录》（1981 年）记载，我国已知的森林昆虫种类有 2886 种，隶属于 13 目、148 科。其中半翅目 33 科、613 种，鞘翅目 23 科、794 种，双翅目 11 科、105 种，鳞翅目 43 科、887 种，膜翅目 31 科、288 种。其中约 50％为植食性种类，约 10％为害虫。依据园林害虫习性不同可分为刺吸类害虫、食叶害虫、钻蛀性枝干害虫、种实害虫和地下害虫 5 大类。如鞘翅目天牛的幼虫蛀食树干和树枝，影响树木的生长发育，使树势衰弱，导致病菌侵入，也易被风折断。受害严重时，整株死亡。天牛主要是木本植物的害虫，在幼虫期蛀蚀树干、枝条及根部。有一部分为害草本植物，幼虫生活于茎或根内，如菊天牛、瓜藤天牛等。还有少数种类，幼虫是在土壤中取食根部，如大牙及曲牙锯天牛、草天牛，等等。有些害虫食叶，如鳞翅目蓑蛾，以雌成虫和幼虫食叶为害，致使叶片仅剩表皮或穿孔，为害对象多，可达几百种，如茶、山茶、柑橘类、榆、梅、桂花，雄成虫具有趋光性，常见种类有大袋蛾、小袋蛾、白茧袋蛾、茶袋蛾等。

另外，昆虫中还有很多种类的益虫。常见的如螳螂，是一种肉食性昆虫，能够猎捕各类昆虫和小动物，在田间、林区能消灭多种害虫；蜜蜂在取得食物的过程中，同时替植物完成授粉任务，为植物授粉的重要媒介；蚯蚓的自然活动和排泄物对改善土壤的质量非常有益，蚯蚓能疏松土壤，可使土壤的透气性保持良好，增加土壤有机质并改善结构，还能促进酸性或碱性土壤变为中性土壤，增加磷等速效成分，对园林树木的生长有重要作用。

二、植物对园林树木生长的影响

在自然森林群落中，藻、苔藓、地衣等孢子植物和菟丝子等草本植物是系统中重要的组成部分，对维护系统生态平衡起着重要的作用。但是，在园林这样一个特殊环境中，这些附生于植物上的植物的存在却常常会带来许多负面的影响，成为一类不可忽视的有害生物。主要表现在以下几个方面。

1. 对园林树木的寄生性和增加病虫害发生的概率

草本植物中，如菟丝子以其茎蔓缠绕在寄主植物（小叶榕、一串红等）的茎、叶上，不断产生吸器固定并伸入茎、叶的细胞内吸取营养，造成寄主植物矮小、衰弱、叶片黄化以致枯萎。菟丝子为害具普遍性、广泛性和持久性，其主要为害植物的幼苗和幼树，全国各地均有分布，常寄生在多种园林植物上。危害轻时，则使花木生长不良，危害行道树、绿篱和花坛中植物，影响观赏；危害重时，花木和幼树可被缠绕致死。我国广西南部有12科22种树木被菟丝子寄生，其中台湾相思树、千年桐、木麻黄、小叶女贞、人面果及红花羊蹄角等16个树种受害严重，受害率一般达30%。20世纪70年代中期，新疆玛纳斯平原林场的榆树幼年林，受害率达80%以上，致使榆树大片死亡，而不得不毁林改种其他作物。藻类植物中的少数种类，如橘色藻目的藻类，具有一定的寄生能力，其中最著名的例子就是由藻类 *Cephaleuros* sp. 引起的藻斑病。*Trentepohliales* 藻类具有类似低等真菌的丝状体、刚毛、孢囊梗及游动孢子等结构，同时还容易与真菌共生形成地衣。另外，枝、干上如果长有较密的苔藓或地衣植物，不但会给一些害虫提供越冬或产卵场所，还会有利于寄生性植物种子的固着，苔藓或地衣植物贮藏的水分还会助其发芽。

2. 影响园林树木的新梢发芽和光合作用及气体交换

覆盖于枝条上的藻、苔藓与地衣植物如果过密，会导致叶芽不能正常萌发或推迟萌发，导致植物生长不良和衰退。生长于叶上的藻、苔藓与地衣植物将会直接影响叶片光合作用的正常进行，从而影响植株的正常生长；而枝、干上生长过于旺盛时也会通过阻碍枝、干组织的气体交换及光线的吸收而影响枝或干的正常生长，甚至会导致一些小枝的死亡。

3. 苔藓和地衣的生长是加快植物衰退进程的重要参与者

衰退的植物枝上长满苔藓及地衣植物，虽然这并不意味这些苔藓或地衣植物的附生导致了植物衰退，然而正是由于植物发生衰退后形成了对苔藓及地衣植物生长有利的条件，使得苔藓与地衣植物得以快速发展，苔藓及地衣植物的侵入生长，促使植物的衰退进程加快，从而进入一个恶性循环之中。

4. 影响植物的景观效果和环境卫生

藻、苔藓或地衣植物发生严重时，可见植物的叶、干、枝上布满厚厚的青苔或藓，很大程度上影响了园林植物自身的观赏价值。另外，枝、干、叶上的藻层如果不慎接触，还很容易弄脏游人的身体或衣物。藻、苔藓或地衣植物在发生凝冻时会加重枝干冰层厚度及重量，增加枝干折断概率，大大降低园林植物的价值。

三、微生物对园林树木生长的影响

我国已记载的绿地植物病害共有5500多种，相关数据显示其中绝大多数病害由真菌导致，病害的发生使园林植物生长不良，失去其观赏及绿化效果，造成生态破坏和无法挽回的经济损失。园林植物在生长发育过程中常遭受各种病害的侵袭，轻者影响生长、形态失常、降低观赏性，重者枯萎死亡。城市绿地中的树木花卉等病害除真菌致病性最为严重外，草坪草真菌病害也是草坪上的主要病害，占病害总数的80%以上，我国曾记录了禾本科草坪草和牧草的病原真菌391种，真菌病害引起的各种叶枯、叶斑、腐烂、坏死或植株萎蔫死亡等症状严重影响草坪质量和景观。草坪真菌病害会造成毁灭性的危害，引起巨大的经济损失。

另外也有许多微生物是对园林树木生长有益的。其中，土壤中有很多种类的微生物生存在植物根系周围，称为根际。根际是一个很特别的微区域，它由于植物根系的影响，使其周围的微域在物理、化学和生物方面与土壤主体不同。根系微生物在根际微生态系统中，对养分的转化吸收和根系的生长有其独特影响，主要表现在以下几个方面。

1. 固氮作用

共生固氮根瘤菌已在全球范围内成功应用。其中有些固氮菌与豆科植物建立了共生固氮体系；也有一些固氮菌，如弗兰克氏固氮菌与一些非豆科木本植物共生固氮。这两种共生固氮体系增加了豆科与非豆科植物的氮素营养。而一些非共生固氮菌也在一定程度上增加了多种植物对氮素的吸收。

2. 促进植物营养生长

微生物通过固定土壤、空气中的营养物质以及产生生长调节物质、分泌抗生素类物质促进植物生长。此方面是目前的研究热点，主要集中在植物根际促生细菌促进植物生长的机制、微生物类群组成和它们之间的关系，接种到土壤中的有益微生物的存活和对植物生长的影响等方面。应注意的是，同一属中只有特定的种和菌株是植物根际促生细菌，而另一些种可能是有害根际细菌，对同一菌株而言在不同植物根际可能起不同作用。固氮螺菌属可以固定大气中的氮并产生生长调节物质、铁载体、抗生素和有机酸来起到促进植物生长的作用。芽孢杆菌属的一些溶磷细菌可以促进土壤中难溶性磷的分解与释放，而菌根真菌促进了植物对磷素的吸收，改善了植物磷素的营养状况。所以，土壤微生物的作用增加了植物对氮、磷等主要营养元素的吸收，从而促进了植物的生长。

3. 释放土壤中难溶性物质

微生物在其生命活动期间能分解土壤中难溶性的矿物，并把它们转化成易溶性的矿质化合物，从而帮助植物吸收各种矿质元素。土壤中含有很多钾细菌和磷细菌，它们能够将土壤矿物无效态的钾和磷释放出来，供植物生长发育用。钾细菌又叫硅酸盐细菌，硅酸盐细菌能对土壤中云母、长石等含钾的铝硅酸盐及磷灰石进行分解，释放出钾、磷与其他灰分等。

4. 促进腐殖酸的形成

土壤微生物能促使根系周围的有机物形成腐殖酸，促进植物生长发育。通常认为，土壤中微生物死亡后释放出的原生质形成了腐殖质化合物中的氮素和碳水化合物。土壤中腐殖酸的增多直接促进着植物的生长发育。腐殖酸盐含有大量功能团，既能改良土壤，又能刺激植物生长。

5. 产生次级代谢产物促进植物生长

土壤微生物能产生一些次级代谢产物，对植物的生长发育有刺激作用。一些土壤微生物在进入自身生命周期的后期时，能分泌出一些微量的次生代谢产物，其中就有一些是植物激素，可以刺激植物根系的发育，提高植物对营养元素的吸收。有研究表明，从植物根际中分离出来微生物可以产生生长素、赤霉素或激动素类物质；一些解磷微生物在解磷的同时也能够产生生长素、赤霉素和细胞分裂素等物质。

6. 消除有毒物质

植物毒素是植物生长过程中自然产生的能引起人和动物致病的有毒物质。土壤微生物可以通过降解的手段消除其抗营养作用及对环境造成的污染，其中对多酚类植物毒素、生物碱、有毒甙类的降解效果较好。

第三节 城市环境与树木生长

城市是人类积聚活动的中心。人类活动对城市环境的影响也表现得最为显著，因此城市形成其特有的生态环境，城市的气候、土壤、水分、大气和生物的条件与园林树木的生长有着密切的关系。

一、城市气候特点

城市地域范围内的气候特点明显不同于周围乡村的气候，主要表现为：平均气温升高，热岛效应明显；风速减小，相对湿度降低；有云天气增多，雨量增加；太阳辐射降低，晴天减少（表 3-1）。

表 3-1 城市地域的气候特点

气候因子		与城市周围地区比较
空气污染	尘量	高 10 倍
	气体污染	高 5～25 倍
太阳辐射	总辐射	减少 15％～20％
	紫外辐射:冬季	减少 30％
	夏季	减少 5％
	有太阳的时间	减少 15％～20％
气温	年均温度	高 0.5～1.5℃
	晴天的气温	高 2～6℃
风速	年平均风速	减少 10％～20％
	静风	减少 5％～20％
相对湿度	冬天	减少 2％
	夏天	减少 8％～10％

气候因子		与城市周围地区比较
云	云量	减少5%
	雾：冬季	增加100%
	夏季	减少30%
降水量	总降水量	多5%～10%
	小于5mm	增加5%
	一日的降雨量	减少5%

1. 城市的气温特点与热岛效应

城市气温高于郊区的现象称为热岛效应，是城市气候最明显的特征之一。其成因在于人类改造了原自然下垫面材料，同时城市内建筑物密集，改变了地表的热交换及大气动力学特性，使城市具有一种特殊的水平和垂直的温度结构。从气温的水平分布状况来说，市中心区温度最高，向郊区逐渐减低，农村的温度最低。用闭合等温线表示城市气温的分布，其形状似小岛，故被称作热岛。这是使城市气温一直在增高的主要原因，另一个原因可能因为温室效应（温室效应导致每10年平均增温0.3℃）。城市的热岛效应会使城市的春天来得较早，秋季结束得较晚，城内的无霜期延长，极端低温趋于缓和，但这些有利于树木生长的条件，会由于温度过高，湿度降低而丧失。

2. 城市湿度特点

城市的下垫面相对于自然环境已经发生了很大变化，建筑物和路面多为不透水层，降雨后很快形成径流，由排水系统排出，雨停后路面很快干燥，加之城市植物覆盖面积小，所以城市空气湿度比郊区小，形成所谓的"干岛效应"。而在夜间城市的绝对湿度反而比郊区高而形成"湿岛"。这是由于在夜晚郊区下垫面温度和近地面温度的下降速度比城区快，在风速小、空气层稳定的情况下，辐射降温快，易形成露水，致使空气绝对湿度降低；而城区由于热岛效应，气温比郊区高，结露的可能和凝露量都小于郊区，因此这时城市近地面空气湿度反而比郊区大。

城市的大气相对湿度与绝对湿度一样具有季节性的变化，一般冬季高、夏季低，但在季风气候区则表现为夏季高、冬季低。城市的相对湿度与绝对湿度均随城市的发展而下降，如上海市在近30～40年中，相对湿度下降了2.3%；南京城内相对湿度比郊区低3%。

3. 城市辐射特点

在城市地区，空气中的悬浮颗粒物较多，凝结核随之较多，因而较易形成低云，同时城市建筑物与空气的摩擦容易激起机械湍流，在湿润的气候条件下也有利于低云的发展。因此，城市的低云量、雾、阴天的时数比郊区多，所以说城市接收的总太阳辐射少于乡村。虽说城市接收的总辐射量减少，但因为城市环境中铺装表面的比例高，导致下垫面的反射率小而减少了反射辐射，因此即使城市环境的短波辐射减少了10%左右，但反射率的差异使城市接收的净辐射却并不因为总辐射降低而减少，实际上与周围农村相差并不明显。城市环境中太阳辐射的波长结构发生的变化较大，集中表现在短波辐射的衰减程度大，而长波辐射变化不明显，辐射能组成中的紫外辐射部分减少。

在城市环境中，除了自然光照外，还有人工光照，如城市夜景照明、大型公共性建筑照明、城市街道照明、各种霓虹灯、喷泉照明等。有些研究认为，城市夜景照明会干扰天文观测的背景、影响人体正常的生物钟、延长光照时数，因而可能打破树木正常的生长和休眠，不利于落叶树木过冬等。而建筑物的玻璃幕墙对光的强反射产生的眩光对树木的生长也会产生一定的影响。但也有不同的观点，还有待于进一步的研究。

4. 城市的风

城市的风场非常复杂。首先，城市具有较大粗糙的下垫面，摩擦系数增加，使得城市风速一般要比郊区低 10%～20%。例如北京，城区的表面粗糙度为 0.28，郊区仅为 0.18，城区的风速比郊区平均低 20%～30%，在建筑物密集的前门甚至可低 40%。其次，在城市内部，局部差异很大，很多地区为风影区，风速极小，另一些地区的风速可能大于同高度的郊区。产生这种差异的原因在于当风吹过鳞次栉比的城市建筑物时，因阻碍摩擦产生不同的升降气流、涡流和绕流等，致使风的局部变化更加复杂。

城市的热岛效应会造成特有的城市风系，因为热岛中心形成一个低压中心而产生上升气流，同时在一定范围内城市低空都比郊区相同高度的空气暖，因此郊区空气向市区流动，风向热岛中心辐合，热岛中心的上升空气又在一定的高度上流向郊区下沉以补充空气的流失，如此形成一个缓慢的热岛环流。

二、城市的土壤特点

自然界的土壤是地壳表面的岩石经过长期的风化、淋溶作用逐步形成的。但是城市的土壤由于深受人类各种活动的影响，其物理、化学和生物学特性都与自然状态下的土壤有了很大的差别。它是城市或城郊地区的一种非农业土壤，通过回填、混合、压实等城市建设过程中的人为因素，形成表面层大于 50cm 的土壤。

（一）城市土壤类型

城市土壤与城市的形成、发展与建设关系密切，主要有两类城市绿地土壤类型。

1. 城市扰动土

主要指街道绿地、公共绿地和专用绿地的土壤。由于受城市环境的影响，其土体受到大量的人为扰动，没有自然发育层次，一般含有大量侵入物；土壤表层紧实，透气性差；土壤容重偏大，土体固相偏高，孔隙度小，这些都直接影响土壤的保水、保肥性。就其养分含量来看，高低相差显著，分布极不均匀。按侵入物的种类约可分为三种。

（1）以城市建设垃圾污染物为主　多在新建城区的公共绿地内，一般混有砖瓦、水泥块、沥青、石灰等建筑材料，侵入物量少可人工拣出，量大则无法种植。因土体有碱性物质的侵入，土壤 pH 值高呈碱性，但一般无毒。

（2）以生活垃圾污染物为主　在旧城的老居民区中，土体中混有大量的炉灰、煤渣等，有时几乎全部由煤灰堆埋而成，土壤 pH 值高，呈碱性，一般也无毒。但肥效极低，影响种植。

（3）以工业污染物为主　多在工业区，因工业污染源不同，土体的理化性状变化不定，同时还常含有毒物质，情况复杂，故应调查、化验后方可种植。

2. 城市原土

城市原土（指未扰动的土壤）位于城郊的公园、苗圃、花圃地以及在城市大规模建设前预留的绿化地段，或就苗圃地改建的城区大型公园。这类土壤除盐碱土、飞沙地等有严重障碍层的类型外，一般都适于绿化植树。

（二）城市土壤的特点

1. 土壤结构变化

市政施工常常在改变地形的同时破坏了土壤结构，因此城市土壤的垂直层次不明显，混有大量灰沙、砖残渣等建筑垃圾。土壤质地的改变，影响土壤中的水分和空气容量，同时影响树木根系的伸展与生长。在城市地区，由于人流的践踏和车辆的碾压，土壤的坚实度明显大于郊区土壤，一般越靠近地表坚实度越大。土壤坚实度增大，土壤的空隙度就相应减少，导致土壤通气性下降。因此，土壤中氧气含量常严重不足，这对树木根系进行呼吸作用等生理活动产生极不利的影响，严重时可使树木因窒息死亡。

另外，城市铺装表面覆盖下的土壤是一种极端类型，因为这些土壤无法与外界进行正常的气体交换及水分的渗透与排出，通常处于长期的潮湿或干旱状态，行道树通常生长在这类土壤环境，其根系的生长受到很大的影响。

2. 土壤理化性质变化

城市土壤的 pH 值一般高于其周围郊区的土壤，这是因为城市渣土中所含的养分少且难以被植物吸收利用。随着渣土量的增加，可使土壤钙盐类和 pH 值增加。据北京城区 211 个测点测试表明，土壤 pH 值 7.4～9.7，平均值为 8.1，明显高于郊区。另外，一些北方城市通常在冬季施以钠盐来加速街道积雪的融化，直接导致路侧土壤的 pH 值增高。pH 值增加不仅降低了土壤中铁、磷的有效性。同时 pH＞8 时往往会引起植物缺铁，叶片黄化，同时干扰土壤微生物的活动，进而影响有机物质和矿质元素的分解和利用，限制了城市环境中可栽植树种的选择。

3. 土壤表面温度升高

城市热岛效应以及建筑物和人行道铺装地块积聚的热量传到土壤中，加上大多数城市土壤区的面积较小，降低了土壤的贮热容量，因此城市土壤的平均温度比郊区的土壤高，土壤变得干燥。

4. 土壤的营养循环被切断

市区内植物的枯枝落叶常作为垃圾而被清除运走，使土壤营养元素循环中断，同时又降低了土壤营养元素的含量。由于缺少有机物，致使土壤团粒结构减少而造成水分、通气条件的变化，影响土壤微生物的活动等。

三、城市的水文环境特点

城市地区的降水主要受地理位置的影响，同时由于城市下垫面与自然地面有很大的差别，城市地区人口密集，耗水量大，污染严重，城市地区的水环境又不同于周围农村环境，有其特殊性。首先，城市水分的收入量大于郊区，一是城市地区的降水一般多于郊区外，再者一般城市还需要从外系统输入大量的水，包括大部分的生产和生活用水，主要来自附近的河流、湖泊、水库以及地下水。其次，城市径流量增加，这是因为城市下垫面中道路、广场、建筑物等所占的比例高，它们不像郊区的土壤疏松而具有很高的持水能力，降雨后地表径流会在短时间内急剧增高并很快出现峰值，然后径流量迅速降低，因而减少对地下水的补充。另外，城市下垫面的蒸发量比郊区小，城市通过植物蒸腾作用散失的水分也少。城市水文平衡的特点决定了城市土壤常处于干旱状态，园林树木常会受到水分亏缺的威胁，在树种选择和养护管理时应充分考虑这一因素。

我国人均径流量为 $2400m^3$，为世界平均的 1/4，列世界第 88 位，属于水资源不丰富的国家，且分布极不均匀。目前我国大多数城市还面临着水资源的短缺，在现有的 700 多个城市中，大约有一半城市缺水，有 100 多个城市严重缺水，尤其是华北和西北城市地区的缺水问题十分严重。越来越多的城市将地下水作为主要水源，由于地下水的超量开采而引起一些城市和地区的地面沉降、河流干涸，加剧了城市区域生态环境的恶化，加速了土壤沙化、盐渍化的产生，湿地面积减少、水域面积缩小，使区域生态用水需求量更大，因此城市的水文环境成为影响树木生长，制约绿地发展的主要因素之一。因此，水资源严重不足的城市应逐步走向节水园林，通过节水灌溉技术、中水开发利用技术以及抗旱节水园林植物材料的应用来减少园林绿化用水。

四、城市的环境污染

城市是工业化和经济社会发展的产物，是人类社会进步的标志。在城市化的进展过程中，不少城市遇到了诸如人口膨胀、交通拥挤、能源紧缺、供水不足、大气污染等问题。其中与园林树木生长有关的城市环境污染主要有大气污染、土壤污染、水体污染等。

（一）大气污染

1. 城市的大气污染源及主要污染物

大气污染指在空气的正常成分之外，又增加了新的成分，或原有成分大量增加对人类健康和动植物生长有害。在城市地区，大气污染主要是燃料的燃烧，工矿企业生产过程中产生的废气或颗粒物，交通运输排放的废气和颗粒物；大气污染物中由污染源直接排入大气的，如 CO、CO_2、NO 等。

粉尘是飘浮在大气中的细微颗粒，也是城市大气污染的主要类型之一，而我国北方一些地区沙漠化严重，城市常受沙尘暴威胁，粉尘在空气中散射和吸收阳光，使能见度降低，或降落沉积在叶表面可以堵塞气孔，妨碍对辐射能量的吸收，影响植物正常的气体交换。

（1）燃料燃烧　目前世界上的主要能源是化石燃料（煤、石油、天然气）。它们的使用逐年增多，其在燃烧时排放的废气中主要含有 CO_2、CO、SO_2、氮氧化物以及烟尘等。如家庭燃烧每吨煤向大气排放 4kg 氮氧化物、18kg SO_2；而工业用煤的燃烧，分别排放 10kg 氮氧化物和 18kg SO_2。燃烧原油时，每立方米原油向大气排放 $1.46\sim8.634$kg 氮氧化物和 10.8kg SO_2。

（2）工业排放　工业排放的废气种类多，污染物的种类也各不相同。电力部门排放的污染物在整个工业系统中所占的比例很大，一座燃煤火力发电厂（1000MW）每年排放废气为 165.235×10^6kg，其中硫的氧化物达到 84%、氮氧化物 13%、固体颗粒 2.7%，其余为 CO、碳氢化合物、醛类。化工厂排放的废气种类多样往往危害很大，但废气很多能溶于水，有的易与其他物质反应，有些具有回收利用的价值。

（3）交通污染　主要是汽车尾气对大气的污染，其排放的污染物主要有氮氧化物以及铅化合物。以小汽车为例：每燃烧 1L 汽油，向大气排放铅化合物 2.1g，NO_x 21.1g，SO_2 0.295g，CO 169g，碳氢化合物 33.3g；如燃料为柴油的载重汽车，则每 1L 燃料排放铅化合物 1.56g，NO_x 41.4g，SO_2 3.04g，CO_2 4g，碳氢化合物 4.44g。

2. 大气污染引起环境变化的性质

（1）物理效应　大气中二氧化碳浓度增加导致温室效应引起全球气候变化；工业区排放大量颗粒物，在空中散射和吸收阳光，使能见度降低，夏季达 1/3，冬季高达 2/3，并使地面阳光辐射减少，城市所接受的阳光辐射平均少于农村。粉尘颗粒还是水分凝结和有毒气体的核心，由此产生更多的凝结核而造成局部地区降雨增多；城市上空飘浮着的微尘，在达到一定的厚度和分布高度后，就会形成雾障，使得城市上空的大气能见度降低，改变城市的辐射平衡等。

（2）化学效应　空气中的 SO_2、NO_x 与大气中的水汽结合，形成硫酸和硝酸，以降水的形式落到地面，形成酸雨，使土壤、水体酸化，并能直接伤害树木；氯气和氯化氢毒性较大，植株受害后，叶面出现斑点，叶缘卷缩，毒害症状大多出现在生理代谢旺盛的叶片上。光化学生成的烟雾会降低大气能见度，改变城市的辐射平衡；氟氯烃化合物破坏臭氧层，使地面紫外线照射量增多等。

（3）生物效应　植物对大气污染的反应主要表现为生长状态异常、出现伤害症状等，或者整个植物死亡。植物的这种指示作用可以用来评价环境的质量和受污染的程度。同时，在环境污染严重的地段建设绿地，在树种选择上要考虑到其树种应具有的抗污能力和净化能力。

（二）土壤污染

当土壤中的有害物质含量过高，超过了土壤的自净能力时，会导致土壤自然功能失调，肥力下降，影响植物的生长发育，或污染物在植物体内积累，通过食物链危害人类健康，称为土壤污染。土壤污染引起土壤系统成分、结构和功能的变化，使土壤质量下降，土壤微生物活力受抑制或破坏，导致土壤正常功能失调，甚至成为不能生长植物的不毛之地。同时土壤污染物又向环境输出转化，使大气、水体等进一步污染。土壤中的重金属离子及某些有毒物质，如砷、镉、过量的铜和锌等，能直接影响植物生长和发育或在体内积累。

　　重金属是土壤的主要污染物，它不能被微生物降解，可在生物体内聚集，并可把某些重金属转为毒性较大的金属化合物，其中常见的有汞、砷、镉、铅等。植物在这样的土壤中生长，会因积累较多的重金属元素导致根的老化和死亡。

　　"酸雨"使土壤酸化，氮不能转化为供植物吸收的硝酸盐或铵盐，磷酸盐变成难溶性的沉淀，使铁转化为不溶性的铁盐，从而影响植物生长。碱性粉尘（如水泥粉尘）能使土壤碱化，使植物吸收水和养分变得困难或引起缺绿症。

　　土壤污染与大气和水污染不同，由于大气和水体不停地进行循环，可使污染物扩散、稀释，不断更新，而土壤中的污染物多被土壤胶体吸附，运动速度非常缓慢。因此土壤污染的显著特点是具有持续性，治理相当困难，而且往往难以采取大规模的消除措施，如某些农药在土壤中自然分解需几十年。

（三）水体污染

　　水体污染是指排入水体的污染物，超过水体对该污染物的净化能力，使水的组成和性质发生了变化，从而使动植物的生长环境恶化，人类生活和健康受到不良影响。城市水污染主要来自工业废水和生活污水的排放。污染物主要有无机物污染、有机物污染、生物污染、热污染和放射性污染。排放到水体中的污染物通常以可溶态或悬浮态存在，以不同的形式迁移，污染最重的是有毒化学物和重金属。

1. 工业废水

　　城市地区工业废水多，排放总量平均每天在1亿吨以上，1997年的处理能力仅为17%，由于大量的工业和城市生活污水未经有效处理就直接排入江河，造成87%左右的城市河段受到不同程度的污染。

2. 生活污水

　　生活污水是居民日常生活中产生的污水，一般不含毒物，所含固体物质约占总量的0.1%～0.2%，含有机杂质约占60%。其有机杂质主要是纤维素、油脂、蛋白质及分解物（表3-2）。

表3-2　我国部分城市的生活污水水质情况　　　　　单位：mg/L

城市	pH值	悬浮物	氨氮	BOD_5	氯化物
北京	7～9.2	100～600		40～300	
上海	7～7.5	300～350	40～50	350～370	140～145
西安	7.3～7.9		22～33		80～100
武汉	7.1～7.6	60～330	15～60	320～350	

3. 水体富营养化

　　水体富营养化是指水体中氮、磷、钾等植物营养物质过多，致使水中浮游植物（主要是藻类）过度繁殖。水体富营养化的主要表现为：水中蓝、绿藻类的大量繁殖，结果藻类占据越来越大的水体空间，有时甚至填满整个水域，这样鱼类生活的空间越来越小；同时水体中藻类的种类减少，从硅藻、绿藻为主转为蓝藻为主，而蓝藻中的不少种类具有胶质膜，有的种类有毒，藻类过度生长造成水中溶解氧急剧下降，水体处于严重缺氧状态。严重时鱼类窒息死亡，水体腥臭难闻，而且有些藻类死后残体分解会产生毒素，很多贝类积累毒素通过食物链影响到人类的健康。

城市水污染包括地面水污染与地下水污染，地下水污染常常容易被忽略，但它的影响却更为深远，因为一旦污染就很难净化。

用污染水灌溉树木造成对土壤的污染，并直接影响植物生长，有毒物质浓度增加树木将表现出受害症状。许多污染物能够抑制甚至破坏树木的生理生化活动，如镍、钴等元素能严重妨碍根系对铁的吸收；铅妨碍根系对磷的吸收；许多重金属能破坏酶的活性。

（四）微塑料污染

微塑料是指环境中粒径小于 5mm 的塑料类污染物，包括碎片、纤维、颗粒、泡沫、薄膜等不同形貌类型，微塑料污染已经成为全球性环境性污染问题，并且在城市中尤为突出。

污泥的土地利用，有机肥长期施用的积累，农用地膜残留分解，大气塑料沉降，地表径流、灌溉都会将微塑料带入土壤。进入土壤后，微塑料在植物根系、生物和机械扰动作用下会发生迁移。土壤中的微塑料通过食物链发生传递、富集，带来健康风险，虽然土壤中的微塑料能否进入植物体内尚未有报道，但微塑料可以被通过细胞内吞作用进入植物细胞中，不排除通过植物根际吸收进入植物体内的可能。

土壤环境中大量存在的微塑料会成为土壤中化学添加剂污染物，对土壤食物链安全、生态系统和人体健康的风险尚未评估。但微塑料的过度积累对土壤生产功能和环境净化功能的损害不容忽视。

第四节　园林树木对环境的改良

随着现代科技的飞速发展，人类改造自然，推动经济、社会发展的能力得到了极大的提高，然而，由于我们对地球资源的过度开发，致使地球的大气层、水圈、土壤和生物圈所受到的污染和破坏已演变成环境的极度恶化，使人类陷入了前所未有的生态危机。园林植物是城市生态环境的主体，在改善空气质量，除尘降温，增湿防风，蓄水防洪及维护生态平衡，改善生态环境中起着主导和不可替代的作用，因此根据实际情况合理配置植物，能够更好地发挥植物的城市绿化功能，改善我们的生存环境。

1. 园林植物的遮阴和降温作用

植物能遮挡阳光，吸收辐射，降低温度，增加湿度，据观测，当水泥地表温度为 34.5℃时，草坪上为 33.3℃，树荫下为 31.7℃。在城市中，绿化覆盖率在 45% 以上的区域，盛夏的气温比其他地区低 4℃左右，热岛强度明显降低。由于树冠大小不同，叶片的疏密度不同，不同树种的遮阴能力也不同，遮阴能力越强，降低辐射热的效果越显著。树木不仅能降低树林内的温度，而且由于林内、林外的气温差而形成对流的微风，从而使人们感到舒适。夏季中午树林内可比林外气温降低2~3℃，相对湿度比空旷地增加20%以上。

2. 园林植物对城市化学性气体污染物的净化作用

城市大气中化学性气体主要是指各种有毒、有害的气态、液态物质，包括二氧化硫、二氧化碳、氮氧化物、一氧化碳、臭氧、氟化氢、氯气、光化学烟雾等有害的化学物质。植物对化学性气体的净化作用表现为：①植物的枝干表面可以吸收吸附固体颗粒及溶液中的离子、气体分子，植物叶面的皮孔能够吸收并储存有害气体，特别是植物对可溶性气体的吸收量随湿度增大而增加；②植物通过植物自身的物质如酶类来分解植物体内外来污染物，并且通过代谢，将代谢的产物以被束缚的状态保存；③利用植物的生理过程将污染物由一种形态转化为另一种形态的过程。通常，植物不能将有机污染物彻底降解为 CO_2 和 H_2O，而是经过一定的转化后隔离在植物细胞的液泡中或与不溶性细胞结构如木质素相结合，也有人认为一旦有机污染物进入植物体首先进行的就是木质化的过程。因此，植物转化是植物保护自身不受污染物影响的重要生理反应过程。植物也能够将含有植物营养元素的污染物吸收，并同化到自身物质组成中，促进植物体自身生长。大气有害物质中的硫、碳、氮等同时是植物生命活动所需要的营养元素。植物通过气孔将 CO_2、SO_2、NO_2 吸入体内，参与代谢，最终以有机物的形式储存在氨基酸和蛋白质中。

3. 园林植物对城市大气中颗粒物的净化作用

城市大气中的颗粒物分为两种：一种是物理性颗粒物，城市大气中物理性颗粒主要是指粉尘。研究表明：城市的绿化植物可以通过吸滞粉尘，以及减少空气含菌量而起到净化空气的作用，城市绿化植物的滞尘能力一直是城市森林设计中的重要依据。大片绿地生长季节最佳减尘率达61.1%，非生长期为25%左右。各种树的滞尘能力差别很大，桦树比杨树的滞尘能力高2.5倍，针叶树比杨树高30倍。一般而言，树冠大而浓密、叶面多毛或粗糙以及分泌有油脂或黏液的树有较强的滞尘能力。此外，草坪也有明显的滞尘作用。据日本的资料显示，有草坪的地方其空气中含尘量仅为裸露土地含尘量的1/3。另一种是生物性颗粒物，主要包括放线菌、酵母菌和真菌等空气中的微生物及一些病原性微生物，这些空气微生物和病原微生物危害人体健康的主要途径是空气传播。这些空气中有害的微生物可能附着在尘埃上随着空气流动。植物的树冠能够阻挡空气流动，因此能有效地让病原体的传播减少，从而间接地使周围空气中的菌落数量减少。另外，植物的挥发性分泌物也具有一定的杀菌能力。

4. 园林植物降低城市中噪声的作用

城市中充满着各种噪声，噪声超过70dB时，就对人体产生不利的影响，如长期处于90dB以上的噪声环境下，就可能引起噪声性耳聋。城市街道上的行道树对路旁的建筑物来说，可以减弱一部分交通噪声。快车道上的汽车噪声，在穿过12m宽的悬铃木树冠达到其后的三层楼窗户时，与同距离的空地相比，噪声减弱量为3~5dB。乔灌木结合的厚密树林减噪声的效果最佳。实践证明，较好的隔声树种是雪松、龙柏、水杉、悬铃木、梧桐、云杉、樟树等。

5. 水生园林植物对城市污水的净化作用

中国目前大约有一半城市缺水，水污染问题尤其突出，水污染会导致水资源的可利用性能降低，自然水生态系统的逐渐退化，对中国正在实施的资源可持续利用战略带来了严重的负面影响，严重威胁到城乡居民的饮水安全和人民群众的身体健康。利用水生植物对污水的净化作用而进行污染水体的修复过程，为日益恶化的水环境修复提供了一个良好的途径。

水生植物可通过吸收、贮存等直接作用，或者促进微生物转化的间接作用，去除水中的污染物。水生植物对污染物的净化包括吸附、吸收、富集和降解几个环节，植物可通过根系吸收，也可直接通过茎、叶等器官的体表吸收。吸收到体内的有机物，属于难降解的种类，如重金属及DDT、六六六等有机氯农药，可贮存于体内的某些部位，其蓄积量达到很高时，植物仍不会受害，如将蓄积大量污染物的植物体适时地从水体中移出，则水体即可达到较好的净化效果。也有一些有机污染物，如酚、氰等进入植物体内，可被降解为其他无毒的化合物，甚至降解为 CO_2 和 H_2O，如刘建武等研究了凤眼莲净化含萘废水的机理，发现凤眼莲主要是依靠根系的吸附作用、吸收作用甚至根际微生物的降解等途径完成净化作用。张甲耀等比较了芦苇、菰、穿心莲等水生植物，总结出其在人工湿地中的净化效果。马安娜对芦苇、香蒲、水葱、菖蒲、茭白、黄花鸢尾、泽泻、慈姑等植物的生长状况以及在不同的进水浓度、停留时间、水力负荷下的净化效果进行了研究。选择根系发达、茎叶茂密和生物量大的水生植物，发达而庞大根系可以分泌较多的根分泌物，为微生物的生存创造良好的条件，促进根际的生物降解，提高人工湿地的净化能力。茎叶茂密可以提高蒸发量，维持和增强基质的水力传输，更好地调节湿地环境的气候。

6. 园林植物对城市土壤的改良作用

城市中园林植物可以产生大量的有机枯落物，大量研究表明枯落物不仅可以改善土壤水分状况，通过增大土壤孔隙度和降低容重等，优化土壤物理性状，还可以增加土壤养分含量、提高土壤养分有效性。枯落物分解缓慢，其未分解时与土壤紧密接触，既可以降低地表温度，减少地表径流量，还可以降低土壤容重，有效调节土壤pH值，降低土壤中的盐基总量，土壤容重平均降低10%左右，总孔隙度增大10%～20%，由于树种不同，改良结果会存在一定的差异。另外，除了改善土壤的物理性质，对土壤中养分含量的变化也会产生一定的影响。植物中的部分养分会以枯落物分解的形式释放到土壤中，从而避免养分丢失，并改良土壤养分含量。枯落物在增加土壤养分总量的同时，还可以通过增加土壤的氨化、硝化、氮化速率，改善土壤中养分含量的有效性，使土壤中可利用的养分含量增加。

园林树木的根系和土壤接触紧密，根系数量越大，树木对土壤的固定性就越强。影响根系含量的因素有很多，除了树种之间的差异外，树木的年龄也会影响根系自身的抗性能力。有研究表明：林龄越大，土壤表层根系的生物量越多，这不仅会增强土壤的抗性，也相应地引起土壤总孔隙度增加，毛管孔隙也随之增大，从而提高土壤的渗透调节功能，减弱水量过大对土壤的直接冲刷，促进土壤对水分的吸收。土壤容重也会逐步减小，土壤的团聚性发生变化，但这种变化趋势不随树龄的增大一直上升，而会在一定的树龄时保持稳定。

总之，枯落物通过截留雨水、改善土壤容重和孔隙度，改善了土壤的物理性质；又因为自身养分含量丰富，在分解过程中将养分释放到土壤中，不断提高土壤中的营养物质含量，保证地上植物和根系的养分供应，为植物的快速生长提供了保障。园林树木的根系和土壤接触紧密，根系除改善土壤的养分状况外，还起到保持水土、防止水土流失，并且吸收土壤中的营养物质，再将大部分营养物质运输到植物的地上部分，促进地上部分的生长，而地上部分通过光合作用产生有机物，运输到根系，促进根系生长，保证了城市生态系统的稳定性，促进整个生物圈平衡发展。

思 考 题

1. 低温对植物的伤害有哪些？
2. 生物因子对园林树木生长的影响有哪些？
3. 以光为主导因子的植物生态类型有哪几种？
4. 根据植物对水分的需求量和依赖程度，植物可分为几种类型？

第四章 园林树种的选择与配置

园林树种的选择和配置是城市园林建设的重要环节，关系到园林绿化的效果和质量。园林树木的配置千变万化，在不同地区和不同场合，可以有多种的组合与种植方式；同时，由于树木是不断变化的有机体，所以能产生各种各样的效果。

园林绿地中的树木，除天然分布和自然选择外，绝大多数是经过人们的选择人工栽植的，因此，要充分注意到园林树木自身的特性及其生态关系，科学合理地选择和配置园林树种，以获得较好的配置效果。

第一节 园林树种的选择

园林树种选择的正确与否，关系到园林绿化的成败。树种选择适当，立地或生境条件能够满足它的生态要求，树木就能旺盛生长、发育正常，不仅可大大提高绿化、美化效果，更可以节约建设投入及管理养护费用。反之，如果树种选择不当，树木栽植成活率低，即使成活也会生长不良，价值低劣，浪费劳力、种苗和资金，不仅影响园林树种的观赏性，同时也影响其维护城市生态平衡的作用。树木是多年生木本植物，园林树木栽植养护是一项长期的工作，树种的选择是一项"百年大计"，有些单位不了解树种的习性，盲目从外地购入树木，结果不能适应该地区而"全军覆没"；有的单位只知种树却不懂配置，大大降低了园林绿化的水平。

近些年来，我国北方地区推行了许多科研、管理、生产相结合的方法，建立了园林绿化种苗高科技发展机制。例如北京实施绿色北京战略、推动绿色发展已初见成效，通过技术推广和应用示范，以全新模式加快园林绿化植物优新品种的推广应用，为北方冬天缺绿少绿的难题提供了解决思路，实现了首都园林绿化从"绿化"向"彩化、美化"的转变。

一、树种选择的基本原则

园林树种的选择，一是要考虑树种的生态学特性与栽植地的立地条件要适应，即适地适树；二要满足栽培目的要求；三要考虑经济性原则。

（一）适地适树

适地适树就是使栽植树种的生态学特性与栽植地的立地条件相适应，即选择合适的树种以适应树木生长地的自然条件。适地适树是充分发挥土地和树种的潜力，使园林树木在相应立地上最大限度发挥生态的美与生长功能，这是树木栽培养护工作的基本原则，也是其他一切工作的基础。随着园林事业的发展，适地适树的概念和要求也在进一步发展。在现代植物造景工作中，不但要求栽植立地条件与所选树种相适应，而且要求栽植立地条件与特定树种的一定类型（地理种源、生态型）或品种相适应，所以适地适树的概念也包括适地适类型在内。适地适树中的"地"，是指树种所生存的环境因子的综合，它包括气候、地形、土壤、水文、生物、人为因子等。树的含义是指树种、类型或品种的生物学、生态学及观赏方面的特性。"地"与"树"的统一是指相对的、能动的，"地"与"树"的关系既不可能有绝对的融洽也不可能有永久的平衡。适地适树是相对的、可变的，树与地之间的不适应则是长期存在的、绝对的。对于园林工作者来说，掌握适地适树的原则，主要是使"树"和"地"之间的基本矛盾在树木栽培的主要过程中相互协调，能够产生好的生物学和生态学效应；在"树"和"地"之间发生较大矛盾时，适时采取适当的措施，调整它们之间的相互关系，变不适为较适，变较适为最适，使树木的生长发育沿着稳定的方向发展。如果栽培方法不当，即使"树"和"地"适应再好，也发挥不了树木的生态学与生态学潜能，甚至导致栽培的失败。为了使"地"和"树"基本适应，一般可采取三条主要途径。第一条途径是对应选择，即为特定立地条件选择与其相适应的树种或者为特定树种选择能满足其要求的立地。前者为选树适地，这是绿地设计与树木栽培中最常见的。"选树适地"的基本点是，必须充分了解"地"和"树"的特性，即全面分析栽植地的立地条件，尤其是极端限制因子，同时了解候选树种的生物学、生理学、生态学特性。后者为选地适树，是偶尔得到某些栽植材料时所采用的。不论"选树适地"或"选地适树"，在性质上都是单纯的适应，是最简单也是最可靠的方法。第二条途径是改地适树，即当栽植地段的立地条件有某些不适合所选树种中的生态学特性时，采取适当的措施改善不适合的方面，使之适应栽植树种的基本要求，达到"地"与"树"的相对统一。如整地、换土、灌溉、排水、施肥、遮阴、覆盖等都是改善立地条件使之适合于树木生长的有力措施。第三条途径是改树适地，即当"地"和"树"在某些方面不相适应时，通过选种、引种、育种等方法改变树种的某些特性，适应于寒冷、干旱和污染环境中生长。还可通过选用适应性广、抗性强的砧木进行嫁接，以扩大适栽范围。上述三条途径不是孤立分割的，而是互相补充、配合进行的。虽然在实际工作中，后两条途径，特别是改地的程度都十分有限，而且这些措施也只有"地""树"基本相适的基础上才能收到良好的效果。值得指出的是，"适地适树"是从理论到实践都得到证明的原则，但在许多树木种植实践中并没有得到很好的运用，相反往往过于看重人的力量，片面强调通过各种人为措施来改造立地环境以"满足"树木生长的需求，结果适得其反。适地适树中重要的一点就是树种选择时注重乡土树种。所谓"乡土树种"是指未经人类作用引进的那些树种，乡土树种最适应当地的气候及土壤条件，在各地的乡土树种中都有具有较高观赏价值的树种，它们一般无需对土壤做特殊处理。更重要的是，乡土树种能很好地显示地方特色。

乡土树种是环境自然选择的结果，其对当地的自然条件适应性最强，具有较强的抗逆性，造林绿化比较容易成功。因此在城市生态建设过程中，应以优良乡土树种为主，乔、灌、草巧妙配置。引进的外来树种要多做驯化试验，使之处于点缀和陪衬地位，以构建稳定的城市生态系统。例如，北京世园会种植规划就遵循着适地适树、因地制宜的原则，主要选择乡土树种和新优树种，尊重现状植被、挖掘植物文化、营造特色植物景观空间。当地乡土树种主要有：杨树（新疆杨、银中杨等）、柳树（旱柳、馒头柳等）、国槐、榆树。新优品种主要有：金叶榆、金叶国槐、海棠类、绣线菊类。

（二）栽培目的

园林树木具有美化环境、改善防护及经济生产等方面的功能，在树种选择中，要明确树木所要发挥的主要功能是什么、主要目的是什么。当前，随着社会的进步人们对园林绿化的要求越来越高，不仅要具有绿的效果、美的享受，而且要发挥最大的改善环境的生态功能，过去过分强调植物的观赏效果，但在当今城市生态环境日益严峻的情况下，更应充分发挥树木的生态价值、环境保护价值。

（三）经济性原则

树种的选择要注意经济性原则，要尽可能减少施工与养护成本，选择来源广、繁殖较容易、苗木价格低、移栽成活率高、养护费用较低的树种或品种。树种或品种确定后，应尽量在与栽植区生态条件相似的地区选择树苗，避免远途购苗。如果确实需要从外地调运苗木，必须细致做好苗木包装保护工作，严防根系失水过度，影响定植成活率。另外经济性的原则还体现在所选的树种要有一定的经济开发前景，能满足市场的需求。

二、园林中主要用途树木的选择和应用

（一）独赏树（孤植树）

独赏树又称为孤植树、标本树、赏形树或独植树。主要表现树木的体形美，可以独立成景供观赏用。适宜做独赏树的树种，一般需树木高大雄伟，树形优美，具有特色，且寿命较长，可以是常绿树，也可以是落叶树；通常也选用具有美丽的花、果、树皮或叶色的种类。

定植的地点以在大草坪上最佳，或植于广场的中心、道路交叉口或坡路转角处。在独赏树的周围应有开阔的空间，最佳的位置是以草坪为基底以天空为背景的地段。独赏树的树冠应开阔宽大，呈圆锥形、尖塔形、垂枝形或圆柱形。常用的种类有雪松、南洋杉、松、柏、银杏、玉兰、凤凰木、槐、垂柳、樟、栎类等。

（二）庭荫树

庭荫树又称为绿荫树，主要以能形成绿荫供游人遮阳和装饰用。在园林中多植于路旁、池边、廊亭前后或与山石建筑相配，或在局部小景区三五成组地散植各处，形成有自然之趣的布置；亦可在规整的有轴线布局的地区进行规则式配植。由于最常见用于建筑形式的庭院中，故习称庭荫树。

庭荫树在选择树种时以观赏效果为主结合遮阴的功能来考虑。许多具有观花、观果、观叶功能的乔木均可作为庭荫树，但不宜选用易于污染衣物的种类。

在庭院中最好不用过多的常绿庭荫树，距建筑物窗前亦不宜过近以免室内阴

暗，又应注意选择不易遭受病虫害的种类。

常用的庭荫树有油松、白皮松、合欢、槐、槭类、白蜡、梧桐、杨类、柳类以及各种观花观果乔木等。

（三）行道树

行道树是为了美化、遮阴和防护等目的，在道路旁栽植的树木，城市街道上的环境条件比园林绿地中的环境条件要差得多，这主要表现在土壤条件差、烟尘和有害气体的危害，地面行人的践踏摇碰和损伤，空中电线电缆的障碍，建筑的遮阴，铺装路面的强烈辐射，以及地下管线的障碍和伤害（如煤气罐的漏气、水管的漏水、热力管的长期高温等）。因此，行道树种的选择条件首先须对城市街道的种种不良条件有较高的抗性，在此基础上要求树冠大、荫浓、发芽早、落叶迟而且落叶延续期短，花果不污染街道环境、干性强、耐修剪、干皮不怕强光曝晒、不易发生根蘖、病虫害少、寿命较长、根系较深等条件。常用树种有悬铃木、银杏、七叶树、杨、柳、国槐、合欢、白蜡、刺槐、女贞、枫杨、龙柏、梧桐等。

行道树枝下高 2.5m 以上，距车行道边缘的距离不应少于 0.7m，以 1～1.5m 为宜，树距房屋的距离不宜少于 5m，株间距以 8～12m 为宜。

（四）观花树（花木）

凡具有美丽花朵或花序，其花形、花色或芳香有观赏价值的乔木、灌木、丛木及藤本植物均称为观花木或花木。本类在园林中具有巨大作用，应用极广，具有多种用途。有些可做独赏树兼庭荫树，有些可做行道树，有些可做花篱或地被植物用，在配植应用的方式上亦是多种多样的。

本类在园林中不但能独立成景而且可与各种地形及设施物相配合而产生烘托、对比、陪衬等作用，例如植于路旁、坡面、道路转角、座椅周旁、岩石旁，或与建筑相配作基础种植用，或配植湖边、岛边形成水中倒影。常用树种有桃、梅、玉兰、紫薇、木槿、凌霄、合欢、桂花、山茶、梅、紫叶李、迎春、连翘等。

（五）彩叶树（观叶树）

彩叶树种通常是指叶片、茎杆等呈现出异色（红色、金黄色、紫色、橙色等）的一类植物的总称，具有较高的园林观赏价值。一般定义：在生长季节或生长季节某个阶段全部或部分叶片呈现异色的树种为彩叶树种。

彩叶树种叶色丰富，观赏期长，在园林绿化景观中与其他树种、花卉、草坪等搭配使用，可以营造出丰富的城市园林植物彩化景观，弥补由于色彩不足导致的单调绿化景观，因此广泛应用在国内外城市绿化建设中。常用彩叶树种有银杏、糖槭、山毛榉、美国红枫、中华红叶杨、紫叶李、金叶紫薇、云田彩桂、花叶木槿等。

（六）藤本（藤本类）

本类包括各种缠绕性、吸附性、攀缘性等茎枝细长难以自行直立的木本植物，本类树木在园林中有多方面的用途，可用于各种形式的棚架供休息或装饰用，可用于建筑及设施的垂直绿化，可攀附灯杆、廊柱，亦可使之攀缘于施行过防腐措施的高大枯树上形成独赏树的效果，又可垂悬于屋顶、阳台，还可覆盖在地面作地被植物用，对美化空间环境等具有独特的生态保护功能。常用树种有：藤本月季、凌霄、爬山虎、五叶地锦、常春藤、扶芳藤、络石、葡萄、金银花、紫藤等。

（七）植篱

植篱又称为绿篱或树篱，要求是该种树木应有较强的萌芽更新能力和较强的耐阴力，以生长较缓慢、叶片较小的树种为宜。

在园林中主要起分割空间、遮蔽视线、衬托景物、美化环境及防护作用等，依园林特性分有叶篱——桧柏、侧柏、大叶黄杨、金叶女贞等，花篱——丰花月季、迎春、连翘、绣线菊等，蔓篱——藤本蔷薇、凌霄、葡萄、紫藤等。

（八）地被植物

凡能覆盖地面的植物均称为地被植物，木本植物中之矮小丛木、偃伏性或半蔓性的灌木均可能用作园林地被植物用。地被植物对改善环境、防止尘土飞扬、保持水土、抑制杂草生长、增加空气湿度、较少地面辐射热、美化环境等方面有良好作用。

选择不同环境地被植物的条件是很不相同的，主要应考虑植物生态习性需能适应环境条件，例如全光、半阴、干旱、土壤酸度、土层厚薄等条件。除生态习性外，在园林中尚应注意其耐踩性的强弱及观赏特征。常用树种有铺地柏、偃柏、平枝栒子、常春藤等。

（九）防沙滞尘植物

防沙滞尘植物要求该树种具有较强的防沙滞尘，以及吸附 PM2.5 的能力，一般以阔叶树木为主。对于大城市来说，阔叶树木的大量引进能够改善城市的空气质量和城市的生态系统，并且由大量阔叶树木组成的生态系统比较稳定，后期管护成本也比较低。常用于防沙滞尘的树种主要有国槐、银杏、杨树、柳树、悬铃木（法桐）、元宝枫、丁香、榆叶梅等。比如国槐的单片树叶大约可吸附粉尘 0.0018g，一颗中等国槐平均每月吸附的粉尘数量大约在 710.88g，国槐片儿林里的扬尘量要比普通草地大约少 40%。丁香比国槐的吸附能力更强，其单个叶片每月吸附粉尘的数量是国槐的 4～5 倍，即便是低矮些的灌木，如紫薇、榆叶梅等等，也都具有很强的滞尘和降低空气中 PM2.5 的能力。

三、不同地区园林树种的选择

我国幅员辽阔，不同地区所处的气候带不同，生态环境状况不同，各类树木生长的生态习性不同和表现的观赏价值不同，各类园林绿地上绿化功能不同，因此，各城市选择树种也应不同。下面列举数种常用树种供参考。

1. 不同气候带的园林绿化常用树种

（1）热带（海南，广东，广西，台湾南部）　南洋杉，肉桂，秋枫，昆栏树，刺竹，海南松，相思树，荔枝，菩提树，麻竹，水松，凤凰木，幌伞枫，青皮竹，鸡毛松，羊蹄甲，石栗，椰子，芭蕉，竹柏，软夹红豆树，白千层，槟榔，银桦，木麻黄，楹树，红千层，白兰花，孔雀豆，胡桐，棕竹，榕树，象牙树，橄榄，波罗蜜，桉树。

（2）亚热带（秦岭山脉、淮河流域以南，云贵高原，福建，浙江，江西，四川，湖南，湖北，江苏）　马尾松，格木，波罗蜜，油橄榄，银桦，湿地松，桢楠，台湾相思，黑荆树，柑橘，火炬松，榕树，池杉，橄榄，八角，白千层，落羽杉，木棉，肉桂，杨桃，芭蕉，竹柏，猴欢喜，蒲葵，黄皮树，棕竹，罗汉松，番石榴，南酸枣，人心果，大叶桉，蒲桃，乳源木莲，兰花楹，刺竹，柠檬桉，素馨，红豆树，九里香，麻竹，红椿，黄花夹竹桃，一品红，青皮竹，象牙树，毛竹，红椿，茶梅，冬青，月季，棣棠，水杨梅，糯米椴，苦槠，玫瑰，凌霄，南京椴。

（3）暖温带（沈阳以南，山东辽东半岛，秦岭北坡，华北平原，黄土高原东南，河北北部等）　油松，锦带花，蜡梅，大果榆，杏，云杉，梨，冷杉，香荚迷，花楸，华北落叶松，白榆，臭椿，中国槐，紫荆，华山松，千金榆，栾树，核桃楸，紫藤，黑松，黑榆，黄连木，毛泡桐，细叶小檗，日本赤松，小叶朴，黄栌，刺楸，侧柏，大叶朴，火炬树，锦鸡儿，十大功劳，圆柏，蒙桑，平基槭，高丽槐，山楂，杜松，柽柳，五角枫，海棠果，牡丹，椴，茶条槭，绣线菊，山荆子，板栗，紫椴，复叶槭，榆叶梅，红瑞木，麻栎，鄂椴，丁香，七叶树，楝木，槲栎，小叶椴，黄刺玫，黄波罗，花曲柳，毛白杨，石榴，连翘，鸡爪槭，水蜡树，小叶杨，桂香柳，白蜡树，紫椴，白桦，箭杆杨，胡颓子，秦岭白蜡，元宝槭，棣棠，银白杨，马鞍树，血皮槭，池杉，旱柳，玉兰，木瓜，落羽杉。

（4）温带（沈阳以北松辽平原，东北东部，燕山、阴山山脉以北，北疆等）　樟子松，千金榆，毛榛，梓树，鸡条树，红松，玉铃花，疣皮卫矛，榆叶梅，软枣猕猴桃，鱼鳞，云杉，天女花，马鞍树，连翘，猕猴桃，红皮云杉，灯台树，暴马丁香，蔷薇，山葡萄，冷杉元宝槭，黄花忍冬，绣线菊，北五味子，落叶杉，槲栎，小花溲疏，珍珠梅，刺苞南蛇藤，杜松，蒙古栎，花楷槭，山梨，刺楸，紫杉，辽东栎，东北山梅花，玫瑰，赤杨，紫椴，春榆，小檗，山杏，刺槐，椴，花楸，荚迷，京桃，银白杨，水曲柳，白桦，接骨木。

（5）寒温带（大兴安岭山脉以北，小兴安岭北坡，黑龙江省等）　红松，杜松，紫椴，丁香，绢毛绣线菊，兴安落叶松，兴安桧，香杨，赤杨，叶蓝靛果，红皮云杉，白桦，矮桦，榛子，狭叶杜香，黄花松，黑桦，朝鲜柳，兴安杜鹃，椴，鱼鳞松，山杨，粉枝柳，越橘，蒙古栎，樟子松，胡桃楸，沼柳，兴安茶，柳叶绣线菊，臭冷杉，光叶春榆，柳，长果刺玫，北极悬钩子，偃松，黄檗。

2. 不同生态习性的园林绿化常用树种

（1）喜光树种　马尾松，青杨，柽柳，油松，银白杨，垂丝海棠，枣，瑞香，黑松，钻天杨，梨，梧桐，胡颓子，雪松，小叶杨，红叶李，相思树，茉莉，长叶松，旱柳，杏，桉树，栀子花，五针松，馒头柳，桃，紫藤，一品红，赤松，垂柳，梅，杏，扶桑，紫荆，毛白杨，海棠果，无患子，金丝梅，龙爪槐，紫穗槐，枸杞，小叶女贞，山桃，榔榆，枸橘，木绣球，华山松，毛樱桃，沙枣，黄栌，蝴蝶树，樟子松，台湾相思，黄檗，丝棉木，荚迷，云南松，凤凰木，苦楝，葡萄，金银木，长白落叶松，枫香，木槿，锦带花，池杉，新疆杨，复叶槭。

（2）耐阴树种　香榧，云南山茶，波缘冬青，铁杉，冷杉，红背桂，瑞香，蚊母树，桂花，云杉，八仙花，海桐，丝兰，桃叶珊瑚，紫杉，结香，珠兰，棕竹，冬青，十大功劳，罗汉松，茶花，蒲葵，栀子花，阔叶十大功劳，罗汉柏，竹柏，棕榈，杜鹃，南天竹，珊瑚树，肉桂，楠木，紫金牛，锦熟黄杨，八角金盘，杨梅，三尖杉，天目琼花，小叶黄杨，交让木，厚皮香，鸡爪槭，马银花，山茶，常春藤，棣棠，南方红豆杉，接骨木。

（3）耐湿树种　水松，垂柳，桑树，皂荚，乌桕，旱柳，丝棉木，棕榈，胡颓子，枫杨，杞柳，赤杨，水竹，白蜡，龙爪柳，木芙蓉，楸树，池杉，雪柳，紫穗槐，三角枫，水杉，水曲柳，接骨木，金缕梅，白桦，落羽松，卫矛，枫香，柽柳，水杨梅，夹竹桃，黄连木，小檗，河柳，喜树，栀子花，青檀，栾树，朴树，紫藤，化香，六月雪，榉树，马甲子，石榴，箬竹，枸杞，糙叶树，构树，山楂。

（4）耐瘠薄土壤的树种　赤松，女贞，苦楝，相思树，胡杨，桧柏，石楠，蜡梅，九里香，银白杨，杜松，桑树，海桐，小叶女贞，旱柳，刺柏，柳树，南天竹，杨梅，木麻黄，马尾松，臭椿，丝兰，獐子松，椰榆，白皮松，枣，火棘，柽柳，白榆，油松，合欢，刺槐，木棉，丝棉木，黑松，紫薇，槐树，柠檬桉，沙枣，侧柏，泡桐，麻栎，巴旦杏，花椒，铅笔柏，黄杨，黄檀，小青杨，元宝枫，棕榈。

（5）喜酸性土的树种　红松，银杏，栀子花，九里香，杜仲，马尾松，香榧，瑞香，小叶女贞，悬铃木，云南松，池杉，广玉兰，丝兰，黑桦，湿地松，红豆杉，女贞，苦楝，白桦，金钱松，杉木，飞蛾槭，白兰花，椰榆，龙柏，油茶，冬青，鹅掌楸，木波罗，赤松，山茶，观光木，阴香，小叶榕，油松，金银木，冷杉，茉莉，桉树，乌桕，石斑木，云杉，含笑，银桦，金缕梅，枫香，红皮杉，石楠，棕榈，元宝枫，赤杨，长白落叶松，苏铁，楠木，大叶桉，山茶，池杉，榕树，槐树，乌饭树，紫杉，杜鹃，三尖杉。

（6）耐盐碱土的树种　黄杨，银杏，胡杨，白蜡，龙舌兰，柽柳，桑树，毛白杨，泡桐，枸杞，棕榈，旱柳，新疆杨，黑松，紫荆，丝兰，杞柳，箭杆杨，侧柏，元宝枫，胡颓子，构树，木麻黄，刺柏，花楸，合欢，梧桐，榉树，枣树，苦楝，巴旦杏，白榆，铅笔柏，红海榄，乌桕，皂荚，沙枣，桃叶珊瑚，紫薇，刺槐，夹竹桃，木麻黄，柳树，槐树，柿树，海桐，椰子，臭椿，紫穗槐，水曲柳，槟榔。

第二节　园林树木的配置方式

园林树木的配置，是指在栽植地上对不同树木按一定方式进行的种植，包括树种搭配、排列方式以及间距的选择。第一需考虑树木的生态学特性及生物学特性，才能使规划设计的景观生态系统持续、稳定经营，同时也大大减少今后的维护费用；第二应遵循景观美学的原则，达到美化环境的效果。

一、园林树木配置的基本原则

1. 体现园林树木的综合功能

（1）园林树木的防护功能　园林树木在改善和保护环境方面起着显著作用。它有一定的防治和减轻环境污染的能力，如：净化空气，吸收有毒气体，减少噪声以及滞尘等功能。

（2）园林树木的美化功能　园林树木有其特有的形态，色彩与风韵之美，这些特色且能随季节与年龄的变化而有所丰富与发展；园林树木配置不仅有科学性，还有艺术性，并且富于变化，给人以美的享受。

（3）园林树木的生产功能　很多园林树木既有很高的观赏价值，又是经济树种，只要安排合理，便可使园林绿化与生产紧密结合起来。

2. 满足园林树木的生态需求

各种园林树木在生长发育过程中，对光照、水分、温度、土壤等环境因子都有不同的要求。根据城市生态环境的特点选择树种，做到适地适树。有时还需创造小环境或者改造小环境来满足园林树木的生长，发育要求。在进行园林树木配置时，只有满足园林树木的这些生态要求，才能使其正常生长。要满足园林树木的这些生态要求，一是要适地适树：即根据园林绿地的生态环境条件，选择与之相适应的园林树木种类。二是要搞好合理的种植结构：不同树种进行配植就需要考虑种间关系。也就是考虑上层树种，下层树种；速生、慢生树种；常绿、落叶树种等。

3. 树木配置的适用功能要求

首先，选择树种时要注意满足其主要功能，在选择树种时，在考虑一般功能之外，还要满足主要功能要求，如从园林绿地的性质和功能来考虑。比如为了体现烈士陵园的纪念性质，就要营造一种庄严肃穆的氛围，在选择园林树木种类时，应选用冠形整齐、寓意万古流芳的青松翠柏；如行道树，当然也要考虑树形美观，但树冠高大整齐、叶密荫浓、分枝点高，主干通直，生长迅速、根系发达、抗性强、耐土壤板结、抗污染、病虫害少、耐修剪、发枝力强、不生根蘖、寿命又长则是其主要的功能要求。其次，树种的选择及搭配方式，需要注意掌握其与发挥主要功能直接有关的生物学特性，并切实了解其影响因素与变化幅度。以庭荫树为例，不同树木遮阴效果的好坏与其荫质优劣和荫幅的大小成正比，荫质的优劣又与树冠的疏密、叶片的大小、质地和叶片不透明度的强弱成正比。当然，要做好园林树木的配置就必须首先掌握好各种园林树木的生物学特性和生态学特性以及园林栽植地的生态环境特点，才能进一步做到适地适树，合理搭配处理好各树种与树种，树种与环境因子之间的关系。

4. 树木配置中的美观原则

园林融自然美、建筑美、绘画美、文学美等于一体，是以自然美为特征的一种空间环境艺术。因此，在配置中宜切实做到在生物学规律的基础上努力讲求美观。

首先，树木的美观应以自然面貌为基础，充分表现其本身的特长和美点。园林树木应充分发挥其自然面貌，除少数需人工整枝修剪保持一定形状外，一般应让树木表现其本身的典型美点。这就要求做到正确选用树种，妥善加以安排，使其在生物学特性上和艺术效果上都能做到因地制宜，各得其所，充分发挥其特长与典型之美。其次，配植园林树木时要注意整体与局部的关系，配置园林树木时要在大处着眼的基础上安排细节问题。通常进行园林树木配置中的通病是，过多注意局部、细节，而忽略了主体安排；过分追求少数树木之间的搭配关系，而较少注意整体的群体效果；过多考虑各株树木之间的外形配合，而忽视了适地适树和种间关系等问题。再次，园林树木的配植要满足园林设计的立意要求，设计公园、风景区、绿地都要有立意，创造意境，配置时常常加一些诗情画意，从而达到设计者的要求。

5. 树木配置中的经济原则

首先，在树木配置中降低成本的途径，合理使用名贵树种，常见的树种如桑、朴、槐、楝等，只要安排，管理得好，可以构成很美的景色。当然，在重要风景点或建筑物迎面处，仍须将名贵树种酌量搭配，重点使用。其次，多用本地乡土树种，本地乡土树种适应本地风土的能力最强，而且易活，又可突出本地园林的地方特色。再次，切实贯彻适地适树原则，审慎安排植物间的种间关系：避免无计划的返工和短时间后进行计划外的大调整。另外，在树木配植中与生产途径结合，可以选择既发挥了园林树木观赏的主要功能，又能且较容易产生经济实效的园林树木，如北方种植山楂树、北五味子等既可观赏又可入药的树种。也可以在园林树木配置不妨碍满足功能以及生态、艺术上的要求时，考虑选择对土壤要求不高、养护管理简单的果树树种等，这样科学地选择观赏植物，充分发挥园林植物树种配置的综合效益，尽力做到社会效益、环境效益和经济效益的协调统一。

二、按种植点的平面配置

按种植点在一定平面上的分布格局，可分为规则式、不规则式和混合式配置三种。

1. 规则式配置

这种方式的特点是有中轴对称，株行距固定，同相可以反复延伸，排列整齐一致，表现严谨规整（见图4-1）。

（1）中心式配置　多在某一空间的中心作强调性栽植，如在广场、花坛等地的中心位置种植单株或具整体感的单丛。

（2）对称式配置　一般是在某一空间的进出口、建筑物前或纪念物两侧对称地栽植，一对或多对，两边呼应，大小一致，整齐美观。

（3）行状配置　树木保持一定株行距成行状排列，有单行、双行或多行等方式，也称列植。一般用于行道树、树篱、林带、隔障等。这种方式便于机械化管理。

（4）三角形配置　有正三角形或等腰三角形等配置方式。二行或成片种植，实际上就是多行列植。正三角形方式有利于树冠与根系的平衡发展，可充分利用

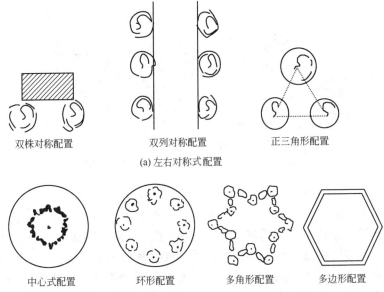

双株对称配置　　　　　双列对称配置　　　　　正三角形配置

(a) 左右对称式配置

中心式配置　　　　环形配置　　　　多角形配置　　　　多边形配置

(b) 辐射对称式配置

图 4-1　规则式配置（陈有民，1990）

空间。

（5）正方形配置　行距相等的成片种植，实际上就是二行或多行配置。树冠和根系发育比较均衡，空间利用较好，便于机械作业。

（6）长方形配置　株行距不等，其特点是正方形配置的变形。

（7）环形配置　按一定的株行距将植株种植成圆环。这种方式又可分为圆形、半圆形、全环形、半环形、弧形及双环、多环、双弧、多弧等多种变化方式。

（8）多边形配置　按一定株行距沿多边形种植。它可以是单行的，也可以是多行的，可以是连续的，也可以是不连续的多边形。

（9）多角形配置　包括单星、复星、多角星、非连续多角形等。

2. 不规则式配置

亦称自然式配置，不要求株距或行距一定，不按中轴对称排列，不论组成树木的株数或种类多少，均要求搭配自然。其中又有不等边三角形配置和镶嵌式配置的区别（见图 4-2）。

3. 混合式配置

在某一植物造景中同时采用规则式和不规则式相结合的配置方式，称为混合式配置。在实践中，一般以某一种方式为主而以另一种方式为辅结合使用。要求因地制宜，融洽协调，注意过渡转化自然，强调整体的相关性。

三、按种植效果的景观配置

1. 单株配置

单株配置的孤立树，无论是以遮阴为主，还是以观赏为主，都是为了突出树

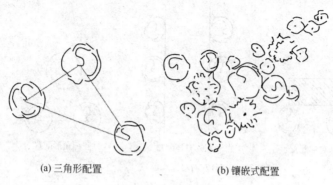

(a) 三角形配置　　　　　　　　　　(b) 镶嵌式配置

图 4-2　不规则式配置（陈有民，1990）

木的个体功能，但必须注意其与环境的对比与烘托关系。一般应选择比较开阔的地点，如草坪、花坛中心、道路交叉或转折点、岗坡及宽阔的湖池岸边等处种植。孤植树种应以阳性和生态幅度较宽的中性树种为主，一般情况下很少采用阴性树种。适于单株配置的树种有白皮松、油松、马尾松、黄山松、圆柏、侧柏、雪松、金钱松、凤凰木、南洋楹、香樟、广玉兰、玉兰、合欢、椿树、乌桕、海棠、樱花、梅花、桂花、深山含笑、白兰、木棉、碧桃、山楂以及水杉、落羽杉、南洋杉、毛白杨、银杏、七叶树、鹅掌楸、珊瑚朴、小叶栎、皂荚、枫香、槐等。

2. 丛状配置

丛植是指一定数量的观赏乔、灌木自然地组合栽植在一起。构成树丛的树木株数由数株到十几株不等。丛状配置有较强的整体感，少量株数的丛植也有独赏树的艺术效果。以观赏为主的丛植，应以乔灌混交，并配置一定的宿根花卉，使它们在形态和色调上形成对比，构成群体美。以遮阳为主要目的的丛状配置全部由乔木组成，且树种单一。

3. 群状配置

群状配置通常是由十几株至几十株树木按一定的方式混植而成的人工林群落，其规模比丛状配置规模要大，组成既可以是单一树种，也可以是多个树种混交。树群表现的是树木的群体美，在同林绿地中不仅能形成景观的艺术效果，而且对改善环境效果有很大作用。

4. 林分式配置

林分式配置一般形成比树群面积大的自然式人工林，这是林学的概念与技术，按照园林的要求引入自然风景、疗养区、森林公园和城市绿化建设中的配置方式。在配置时除防护带应以防护功能为主外，一般要特别注意群体的生态关系以及养护上的要求。在自然风景游览区中进行林植时应以造风景林为主，应注意林冠线的变化、疏林与密林的变化、林中下木的选择与搭配、群体内及群体与环境间的关系以及按照园林休憩游览的要求留有一定大小的林间空地等措施。

5. 疏散配置

疏散配置是以单株或树丛等在一定面积上进行疏密有致、景观自然的配置方式。这种配置可形成疏林广场或稀树草地。若面积较大，树木在相应面积上疏疏落落，断断续续，疏散起伏，既能表现树木个体的特性，又能表现其整体韵律，似许多音色优美的音符组成一个动人的旋律，带给人心旷神怡的感受。

四、配置的艺术效果

园林建设中对植物的应用，从总的要求来讲，创造一个生活游憩于其中的美的环境是主要目的。

在园林建设工作中，除了工矿区的防护绿地带外，总的说来，城镇的园林绿地及休养疗养区、旅游名胜地、自然风景区等地的树木配置均应要求有美的艺术效果。应当以创造优美环境为目标去选择合适的树种，设计良好的方案和采用科学的能维护此目标或实现此目标的整套养护管理措施。

很多地区认为"普遍绿化"就是园林工作，这种认识是不全面的。概括地说，园林建设工作应是"绿化加美化"。只讲绿化不讲美化则不能称为园林建设工作的全部，也不能表示出园林专业的特点。所谓美化，除包括一般人习惯说的"香化""彩化"等内容，还应包括地形改造以及园林建筑和必要的设施。如果只有地形改造和园林建筑而没有绿化，亦不能称为园林建设工作的全部。因此，园林建设工作必须既讲绿化又讲美化，缺一不可。

"几处早莺争暖树，谁家新燕啄春泥。乱花渐欲迷人眼，浅草才能没马蹄。最爱湖东行不足，绿杨荫里白沙堤。"这是著名诗人白居易对植物形成春光明媚景色的描绘。"独坐幽篁里，弹琴复长啸。深林人不知，明月来相照。"这是著名诗人王维对植物所形成的"静"的感受。各种植物的不同配置组合，能形成千变万化的景境，能给人以丰富多彩的艺术感受。

树木（植物）配置的艺术效果是多方面的、复杂的，需要细致地观察、体会才能领会到其奥妙之处。配置时可从下面几点来综合考虑。

1. 丰富感

图 4-3 表示出建筑物在配植前后的外貌。配植前建筑物的立面很简单枯燥，配植后则变为优美丰富。在建筑物屋基周围的种植叫"基础种植"或"屋基配植"，如图 4-4。

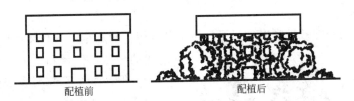

配植前　　　　　　　　　　配植后

图 4-3　建筑物配植图

2. 平衡感

平衡分对称的平衡和不对称的平衡两类。前者是用体量上相等或相近的树木以相等的距离进行配植而产生的效果；后者是用不同的体量，以不同距离进行配植而

图 4-4　建筑物基础种植

产生的效果。

3. 稳定感

在园林局部或园景一隅中常可见到一些设施的稳定感是由于配植了植物后才产生的。例如图 4-5 表示出园林中的桥头配植。配植前，桥头有秃硬不稳定感，配植之后则感稳定。实际上中国较考究的石桥在桥头设有抱鼓尾板，木桥也多向两侧敞开，因而形成稳定感，而在园林中于桥头以树木配植加强稳定感则能获得更好的风景效果。

配植前　　　　　　　　配植后
图 4-5　园林桥头配植

4. 严肃与轻快感

应用常绿针叶树，尤其是尖塔形的树种常形成庄严肃穆的气氛，例如莫斯科列宁墓两旁配植的冷杉产生很好的艺术效果。一些线条圆缓流畅的树冠，尤其是垂枝性的树种常形成柔和及轻快的气氛，例如杭州西子湖畔的垂柳。

5. 强调

运用树木的体形、色彩特点加强某个景物，使其突出显现的配植方法称为强调。具体配植时常采用对比、烘托、陪衬及透视线等手法。

6. 缓解

对于过分突出的景物，用配植的手段使之从"强烈"变为"柔和"称为缓解。景物经缓解后可与周围环境更为协调，而且可增加艺术感受的层次感。

7. 韵味

配植上的韵味效果颇有"只可意会不可言传"的意味，只有具有相当高修养水平的园林工作者和游人能体会到其真谛，但是每个不懈努力观摩的人却又都能领略其意味。

总之，欲充分发挥树木配植的艺术效果，除应考虑美学构图上的原则外，还必须了解树木是具有生命的有机体，它有自己的生长发育规律和各

图 4-6　树丛配植

异的生态习性要求。在掌握有机体自身及其与环境因子相互影响的规律基础上，还应具备较高的栽培管理技术知识，并有较深的文学、艺术修养，才能使配植艺术达到较高的水平。此外，应特别注意对不同性质的绿地运用不同的配植方式。例如园中的树丛配植跟城市街道上的配植是有不同的要求的，前者大都要求表现自然美，后者大都要求整齐美，而且在功能要求方面也是不同的，所以配植的方式也不同。如图4-6和图4-7。

图 4-7　街道配植

第三节　栽植密度与树种组成

在园林绿地中，树木的栽植密度直接影响着营养空间的分配与树冠的发育程度。幼树在栽植期间，基本处于孤立状态，随着树木的生长，树冠生长加速，在密度较大的群体中相邻植株的枝叶开始相接。之后，树木的平均冠幅出现随密度增加而递减的趋势，密度越大，平均冠幅越小。另外，由于密度影响树冠或株冠的透光度和光照强度而影响树冠的发育，从而影响到叶面积指数的大小和光合产物的多少。因而，影响树干直径和根系的生长，也影响树木开花结果的数量。一般直径和根系的生长与树冠大小成正相关，即密度越大，冠幅越小，树木的平均直径和根量也就越小；同样，密度越大、光照越弱，开花结实也就越少。

因此，研究栽植密度的意义在于了解由各种密度所形成的群体以及组成该群体的个体之间的相互作用规律。进行树木的合理配置，使每株树木在群体发育过程中通过人为措施形成稳定的结构，使这种群体结构既能使每一个体有较充裕的生长条件，又能较大程度地利用空间，达到生态效果和艺术效果的和谐统一。

一、确定栽植密度的原则

1. 树种的生物学特性

由于各树种的生物学特性不同，它们的生长速度及其对光照等各方面条件的要求具有很大的差异，因此栽植密度也不一样。生长快、冠幅大的密度应稀，反之，应密些。例如，针叶树种要比阔叶树种的密度大些，云杉的密度要比落叶松大些，白蜡和榆树的密度要比杨树、泡桐大些等等。一般耐阴树种对光照条件的要求不高，生长较慢，密度可大一些；阳性树种不耐遮阴，密度过大影响生长发育。

2. 栽培目的

园林树木的功能多种多样，但在具体栽植中主要目的或主要功能可能有所不同，因而也就要采用不同的密度，形成不同的群体结构。如以观赏为主，则要注意配置的艺术要求，欲突出个体美感以观花、观果为主要目的，一般栽植密度不宜过大；如以防护为主，则其密度应根据防护效果决定。以防风为主的防护林带，其密度要以林带结构的防风效益为依据。在较大区域内的防风效果以疏透型结构为最好。水土保持和水源涵养林要求迅速遮盖地面，并能形成厚的枯枝落叶层，因此栽植密度以大些为好。

3. 立地条件

立地条件的好坏是树木生长快慢的最基本因素。好的立地条件能给树木提供充足的水肥，树木生长较快；相反，在贫瘠的立地条件上树木生长较慢。因此，同一树种在较好的立地条件上配置间距应该大一些，而在较差的立地条件上配置间距应该小一些。

4. 经营要求

有时为了提前发挥树木的群体效益或为了储备苗木，可按设计要求适当密植，待其他地区需要苗木或因密度太大将要抑制生长时及时移栽。

二、树种组成

树种组成是指树木群集栽培中构成群体的树种成分及其所占比例。由一个树种组成的群体称为单纯树群或单纯林，由两个或两个以上的树种组成的群体称为混交树群或混交林。园林树木的群集栽培多为混交树群或混交林。

（一）混交林的特点

在树木栽植中，不同树种混交与单一树种栽植相比有许多优点。

1. 营养空间的利用

通过把不同生物学特性的树种适当地进行混交，能够比较充分地利用空间。如把耐阴性（喜光与耐阴）、根型（深根性与浅根性，吸收根密集型与吸收根分散型）、生长特点（速生与慢生、前期生长型与全期生长型）以及嗜肥性（喜氮、喜磷、喜钾、吸收利用的时间性）等不同的树种搭配在一起形成复层混交林，可以占有较大的地上/地下空间，有利于树种分别在不同时期和不同层次范围利用光照、水分和各种营养物质。

2. 环境条件的改善

首先，混交林的结构复杂，树冠层厚，林内光照的梯度变化明显，光照强度减弱，散射光比例增加，分布比较合理，温度变幅较小，湿度大且稳定；其次，林内枯落物数量比纯林多，成分复杂，经微生物分解后，可以改良土壤，提高肥力，而且利于涵养水源，保持水土；第三，混交林在环境保护，如净化空气、吸毒滞尘、杀菌隔声等方面优于纯林。

3. 抗御自然灾害的能力

混交林对病虫害的抵抗能力较强，林内的小气候可以改变某些昆虫和病菌大量繁殖的生态条件，抑制病虫害的发生和蔓延。混交林在减轻大风危害、预防雪折、雪倒等自然灾害的危害方面也优于纯林。

4. 景观艺术效果

混交林树种组成复杂，结构层次分明，只要配置适当就能产生绚丽的景色效果，产生较高的美学价值和旅游价值，带给人们极大的身心享受。

（二）树种混交的种间关系

种间关系的表现形式，是指生长在一起的两个或两个以上的树种通过相互作用对另一方生长发育乃至生存所产生的利害的具体结果。一般当任何两个以上的树种接触时，其种间关系可表现为有利（互助、促进）和有害（竞争、抑制）两种情况，只是在一定的条件下，有时为单方的利害，有时为双方的利害。这里所说的有利和有害关系都不是绝对的，而是相对的。两个或两个以上的树种混交，种间不存在单方面的绝对有利而完全无害，也不存在单方面的绝对有害而完全无利，但却存在双方面的利害。如以加杨为例，与刺槐混交，对两树种生长都有利；与榆树混交，对两树种生长都有害；与黄栌混交，则只对加杨生长有利，而对黄栌生长有害。在一定的环境条件下，树种种间关系表现为有利或有害，主要决定于各种树本身的生物学特征。一般生态习性悬殊或生态要求不严、生态适应幅度较宽的树种混交，种间多显现出以互利促进为主的关系；相反，生态习性相似或生态要求严格、生态幅度狭窄的树种混交，种间多显现出以竞争、抑制为主的关系。不同树种间的有利和有害关系，是随时间、环境和其他条件的改变而相互转化的。这些因素的变动有时甚至是微小的变动，都可以使原有的均衡关系波动和破坏，使以有利为主或有害为主各向其相反方向演变。如阳性树种与中性树种混交，在幼年期，前者遮阴，有利于后者生长；但随着年龄的增长，中性树种对光照条件的要求逐渐提高，阳性树种的过度遮阴，不利于中性树种的生长和发育。树种种间关系的作用方式，是指生长在一起的不同树种之间通过怎样的途径产生影响的。不同树种间相互作用的方式有多种，主要有如下几个方面。

1. 生理生态关系

是指一树种通过改变小气候和土壤水肥条件而对另一树种产生影响的关系。如生长比较迅速的树种，可以较快地形成稠密的冠层，使林内光量减少，对适应此种荫蔽条件的耐阴树种的生长反而有利，而对不适应这种低水平光照条件的阳性树种的生长，则产生不良影响。由于不同树种的枯落物数量、成分及分解速度是有差异的，利用这种差异可使一树种给另一树种创造良好的营养条件，落叶量大、养分含量高、分解迅速的阔叶树与针叶树混交，往往可以明显地促进针叶树的生长。

另外由于树冠迅速增长，可能在较短时间内占据更多的生长空间造成对侧旁树木的遮挡，促使人工群落发生分化，结果影响了原来的设计效果。生理生态作用方式，是不同树种间相互作用的主要方式，也是当前选择搭配树种及混交比例的重要依据。

2. 生物化学关系

是一树种地上部分和根系在生命活动中不断向外界分泌或挥发某些化学物质，并进而对相邻的其他树种产生影响的一种作用方式。通常存在或产生于树种各器官的化学物质有乙醇、乙醛、乙烯、萜类精油以及酚类、生物碱、赤霉素等。它们通过不同途径分泌到外界，使周围环境的化学成分改变，对其他树种的生长发育产生抑制或促进作用。据研究，皂荚、白蜡与七里香混交，黑果红瑞木与白蜡混交，相互间都有明显促进生长的作用；榆属与栎属、白桦与松树混交，对对方都有抑制作用；核桃叶分泌的核桃醌对苹果有毒害作用。

3. 生物关系

是不同树种通过杂交授粉、根系连生以及寄生等发生的一种种间关系。如某些树种根系连生后，发育健壮的一树种夺走发育衰弱的另一树种的水分和养分，起初使其生长受到抑制，最后会导致其死亡。

4. 机械关系

是树木个体间相互发生的机械作用，造成一个树种对另一个树种的伤害。如树冠、树干及枝条间的撞击或摩擦，根系的挤压，藤本植物或蔓生植物的缠绕和绞杀等。在种间关系的各种表现形式中，机械作用是较次要的，它只是在特定的条件下，如密度过大或以乔木树种为依附的藤本造景等才明显地发生作用。

三、树种的选择与搭配

树种混交中的选择与搭配，必须根据树种的生物学特征、生态学特征及造景要求来进行，主要做好以下三点。

1. 确定好主要树种

主要树种在树木与树木、树木与环境以及景观价值方面居于主导地位，控制着群体的内部环境，特别要注重乡土树种的选择。因此，主要树种的选择要严格做到适地适树，使它们的生态学特征与栽植地上的土地条件处于最适状态。

2. 选好混交树种

混交树种一般指伴生树种和混交树种，选择适宜的混交树种是发挥混交作用及调节种间关系的主要手段。混交树种的选择与主要树种的生态学特征有较大的差异，有不同的生长特点，对环境条件利用最好能互补，而且要有良好的辅佐、护土作用以及树种之间没有共同的病虫害。

3. 注意树种多样性

树种选择配置应在规模范围内体现多样性，树种选择单一或只重复运用少数树种，不仅给人们感官上难以接受，而且极大地降低了园林绿化的水平。我国各地在城市园林建设中已经注意到种植的多样性，并建立相应条例来保证新建绿地有一定的植物种类。如上海制定的《上海市新建住宅环境绿化建设导则》要求，住宅绿化的落叶和常绿乔木比例为 1∶2；面积 3000m² 以下的植物种类不少于 40 种；3000～10000m² 的不少于 60 种；10000～20000m² 的不少于 80 种；20000m² 以上的不少于 100 种。

第四节　园林树木的引种驯化

一、引种驯化的意义

树木的引种驯化是通过人工栽培，使野生树成为栽培树、外地树成为本地树的栽培养护过程。树木引入新地区后有两种反应：一种情况是不适应新的环境条件，失去栽培价值乃至死亡；另一种情况是适应新的环境条件，能正常生长发育并保持利用价值。

如果引入地区与原产地自然条件差异不大或引入观赏植物本身适应范围较广，或只需采取简单的措施即能适应新环境，并能正常生长发育，达到预期观赏效果的称为简单引种。如果引入地区自然环境和原分布自然条件差异较大，或引入物种本身适应范围较窄只有通过其遗传性改变才能适应新环境或必须采用相应的农业措施，使其产生新的生理适应性这种方式称为驯化引种。

引种驯化是迅速而经济地丰富城市园林绿化树种的一种有效方法，与培育新品种比起来，它所需要的时间短，见效快，节省人力物力。我国园林树木的种质资源十分丰富，而在常见的园林树木中又有从国外引种栽培的树种，如来自日本的五针松、日本樱花、北海道黄杨、黑松、日本冷杉，来自印度的雪松、柚木、印度橡胶，来自北美的刺槐、池杉、广玉兰、湿地松、火炬松，来自大洋洲的桉树、银桦、木麻黄，来自地中海地区的月桂、油橄榄等。

二、影响引种驯化的因素

引种驯化是建立在树木遗传变异性和生态环境矛盾统一的基础上的，要使引种成功，从内因上要选择适应的基因型，使引种地区综合生态环境能在引入种基因调控范围内，外因上要采用适当的栽培养护措施，使其能正常生长发育。引种驯化是一项复杂的综合化工作，影响引种驯化成败的因素主要有以下几方面。

1. 植物与生态环境的综合分析

要正确掌握植物与环境关系的客观规律，既要求原产地和引种区生态条件相似，但又不可严格要求完全一致。一般来说，从生态条件相似的地区引种容易获得成功，相反则困难就多些。园林树木是多年生的，它不仅必须经受栽培区全年各种生态条件的考验，且要经受不同年份经常变化的生态条件的考验，而这种条件又不易人为地控制和调整。因此，引种不同气候带的树种，更应特别注意了解其自然分布区，注意对原产地和引种地生态条件的对比。城市小气候和土壤条件相差甚大，所以引种时一定要注意植物与生态环境条件的综合分析，慎重选择小气候和土壤条件，尽可能在新区条件下为植物提供近似原产地的条件。

2. 主导生态因子的分析

对园林树木影响较大的生态因子有：温度、日照、降水和湿度、土壤酸碱度及土壤结构等。进行主导生态因子的分析和确定，对于树木引种成败常起关键的作用。

（1）温度　温度因子最显著的作用是支配植物的生长发育，限制着植物的分布。其中最主要的是年平均温度以及最高、最低温度和季节交替特点等。

（2）降水量（包括土壤湿度和空气湿度）　水分是植物生存的必要条件，降水量在我国不同纬度地区相差很悬殊，在低纬度地区降水量多，集中在 4～9 月；高纬度地区年降水量少，多在 6～8 月，冬春干旱。据中国科学院北京植物园观察，许多南方树种不是在北京最冷的时候冻死，而是在初春干风袭击下因生理脱水而干死的。降水量的季节分配状况也影响引种驯化的成功与否。

（3）日照　日照对引种的影响大致包括昼夜交替的光周期、日照强度和时间。不同纬度地区日照时数不同，纬度愈高，一年中昼夜长短的差别愈大。夏季白昼时间愈长，则冬季白昼时间愈短，而低纬度地区则夏季和冬季白昼时间长短差别不大。

（4）土壤　有些植物种类对日照、湿度等要求幅度都很广，唯独对土壤的性质要求很严格，这种情况下，土壤生态条件的差异就成了引种成败的关键。土壤性质的差异有含盐量的差异、物理性质的差异、肥力的差异等，但最主要的还是酸碱度的差异。土壤酸碱度决定了植物分布范围，从而形成各种不同植物群落。根据植物对土壤酸碱度的要求分酸性土植物、中性土植物、碱性土植物。在引种时，如不注意各种植物对土壤酸碱度的要求，常致引种失败。

（5）生物因子　生物之间的寄生、共生以及其与花粉携带者之间的关系也会影响引种成败。

三、引种程序

引种驯化的具体工作要有计划、有目的地开展，并按照一定的步骤进行。一般引种要经过引种试验、引种评价及繁殖推广三个阶段。

1. 引种试验

引种与单纯的移植不同，即后者不经过试验阶段就把外地的植物引入栽培。这种做法虽也有些能成功，但也往往造成重大的损失，俗话说"引种未试验，空地一大片"。这也说明引种试验的重要性。

2. 引种评价

通过引种试验后，对表现优良的生态型繁殖一定的数量，再参加比较试验和区域化试验，淘汰不适合进一步试验的种类。

3. 繁殖推广

经过专家评审鉴定有推广应用价值的引入植物材料要遵循良种繁殖制度，采取各种措施加速繁育，建立示范基地，扩大宣传，应用单位及有关苗圃提供优良合格种苗，使引种试验成果产生经济效益、社会效益和环境效益。

四、引种方法

1. 利用遗传性动摇的可塑性大的材料作为引种驯化

在引种驯化中，杂种实生苗比纯种实生苗容易适应新环境。在杂种实生苗中，其亲本关系远的比亲缘关系近的适应性强。

2. 在引种驯化中采用逐渐迁移播种的方法

实生苗对新的环境条件虽然有着较大的适应能力，但新地区与原产地的气候条件相差太大，超越了幼苗的适应范围，驯化即难成功，所以不能把杂种直接播种在与原产地相差太远的新地区里，而采用逐渐迁移播种的方法。

3. 引种驯化栽培技术的研究

引种时必须注意栽培技术的配合，因为有时外地品种虽然能适应当地的自然条件，但由于栽培技术没有跟上以致错误地否定了该品种在引种上的价值，农民有"会种是个宝，不会种是根草"的农谚，反映引种还必须与良法相结合。栽培技术的研究包括播种期、栽植密度、肥水、光照处理、防寒遮阴等。

4. 引种要结合选择来进行

引入的种或品种栽培在不同于原产地的自然条件下必然有的适应有的不适应，此时必须加以选择，选择适应的基因型或生长良好的单株，以扩大繁殖。

五、引种驯化成功的标准

在与原产地时比较，不需要特殊的保护能够露地越冬或越夏而生长良好；没有降低原来的经济或观赏品质；能够用原来的繁殖方式（有性或营养）进行正常的繁殖。

思 考 题

1. 园林树种选择的基本原则是什么？
2. 园林植物配置的基本原则是什么？
3. 园林树木的配置方式有哪几种？
4. 确定树木栽植密度的原则是什么？
5. 影响引种驯化的因素有哪几种？

第五章 园林树木的栽植（植物工程施工）

园林绿地是根据人们的需求、设计安排，以施工形式将植物栽种形成的。因此，城市园林绿化中的树木栽植是每个园林工作者必须掌握的技能。由于园林绿化工程是一种以栽植有生命的绿色植物为主要对象的重要工程，较一般植物相比较，具有效率高、机械化程度高、技术严格的要求，因此，植树成活原理、植树施工中的工序安排和技术措施都要求每一名园林工作者必须掌握。

第一节 园林树木栽植工程概述

一、栽植的概念

城市园林绿化建设与其他城市建设一样，要经过计划、规划设计、施工才能实现。由于园林绿化建设所处的地位和功能效果的反映方式不同，决定了它在施工的原则、方法、要求等方面的特殊性。绿化工程是一种以有生命的绿色植物为主要对象的工程，受自然条件的制约性强。园林植物生长的周期长、见效慢，施工的季节性强和难度大。绿化工程的特殊性还表现在施工与养护的紧密相连，工程的竣工交付使用并不能马上收到经济效益，相反为了巩固绿化成果、提高绿化质量，还要继续投资才能巩固、完善，发挥其多种效益。

园林树木植树工程是绿化工程的重要组成部分，它与花坛施工、草坪施工有区别，也不同于林业生产的植树造林。只有熟悉它的特点，研究并掌握它的规律性，按照客观规律办事，才能做好这项工作。所谓"植树工程"是指按照正式的园林设计及一定的计划，完成某一地区的全部或局部的植树绿化任务而言。

园林树木的栽植是树木在区域上的移动，即将树木从一个地点移动到另一个地点，并且依然要保持其生命的整个过程，主要由"起苗（或称为起树、掘树）、搬运和种植（植苗、植树）"三个主要环节组成。起苗是将树木从生长地点连根起出；搬运是将起出的树木运到新的种植点上；种植是将树木按要求栽种在新的种植点上。种植主要分为定植、移植、假植三种，定植是将树木按景观设计的要求种植在相应的位置上不再移动、长久定居的方法。将树木种植在一处经过多年生长后还要再次移动，这种种植称为移植；假植是指树木起苗后来不及运走或运到新的种植点而来不及栽植，为了保护根系、维持生命活动而采取临时的将根系埋入湿润土壤中，防止失水的操作方法，这项工作的好坏对保证种植成活关系极大。

将树木进行区域性移动的三个环节操作，少则几小时、几天即可完成，即使花费的时间再长，如长途运输和大树移植，与树木整个生命周期相比也是其中很短的一段时间。但是，栽植质量的好坏对树木栽植后的生命活动有着重要影响，树木的抗性、地上部与地下部生长的能力、树体的观赏效果及养护成本都有可能因这三个环节的操作不当而导致严重后果，甚至造成树木死亡，影响到整个绿化、美化效果。

因此，园林树木的栽植要求更加精细，避免因粗放栽植而造成树木生长中出现的各种养护问题。

二、树木栽植成活原理

一株树木在正常的生长发育过程中，其地上部与地下部在一定条件下处于正相关的关系，处于一个以水分为主的代谢平衡状况。树木对水分的吸收大部分是靠根系从土壤中取得的。根系利用根压、渗透压将水分源源不断地从土壤中吸收水分，使液体从根系上升到枝叶中，这是利用根系主动吸水的能力。而由于树木的叶、枝蒸腾速率的增加及木质部汁液产生的张力，通过木质部中的导管和管胞中水分子的拉力吸水使得水分开始大量流入植物体内，形成根系的被动吸水。树体地上部分的枝叶与地下部的根系保持一定的比例状态（根/冠比），使得枝叶中的水分蒸腾可以及时获得根系吸收补充，一般不会出现缺水现象（见图 5-1）。

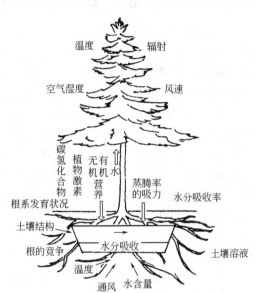

图 5-1　树木吸水及其影响因素

而当树木挖掘后到栽植过程中，树木根系中的大量吸收根受到损失，根幅缩小、根量减小，根系全部或部分（如土球苗）脱离原来生存的土壤环境，保存的根系在吸收水分的能力上大大降低，并在运输过程中，因风吹日晒和运输损伤，此时树木根系吸收不到水分，使得树体水分平衡受到不同程度的破坏，造成树体失水、萎蔫，体内代谢因水分亏缺而受阻，甚至死亡。树木虽然可以利用关闭气孔等减少蒸腾的自我调节能力，但毕竟有限。在栽植后，虽然土壤能够提供充足的水分，树木在条件适宜下能够长出一些新根，与土壤环境建立相应的环境关系，但控制的土壤范围还很小，还需要相当长的时间才能恢复到原有状态。因此，需要采取相应的树木栽植技术措施，使树木的根系与土壤迅速建立密切的关系，调节根系与枝叶的平衡，避免因发生水分亏缺而导致树木死亡。由此可见，园林树木栽植成活原理就是在树木栽植中保持和恢复树体以水分为主的代谢平衡。

因此，在植树工程中，必须抓住关键，采取有力的措施，达到保持和恢复树体的水分平衡。在整个栽植过程中，首先要做到使植株保持湿润、组织鲜嫩、体内水分充足。根据调查，当树木失水率越高时，成活率越低。植株体内水分充足，组织鲜嫩，有利于促进根系的愈合，发生新根，短期内能够恢复和扩大根系的范围和能力，有利于促进成活。其次是栽植后土壤与根系的密切接触，保证有充足的水分供应，使水分顺利进入树体，补充水分消耗。这是外界因素对树体水分平衡的作用。最后，也是非常重要的，即在最短的时间内长出新根，恢复根系的吸收能力，才能达到保持和恢复树体的水分平衡。

基于这些关键要求，采取相应的挖、运、栽及栽后管理，以保证种植树木的成活。

第二节　园林树木的栽植季节

我国地域广阔，环境万千，不同地区的气候条件差异很大，对树木的成活、生长产生不同的影响。如果新栽植的树木发生水分亏缺，代谢受阻，矿物质养分吸收量相应减少，带叶树木光合产量下降，甚至因缺水死亡。在树移植过程中，影响树木成活的因素主要有树木本身的生长状况、栽植时的气候条件及栽植地的土壤条件，因此，为了提高树木的栽植成活率，必须要了解栽植地的气候变化及土壤条件的变化，而且要掌握不同时期树木的生长生理活动变化，以确定适宜的植树季节。

我国东、西、南、北的气候条件差异很大，虽然现在只要技术措施得当，一年四季都能将树木栽植成活，但要想降低栽植成本和提高栽植成活率，必须根据当地情况，了解树种的生长特性、树木的年龄及栽植技术确定最适宜的栽植季节，既可以满足树木的生态需求，又可利于树木的生长。根据树木栽植成活原理，植树的适宜时期应是树木蒸腾量相应的少，有利于树木根系创伤后能够及时恢复、保证树体水分代谢平衡的时期。在四季明显的地区以秋冬落叶后到春季萌芽前的休眠期为最适宜。在不同地区，什么时期植树主要根据当地气候条件及树种生长特性加以确定，采取适时栽树。

一、春季栽植

早春是我国大部分地区树木栽植的适宜时期，其环境特点主要反映在这几个方面：气温逐渐上升，土壤水分状况较好，地温转暖，有利于根吸收水分；在南方春雨连绵的地区，雨水充裕，空气湿度大；北方冬季严寒，春暖大地时，土壤化冻返浆正是土壤水分状况较多时期，有利于树木的成活。

从植物生理活动规律上看，随着气温上升、土壤化冻，树木开始解除休眠状态，先生根后发芽，逐渐恢复生长，是树体结束休眠、开始生长的发育时期。因此春季植树是利用气温回升，植物结束休眠开始初生长的相互对应的特点以保障树木的成活。

春季植树宜早不宜迟，正如清代《知本提纲》所写"春栽宜早，迟则叶生"。在我国各绿化地，只要土壤没有冻结，栽植后没有冻害，便于绿化施工，即可及早进行。受纬度、海拔、地形等因素的影响，各地区栽植时间的早晚不同，但最好的时期是树木的芽开始萌动前的数周之内，地上部虽仍处于休眠状态，但地下部根系逐渐萌发生长，有利于树体恢复生长；如果在新芽膨大或新叶开放后种植，根系生长量减少，难以恢复树体水分代谢平衡，常常枯萎、死亡，即便有些树木成活，但多数生长不良，落叶树种尤为如此。常绿树种的种植可以偏晚，萌芽后栽植的成活率虽然不如萌前效果好，但比同样情况下栽植的落叶树种成活率高，一些具有肉质根系的树种，如木兰属、鹅掌楸、梾木及山茱萸树种等春季植树好于秋季植树。

春季是我国多数地区植树的季节，而早春是春季中种树的适宜时期，但较短，一般 2～4 周时间，尤其是在春旱缺雨的北方地区，风大，气温回收快，土壤水分蒸发速度快，地上部萌发生长迅速，在栽植任务不大时，容易把握时机，但在任务量大，劳力紧缺的情况下，在适宜时期内很难及时完成。

春季植树，在冬季严寒、土壤冻结的地方，根据树种特性、土壤特性、地形变化来决定树木种植时间的先后，先萌芽的树种先栽植，后萌芽的树种后栽植，落叶树种先栽植，常绿树种后栽植，沙壤土较重壤土先栽植，先市区后郊区，先平原后山区，在有地形和建筑的地方先阳面后阴面。

二、夏季栽植

夏季是气温最高、多数地区降水量最大的时期，树木生长旺盛，枝叶水分蒸腾量最大，需要根系吸收大量水分，此时植树对树木的伤害很大。但是在冬春干旱、雨水严重不足的地区，在夏季掌握适宜时期种植树木，可以提高成活率。夏季栽植（通常称为雨季植树）正是利用外界阴晴相间、雨水充足、空气湿度大的条件和很多树木为了保持蒸腾速率和维持树木代谢开始进行根系的再次生长的机会，提高树木的成活率。在华北地区，全年降水量的三分之二集中在夏季。雨季植树成功经验多，栽植树种多为前期生长型的针叶树种，树木规格多以中、小型苗木为主，栽植技术采取土球移植。随着城市建设的发展，园林工程中的夏季植树趋势越来越大，无论常绿树还是落叶树，无论大树还是小树，都在夏季种植。当栽植技术不当时，导致树木成活率下降，造成很大损失。因此，夏季植树要注意几点：一是要掌握树种的习性，选择夏季适栽的树种，重点在常绿树种，尤其是松、柏类和易萌芽的树种；二是采取土球移植，以保证树木根系的吸水能力，最好是在休眠期提前做好移植的准备工作，如修剪、包装等工作，减少在夏季起苗的损伤；三是利用阴天降水季节栽植可提高成活率；四是在夏季光照强气温高的条件下，为保证苗木成活，除了以上措施外，在植后采取树冠喷水降温减少蒸腾和树体遮阴等措施以提高栽植成活率。

三、秋季栽植

进入秋季后，气温逐渐下降，土壤的水分状况由于雨季的影响，处在稳定的水平。随着光照强度的降低和气温的下降，树木的地上部分开始从生长进入休眠，落叶树种开始落叶，树体营养物质从枝叶向主干、根系输送，此时营养物质积累量为最大，而消耗量较小。地下部分根系由于营养物质的积累，生理活动仍处在继续进行中，对树木栽植成活有利，栽植后根系的伤口容易愈合，并生长一定量数量的新根。秋季栽植的树木在第二年春季发芽早，可提高对不良环境适应能力。

秋季植树的时间较长，北方以树木落叶开始，直到土壤冻结前均可植树，在落叶后栽植宜早以防冻害，近年很多地方采取带叶栽植，栽植后有利于愈合发根。但需在大量落叶时开始，否则会因失水而降低栽植成活率。南方地区的冬季较短，且没有冻结现象，因此秋季栽植可以延续到 11 月或 12 月上旬。春季开花的树种宜在 11 月之前种植，常绿树种和竹子就应在 9～10 月进行。秋季树木栽植要注意地区和树种的特点，在寒冷和干旱的地区，空气湿度低，秋季栽植的常绿树木易因生理干旱而失水死亡。易受霜害、冻拔的地区不宜进行秋季栽植。

四、冬季栽植

冬季的气温低，是园林树木休眠的时期，此时树木的水分、营养物质消耗少，落叶树种的根系在冬季休眠期中休眠时间很短，因此植后能够愈合生根，宜冬季植树。在比较温暖、土壤不冻结的南方，可以进行冬季植树。冬季植树后有利于早春萌芽生长，在冬季寒冷、土壤冻结较深的地方，可采用冻土球移植的方法进行。

第三节　园林树木的栽植技术

园林绿化植树工程对能否达到设计方要求的效果和保证树木的成活率，必须保证施工单位在各个环节上做到措施到位。

一、园林树木栽植前的准备

1. 绿化工程施工需遵循的原则

任何绿化施工单位在绿化种植过程中，为了保证绿化的效果，需要遵循以下几个原则。

（1）园林绿化施工必须符合园林设计和建筑计划的指标　园林绿化工程施工是把人们的美好理想（规划、设计）变为现实的具体工作。因为每个规划设计都是设计者根据建设事业发展的需要与可能，按照科学原则、艺术原则形成一定的构思，设计出来的某种美好的意境，融汇了蕴含诗情画意的形象、哲理等精神内容，所以，施工人员必须通过设计人员的充分设计交底，熟悉设计图纸，理解设计的意图和建设方的要求，然后严格按照设计图纸，严格按要求的指标、数据进行施工。如果施工人员发现设计图纸与施工现场实际不符，应及时向设计人员提出。如需变更设计时，必须求得设计部门的同意，绝不可自行其是！同时不可忽视施工建造过程中的再创造作用，可以在遵从设计原则的基础上，不断提高，以取得最佳效果。即按图施工，一切符合设计意图。

（2）栽植技术必须符合树木的生活习性　不同树种除了具有树木共性以外，还具有不同的特点，对环境条件的要求和适应能力表现出很大的差异性。如春季，一些愈合能力强、发根力强、生长快的落叶树种（如杨、柳、榆、槐、椿、椴、槭、泡桐、枫扬、黄栌等）栽植容易成活，多采取裸根苗栽植的措施，修剪较重，苗木的包装、运输可以简单些，栽植技术可以粗放些。而一些常绿树种，特别是针叶树种及一些珍贵树种或发根再生力差的树种，愈合、生长较慢，或要保持树形，栽植时必须带土球，栽植技术必须要求严格。面对不同生活习性的树木，施工人员必须了解其共性与特性，根据树种生态特性，采取相应的植树技术，才能保证树木栽植的成活率和植树工程的真正完成。

（3）抓住适宜的栽植季节　我国幅员辽阔，不同地区的树木适宜种植期也不相同，同一地区的不同树种由于其生长习性不同，施工当年的气候变化和物候期也有差别。从栽植树木成活的基本原理来看，如何使树木地上与地下部分尽快恢复水分代谢平衡是栽植成活的关键，这就必须合理安排施工的时间并做到以下两点。

① 做到"三随"　所谓"三随"就是在栽植过程中，应做到起、运、栽一条龙。即事先做好一切准备工作，创造好一切必要的条件，于最适宜的时期内，抓紧时间，随掘苗，随运苗，随栽苗，环环扣紧，再加上及时的后期养护、管理工作，这样就可以提高栽植成活率。

② 合理安排种植顺序　在植树适期内合理安排不同树种的种植顺序十分重要。原则上讲应该是发芽早的树种应早栽植，发芽晚的可以推迟栽植，落叶树春栽宜早，常绿树栽植时间可晚些。

利用树木的生理特点和季节特点以保证栽植成活率。在适宜季节植树，采用的施工技术措施简单，成活率高，成本低。在没有特殊原因的情况下，适宜的植树季节为施工的首选时期。

（4）加强经济核算，讲求经济效益　施工时应做到尽可能少的投入，换取更多的效益。必须调动全体施工人员的积极性，增产节约，增收节支，认真进行成本核算，争取创造尽可能多的经济效益。要加强统计工作，收集、积累资料，总结经验，以利再战。

（5）严格执行植树工程的技术规范和操作规程　施工过程中，检查员严格执行操作规程，否则不利于施工效果和成活率。如定点放线的准确与否、起苗规格的大小、坑穴的规格大小均会影响施工效果以及栽植的质量；栽后养护质量也不同程度地产生影响，只有在严格操作的基础上才能保证成活率，保证设计效果，降低绿化成本。

2. 准备工作

绿化植树工程开始前，首先要做好一切准备工作，以利绿化工程的顺利进行。

（1）了解设计意图和工程概况　绿化工程的管理人员在接受工程时，首先要了解设计意图，向设计人员了解设计思想以及设计要达到的目的及意境，尤其是施工后在近期所能达到的景观效果，并通过设计单位和工程主管部门了解工程的概况。

① 了解植树工程与其他相关工程（如草坪、花坛、道路、山石、园林设施及土方、给排水等）的施工范围及工程量。

② 工程施工期限指工程的开工与竣工时期，其中植树工程的进度应以不同类

别的树种在当地栽植的最适时间为前提，其他工程以围绕其进行。

③ 工程投资情况，应根据工程主管部门批准的投资额度和设计预算定额依据，以备编制施工方案中的预算计划。

④ 施工场地现状，在取到绿化设计图的同时，向建设单位了解施工现场的地形、地貌及地物情况和地下各类管线的分布情况，获取施工现状平面图及对地上物、树木的处理办法（如房屋、路面的拆迁保留，树木的伐、移）。获取地下管线图的同时，了解设计部门与管线管理部门的配合情况，特别是地下电缆、煤气管道的分布走向，以免发生施工事故。同时，了解施工现场测定标高的水准点以及测定水平位置的导线点、固定地物，作为施工定点放线的依据。

⑤ 工程材料来源、机械和运输条件，其中包括树苗的出圃地点、时间、苗木质量和规格要求，并搞清有关部门能够负担的机械、运输条件。

（2）现场踏勘和调查　在向有关单位获取资料及信息之后，负责施工管理的技术人员需要亲自到现场做细致的现场踏勘工作，搞清施工工程中可能遇到的情况和需要解决的问题。

① 施工现场的土壤情况　土壤是树木生长的基础条件，影响树木的成活和后期生长，同时是导致施工成本高低的重要因素，对土壤调查以确定绿化地是否要换土、客土量和来源。

② 各种地上物的解决办法　通过踏查，了解现场的房、路、树及设施的数量、价值以及其去留及保护可能性。房屋要拆迁、树木要伐移的需要办理相关手续及处理方法，保留物体如何装饰与绿地相映生辉。

③ 施工的水、电源及交通的状况　有无水源决定灌水的方式，有无电源影响施工速度及效果，了解工地与外界交通联系情况以及线路安排。

④ 施工期间生活设施的安排　民工的食宿问题（如食堂、厕所、宿舍）的解决是影响施工进度、质量的因素，应根据情况进行合理安排。

3. 编制施工组织方案

在掌握了园林绿化设计的意图及施工现场的调查情况后，施工单位需要组织技术人员对整个工程情况进行研究，由于园林工程是由多种工程项目构成的综合性工程，为保证各施工项目相互合理衔接，互不干扰，多、快、好、省地完成施工任务，要制订一个全面的施工安排计划（即施工组织方案），广泛征求意见，修改定稿，整个方案包括文字说明、图、表。总共分以下几部分。

（1）工程概况主要涉及项目名称，施工地点，施工单位名称，设计意图及施工意义，施工中的有利及不利因素，园林工程的内容（包括施工、范围、项目、任务量及预算金额等）。

（2）施工进度、绿化工程的起始、竣工时间，施工总进度及单项进度的完成时间表。影响施工进度主要有两个关键因素影响：①施工方法、使用机械还是人工及用工量的多少；②各项目之间环节衔接、施工中主要矛盾及处理方法。

（3）施工现场作业具体安排的平面位置包括：主要施工场地、运输交通线路、材料暂放处、水源、电源位置、定点放线的基点和工人生活住宿区域等。

（4）施工组织机构主要涉及施工单位负责人、下属生产、技术指挥管理机构及财务、后勤供应、政工、安全质量人员等，对施工进度、机械车辆调度、工具材料保管安排以及苗木计划用绘制图表表示，制定栽植技术。

（5）安全生产措施是各类工程中首要问题，要定制度、建组织，制定检查和管理办法，以确保工程的安全进行。

对植树工程的主要技术项目，需要确定相应的技术措施及质量要求。

二、进驻工地及施工现场的清理

进驻施工现场是工程进行的第一步，首先安置职工住宿等生活条件，开始对施工现场进行清理，对有碍绿化施工的障碍物进行拆迁清除，对现有的影响绿化的树木进行伐除、移植，并根据设计图纸对现场进行地形处理。若用机械整理地形，还需搞清地下管线的分布情况，以免出现事故。

三、苗木及栽植技术的选择

1. 选苗

当设计图纸上的树种确定后，施工树木的选择主要考虑到其规格、苗龄、质量、繁殖方式和苗木的来源，这些直接影响树木栽植成活率和以后的绿化美化的效果。因此在订苗、植苗前必须对所提供的苗木质量状况进行调查。

（1）苗龄与苗木规格　树木的年龄影响树木的再生能力和抗逆性，从而影响树木的栽植成活率。

苗木生产中，苗龄与规格具有相关性，树木相应的苗龄应具有相应规格的苗木。而大树移植时通常以规格来选择苗木。

幼龄树、小规格苗，植株个体小、根系分布范围小，苗木的起挖、运输和栽植等环节上操作简便，可节省施工费用。由于保留根系多，苗木成活率高，树体恢复期短，整个树木的形体保存得好，树木营养生长旺盛，对外界环境的适应能力强。但由于树体太小，绿化、美化效果较差，而且易受到人畜的损伤，造成苗木残伤或因死亡而缺株，影响后期的绿化效果。

壮龄树木的根系分布深广，吸收根已远离根颈，在植树过程中，起苗造成树体根系的大量损伤，导致树体水分失调，栽植措施不当，会使栽植成活率降低，因此对植树的各个技术环节要求很高，必须采取土球苗移植，而且施工与养护的费用很高。由于树体基本确定，姿形优美，栽植成活后可以很快产生绿化、美化的效果，现在很多重点绿化工程中均采用，但在应用时需采取大树移植的特殊措施。

目前，根据城市绿化的需要和环境特点，绿化工程的苗木选择上以较大规格的幼、青年树木为主。这类苗木栽植成活率高，绿化速度快，而且也可减少人为损伤。园林植树工程使用的苗木，落叶树种的最小胸径不得小于3cm，常绿乔木的树高最小不得低于1.5m。

（2）苗木质量　苗木质量的好坏不单影响栽植的质量、苗木的成活率，而且还影响到绿化效果和养护成本，因此应选择质量优良的苗木。

高质量的苗木应具备以下几个条件：

① 苗木的根系发达完整，靠近树木的根颈一定范围内要有较多的须根，便于起苗后保持有较大量的根系；

② 乔木树苗干茎粗壮通直，有一定适宜高度、无徒长现象；

③ 树木的主侧枝分布均匀、丰满，构成完美的树木冠形，高大乔木要有较强的中央领导干，顶端优势，侧芽饱满；

④ 树体无病虫害和机械损伤。

(3) 苗木来源　园林绿化用苗的来源主要分三个方面。

① 当地园林苗圃生产用苗　苗圃培育的苗木，种源及年龄清楚，质量好，规格保证，对当地的气候条件、土壤状况有着很强的适应能力，可以在短时间内随起、随运、随植，既可避免因长途运输带来的苗木损伤和运输费用，避免病虫害的传播，而且不需长期假植。如果要非适宜季节栽植施工，也可在苗圃中直接利用竹筐、木箱等容器进行容器育苗，只需进行适当的水分管理，不用另行包装即可移栽，随植随取，不受季节限制，春、夏、秋、冬任何时间随时可以移动，而且装容器前已作修剪，限制空间，故在有限的空间内可以放置较多的苗木。在栽植中因苗木根系已经恢复，受干扰小，能保持正常生长。但由于容器容量有限，苗木规格受限，而且栽植时间不宜长，否则根系长满容器，并环壁生长，定植后生长不理想，因此定植时可适当地进行根系处理。

② 外地苗源　在本地培育的苗木种类、质量上供应不足时，可以从外地调入，但对外地苗木要进行树木的种源、起源、年龄、移植次数、生长及健康状况进行调查，把好病虫检疫关，不购进疫区苗木。把好起苗、包装的质量关，在装卸运输途中，防止苗木的机械损伤和脱水，通过洒水、保湿降温，尽力保持树木体内水分平衡，尽可能地缩短运输的时间。

③ 从绿地及野外搜集的树木　此类树木的树龄一般要处于青壮年树龄。因此，通常所选树木常具备以下几个特点：一是都为成龄树木，树冠基本形成，在新的栽植地种植能够较早地形成景观效果，很快地提供遮阴纳凉条件；二是由于多年的生长，根系水平扩展的范围很大，在移植根系的范围内须根量少而杂乱，易造成树体的水分失调，不利于移植后迅速恢复生长；三是很多树木从林中移出，树冠不丰满，根系不发达，在绿化工地还易受强光照射、高温、干热风的威胁。因此，这类苗木的选择要慎重，并且要配以高质量的树木栽植养护措施。

2. 树木栽植技术的选择

由于不同树种的生长、生态特性不同，而且不同时期树木的生长状况不同、环境差异很大，导致树木的移植适应能力上差异很大。为了保证树木移植成功，需要根据树种的不同生长、生态习性以及根据不同环境条件及树木生长状况下采取相应的树木种植技术措施，才能提高树木的移植成活率。如在休眠期移植，如杨、柳、榆、槐、椴、槭、蔷薇、泡桐、枫杨、黄栌等具有很强的再生能力和发根能力，起苗、包装、运输、栽植等措施简单，移植容易成活，一般采用裸根苗移植技术。而常绿树种和一些珍贵落叶树种，如松柏类、木兰类及桉树、桦树、栎等一些树种，则要求采取土球苗移植法，必须保持土球的完整。

树木移植时，水分平衡是关键，所以采取的植树技术措施很多与保持水分有关。春季或秋季移植，树木的水分丧失较少，无论是裸根苗移植还是土球苗移植，只要保持水分平衡，栽植技术程序可以适当简单，但在非适宜移植时期进行移植，温度高、光照强，树木蒸腾量大，易导致植株失水，为了移植树木的成活率，必须采取土球苗移植，而且规格要比一般移植大，并且要增加一些措施改善环境条件，减少水分蒸腾，维持树木生长。栽植过程中的各环节——起苗、运输、定植及栽后养护的过程必须要采取周密的保护措施和及时的处理办法，才能避免树木失水过多。树木移植在树木的一生中时间是非常短的，但移植对树木来说，形同一次大手术，任何一个环节出现错误都有可能导致树木的抵抗力降低、甚至树木死亡，设计的园林功能难以发挥出来。因此对栽植的每一株树来说，与其相应的各技术措施和环节都不可缺少，且非常重要。施工人员对移植中各种技术措施安排须严格细致。

在植树施工技术的操作中应注意针对不同树种的特性抓住关键：①移植要做到随起、随运、随植和及时管理成流水程序，无施工条件，应及时采取妥善的假植措施；②起苗、植苗按操作规程所规定的标准进行，不要造成伤根过多或窝根，对根系伤口过大的可用修剪补救；③肉质根的树种尽量采用土球苗移植，如木兰类、鹅掌楸等，如采用裸根移植，由于肉质根系含水量多而易脆，不易愈合，起苗后须放置在背阴处晾晒方可移植；④大多数树种从起出到定植前，需采取多种办法（如薄膜套袋、沾泥浆并填加苔藓、保湿、湿草袋包装等）保持根系湿润，不受风吹日晒；⑤常绿树种枝叶蒸腾量大，可采取蒸腾抑制剂喷叶抑制蒸腾，或适当地修剪枝叶以减少蒸腾量。

第四节　园林树木栽植的施工程序和技术

植树施工的程序主要有：定点放线、挖穴、起苗与包装、装运、修剪、假植、栽植及植后管理等几大环节。

一、定点放线

根据设计图纸上的种植设计，按比例放样于地面，确定各树木的种植点。由于树木的种植、配置的差异，定点放线的方法有所不同。

1. 规则式配置种植

规则式配置种植多以某一轴线为对称排列，以强调整齐、对称或构成多种几何图形。在园林中多以对植、行列植等种植类型。规则式点放线比较简单，要求做到横平竖直，整齐美观，可以地面固定设施为准来定点放线。定点的方法是以道路的路牙、中心线、绿地的边界、园路、广场和小建筑等平面位置为依据，定出行距，再按设计确定株距。

2. 自然式配置种植

自然式配置是运用不同的树种，以模仿自然、强调变化为主，具有活泼、愉快、幽雅的自然情调。有孤植、丛植、群植等种植类型。此配置多用于公园、绿地中，在设计图上，单株定点标有位置，群状则标有范围，没有株数位置，株数取决于苗木规格和建设单位的要求，此类配置的定点放线可采用以下几种方法定点放线。

（1）网格法　按一定比例在设计图及现场分别按等距离打好方格，在图上标好在某方格的纵横坐标尺寸，按此方法量出现场相应方格位置，此方法适用于面积大、树种配置复杂的绿地，操作复杂但位置准确。

（2）仪器测量法　利用经纬仪、小平板仪依据当地原有地物将树木按图定在绿地位置上。

（3）两点交汇法　利用两个固定地物与种植点的距离采取直线相交的方法定出种植点。既可用在小范围、与图纸相符的绿地，也可用在网格内树木位置的确定。

定点的要求，对孤植树、列植树应采取单株定位、钉桩、写出树种及挖穴的规格，而树丛和自然式的丛林，利用网格法确定位置、面积，用石灰点出种植范围，其中除主景树确定位置外，其他树木可用目测法定点，使树木生长分布自然，切忌呆板、平直。

二、挖穴

挖穴是树木栽植之前的准备工作，不但改地适树，改良土壤，使根系有一个良好的生长环境，有利于树木的成活和促进树木的生长，而且对树木的景观效果有很大影响。

种植穴的规格大小（表 5-1）、形状和质量取决于树木根系状况（或土球的大小）、土壤情况、肥力状况。穴的直径一般比规定树木根幅的土球大 20～40cm，甚至一倍，深度加深 20～40cm，特别是在贫瘠的土壤和黏重的土壤中，坑穴应更大更深些，挖穴要保持上下垂直一致，切忌挖成上大下小的锅底形，否则易造成根系卷曲上翘，造成根系不舒展而影响树木的生长。并且在挖穴的同时，进行土壤改良，通过掺沙、施肥，改良土壤结构，促进土壤通气、透水、疏松。坑的形状多为圆形，但在道路两侧步行道上的行道树坑穴多为方形。挖穴多采用人工，也可采用

表 5-1　乔、灌木种植穴的规格

乔木胸径/cm		3～5	5～7	7～10
落叶灌木高度/m		1.2～1.5	1.5～1.8	1.8～2.0	2.0～2.5
常绿树高度/m	1.0～1.5	1.5～2.0	2.0～2.5	2.5～3.0	3.0～3.5
穴径×穴深/cm×cm	(50～60)×40	(60～70)×(40～50)	(70～80)×(50～60)	(80～100)×(60～70)	(100～120)×(70～90)

注：1. 乔木包括落叶和常绿分枝单干乔木。

2. 落叶灌木包括丛生或单干分枝落叶灌木。

3. 常绿树指低分枝常绿乔、灌木。

机械（图5-2）。

挖穴时应注意以下几点。

（1）位置准确，规则式配置的坑穴更要做到横平竖直。

（2）规格要适当，既避免过小而影响树木成活生长，而且避免过大造成费工费时费资金（见表5-1）。

图5-2 机械挖穴

（3）挖穴时，表土、底土或好土、渣土分开放，有利于肥土育树，渣土清除。行道树挖穴，把土放在行两侧，以免影响行道树瞄直的视线。挖穴要保持上下垂直一致，大小一致。

（4）挖穴改土，土质不好，可以扩穴，施肥改土，客土改良。

（5）挖穴遇到地下管线，应立即停止操作，请有关单位妥善解决。

（6）在有地形的坡面上，坑深以坡下沿开口开始计算。

（7）由技术人员对坑的规格进行专门验收，不合格的坑穴及时返工。

三、起苗与包装

起苗在植树工程中是影响树木成活与生长的重要工序，起后苗木的质量差异不但与原有苗木本身生长状况有关，而且与使用的工具锋利与否、操作者起苗技术的熟悉和认真程度、土壤干湿情况有着直接关系，任何拙劣的起掘技术和马虎不认真的态度都可以使原为优质苗木因伤害过多而降低质量、甚至成为无法使用的废苗。因此，起苗的各个步骤都应做到周全、认真、合理，尽可能地多保护根系，尤其是较小的侧根与须根，以确保出圃苗木的质量。在起苗前做好准备工作，起苗过程中按操作认真工作，起掘后采取相应的处理与保护。

1. 起苗前的准备工作

（1）号树 根据设计要求和经济条件，到苗圃选择所需规格的苗木，并进行标记，大规格树木还要用油漆标着生长方向。苗木质量的好坏是影响成活的重要因素之一，因为直接影响到观赏效果，移植前必须严格选择。除按设计提出的苗木规格、树形等特殊要求外，还要注意根系是否发达、生和健壮，树体有无病虫害、有无机械损伤，苗木数量可多选一些，以弥补出现的苗木损耗。

（2）调节土壤湿度 土壤过干、过湿，均不利于提高起苗质量。土壤过干起苗，易造成苗木伤根失水；土壤过湿起苗，泥泞，也无法起土球苗，因此当土壤干旱时，在起苗前几天灌水；土壤积水过湿，提前设法排水，以利起苗操作。

（3）拢冠 对侧枝低矮的常绿树和冠形肥大的灌木，特别是带刺灌木，为方便挖掘操作，保护树冠，便于运输，用草绳将侧枝拢起，分层在树冠上打几道横箍，分层捆住树冠的枝叶，然后用草绳自下而上将横箍连接起来，使枝叶收拢。捆绑时注意松紧度，不要折伤侧枝。

（4）工具与材料准备　起苗工具要保持锋利，包装物有蒲包、草袋、草绳、塑料布等材料。

（5）试掘　为了保证苗木的成活率，需要通过试着起苗，摸清所需苗木的根系范围。一可以通过试掘提供范围数据，减少损伤，对土球苗木提供包装袋的规格；二可以根据根幅调节植树坑穴的规格。在正规苗圃，根据经验和育苗规格等参数即可确定起苗规格，一般可免此项工作。

2. 起苗与包装技术

起苗是为了给移植苗木提供成活的条件，研究和控制苗木根系规格、土球大小的目的是为了在尽可能小的挖掘范围内保留尽可能多的根系，以利成活。起苗根系范围大、保留根量多，成活率高；但操作困难，重量大，挖掘、运输的成本高。因此，针对不同树木种类、苗木规格和移栽季节确定一个恰当的挖掘范围。

乔木树种的裸根挖掘，水平有效根幅通常为主干直径的 6～8 倍；垂直分布范围为主干直径 4～6 倍，土球苗的横径为树木干径的 6～12 倍，纵径为横径的 2/3，灌木的土球直径一般为冠幅的 1/2～1/3。

（1）裸根苗起苗与包装　裸根起苗法是将树木从土壤中起出后，苗木根系裸露的起苗方法。该方法适用于干径不超过 10cm 的处于休眠期的落叶乔木、灌木和藤本。这种方法的特点是操作简便、节省人力、运输及包装材料，但损伤根系较多，尤其是须根，起掘后到种植前，根系多为裸露，容易失水干燥，且根系的恢复时间长。

根据树种、苗木的大小，在规格范围外进行挖掘，用锋利的掘苗工具在规格外绕苗四周挖掘到一定深度并切断外围侧根，然后从一侧向内深挖，并适当晃动树干，试寻树体在土壤深层的粗根，并将其切断，过粗而难断者，用手锯断之，切忌因强按、硬切而造成劈裂。当根系全部切断后，放倒树木，轻轻拍打外围的土块并除之，已劈裂的根系进行适当的修剪，尽量保留须根，在允许条件下，为保成活，根内沾的一些土壤可保留。苗木一时不能运走，可在原起苗穴内将苗木根系用湿土盖好，行暂时假植，若长时间不能运走，集中一地假植，并根据干旱程度适量灌水，保持覆土的湿度。

裸根苗的包装视苗木大小而定，细小苗木多按一定数量打捆，用湿草袋、蒲包装满，内部可有湿苔藓填充，也可用塑料袋或塑料布包扎根系，减少水分丧失。大苗可用草袋、蒲包包裹。

（2）土球苗起苗法　将苗木一定根系范围连土掘起，削成球状，并用蒲包等物包装起来，这种连苗带土一起起出的方法称为土球苗起苗法。这种方法常用于常绿树、竹类、珍贵树种，干径在 10cm 以上的落叶树木及非适宜季节栽植的树木。该技术措施的优点是：土球内根系未受损伤，尤其是一些吸收根系，带有部分原有适应生长的土壤；移植中土球中的根系不易失水，有利树木恢复生长。缺点是操作困难、费工、耗包装材料，土球重增加运输负担，耗资远远大于裸根栽植。

土球苗起苗法主要分两部分。

① 挖掘成球（图 5-3）

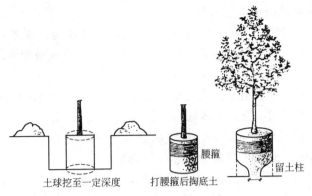

图 5-3　土球的挖掘与打腰箍

a. 先以树干为中心，按土球规格大小划出范围，为保证起出土球符合标准，一般情况大于范围。

b. 先去表土（俗称起宝盖土），即先将范围内上层疏松表土层除去，以不伤表层根系为准。

c. 沿外围边缘向下垂直挖沟。沟宽以便于操作为宜，约 50～80cm 宽。随挖随修正土球表面，露出土球的根系用枝剪、手锯修去，不要踩、撞土球的边缘，以免损伤土球，直到挖到土球纵径深度。

d. 掏底。土球四周修好后，再慢慢由底圈向内掏挖，直径小于 50cm 的土球可以直接将底土掏空，剪除根系，将土球抱出坑外包装。大于 50cm 的土球过重，掏底时应将土球中部下方中心保留一部分支住土球，以便在坑中包装。北方地区土壤冻结很深的地方，起出的是冻土球，若及时运、栽也可不进行包扎。

② 打捆包装　土球的包装方法取决于树体大小、根系盘结程度、土壤质地及运输的距离等。

a. 50cm 以下的土球　以确保土球不散，将土球苗放在蒲包、草袋、麻布或塑料布等包装材料上，将包装材料上翻，用草绳绕基干扎牢，并将土球缠绕扎紧（图 5-4）。土质黏重成球的，也可用草绳沿土球径向绕几道，再在中部横向扎一道，使径向草绳固定即可。如果土质较松，须在坑内包扎，以免移动造

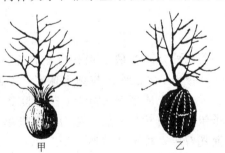

图 5-4　土球的打捆包装

成土球破碎。一般近距离运输、土质紧实、土球较少的树木也可不必包扎。

b. 50cm 以上的土球　土球苗的土球过大时，无论运输距离远近，一律进行包扎，以确保土球不散，但包装方法和程序上各有不同。

ⅰ. 打内腰箍（图 5-3）　土壤较疏松时，打腰箍可以避免土球松散，采取边挖边在土球过横向捆紧腰绳，用木槌把绳嵌入土中，每圈草绳紧接相连不留空隙，最后一圈的绳头压在该绳的下面，收紧切断多余部分，腰箍包扎的宽度为 1/3 左右。

此项措施视土壤质地决定采用与否。

ⅱ. 草绳纵向捆扎（扎花箍）　在扎花箍之前，将蒲包、草袋等包装材料在土球外捆包封严，防止土壤破碎外流，然后开始扎花箍，扎花箍的方法有三种，视土球大小、土质状况、运输远近采取不同的方法。

第一种方法是井字包扎法，先将草绳捆在树干基部，然后按图5-5（a）所示顺序包扎，先由1拉到2，绕过土球底部，再拉到4，又绕过土球的底拉到5，以此顺序打下去，最后形成图5-5（b）。此方法包扎简单，但土球受力不均，多用在土球较小、土质黏重、运输距离近的土球苗包装上。

第二种方法是五角包扎法，先将草绳捆在树干基部，然后按图5-6（a）所示顺序包扎，先由1拉到2，绕过土球底部，由3拉到土球上面到4，再绕到土球底，由5拉到6，最后包扎成图5-6（b）的样子，此法的适用条件近似第一种方法。

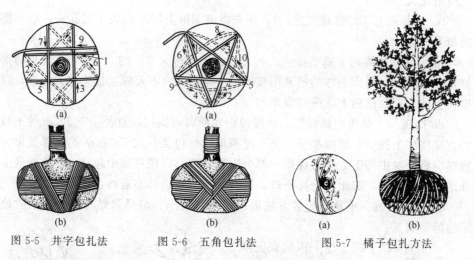

图5-5　井字包扎法　　　图5-6　五角包扎法　　　图5-7　橘子包扎方法

第三种方法为橘子包扎方法，将草绳捆在树干基部，再拉到土球边，依图5-7（a）的顺序由土球面拉到土球底，如此继续包扎拉紧，草绳间隔8cm左右（视土球大小、土质情况而定），直至整个土球被草绳完全包裹为止，如图5-7（b）。橘子包扎法通常扎一层，称为"单股单轴"。如果土球大，或名贵树种，也可采取捆扎双层，称为"单股双轴"。如土球过大，也可用麻绳捆扎以防止土球破碎。此类方法捆扎后的土球受力均匀，不易破碎，是土球包扎常用、效果较好的方法。

ⅲ. 系腰绳　直径大于50cm的土球苗，纵向包扎完后，还要在中部捆扎横向腰绳，在土球中部紧密横绕几道，然后再上下用草绳呈斜向将纵绳有腰绳穿联起来，不使腰绳与纵向绳滑脱。腰绳道数根据土球直径确定，土球横径50～100cm的3～5道，横径100～140cm的8～10道。

ⅳ. 封底　在坑内打包的土球苗，捆好推倒，用蒲包、草绳将土球底部露土的地方包严封好，避免运输途中土球破碎，土壤流出。

四、装运

树木起掘包装后，应本着"随起、随运、随植"的原则，尽量在最短的时间将树木运至栽植地栽植。在栽运过程中，主要注意在装车、卸车时如何保护好树体不受损伤，运输途中保护根系、干茎免受失水。

装车时，车厢用湿草袋铺垫，既避免苗木损伤，又起保湿作用。

裸根苗装车时，小规格苗按数打捆卷包，将枝梢向外，根部向内，互相错行重叠摆放，用蒲包、草席为包装材料，用湿润的苔藓或锯木填充根部空隙，将树木卷好捆上，冷水浸水保湿，码放起运，每捆用标签注明树种、数量。乔木苗装车时，根系朝前，枝梢朝后，顺序码放，不得压太紧，码放车体高度不过 4m；枝梢向后顺放不能过长而垂于地面，以免摩擦受到损伤，即"上不超高，下不拖梢"；根部用苫布盖严，并用绳将整车苗木捆好。

土球苗装车时，苗高不足 2m，可于车上立放；苗高超过 2m，可平放或斜放。土球朝前，枝梢朝后，用木架将树冠架稳，避免树冠与车辆摩擦造成损伤。土球直径小于 20cm，可装 2～3 层，并装紧，防车开时晃动。运苗时，土球上不许站人或压放重物。

运输途中，必须有专人押运，并带有当地检疫部门的检疫证明，经常注意苫布是否盖好，短途运输中途不可停留，直接到栽植地。长途运苗，为防止失水、裸根苗的根系易吹干，注意洒水，休息时车停在阴凉处，防风吹日晒。

卸车时，要及时卸车，裸根苗按顺序轻拿轻放，不得抽取，不能整车推下，以免伤苗。因长途运输造成裸根苗缺水，根系较干时应浸水 1～2 天，补充含水量。土球苗卸车要轻拿轻放，抱土球，不得提苗干。较大土球苗可用长木板斜搭在车厢上，将土球慢慢顺滑下，不能滚动卸车，以免土球破碎，也可用机械吊卸。

五、假植

树木起掘后，或运到栽植地后，因场地、人工、时间等主客观因素不能及时种植时，需先行假植。假植是定植前对运来的苗木采取的短时间保护措施，以保持树木根系的活力，维持树体的水分平衡。裸根苗假植的方法是，在靠近栽植地点、排水良好、背风阴凉的地方挖沟，宽 1.5～2cm，深 0.3～0.5m，长度视需要情况定。按树种分别集中假植，树梢顺主风方向斜放，将苗木排放在沟内，在根系上覆盖湿细土，依次一层一层码放、覆土，全部覆土完成后，浇水保湿。假植期内经常检查，适量浇水，不可过湿，有积水要及时排除。土球苗临时假植，集中直立码放，用土垫好码严，周围用土培好。如果树木的假植时间过长，土球之间的空隙需用土填好，浇水补充，利用喷灌增加空气湿度，保持枝叶鲜挺。

六、修剪

起苗之后，树体水分代谢的平衡被打破，而且起苗、运输过程中造成树木损伤，为了栽植树后有一定的景观效果，就必须通过修剪来调整。

因此，栽植修剪的目的主要有三个方面。

1. 通过修剪保持树体水分代谢的平衡，以确保树木成活

移植树木，不可避免地造成根系损伤，根冠比失调，根系难以补足枝叶所需的水分。为减少水分蒸腾，保持上下部水分平衡，采取对枝叶修剪，这是主要作用。

2. 培养树形

此时的修剪仍然要注意树木栽种后能够达到的预期观赏效果，不能为了成活而不考虑景观效果。

3. 通过修剪，减少树体起、运、栽过程中造成的伤害

剪除病虫枝、枯枝死杈及损伤枝条，通过修剪缩小伤口，有利于根系愈合。

修剪时间与不同树种、树体及观赏效果有关。高大乔木在栽植前进行修剪，植后修剪困难。花灌木类枝条细小的植后修剪，便于成形。茎枝粗大，需用手锯的可植前修剪，带刺类植前修剪效果好。绿篱类需植后修剪，以保景观效果。

不同树木类在修剪时应遵循树种的基本特点，不能违背其自然生长的规律。修剪方法、修剪量因不同树种、不同景观要求有所不同。

(1) 落叶乔木　长势较强、容易抽生新枝的树种，如杨、柳、榆、槐等可进行强修剪，树冠至少剪去 1/2 以上，以减轻根系负担，保持树体的水分平衡，减弱树冠招风、摇动，提高树体的稳定性。凡具有中央领导干的树种应尽量保护或保持中央领导干，疏枝去除不保留的枝条，保留枝条采取短截，保留到健壮芽的部位。中心干不明显的树种，选择直立枝代替中心干生长，通过疏剪或短截控制与直立枝条竞争的侧生枝。有主干无中心干的树种，主干部位枝的树枝量大，可在主干上保留几个主枝，其余疏剪，保留的主枝通过短截形成树冠。乔木树种在修剪中定出主干高度。

(2) 常绿乔木　枝条茂密的常绿阔叶树种，通过适量的疏枝保持树木冠形和树体水分、代谢平衡，下部根据主干高度要求利用疏枝办法调整枝下高。常绿针叶树不宜过多地进行修剪，只剪除病虫枝、枯死枝、生长衰弱枝及过密的轮生枝及下垂枝。常绿树及珍贵树种尽量酌情疏剪和短截，以保持树冠原有形状。

(3) 花灌木　花灌木类修剪要了解树种特性及起苗方法。带土球或湿润地区带宿土的苗木及已长芽分化的春季要开花树种，少作修剪，仅对枯枝、病虫枝剪除。当年成花的树种，可采取短截、疏剪等较强修剪，更新枝条；枝条茂密的灌丛，采取疏枝减少水分消耗并使其外密内疏，通风透光；嫁接苗木，除对接穗修剪减少水分消耗、促成树形外，砧木萌生条一律除去，避免营养分散导致接穗死亡。根蘖发达的丛木多疏老枝，以利植后不断更新，旺盛生长。

(4) 绿篱　在苗圃生产过程中基本上成形，且多土球栽植，主要是为了种植景观效果。通常在植后进行修剪，获得较好的景观。

七、树木定植及栽植技术

在前面工序完成后，即开始植树。植树选择一天中光照较弱、气温较低的时间为宜，如上午 11 点以前、下午 3 点以后进行为好，阴天无风最佳。在栽植工序内，还有不同的措施影响树木成活及景观效果。

1. 配苗与散苗

配苗是指将购置的苗木按大小规格进一步分级，使株与株之间在栽植后趋近一致，达到栽植有序及景观效果好，称为配苗。如行道树一类的树高，胸径有一定差异，会在观赏上产生高低不平、粗细不均的结果，故合理配苗后，可以改变这种景观不整齐的现象。乔木配苗时，一般高差不超过50cm，粗细不超过1cm。

散苗则是将树木按设计规定把树苗散放在相应的定植穴里，即"对号入座"。散苗的速度应与栽植速度相近，即"边散边植"，尽量减少树木根系暴露在外的时间，尤其是气温高、光照强的时候，以减少水分消耗。

2. 植树

树木种植前，再次检查种植穴的挖掘质量与树木的根系是否相符，坑浅小的要加大加深，并在坑底垫10～20cm的疏松土壤，做成锥形土堆，便于根系顺锥形土堆四下散开，保证根系舒展，防止窝根。散苗后，将苗木立入种植穴内扶直，分层填土，提苗至合适程度，踩实固定的过程称为植树。栽植技术因裸根苗、土球苗而异。

（1）裸根苗栽植技术　树木规格较小的二人一组，树木规格大的须用绳索、支杆拉撑。先填入一些好土成锥形状，放入坑内试深浅，将树木扶正，逐渐回填土壤，填土的同时尽量铲土扩穴。直接与根系接触的土壤一定要细碎、湿润，不要太干、太湿，粗干的土块挤压易伤根失水、留下空洞，土壤填充不实。第一次填土至坑1/2深处，轻提升抖动树木使根系舒展，让土壤进入根系孔隙处，填补空洞，进行第一次踩实，使根系与土壤紧密结合。再次填土至土平，踩实，逐渐由下至上，由外至内压实，使根系与土壤形成一体。如果土壤过于黏重，不宜踩得太紧，否则通气不良，影响根系呼吸、生长。最后填土高于根颈3～5cm，做好灌水堰。裸根树的栽植技术简单归纳为"一提、二踩、三培土"。

（2）土球苗栽植技术　测定种植穴的深浅、大小与土球苗相符后，在放土球苗下穴时，穴底部堆垫丘形土并踩实，将土球苗放入穴内扶正后，使之稳定，土球未破碎，解开包装，凡不易腐烂的物质一律取出，拆除包装后不能再移动树干与土球，否则根土分离。如果土球破碎拆除困难或为防止土球破碎，可剪断包装、松开蒲包草袋，任其在土壤中腐烂（若有不易腐烂的物质一律取出，包装物过多的应去除一部分）。为防栽植后土塌树斜，在土球周围边填土边用棍把填土夯实，使其坑中的土壤与土球紧密结合在一起，但夯实时注意不要砸碎土球，最后做好灌水堰。

3. 栽植时注意事项

（1）栽植树木的平面位置和高程必须符合设计规定，以便达到景观效果。

（2）行列式种植，需事先栽好标杆树，每隔10～20株树，种植一株校准用的标杆树，栽植树以该树为瞄准依据。行列式栽植要保持横平竖直，左右相差最多不过一半树干，树干有弯，将弯转向行内，行道树种植要形成一溜通直的效果。

（3）每株树栽植时，上、下要垂直，树干有弯，将其弯转向主风方向，以利防风。

（4）栽植深度以新土下沉后，树木基部原土印与地平面相平或稍低于地平面（3～5cm）为准。栽植过浅，根系经过风吹日晒，容易干燥失水，抗旱性差，根颈易受灼伤；栽植过深造成根颈窒息，树木生长不旺。

（5）栽植大树应保持原生长方向，树木自身朝向不同的枝、叶组织结构的抗性不同，如阴面枝干转向阳面易受灼伤、阳面枝干转向阴面易受冻裂。通常在树干南侧涂漆确定方向。如果无冻害、日灼现象的地方，应将观赏价值高的一侧树冠作为主要观赏方向。

（6）修好灌水堰后，解开捆拢树冠的草绳，使枝条舒展开。

八、植后养护

植后养护是影响树木成活的一个关键工序，如果这个措施没有掌握，此前的各种工序做得再好也会前功尽弃。

1. 开堰浇水

树木栽植之后，应及时沿树坑外沿开堰，堰高 20～25cm，用脚将埂踩实，以防浇水时出现跑水、漏水现象（图 5-8）。第一茬水要及时浇水，最多不能超过一昼夜，气温高的时期，浇水的时间愈早愈好。头茬水一定要浇透，使根系与土壤能够紧密地结合在一起，在北方或干旱多风的地区，须在 3～5 天内连续浇三次水，使整个土壤层中水分充足。在土壤干燥、灌水困难的地方，为节省水分，也可在树木栽植填入一半土时，先灌足水，然后填满土，进行覆盖保墒。在春季，灌完三茬透水后，可将水堰铲去堆垫在干基上部，既可起到保墒作用，也有利于提高土温，促进根系生长新根。

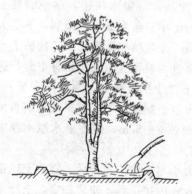

图 5-8　开堰浇水

在干旱多风的北方进行秋季植树，堆土有利于防风、保墒作用。浇水时，在出水口处最好放置木板或石板类，让水落在板上流入土壤中，以免造成冲刷，使水慢慢浸入土壤中，直至浸到根层部位的土壤。浇水时要注意：一是不要频繁地少量浇水，这样浇水只能湿润地表而无法下渗到深层，虽然水没少浇，但是没有渗到土壤的深处，蒸发量多而吸收量少，且导致根系在浅层生长降低树木的抗旱与抗风能力；二是不要频繁超大量浇水，否则造成土壤长期通气不良，导致根系腐烂，影响树木的生长，还浪费水资源。因此，植后浇水，既要保持土壤湿润，又不应浇水过度造成通气不良，一般每周浇水一次，连浇三次后松土保墒。春季在树木未生长展叶之前浇完前三茬水后，一般要保持土壤干燥，提高土温。生长期因根系发育不完全导致供水不足，可利用喷灌进行叶面补水。

栽后浇水是保证树木成活的主要养护措施，必须把握时机，避免因缺水而导致树木成活率下降。

2. 扶正封堰与松土除草

栽植后，每次浇水要检查树木是否有倒歪的现象。因塌陷而造成的树木的倒歪要扶正，并用土把塌陷处填实，因大风吹而造成树木歪斜的，需立支柱将树木扶直，再浇水用土把土缝淤平。在干旱缺水、蒸发量大的地区，浇水之后易造成土壤板结，影响土壤通透效果，不利树木生长。根部土壤经常保持疏松，既有利于土壤空气流通，促进树木根系生长，而且有利于减少土壤水分蒸发，提高水分利用率。因此，通过给树木生长的土壤进行松土除草以达到效果。

春末夏初，杂草较小，这时的松土除草以松土为主，改善土壤通气状况、保墒，杂草要除早、除小、除了。夏秋气温高，雨水充足，杂草生长快，以除草为主，减少杂草与树木争夺水分、养分，并通过松土除草，提高土壤通气状况。一般每 20～30 天一次，松土除草深度以 3～5cm 为宜。

3. 除萌修剪

植后树木修剪是根据树木栽植后萌芽长枝的特点、树体养分状况采取的修剪。主要针对以下几个方面进行。

① 护芽除萌　当栽植的树木开始萌芽时，可能有定芽、潜伏芽、不定芽都在萌动生长，在树干、枝条上会萌发出许多新枝，这是新植树生理活动趋于正常的标志，能促进根系的生长。但是萌芽、生枝的数量过多不但消耗大量营养，而且会干扰树形发育，枝条过密造成树冠通风透光不良，消耗大于积累，反而导致树体衰弱。在萌芽过程中，确定所需要的枝芽数量与位置，除去多余枝芽，可以给保留枝叶充足空间、充足水养、提高有效光合作用、促进根系生长，有利于新植树木成形、越冬。因此，需随时除去多余的萌芽。

② 合理修剪以正树形　树木移植后，树冠中的一些枝条由于在栽植整个过程受到损伤，甚至枯死，不但造成树冠变形，还会导致病虫害的发生，而且在生长期中形成的过密枝、徒长枝组织发育不充实，细弱老化，发育不良，抗性差。在生长期内应及时对这些枝条进行修剪，改善树体通风透光条件，促进树木生长健壮，保持和培养完善的树冠。

4. 对树木病虫害的防治

树木在移植过程中，由于对树体的伤害过重，因此生长势较为衰弱，正是病虫极易入侵的时候。病虫的侵入是造成树体衰亡、景观丧失的重要因素。因此，在植后养护过程中，必须根据病虫害发生发展规律和危害程度，及时、有效地进行防治，以免病虫害的蔓延。

在病虫害防治时要注意：

① 了解各树种病、虫害发生发展的原因、时间和过程，抓住时机，治早、治了。

② 针对不同的病虫采用不同的药物防治，针对不同时期采用不同的浓度方能防治。

③ 病虫危害的单株、枝、叶及虫瘿、虫卵，应采取果断措施，及时将其集中

处置，不得随意丢弃，以免造成再度传播污染。

④ 防止药害（因药剂种类选择不当、浓度、用量过大、高温药害、树体对某些药害的过敏）出现。出现时，须采取清水对根、叶的冲洗去除残留药液。减轻药害，加强肥水管理，促进树体恢复健康，消除、减轻药害造成的影响。

第五节　大树移植工程

大树移植在园林绿化工作中是一项基本作业，是对成形树木进行的一种保护性移植，是特定时间、特定地点为满足特定要求所采用的种植方法，能够在短时间内起到改善环境景观、及时满足重点建设工程、大型市政建设绿化和美化的作用。

一、大树移植的概念和特点

1. 概念

大树是指胸径在 15~20cm 以上，或树龄在 20 年以上的大型树木，也称其为壮龄树或成年树木。大树移植是指对这一类处于生长盛期的壮龄树进行的移植工作。由于树体大，为保证树木的成活，多采用土球移植，具有一定规格和重量（如胸径 15~20cm 以上，树高 6~15cm，重量 250~10000kg），需要有专门机具进行操作实施。

我国在大树移植方面有着很多成功经验，近年随着城市建设和发展，要求绿地建设水平及施工效果愈来愈高，因此，大树移植的应用范围愈来愈广泛，成功率也愈来愈大。

2. 特点

① 大树移植成活困难　大树由于树龄大，发育阶段深，根系的再生能力下降，损伤的根系难以恢复；起树范围内的根系里须根量很少，移植后萌生新根的能力差，根系恢复缓慢；由于树体高大，根系离枝叶距离远，移植后易造成水分平衡失调，极易造成大树的树体失水而亡；由于根颈附近须根量少，起出的土球在起苗、搬运和栽植过程中易碎。

② 移植的时间长　一株大树的移植需要经过踏查、设计移植程序，断根缩坨、起苗、运输、栽植及后期的养护管理，需要的时间长，少则几个月，多则几年。

③ 劳力、机械、成本高　由于树体规格大，技术要求严格，还要有安全措施，需要充足的劳力、多种机械以及树体的包装材料，移植后还需采取很多特殊养护管理措施，因此各方面需要大量耗费，从而提高绿化成本。

④ 大树移植的限制因子多　由于大树的树高冠宽，树体沉重，因此在移植前要考虑：吊运树体的运输工具能否承重，能否进入绿化地正常操作，交通线路是否畅通，栽植地是否有条件种植大树。这些限制因素解决不了，不宜进行大树移植。

⑤ 大树移植绿化成景见效快　高大树木的移植，通常在养护得当的条件下，能够在短时间内迅速达到绿化美化的效果。

二、大树移植的准备工作

1. 大树移植的设计

由于大树成形、成景、见效快，但种植困难、成本高，在设计上把大树设计在重点绿化景观区，起到画龙点睛的作用。还要寻找具有其特点的树种，对树种移植也要进行设计，安排大树移植的步骤、线路、方法等，才能保证移植的大树能够起到作用。

2. 移植的树木选择

进行大树移植要了解调查树种、年龄时期、干高、胸径、树高、冠幅、树形，尤其是树木的主要观赏面，进行测量记录，摄像留档。

（1）树种　对树种选择主要了解其生长特性及生态特性，了解树木成活的难易和生命周期的长短。有些树种萌芽、再生能力强，移植成活率高，如杨、柳、梧桐、悬铃木、榆树、朴树等，移植较难成活的有白皮松、雪松、圆柏、柳杉等，最难成活如云杉、冷杉、金钱松、胡桃等。不同树种生命周期长短差异很大，生命周期短的，移植大树花费很大成本，树体移植后就开始进入衰老阶段，得不偿失。一般应选择寿命长的树种进行移植，虽然规格大，但种植后可以延续较长的年代，并且可以充分发挥较好的绿化、美化功能。

（2）树体　确定好树种后，选树要利保栽植成活，因此在选树时要考虑以下几点。

① 选好树相　大树的移植是需要树木栽植后能够立即成景，因此需选择树相好的。如行道树，应选择干直、冠大、分支点高、有良好遮阴效果的树体；庭荫树除了以上条件外，还需讲究树姿造型。树形不好、景观效果不佳的树木不宜选择。

② 选择树体规格适中的树木　树体小，种植后达不到观赏效果。但并非树体规格愈大愈好，规格大，不但在起苗、运输、栽植上花费很大成本，而且树体愈大，恢复移植前的生长水平需要的时间就愈长，高额的移植、养护成本随着树木规格而上升。

③ 选择年龄轻、长势壮的树木　处于青壮年时期的树木在环境条件好的地方生长健壮，细胞组织结构处于旺盛阶段，在移植后，虽然树木受到的伤害严重，但树体健壮，对环境的适应性强，再生能力旺盛，能够在短时间内迅速恢复生长，移植的成活率高，且成景效果好。因此选择树木要抓住树木年龄结构，速生树种以10～20年生，慢生树种应选20～30年生，一般树木以胸径15～25cm，树高在4m以上为宜。从生态角度上看，此时的树木具有能够使绿化环境快速形成、长期稳定、发挥最佳生态效果。

④ 就近选择，有利成活　大树移植首先要考虑树种对生态环境的适应能力，移植地的生态环境与树种生态特性相适应，树木成活率就高，而在移植中，同一树种在不同地区，生态型不同，因此在大树移植中，以选择当地生长的树木为好，这样树木与生态环境相适应、成活率高。尽量避免远距离调运大树，采取就近选择为先的原则。

3. 合理地选择科学配置方法与种植方法

大树移植的目的是迅速成景，并且成为绿地中的景观重点和亮点，如在公园绿地、公共绿地、居住区绿地内可以作为园景树应用，或在自然绿化中与其他植物配置时，以主景树配置，以起到锦上添花、画龙点睛的效果。

在栽植时，充分利用先进的科技手段，掌握树木的生物学特性和生态特性，并根据不同的树种和树体规格，制定相应的移植技术措施和养护方案，采取现有的先进施工技术措施，促进根系生长，迅速恢复树冠生长，最大限度地提高树木移植成活率，以发挥大树移植所能达到的生态、景观效果。

三、大树起掘

1. 起掘准备

由于大树移植不同于小规格树木，须准备以下几项工作。

（1）准备好吊运机械，即相应吨位的吊车及载运汽车；准备好挖掘工具及包装材料，软包装准备好包扎用的绳索、麻片、草袋等，硬包装用的板材、钢丝绳、钉子、铁皮等材料。

（2）安排好运输线路，选择好路，清除杂物保证路面抗压，防止宕车。

（3）在起苗前数天，根据土壤水分含量进行浇水，以防挖掘时土壤过干导致土球松散；并清理大树周围的环境，为起掘创造条件。

2. 起掘与包装

（1）裸根移植　在气温、空气湿度适宜的休眠期内，大树生长的土壤为沙性土，运输距离短的情况下可以采用。先按树木的观赏特点、生长特性对树木进行修剪。挖掘时按树木根幅范围开沟挖到一定深度，再从下部向树干下部掏土，用四齿钯逐渐梳出先端的根，逐渐向内挖根掘树，暴露出全部根系，去掉土壤，如果吊车停在种植地时，起苗（图 5-9）时用吊车吊住树体，以防偏斜造成人和树体的损伤。大树起掘时要设安全员检查，以防危险。起苗后，及时进行包扎，在裸露的根系缝隙内填充湿苔藓保湿，对根系用湿草袋、蒲包包扎后即可吊起装车。

图 5-9　大树裸根起苗

(a) 种植的软材包装

(b) 方箱包装

图 5-10　大树移植的土球包装

（2）带土球大树软包装 ［图 5-10(a)］　此法主要适用于 15～20cm 未采取断根缩坨的树木，以胸径 7～8 倍为土球的直径。实施过断根缩坨的大树的坨外填埋坑内的新根量为最多量，因此，起掘需在断根沟外再放 20～30cm，保留更多的吸收根，为树木成活创造条件。起苗的技术措施见本章第四节内土球苗起苗，因为是大树移植，挖掘沟宽为 60～80cm，便于起树者进行土球包扎，大树软包装采用橘子包扎法为多，此法对树体包扎简便实用，费用较土箱起苗成本低，但是抗震效果不好。土球超过 100cm、远途运输的大树，最好用麻绳进行包装，以防吊车起吊时绳子松断，土球破碎。也可参照国外大树移植经验，用麻布把土球整个紧包形成一体，或用网袋套在包扎好的土球外，在干基处紧紧收拢捆紧，可以起保护作用。

（3）箱式包装大树移植 ［图 5-10(b)］ 箱式包装大树移植主要用于胸径 20～30cm 以上的大树或沙壤土地的大树移植。根据树木胸径的 7～10 倍确定起挖土台的大小，以干基为中心，按比土台的边长大 10cm 的范围划框，铲除上层浮土至须根处。沿框外围挖宽 60～80cm 的沟，沟深与规定土台厚度相同。挖掘用箱板校对，修平的土台尺寸可稍大于箱板规格，便于箱板扣紧时箱板与土壤紧密靠实。土台的四侧立面应修成上大下小的倒梯形，上下大小相差 20cm 左右，四侧中部略微突出，以便装箱时紧包土体。土台修好后，应立即上箱板，在上箱板之前，用蒲包将四角包好，再用箱板夹附在四侧，用钢丝绳或螺栓将箱体紧紧扣住土体，用铁皮钉包四角，然后上盖面板，下附上底板并捆扎牢固，切忌漏缝脱落土壤。缝隙处用草席、蒲包填充。

四、大树装运

大树挖起包扎后，需及时装运，但由于树体过大、过重，靠人力困难且易造成土球破碎，尤其是交通不变的地方。需选择适宜的装卸办法，如利用人力、简单机具（如滑轮、绞盘机等）采取滚动滑动装卸，在交通便利的情况下，通常采用吊运装卸进行装车，吊运装卸的动力有吊车、滑铲、人字架、摇车等，常用有吊车。

在吊装前首先须计算好大树的重量，主要分上下两部分。大树上部重量较轻，主要在下部的土球。土球的计算公式为：

$$W = D^2 h \beta$$

式中，W 为土球重量；D 为土球直径；h 为土球厚度；β 为土球容重。

根据公式计算大树的重量，才能选择相应吨位的汽车吊车。

吊车对大树土球、板箱装卸分别采取不同的吊运方法。土球吊装用采用钢索、麻绳、尼龙绳吊装，与土球接触位置最好加宽（如宽幅尼龙带）或绑上橡胶带，防止对土球勒伤，或编织成网状等在土球上均匀受力。吊绳应直接套住土球底部，也可用另一股绳吊走树干。用粗麻绳对折交叉（或将尼龙网）穿过土球底部，提到土球上交叉拉紧，将两个绳头系在对折处，用吊车挂钩钩紧绳索，起吊上车（图5-11）。土球置于车厢前端，树冠搁置在后车厢板上。板箱大树起吊（图5-12），用钢索围在木箱下部 1/3 处，另一粗绳系在树干上的适当固定位置，使起吊时树体呈倾斜状，装车时土箱置于车后轮轴的位置上、冠向车尾。为防止车厢对树体的损伤，在车厢尾部设立交叉支棍把树冠支撑住（图5-13）。

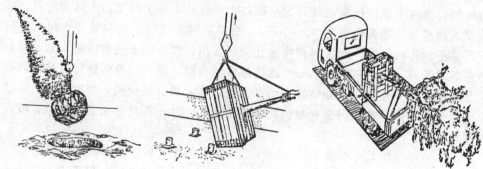

图 5-11　大树土球起吊上车　　图 5-12　板箱大树起吊　　图 5-13　交叉支棍把树冠支撑住

装车后，土球与土箱应与车身绑紧，以防车身晃动而导致土体、树体的损伤。

大树吊运装车及运输时，避免树皮损伤和松散土球是大树吊运的关键。由于树体、土球大且重，在装运时还需注意安全操作。

五、大树移植技术

大树移植前根据设计要求定点、定树、定位，并对种植穴的规格、质量比对待栽树检查是否符合要求。土穴每边要比箱宽 50～60cm，比箱深 15～20cm，如不合适，及时进行调整，将土壤改良、换土、施肥。

大树土球移植，根据坑的深浅在底部填好底土，将树木吊入坑中后，尽量撤出包装材料，然后每填 20～30cm 深土壤后夯实一次，不要损伤土球。栽植固定后，用三立式立支柱支撑住树体，在树外缘筑一个高 30cm 的围堰，浇透定植水。

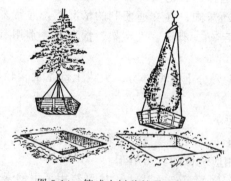

图 5-14　箱式大树移植吊入植穴

箱式大树移植需使栽植后与地面平，在土坑底部中央堆 15～20cm 厚的长方形土台，长边与箱底板方向一致。在箱底两边的内侧穿入钢丝，将木箱兜好，可先去中部两块底板，将树体立直，垂直吊放于坑中（图5-14）。入穴应保持树体原有的生长方向，或把树冠最好的一侧朝向观赏面。将树木按确定好的方向落下，拆除两边底板，并撤出钢丝，立支柱支撑树冠，将土填到坑深 1/3 处时，拆除四周箱板，每填 20～30cm 土壤夯实一次，直至填满为止，然后做好围堰，浇定植水。

对裸根大树或土球松散的大树栽植，可采用坐浆法栽植。即在挖好的坑穴内填进一半细土，并加水搅拌形成浆后，将树木垂直地坐在泥浆上，然后按常规回土踩实。这种方法使根系与土壤密切结合，有利成活，此法注意不要泥浆过稀，以免根系下降过深；同时泥浆搅拌过度会造成土壤板结，不利于根系呼吸。

植后管理与促进树木成活、生长的技术措施同本章第四节，但因大树移植的特殊性，在栽植过程中更需要注意这些方面的措施。

六、促进树木移栽成活的措施

随着园林绿化建设的发展，绿化施工对树木栽植成活率的要求越来越高，既可以保证绿化质量，又能够降低施工成本，以下是几种促进树木移栽成活的措施。

1. 栽植前应用措施

（1）苗木截根促发须根生长增量　苗木在生长过程中加长生长的速度大，加量的速度慢，并易离心秃裸，可利用根系再生的特点，对根系进行剪截，促进根系在剪口处分叉，生长出更多量的新根保障移栽时利用大量的根系保障成活。

截根位置在留根位置以里2～3cm，截根后，通过施肥浇水等管理技术促进新根生长，以利起苗时，通过更多的新根量保障成活。

（2）大树断根缩坨与树体修剪　高大树木的根幅、冠幅随着年龄的增长而距根颈越来越远，靠近根颈附近的根系吸收根较少，枝条过于扩展也不利于移植，因此，提前采取措施，有利于大树成活。

① 大树断根缩坨　高大乔木在树木起挖的前几年，采取断根缩坨的措施，切断起苗范围以外的根系，利用根系再生的能力进行断根刺激，使主要的吸收根回缩到主干根附近，促使树木形成紧凑、密集的吸收根，有效地缩小土球体积及重量，使大树在移植时能够形成可携带走的大量吸收根系，是有利于树木成活的关键。树木断根缩坨一般在1～3年中完成，采取分段式操作（见图5-15），以根颈为中心，以胸径3～4倍为半径在干周画圆，在相应的2～3个方向挖沟，宽30～40cm，深60～80cm，下面遇粗根沿沟内壁用枝剪和手锯切断，伤口要平整光滑，并用涂料涂上保护。也可用酒精喷灯炭化的方法起到防腐作用，一些树种发根困难，也可涂上生根粉促进愈合生根。断根后，将挖出土壤清杂混肥后，重新填入沟内，浇水渗透后再覆盖一层高于地面的松土，定期浇水以促进生根。第二年再在另外2～3个方向挖沟断根。第三年即可起挖移植。在一些地方也可分早春、晚秋两次进行断根缩坨，第二年移植，虽然时间短些，但也可获得较好的效果。

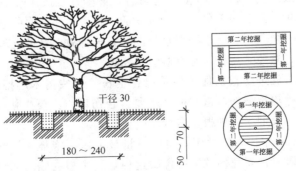

图5-15　大树断根缩坨法（单位：cm）

在实际工作中，很多地方绿化移植大树缺乏长远计划，在移植中很少采取以上措施，因此导致生长不良，甚至死亡。

② 树冠修剪，根冠平衡　由于大树移植造成根系大量损伤，需要通过对树冠修剪，减少树冠的蒸腾量，保持树体水分代谢平衡。不同树种、不同生长季节、树体大小及当地环境条件是确定修剪强度的主要因素。树体大，叶片薄，蒸腾量大。树冠的叶量密集以及树龄较大的树木，需要加大修剪强度。而萌芽力弱的常绿树木可轻剪。总体上，在保证树木移植成活的基础上，修剪要尽量保持树体的形态。目前，树木移植进行树冠修剪主要有以下三种方式。

a. 全株式　是指保持树木全冠的形态及其景观效果，只修剪树体内的徒长枝、交叉枝、病虫枝、枯死枝。多针对常绿树种和珍贵树种，如雪松、云杉、乔松、玉兰等树种。

b. 截枝式（也称为鹿角状截枝）　针对保留树冠的大小以及为了运输便利、栽植方便，将树木的一级分枝或二级分枝保留，以上部分截除。主要针对生长发枝中等的落叶树种，且必须通过修剪保成活，又必须在栽植后能短时间形成景观的树种。

c. 截干式　即将主干上部整个树冠截除的修剪，只留根与主干。此种方法针对生长速度快、发枝强的树种。是目前城市中落叶树种大树移植，尤其是北方落叶树种大树移植经常采取的方法。此法成活率高，但需要一定时间才能恢复景观效果。

2. 栽植中应用措施

（1）根系浸水保湿与蘸浆栽植　树木的根系蘸浆法古已有之，如《齐民要术》中记载"凡栽一切树木，欲记其阴阳，不令转易，大树髡之，小者不髡。先为深坑，内树讫，以水沃之，着土令为薄泥，东西南北摇之良久，然后下土坚筑"。就是在树坑里将根系和泥蘸浆。

裸根苗起苗后无论是运输过程中还是假植中均会出现失水过多的现象，栽植前当发现根系失水时，应将植物根系放入水中浸泡 $10\sim20h$，充分吸收水分以后进行栽植，有利维持树木栽植时的水分平衡。小规格灌木，挖出后无论裸根或带土球、是否失水，均可在起苗后或栽植之前，分别用过磷酸钙、黄泥、水以 $2:15:80$ 比例（混有生根剂效果更佳），充分搅拌均匀后，把根系浸入泥浆中均匀沾上后可以起到根系保湿作用、避免根系失水、促进成活，是提高保活率的重要措施；对于大冠苗木，先将好土填入树坑适量，倒水打泥浆，再将树根（带土球）部分放入使之充分与泥浆黏合，避免了悬根，也就避免了死树。

（2）利用人工促进生长剂促进根系愈合生长　一些树木起掘时，大量须根丧失，主根、侧根等均被截伤，树木根系既要愈合伤口，又要生新根恢复水分平衡，可采取人工促进生长剂来促进根系愈合、生长。

20 世纪 40~50 年代人们发现，将浸过柳枝的水浸泡插条，能促进插条成活。化学家经过深入研究，发现柳枝中所含的这种促进生根的物质叫"萘乙酸"。通过进一步研究，如吲哚乙酸、海藻素，甚至维生素 B_1、B_2、B_6、葡萄糖、硼酸、三十烷醇等都有促进生根的作用。但最重要的三种生根调节剂是萘乙酸（促进主根生长，草本植物促根作用明显）、吲哚丁酸（促进根毛生长，大树移栽能否成活基本取决于新生根毛的数量）、海藻酸（海洋生物提取物，对主根、毛细根均有较好的促发作用）。以上主要种类均易溶于酒精，难溶于水，后来国外企业和部分国内企业通过科研攻关，目前已将以上"生根剂类制品"制成了极易溶解于水的钠盐，使用方法简便，成本也低了很多。现在常见类型有浓缩型，直接用原药制成，体积小，携带方便，随用随稀释，也因包装成本低而售价较低、使用成本低；稀释型，使用时再进一步稀释，缺点是稀释比例小、携带不很便利，优点是用户看起来很实惠。

在树木移植时的使用方法有多种：涂抹、喷施和浇灌。如软包装移植大树时，可以用 ABT-1、3 号生根粉涂抹根部伤口，有利于树木在移植和养护过程中迅速恢复根系的生长，促进树体的水分平衡。尤其是粗壮的短根伤口，如直径大于 3cm 的伤口喷涂 150mg/L ABT-1 生根粉，促进伤口愈合，也可用拌有生根粉的黄泥浆涂刷，同样可以起到效用。根据大树生根的难易程度，将生根剂按比例兑水 600～2000kg，结合土壤杀菌剂如根腐消、恶霉灵、敌克松等正常用量，灌足浇透，消毒、促根同时进行。

（3）利用保水剂改善土壤的性状　城市的土壤随着环境的恶化，保水通气性能越来越差，不利于树木的成活和生长。在有条件的地方可使用保水剂来改善。保水剂主要有聚丙乙烯酰胺和接枝型淀粉，颗粒多为 0.5～3cm 粒径。拌入土壤后，只要不翻土，水质不特别差，保水剂寿命可超过 4 年，可节水 50%～70%。保水剂在土壤中使用，既可以蓄水保墒，提高树体的抗旱性，提高土壤的通透性，还可以保肥 30%，减少养分的流失。此法适于在北方、干旱地区绿化使用，使用时在根系分布的有效土层中掺入 0.1% 即可，拌匀后浇水吸持；也可让保水剂吸足水形成饱和水凝胶，以 10%～15% 掺入土层中，此方法应用在年降水 300mm 的地区即可满足成树的生长需水。

（4）立支柱　当大规格乔木移植时，由于根冠比失调，头重脚轻，浇水后易造成土塌树歪，风大摇动树冠造成树体歪斜、摇晃、风倒，甚至死亡，而且影响景观效果。因此，为固定根系、防止被风吹，并使树干保持直立状态，凡是胸径在 5cm 以上的乔木，特别是裸根的落叶乔木、枝叶繁茂而又不宜大量修剪的常绿乔木，或在有大风地区种植大苗时，均需采用立支柱支撑树体进行防范的措施。常用木棍、竹竿、铁管等材料，材料的长度视树体高度而定，以能支撑树的 1/3～1/2 处即可。立支柱有单立式、双立式、三立式（图 5-16），立法有立支、斜支，配备材料有捆绑物（如铁丝、麻绳、草绳等）、垫物。

① 单立式　用一根立柱支撑树体，斜支法是将支柱立于下风口，斜支法能提高树体的抗风能力。在人们活动的场所，采取立支法可以避免影响活动。

② 双立式　是指用两立柱对树体进行支撑，一般不用作斜支法，多采用立支法。采取双立式对灌水而造成树体歪斜的行道树有很好的防范作用，保证行内整齐。

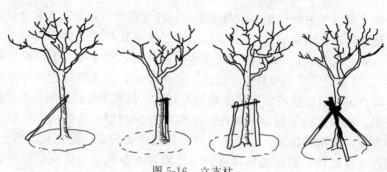

图 5-16　立支柱

③ 三立式　是指用三个支柱对树体进行支撑，主要针对一些乔木树体质量过大、易出现歪斜的条件下使用，以斜支法支撑，力度大，效果较前两种法好，但耗费材料。

（5）浅栽高培土法　树木适当深栽（以原先栽植深度为参照），有利于保活，但成活后因根系呼吸受抑而活力不强，不利于生长；树木适当浅栽，不利于保活，但成活后因根系呼吸通畅而生长速度较快。浅栽高培土法弥补了以上栽植方法的缺陷。具体方法为：浅栽后实行高培土（高培土相当于深栽，有利于保活），树木成活后将高培之土除去（相当于浅栽，树木根系呼吸良好）。

3. 植后应用措施

（1）浇水方法的改进　传统的浇水方法，是树木移栽后浇定根水，一般均为从上往下浇，从外往里浇。第一次容易浇透，若土壤过黏形成板结，第二次浇水就很难浇透，看起来上面已成泥浆，但深处依然干燥（这是部分树木死亡的另外一个重要原因）。改进的浇水方法为"从下往上浇，从里往外浇"。具体做法：在传统使用的塑料水管头部接上长约1m左右的水管喷枪，向下插入土层深处浇水，在浇水时间并没有延长的情况下能彻底浇透。

（2）树体裹干保湿增加抗性　栽植的树木被打破了生长规律，树冠也进行了修剪，保留的枝干易造成失水或灼伤，枝条萌芽困难，冬天枝干的抗寒能力较差，可以通过裹干进行调节。利用草绳等软材料裹干，既可以在生长期内避免因强光直射树体温度升高造成灼伤，避免干风吹袭而导致的树体水分蒸腾，同时降雨、喷灌能使其储存一定量水分，使枝干保持湿润，而且在冬季对枝干起到保湿作用，减少低温对树干的损伤，提高树木的抗寒能力。草绳裹干（见图5-17），有保湿保温作用，可喷水给草绳以调节树体湿度，但一天早晚两次即可，水量不可过多，时间不可过长，以免造成土壤湿度过大而影响根系呼吸，新根生长。塑料薄膜裹干有利于休眠期树体的保温保湿（图5-18），但在温度上升的生长期内，因其透气性差，内部热量难以及时散发导致灼伤枝干，因此在芽萌动后，须及时撤除。

（3）树木遮阴降温保湿技术　在生长季，温度的升高与空气湿度的变化与光照强度有着密切的关系：光照越强，温度上升快、空气湿度下降快，此时移植的树木水分蒸腾量大，易受日灼，成活率下降；光照弱，温度变化小、空气湿度均衡，有

图 5-17 草绳裹干保湿保温　图 5-18 塑料薄膜裹干保湿保温　图 5-19 树木遮阴降温保湿

利于树体水分代谢平衡。因此对在非适宜季节栽植的树木，采取搭建遮阴篷，避免树冠经受过于强烈的太阳辐射，降低气温，减少树木的蒸腾量。在城市绿化中，用树干、竹竿、铁管搭架，用70％遮阴网效果较好，可以透过一定的光线以保证树体光合作用的进行（图5-19）。

（4）树体喷灌降温技术措施　为了保证树木移植成活，除了促进根系生长，保持树体上部的水分，减少水分蒸腾，主动调节环境条件是关键，树体喷灌降温是一个行之有效的技术措施。喷灌设备由首部枢纽、输水管网、灌水器三部分构成，利用首部枢纽的电磁阀定时定量的作用，经过输水管网，利用灌水器的微喷头按时定量对树木进行多次、少量的间歇喷灌，不仅保证树上充分的水分供给，也不会造成地面水分过多，笼罩在整株树的水雾，可以起到有效降低树木周围温度，减少树体水分蒸腾作用，最大限度提高大树移植成活率。

此法相比传统措施具有节省劳力、降低劳动强度、水利用率增高，但成本较高。

（5）伤口涂抹剂的使用　伤口涂抹剂也可称愈伤膏，大多是以农用凡士林为主要原料，搭配消毒剂、渗透剂、表面活性剂等成分制作的一种膏剂，另外还有白漆、红漆、蜡封、泥封（掺杀菌剂如百菌清、多菌灵等）。伤口涂抹剂主要用于大树，主干、主枝被截除后伤口过大，使用该剂既可有效防止伤口感染，又能有效防止水分过量蒸发，并促进伤口愈合。

（6）抗蒸腾剂的使用　常见的抗蒸腾剂有两种抗蒸腾原理。

① 半透膜型　如几丁质，喷施在植物表面后，形成一层半透膜，氧气可以通过而二氧化碳和水不能通过。植物呼吸作用产生的二氧化碳在膜内聚集，使二氧化碳浓度升高，氧气浓度相对下降，这种高二氧化碳低氧的环境，抑制了植物的呼吸作用，阻止了可溶性糖等呼吸基质的降解，减缓了植物的营养成分下降和水分的蒸发。

② 闭气孔型　脱落酸（ABA）、聚乙二醇、长链脂肪醇、石蜡、动物脂、异亚丁基苯乙烯、1-甲基-4-(1-甲基乙基) 环己烯二聚体、3,7,11-三甲基-2,6,10-十二

碳三烯-1-醇、二十二醇和一个或两个环氧乙烷的缩合物（HE110R）等，在茎叶表面成膜或提高气孔对干旱的敏感性，增加气孔在干旱条件下的关闭率，而降低水分的蒸腾率。

另外，多效唑、黄腐酸、磷酸二氢钾等药肥合理组配，植株叶绿素含量普遍会较高，降低水分蒸发。

(7) 树体吊瓶的使用　为树木"输液"是为大树补充营养的一种方法。该方法对于古树复壮意义重大，对于普通的大树移栽保活也有其特有的作用。在树干上打孔后"输液"，吊瓶"输"向树体的液体包含了树木必需的多种微量元素、维生素和调节剂，特别是其所含的调节剂对于增强树体的抗逆性有着较好的作用。但是要清楚用什么样的输入液、用量、输液部位、输液时间可以达到很好的效果。下面就如何科学输液进行一些探讨。

① 输液部位的选择　无论是整株输液还是局部输液，一般要求从被选择部位输入的液体能均匀分布于目标部位。因为选择输液的部位不同，输入液在树体上的液流方向和流向也不同。一般情况下输液部位低，输入液向上输送过程中有较长的时间做横向扩散，扩散的面积大，输入液在全株的分布也更趋均匀；输液时若将孔打在局部小枝上，根据就近原则，药液则单枝吸收；打在枝条的下方，根据同向运输法则，则会被打孔上方的枝条吸收。应优先选用具有一定恢复能力或易于保护的输液部位。如选择根上或根颈部位输液，愈合能力最强，伤口愈合快，由于孔口位

图 5-20　大树输液

置低，便于堆土保护，夏季保墒、防日灼，冬季防冻，还可防病虫侵入注孔。

根据树体高度和体量大小确定输液部位。较小的树体，在根颈部 1～2 孔进行输液，即可全株均匀分布药液；树体高大，根颈部输液路程较远，采用接力输送法，分别在主干中上部位及主枝上打孔，让药液均匀分布全株；古树名木，树心易出现空洞，应该选择在主枝和主根上输液，有利于均匀输导药液（图 5-20）。

② 大树输液袋的选择　很多输液中的一些促根促芽的调节剂物质见光很快分解失效了。为保证保证选择的合格输入液化学性质稳定，不变质、不变色、不产生绿藻悬浮物，就需要选择合格输液袋。合格输液袋的特征为：首先具有一定的避光性；其次要为闭口袋，保持袋内液体的纯净；第三要操作方便，可反复利用的更好。

③ 输液的质量与数量的确定　合格的大树输入液应该是根据大树需求进行营养配比的、无菌易吸收、对大树成活有帮助的液体。因此，大树注射液的选择，要保证输入液化学性质稳定，不变质、不变色、不带毒、带菌，没有絮状物、粉尘、绿藻等，否则这种液体输进去反而加速树的死亡。

无论树的大小，在重建收支平衡之前都有必要输液，最终的输液量以收支平衡

为准。科学地讲，输液量要考虑树木胸径、冠幅大小、树体高度、发根量、体量、移栽季节等。

④ 输液时间　输液一是储存树体水分、养分以供给树体移植后所需；二是在大树断根后不能吸取养分时立即输液维持细胞活性，促进收支平衡；三是定植后细胞仍具有一定活性时及时输液，这时细胞还具有一定活性，输液维持代谢，促进伤口恢复、根系和新芽萌发，根据需要确定输液时间。

⑤ 输液温度的调整　要尽量让输入液液温、气温和树体温度达到一致。输入液体温度过高或者过低，都会影响其正常代谢。为保证新移栽大树水分收支平衡，除了日常树体遮阴、喷水、喷抑制蒸腾剂等措施减少水分蒸发外同时需协调输液温度。

⑥ 单孔输液时间及输后处理　在输液过程中一定要注意：同一输液孔使用时间不宜过长（不超过 15 天），输液时间过长，钻注的伤口产生愈伤组织堵塞孔口影响液流，还有些树不耐水渍，孔口容易腐烂，造成难以愈合的伤口，因此若需连续补液，要及时更换插孔，并对使用后的插孔及时进行消毒促愈合处理，输完液之后的袋子要及时取下，防液体回流。

七、机械移植

随着大树移栽工程的增多，劳动力匮乏，人工费增加，树木移植机面市。该机械可以连续完成挖坑、起树、运输、栽植等全部移植作业。现在树木移植机产品种类很多，自动化程度较高，一般一人操作就可以完成树木移植的任务，驾驶员在驾驶室通过视频装置监控树木移植过程。树木移植机是以载重汽车或拖拉机为牵引装置，挖掘装置根据挖树形状的不同有直铲式、弧形铲式和半圆球形铲。车载式树木移植机主要由汽车底盘、切土机构、升降机构、倾倒机构及液压传动系统组成，可进行土球直径为 100～160cm 的大树移植作业，并可进行较长距离的运输。拖拉机悬挂式树木移植机是以轮式拖拉机为底盘，安装切土装置、锁紧装置、升降机构、液压传动系统等，可移植土球直径 80cm 左右的树木，一般用于景观苗圃内大苗带土坨移植或带土起苗。

第六节　特殊立地环境的树木栽植

一、铺装地面的树木栽植

铺装地面是指城市中人行道、广场、停车场、屋顶等用建筑材料铺设的硬化地面，由于施工时只考虑硬化地面的质量而没有考虑树木种植问题，并且人流量大，具有树盘土壤面积小、生长环境恶劣、易受机械损伤的特点，树根生长受范围限制，通气透水性差，养分状况不良，地面辐射大，气温高，空气湿度低，造成树木生长的不良影响。

在这种环境条件下，除了本章第四节树木栽植技术措施外，还要注意采取以下几个措施。首先，要选择根系发达，具有耐干旱、耐瘠薄特性，具有耐高温、耐日灼特点及能够在恶劣环境条件下生长的树种。其次，在种植穴有限的空间范围内，通过施肥、换土以改善种植穴内土壤性状，栽植后，加强水肥管理，保持充足的水肥供应。最后，还要为铺装地面种植的树木提供充足根系分布空间，根据美国波士顿的调查材料，铺装地面种植的树木，其根系生长至少应有 $3m^3$ 的土壤，并且增加土壤表面积要比增加土壤的深度更为有利。因此每棵树在栽植中需有一定树盘面积，可以为树木提供水分、空气和矿物质养分。否则铺装与树木相接，随着树木加粗生长，铺装物嵌入树体，而树木根系生长加粗也造成地面抬升，使铺装地面破裂不平。

保留地面作为树盘是树木生长及土壤改良的基础，但裸露地表造成铺装地面景观效果不佳，而且无保护措施的地表易受到人为损害。因此，树盘处理有利于树木生长。一种处理就是栽植花草，既可以增加景观效果，也可以起到保墒、减少扬尘的作用；另一种处理是利用铸铁盖、水泥板盖住树盘（盖板不宜直接接触地表），既有利于土壤通气透水，也可扩大游人活动范围。

二、干旱地的树木栽植

我国西北地区干旱缺水，形成该地区特有的生态环境条件：气候因为温度差异显著、降水不足、蒸发量大而造成因气温高而导致高蒸发、高蒸腾量，树木因供水不足干旱死亡；因降水少且过于集中，多数园林树木要长年灌溉保持生长；因温差导致大风，增强蒸发、蒸腾，并破坏土壤结构，造成风蚀现象；土壤环境因气候作用，蒸发量大于降水量，土壤盐分积聚地表而导致土壤次生盐渍化形成；因干旱，土壤中的生物数量减少，有机物与矿物质分解缓慢，造成土壤贫瘠；而且表层土壤温度升高，不利树木根系生长。

正是由于干旱地区的环境特点，该地区园林绿化树木种植技术要考虑采取相应的措施，才能达到绿化、美化的目的。

干旱地区树木栽种主要针对抗旱因素采取以下措施。

1. 选择树种

在不能保证灌水条件的情况下，应选择当地生长的耐旱、耐盐碱、耐贫瘠的树种，只有在一些特殊有灌水条件的绿化地可以种植外来树种。

2. 栽植时间

干旱地区主要以春季植树为主，此时气温低，土壤较湿润，土壤蒸发和植物蒸腾作用也比较低，根系此时生长旺盛，且经过一个生长季，植物抗寒力也增强。在春旱过于严重的地区，也可利用雨季植树，但雨季植树的措施要协调好。

3. 抗旱栽植措施

（1）利用坐浆栽植，保持土壤水分，提高树木成活率。在提供水源的条件下，将细土填入种植穴，浇水混浆，用泥浆稳固树木，并以此为中心，培出直径 50cm、高 50cm 的土堆。此方法可以较长时间保持根系的土壤水分，减少树穴内土壤水分的蒸发，并且土堆包裹了树木茎干一部分，减少其水分蒸腾。

（2）利用土壤保水剂在土壤中持水的作用，减少土壤水分的蒸发，有助于提高土壤保水能力，并为树木提供水分供给。

（3）开沟集水，减小旱情。在干旱地区，雨水集中，利用开沟集水作用，将降水顺沟而下集中于树木栽植地，能够起到缓解旱情的作用。

（4）树穴地表覆盖，延缓土壤水分蒸发。利用塑料布及树皮、石块等物覆盖，减少土壤蒸发量。

在干旱条件下采取相应的抗旱措施，可提高栽植树木的成活率，有利于树木生长及后期的养护工作实施。

三、盐碱土的树木栽植

我国园林绿地中出现的盐碱地主要有几种类型：在滨海城市因海水因素的影响形成的沿海地区盐碱地；在内地由于江、河、湖的运动形成的低洼次生盐渍化土壤；在西北地区由于气候干燥、蒸发而形成的大面积碱土。

盐碱土的形成主要受以下因素影响：沿海地区受海水、大气沉降、地下水矿化度大等因素影响；低洼次生盐渍化土壤受水流带来盐分，地下水顺土向上携带盐分以及土壤蒸发导致表层积盐；西北地区由于蒸发量大于降水量，造成土壤积盐；城市地区由于人类活动，如工业、生活及农业等行业排放的一些盐分造成土壤盐分增加。

土壤盐碱导致树木根系吸收养分、水分非常困难，破坏树体水分代谢平衡，造成树木生理干旱，破坏树体组织结构，抑制营养物质的吸收，影响树木的生理活动，导致树体萎蔫、生长停止甚至全株死亡。

因此，在这种环境条件下，针对盐碱治理采取相应的技术措施有利于提高植树成活率。

1. 选择耐盐碱的树种

耐盐碱树种具有一定的耐盐碱能力，能在其他树种不能生长的盐渍土中正常生长。当然树种的耐盐碱能力高低不同，受树种的生态特性、土壤和环境因素相互作用的影响。耐盐碱树种如黑松、新疆杨、北美圆柏、柽柳、胡杨、火炬树、紫穗槐、沙枣、枸杞、苦楝、合欢等，都有不同程度的耐盐碱能力。

2. 改良土壤

利用土壤改良剂（如石膏）中和土壤中的碱，此法只适用于小面积盐碱地改良，施用量为 $3\sim4t/hm^2$。用有机肥及酸性化肥施入土壤，利用其对钠离子的吸附置换、酸碱中和、盐类的转化，都可以起到改良土壤结构、降低 pH 值而提高土壤肥力的作用。

3. 排水去盐

水量比较充足的地方，可在地下设渗水管和暗管沟，根据"盐随水来、盐随水去"的特点，利用渗水管在绿地中修建收水井，使其坡降高于排水沟，集中渗入井内水，并将其排出。如天津园林绿化研究所用渗水管埋设收水井，当年即使土壤脱盐 48.5%。也可在地下埋设暗管沟，此方法不受土地利用的影响。在重盐碱地区在地下 2m 处，每间隔 50cm 铺设一道，将渗入水沿管排出，使盐分从土壤中排出。

4. 整理地形，抬高地面

利用地形整理，更换堆垫新土，抬高种植树木的地面，降低地下水位，并结合浇灌将水溶盐后携盐排出，改善土壤条件，即可种植一些耐盐碱能力较弱的树种，使成活率上升。如天津园林绿化研究所在土壤含盐量 0.62% 的地段上采取这种方法，使种植的油松、侧柏、龙爪、槐、合欢及碧桃、红叶李等成活率达 72%～88%。

5. 避开土壤返盐期植树

土壤中的盐分受季节、降水量的影响。在北方干旱地区一些次生盐渍化土地，土壤返盐期在春季，风大干旱，土壤的水分蒸发量大，造成土壤盐分在地表集结，使地表含盐量提高，不利于栽植树木的成活。雨季、秋季由于降水作用，盐分随水下渗，地表土壤中含盐量下降，因此出现季节性土壤含盐量变化，可以在雨季、秋季栽植树木，树木经秋、冬缓苗生根后，容易成活，因此是盐碱地树木种植的适宜季节。

在盐碱地种树绿化，后期养护是关键，仍需经常采取对盐分治理的技术措施，以利于树木的生长。

四、无土岩石地的树木栽植

在城市园林绿化中，无土岩石地这种环境类型主要出现在山区城镇基础建设（如房屋、道路架桥、矿山等）过程中，以及自然灾害（滑坡、泥石流等）危害后形成的无土岩地，以及人造岩石园、叠石假山等。这种环境条件缺少土壤和水分，很难固定树木的根系，树木的生存条件极为恶劣。由于岩石的风化、节理，使得岩石的一些部位出现裂缝，能够积蓄一些土壤和水分，一些风化程度高的岩石，其风化岩屑形成粗骨质土壤，虽然保水、保肥效果较差，但仍能维持一些树木的生长。为了更好地达到绿化、美化的效果，有必要在这种立地条件下种植起树木。

在这种无土岩石地上绿化，需要在园林树木种植技术的基础上采取相应的措施。

1. 选用适生树种

在山地岩石裸露的地区，有很多自然生长的岩生树种，其特点是：植株矮小，生长缓慢，株形呈团丛状有垫状，多着生在峭壁上、岩石间，耐贫瘠，抗旱性强；枝叶细小，厚且有角质层、蜡质及其他覆盖物，蒸腾量小；由于缺水的环境，此类树木的根系发达，可延长数十米远去寻找水分。这类树木如黄山松、马尾松、油松、侧柏、杜鹃、锦带、胡枝子、小叶鼠李、小叶白蜡等，全国各地均存在不同的岩生植物。

2. 爆破开穴，客土栽植

在无土岩石地植树，有穴比无穴效果好，穴大比穴小效果好，土壤状况愈好，树木成活率高，生长好。因此在园林绿化范围内的无土岩石地，采取开穴客土种植树木是最基本的技术措施，效果好，速度快。

3. 喷浆绿化

在大面积无土岩石地，利用喷浆绿化是效果较快、节省劳力的一种技术措施。一种是利用斯特比拉纸浆喷布，即用斯特比拉专用纸浆混入种子、泥土、肥料及黏合物，加水搅拌后喷布在岩石地上，利用纸浆中纤维相互交错，构成密密麻麻的孔隙，起到保温、保水、通气、固定种子的作用。另一种是水泥基质喷布，即由土壤颗粒、低碱性水泥（作为胶合体）、种子肥料、有机质（如其中可加稻草、秸秆类），使固体物质之间形成形状大小不一的孔隙，以达到贮水、透气的作用。施工前，先清理坡面，并打入锚杆，挂上尼龙高分子材料编织成的网布，再喷上 3～10cm 厚的水泥基质，种子在基质内萌发后即能正常生长，在此基础上，根系逐渐穿入岩隙中，起到固定作用。这两种方法能够迅速改变无土岩石的生态环境，起到绿化、美化作用，但只适用于小灌木及地被树种栽植。

五、屋顶花园的树木栽植

1. 营建目的

为了提高城市绿化面积，改善城市的生态环境，并给居民提供休闲场所，在建筑屋顶上营建的绿地可称作屋顶花园。一些大城市，屋顶花园的营造已很普遍，不仅增加城市的绿地覆盖面积，使绿地覆盖率提高；而且在增加绿量的同时，起到调节和改善城市生态环境的作用，并且利用植物柔软的枝叶轮廓改善钢硬的水泥建筑外形、改变建筑体固有的形态，利用植物增加动态的景观效果，丰富城市风貌。同时屋顶花园植物生长层的形成可改变阳光、气温对屋顶的影响，夏季使屋顶免受阳光直接曝晒烘烤，而冬季起到隔层作用，既降低屋内热量的散失，也减少外部冷空气侵入。

屋顶花园的环境是人为制造的一种立地环境条件，即由人们进行城市建设中在屋顶营造的一块绿地，并由人工提供土壤、水分、养分条件，一旦失去这些条件，植物便无法生长。而且由于受屋顶荷载的限制，不可能有很厚的土壤，具有土层薄、营养物质少、水分不足的特点，且屋高风大、直射光充足，气流运动频繁，空气湿度低，夏天炎热干燥，冬天寒冷多风，昼夜温差变化很大，环境较为恶劣。因此屋顶花园的建设要针对这种环境特点来采取特殊的措施才能达到设计预期的效果。

2. 选择能对屋顶花园特殊环境适应、能够抵抗极端气候的树种

应选择能耐土壤、空气干燥，潮湿积水；具有浅根系，耐土层薄、贫肥的土壤；栽植容易、耐修剪且生长缓慢；生长低矮、抗风的树种。一些深根性、钻透力强的、生长快、树体高大的树种不宜在屋顶花园应用。楼体愈高，对树种选择的限制愈多。

常用的树木有罗汉松、桧柏、洒金柏、铺地柏、龙爪槐、紫薇、女贞、红叶李、桂花、山茶、紫荆、含笑、红枫、大叶黄杨、小叶黄杨、月季、蔷薇、紫藤、常春藤、爬山虎、竹类等。各地均有些适于屋顶花园种植的树种，在选树时尽量选

择乡土树种。

3. 树木栽植类型的选择

应针对屋顶的承重能力选择相应的栽植类型。

（1）地毯式　以草坪、宿根地被植物及低矮的团丛状、垫状木本植物营造屋顶花园，是主要针对屋顶承重比较小所采取的栽植类型，土壤厚度 15～20cm，应选择耐旱、抗寒力强的攀缘或低矮植物，如常春藤、地锦、紫藤、凌霄、金银花、红叶小檗、迎春、蔷薇等。此类植物种植的屋顶效果不明显。

（2）群落式　利用生长缓慢、耐修剪的小乔木、灌木、地被、草坪等不同层次的植物设计成立体栽植的植物群落，形成一定的景观效果。此种类型适宜用在承载力不小于 400kgf/m² 的屋顶，土层厚度可达到 30～50cm。此种类型是屋顶花园常用的类型。

（3）庭院式　在屋顶承载力大于 500kgf/m² 的条件下，可将屋顶花园设计成露地庭院式绿地，既有树木、灌木、草坪，还有浅水池、假山、小品、亭、廊等建筑景观。但为了安全，将其沿周边及有承重墙的地方安置。

无论采取哪种栽植类型，选择哪类树种，还是设计成哪种屋顶花园，关键要考虑屋顶的承重荷载能力。以此承重能力确定基质的厚度、树木的种类、数量，树种选择注意树体大小、形态、色彩、季相变化。常绿树种效果最好。

4. 屋顶防水防腐处理

做屋顶花园的基础是做好防水处理，避免屋顶绿化之后出现渗漏现象。一旦漏水，即使屋顶绿化得再好，使用者也会产生排斥心理，从而造成施工前功尽弃。

防水处理主要有刚性防水层、柔性防水层、涂膜防水层等多种，各种防水层有着不同的特点。为提高防水作用，最好采取复合防水层，并作相应的防腐处理，以防止灌溉的水肥对防水层的腐蚀，提高屋面的防水性能和寿命。

5. 屋顶花园绿地底面处理与基质选择

屋顶花园绿植生长得好坏，与水有密切关系。缺水可以灌溉，水分过多，尤其是降水造成积水不利于树木生长、增加屋顶重量，底面处理就是设置排水系统，并与屋顶雨水管道相结合，将过多的水分排出以减少防水层尤其是屋顶的负担。底面处理主要有以下两种。

（1）直铺式种植　直接在屋顶上铺设排水层和种植层。排水层一般由碎石、粗砂、陶粒组成，其厚度以形成足够的水位差为准，以利土壤中过多的水分顺排水层流向屋面的排水管口。此种直铺式的种植养护需注意经常清理杂物、落叶，避免堵塞总落水口。

（2）架空式种植　在距屋面 10cm 处设隔离层，在上承载种植土层，下设排水孔，排水到屋顶坡面排水层顺坡流至排水口。此种排水效果好，但因下部隔层，植物生长效果不佳。

屋顶花园绿地基质的选择既要考虑基质对树木生长所需养分、水分的提供情况，考虑基质能否构成团粒结构、保水、通气、易排水，而且还要在保证成本的前提下，尽量采用轻质基质，以减少屋顶的负荷。常用的基质有田园土、草炭、木屑、蛭石、珍珠岩等。

6. 灌溉系统设置

屋顶花园绿化，关键在于水，灌溉设施必不可少。在底面处理的同时，必须将灌溉系统安装好。简单地用水管灌溉一般 $100m^2$ 设一个，不宜控制面积过大，避免拖拉水管造成植物损伤。最好采取喷灌形式补充水分，既便利，又安全省水。

第七节　园林树木反季节栽植技术措施

根据气候情况，绿化施工大致从 3 月中下旬开始至 5 月末结束或者是 10 月中下旬至 11 月下旬。而在不适宜植物栽植的季节进行绿化栽植施工，就是反季节栽植。园林树木反季节栽植，在做好大树移植技术措施的基础上，应重点做好以下工作。

一、苗木出圃前处理技术

1. 断根

提前 15 天或更久进行断根，在断根过程中分 2～3 次进行间隔断根（断根间隔为 3 天左右），每次断全部根系的 1/2～2/3，断根时先断两侧根系，再断另外两侧；断根后当天进行回填并保证水肥充分。

2. 修剪

断根苗木要及时进行疏枝修剪，摘除 1/5～1/4 左右的叶片。

3. 养护

断根苗木每 3～5 天查看苗木的生长状况，发现苗木脱水，长势弱，发生病虫害及时处理和防治。

不易成活或栽植后景观效果差的苗木如紫叶李、樱花、紫薇等应用容器苗或提前移栽至容器内。小型花灌木如沙地柏、金叶女贞、小檗、锦带、宿根花卉选用盆栽苗木。

二、起挖运输过程中处理技术

1. 起挖时间

起挖时间尽量安排在阴天或多云天气挖苗，晴天在下午 4 点以后起挖。

2. 喷蒸腾抑制剂

苗木挖掘前，树冠喷蒸腾抑制剂。

3. 增加土球规格

土球直径为正常季节移栽的 1.2 倍左右。

4. 修剪

起挖苗木要进行疏枝、疏叶、适当缩冠等修剪措施。

5. 运输

运输过程中要采取盖被或搭遮阳网等遮阴措施，树冠、树干要喷水保湿或采用湿布包树坨；运输时间安排当天起挖当天运输或安排夜间运输早晨到达现场。

三、栽植时处理技术

1. 改良土壤

种植土壤保证土质肥沃疏松，清除建筑垃圾等有害垃圾，对易板结透气性差的进行土壤改良（施入草炭土或掺沙），乔木铺设渗水或透气管。

2. 种植穴处理

增加种植穴尺寸，提前向种植穴灌水增加种植穴含水量。

3. 修剪

加大苗木的修剪量，剪掉植物本身 $1/3\sim1/2$ 数量的枝条；将劈裂根、病虫根、过长根剪除；摘除 $1/2\sim2/3$ 的叶子，伤口涂抹保护剂。

4. 栽植时间

栽植时间尽量选择在早晨 10 点前，下午 4 点以后或阳光不强烈时段或晚上栽植。栽植苗木及时入坑，当天苗当天栽植，苗木晾晒时间不宜超过 4 小时。

5. 增施营养

大树注射营养液，根部灌施植物生长调节剂。

6. 遮阴处理

对不易成活的小乔木、灌木（如紫叶李、樱花、樱桃、金叶女贞、小檗、锦带）等进行杉木杆搭设，遮阳网覆盖等措施，遮阳网与苗木枝条叶面相隔80～100cm。

7. 保湿处理

大乔木主树干和大枝要草绳缠干至分枝点，保湿、减少烈日灼伤。

8. 浇水

扩大树耳，立即浇水，浇水要浇足浇透。雨季时，及时封树耳。

9. 假植

尽量避免假植，不能马上栽植的苗木，找背阴地或搭遮阳网进行养护。

四、栽植后养护管理技术

1. 叶面喷水

上午 10 点前下午 4 点后对树干、树冠喷雾，对重点大乔木可以做微喷。

2. 常规养护

跟踪观察苗木生长状态，加强水肥管理，及时中耕松土和除草。

1. 简述树木栽植成活原理及栽植工程应抓住的关键。

2. 不同季节植树的特点有哪些?

3. 绿化施工应掌握哪些原则?

4. 栽植工程的准备工作有哪些?

5. 简述栽植工程的工序,哪些工序影响树木的成活?

6. 简述大树移植的特点、移植的准备工作及工序。

7. 简述不同环境条件下园林树木栽植技术。

8. 园林树木反季节栽植要做好哪些方面的措施?

第六章 园林树木的整形修剪与伤口处理

园林树木的整形修剪是园林树木养护工作中重要的组成部分。在园林绿化时，对任何一种树木，都要根据它的功能要求，将其整形修剪成一定的形状，使之与周围环境协调，更好地发挥其观赏效果。因此，整形修剪是园林树木栽植及养护中经常性工作之一，它是调节树体结构，恢复树木生机，促进生长平衡的重要措施。

第一节　园林树木整形修剪的目的与原则

一、整形修剪的目的

所谓整形修剪是指树木生长前期（幼树时期）为构成一定的理想树形而进行的树体生长的调整工作，是对树木植株施行一定的技术措施，使之形成栽培者所需要的树体结构形态。所谓修剪是指树木成形后实施的技术措施，目的是维持和发展这一既定的树形，是对植株的某些器官，如芽、干、枝、叶、花、果、根等进行修剪或删除的操作。

整形是目的，修剪是手段。整形是通过一定的修剪措施来完成，而修剪又是在整形的基础上，根据某种树形的要求而施行的技术措施，二者紧密相关，统一于一定的栽培管理的目的要求下。整形修剪一定要在土、肥、水管理的基础上进行，是提高园林绿化艺术水平不可缺少的一项技术环节。平时，对于园林树木强调"三分种、七分管"，其中整形修剪技术，就是一项极为重要的管理养护措施。

园林树木整形修剪的主要目的如下。

（一）调节树木生长和发育

1. 促进树体水分平衡，保证移栽成活

在挖掘苗（树）木时，由于切断了主根、侧根和许多须根，丧失了大量根系，必然会造成树体的地上地下部分平衡破坏。因此在苗（树）木起挖之前或以后应立即进行修剪，以减少蒸腾量，缓解根部吸水功能下降的矛盾，使地上和地下两部分保持相对平衡，否则必将降低移栽成活率。

2. 调节生长与开花结果

在观花观果树木中，生长与结果之间的矛盾在树木一生中同时存在，贯穿始终。通过修剪打破树木原来营养生长与生殖生长之间的平衡，调节树体内的营养分配，协调营养生长与生殖生长，使双方达到相对均衡，为花果丰硕优质创造条件。

3. 调节同类器官间的平衡

一株树上的同类器官之间也存在着矛盾，需要通过修剪加以调节，以有利于生长和结果。用修剪调节时要注意器官的数量、质量和类型。有的要抑强扶弱，使生长适中，有利于结果；有的要选优去劣，集中营养供应，提高器官质量。对于不同类型的枝条，不仅要有一定的数量，而且要有长、中、短各类枝的比例，使多数枝条健康生长。

（二）保证树木的健康

放任生长或修剪不当的树木，往往树冠郁闭，致使树冠内部相对湿度增加，为喜欢阴湿环境的病虫繁殖提供了条件。如果枝条过密，内膛枝得不到足够的光照，内膛小枝光合产物减少，致使枝条下部光秃形成天棚型的叶幕，开花部位也随之外移，呈现表面化。通过适当修剪，去掉部分枝条，使树冠内空气流通，光线充足，则会减少病虫害的发生。而且内膛小枝得到充足的阳光，光合作用加强，促使其形成大量的花芽，为全树立体化开花创造了条件。

（三）控制树体结构、培养良好树形

多年生长的园林树木，枝条密集，逐渐可能出现枯枝、死枝以及病虫枝，影响树木外形美观。而且园林树木的配置要与周围的房屋、亭台、假山、漏窗、水面、草坪等空间相协调，形成各类景观。因此，栽植养护中要通过不断的适度修剪来控制与调整树体的大小，以免过于拥挤，影响景观效果。

（四）调节树木与环境的关系

修剪可以调节树木个体与群体结构，提高有效叶面积指数和改善光照条件，提高光能利用率；还有利于通风，调节温度与湿度，创造良好的微域气候，使树冠扩展快，枝量多，分布合理，能更有效地利用空间。

树上的死枝、劈裂和折断枝，如不及时处理，将给人们的生命财产造成威胁，其中城市街道两旁和公园内树木枝条坠落带来的危险更大。下垂的活枝，如果妨碍行人和车辆通行，必须修至 2.5～3.5m 左右的高度。去掉已经接触或即将接触通信或电力线的枝条，是保证线路安全的重要措施。同样，为了防止树木对房屋等建筑的损害，也要进行合理的修剪，甚至挖除。如果树木的根系距离地下管道太近，也只能通过修剪根系或将树木移走来解决。

（五）促进老树的更新复壮

树体进入衰老阶段后，树冠出现秃裸，生长势减弱，而对一棵衰老的树木进行强修剪，剪掉树冠上的主枝或部分侧枝，可刺激隐芽长出新枝，选留其中一些有培养前途的代替原有老枝，进而可以形成新的树冠，达到恢复树势、更新复壮的目的。通过修剪使老树更新复壮，在一般情况下要比定植新苗的生长速度快得多。因为它们具有很深很广的根系，可为更新后的树体提供充足的水分和营养。例如，对许多大花型的月季品种，在每年秋季落叶后，将植株上的绝大部分枝条修剪掉，仅仅保留基部主茎和重剪后的短侧枝，让它们在翌年重新萌发新枝。这样对树冠年年进行更新，反而会比保留老枝生长旺盛，开花数量也会逐年增加。

二、整形修剪的原则

（一）根据园林绿化中的用途

不同的整形修剪（简称整剪）措施造成不同的结果，不同的绿化目的各有其特殊的整剪要求，因此整形修剪必须明确该树的栽培目的要求。例如，槐树做行道树栽植整剪成杯状形，如果做庭荫树栽植则采用自然树形，圆柏在草坪上独植观赏与作绿篱，有完全不同的整形修剪要求，因而具体的整形修剪方法也不同。

（二）根据生长地的环境条件

不同的生态环境则整剪方式不同，生长在土壤瘠薄和地下水位较高处的花木，主干应留得低，树冠也相应地小；在风口或多风地区也应采用低干矮冠，枝条要相对的稀疏；盐碱地因地下水位高，土层薄，加之大部分盐碱地区在种植树木时都经过换土（因换土的数量有限，所以土层相应的薄）更应采用低干矮冠，不然适得其反，起不到很好的观赏效果。

不同的配置环境整剪方式也不同，如果花木生长地很开阔，空间较大，在不影响周围配置的情况下，可使分枝尽可能地开张，以最大限度地扩大树冠；如果空间较小，则应通过修剪控制植株的体量，以防拥挤不堪，降低观赏效果。

同一种树种植在不同的园林配置环境，则整剪方式也应不同，北京市榆叶梅有三种不同的整剪方式：梅桩式整形，适合配置在建筑、山石旁；有主干圆头形，配置常绿树丛前面和园路两旁；丛状扁圆形最好种植在山坡和草坪上。

（三）根据树木的生物学特性

1. 生长发育时期

不同年龄时期的树木，由于生长势和发育阶段上的差异，应采用不同的整形修剪的方法和强度。

幼年阶段，应以整形为主，为整个生命周期的生长和充分发挥其园林功能效益打下牢固的基础。整形的主要任务是配备好主侧枝，扩大树冠，形成良好的形体结构。花果类树木还应通过适当修剪促进早熟。

中年阶段，具有完整优美的树冠，其修剪整形的目的在于保持植株的完美健壮状态，延缓衰老阶段的到来，调节生长与开花结果的矛盾，稳定丰花硕果时间。

衰老阶段，因生长势弱，生长量逐年减小，树冠处于向心更新阶段，修剪时以强剪为主，以刺激隐芽萌发，更新复壮充实内膛，恢复其生长势，并应利用徒长枝达到更新复壮的目的。

2. 芽着生的部位，花芽的性质及开花时期

春季开花的花木，花芽通常在夏秋进行分化，着生在一年枝上，因此在休眠季修剪时必须注意到花芽着生的部位。花芽着生在枝条顶端的称为顶花芽，具有顶花芽的花木（玉兰、黄刺玫等），在休眠季或者说在花前绝不能短截（除为了更新枝势）。如花芽着生在叶腋里，称为腋花芽。根据需要可以在花前短截（榆叶梅、桃花等）枝条。

具有腋生的纯花芽的树木（连翘、桃花）在短截枝条时应注意剪口不能留花芽。因为纯花芽只能开花，不能抽生枝叶，花开过后，在此会留下一段很短的干枝，这种干枝段出现得过多，则影响观赏效果。对于观果树木，由于花上面没有枝叶作为有机营养的来源，则花后不能坐果，致使结果量减少。

夏秋开花的种类，花芽在当年抽生的新梢上形成，如紫薇、木槿等。因此，应在秋季落叶后至早春萌芽前进行修剪。北京由于冬季寒冷，春季干旱，修剪应推迟到早春气温回升即将萌芽时进行；将一年生枝基部留3~4个（对）饱满芽进行短截，剪后可萌发出苗壮的枝条，虽然花枝可能会少些，但由于营养集中，会开出较大的花朵。有些花木如希望当年开两次花，可在花后将残花剪除，加强肥水管理，可二次开花。紫薇又称百日红，就是因为去残花后可开花达百日，故此得名。

3. 分枝特性

对于具有主轴分枝的树种，修剪时要注意控制侧枝，剪除竞争枝，促进主枝的发育，如钻天杨、毛白杨、银杏等树冠呈尖塔形或圆锥形的乔木，顶端生长势强，具有明显的主干，适合采用保留中央领导干的整形方式。而具有合轴分枝的树种，易形成几个势力相当的侧枝，呈现多叉树干，如为培养主干可采用摘除其他侧枝的顶芽来削弱其顶端优势，或将顶枝短截，剪口留壮芽，同时疏去剪口下3~4个侧枝，促其加速生长。具有假二叉分枝（二歧分枝）的树种，由于树干顶梢在生长后期不能形成顶芽，下面的对生侧芽优势均衡，影响主干的形成，可采用剥除其中一个芽的方法来培养主干。对于具有多歧分枝的树种，可采用抹芽法或用短截主枝方法重新培养中心主枝。修剪中应充分了解各类分枝的特性，注意各类枝之间的平衡，应掌握强主枝强剪，弱主枝弱剪的原则。因为强主枝一般长势粗壮，具有较多的新梢，叶面积大，制造的有机营养多，促使其生长更加粗壮；反之，弱主枝新梢少，营养条件差而生长衰弱。因此，修剪要平衡各种枝条之间的生长势。侧枝是开花结实的基础，生长过强或过弱均不易形成花芽。所以，对强侧枝要弱剪，目的是促使侧芽萌发，增加分枝，缓和生长势，促进形成花芽。同时花果的生长与发育对强侧枝的生长势产生抑制作用。对弱枝要强剪，使其萌发较强的枝条，这种枝条形成的花芽少，消耗的营养少，强剪则产生促进侧枝生长的效果。

第二节 园林树木整形修剪的技术与方法

一、整形修剪的时期

园林树木种类很多，习性与功能各异，由于修剪目的与性质的不同，虽然各有其相适宜的修剪季节，但从总体上看，一年中的任何时候都可对树木进行修剪，而具体时间的选择应从实际出发。

树木的修剪时期，一般分为休眠期（冬季）修剪和生长期（夏季）修剪。休眠期指树木落叶后至第二年早春树液开始流动前（一般在12月至第二年2月）；生长期指自萌芽后至新梢或副梢生长停止前（一般在4月至10月）。

在休眠期，树体贮藏的养分充足，地上部分修剪后，枝芽减少，可集中利用贮藏的营养。因此新梢生长加强，剪口附近的芽长期处于优势。对于生长正常的落叶果树来说，一般要求在落叶后一个月左右修剪，不宜过迟。春季萌芽后修剪，贮藏养分已被萌动的枝芽消耗一部分，一旦已萌动的枝被剪去，下部芽重新萌动，生长推迟，长势明显减弱。整个冬季修剪，应先剪幼树，先剪效益好的树，先剪越冬能力差的树，先剪干旱地块的树。从时间安排上讲，还应首先保证技术难度较大树木的修剪。对于一些有伤流现象的树种，如葡萄，应在伤流开始前修剪。伤流是树木体内的养分与水分在树木伤口处外流的现象，流失过多会造成树势衰弱，甚至枝条枯死。因此，最好在夏季着叶丰富、伤流少且容易停止时进行，另一些伤流严重的树种则可在休眠季节无伤流时进行。

生长期修剪，可在春季萌芽后至秋季落叶前的整个生长季内进行，此期修剪的主要目的是改善树冠的通风、透光性能，一般采用轻剪，以免因剪除大量的枝叶而对树木造成不良的影响。树木在夏季着叶丰富时修剪，容易调节光照和枝梢密度，容易判断病虫、枯死与衰弱的枝条，也最便于把树冠修整成理想的形状。幼树整形和控制旺长，更应重视夏季修剪。

除过于寒冷和炎热的天气外，大多数常绿树种的修剪终年都可进行，但以早春萌芽前后至初秋以前最好。因为新修剪的伤口大都可以在生长季结束之前愈合，同时可以促进芽的萌动和新梢的生长。

二、整形方式

（一）树体形态结构

构成树木的主要部分包括：树冠、主干、中心干、主枝、侧枝、枝组、延长枝（参见图 2-3）。其中组成树冠骨架的永久性枝统称为骨干枝，如主干、中干、主枝、侧枝等。

（二）枝条的类型

归纳起来，在整形修剪方面，大致从以下几个方面研究分析枝条的类型。

（1）根据枝条在树体上的位置　可分为主干、中心干、主枝、侧枝、延长枝等。

（2）根据枝条的姿势及其相互关系　可分为直立枝、斜生枝、水平枝、下垂枝、逆行枝、内向枝、重叠枝、平行枝、轮生枝、交叉枝、并生枝等。

① 直立枝、斜生枝、水平枝、下垂枝、逆行枝　凡直立生长垂直地面的枝条，称直立枝；和水平线成一定角度的枝条，称斜生枝；和水平线平行即水平生长的枝条，称水平枝；先端向下生长的枝条称下垂枝；倒逆姿势的枝条，称逆行枝。

② 内向枝　向树冠内生长的枝条，称内向枝。

③ 重叠枝　两枝同在一个垂直面上，上下相互重叠，称重叠枝。

④ 平行枝　两个枝同在一个水平面上，互相平行生长的枝，称平行枝。

⑤ 轮生枝　多个枝的着生点相距很近，好似多个枝从一点抽生，并向四周呈放射性伸展，称轮生枝。

⑥ 交叉枝　两个枝条相互交叉，称交叉枝。

⑦ 并生枝　自节位的某一点或一个芽并生两个或两个以上的枝称并生枝。

（3）根据在生长季内抽生的时期及先后顺序　分为春梢、夏梢和秋梢；一次枝、二次枝等。

① 春梢、夏梢和秋梢　早春休眠芽萌发抽生的枝梢，称春梢；7～8月抽生的枝梢，称夏梢；秋季抽生的枝梢称秋梢，在落叶之前三者统称为新梢。

② 一次枝、二次枝　春季萌芽后第一次抽生的枝条，称一次枝；当年在一次枝上抽生的枝条，称二次枝。

（4）根据枝龄　可分为新梢、一年生枝、二年生枝等。

① 新梢　落叶树木，凡有叶的枝或落叶以前的当年生枝，称新梢；常绿树木由春至秋当年抽生的部分称新梢。

② 一年生枝、二年生枝　当年抽生的枝自落叶以后至翌春萌芽以前，称一年生枝；一年生枝自萌芽后到第二年春为止，称二年生枝。

（5）根据性质和用途　可分为营养枝、徒长枝、叶丛枝、开花枝（结果枝）、更新枝、辅养枝。

① 营养枝　所有生长枝的总称。包括长、中、短三类生长枝、叶丛枝、徒长枝等。

② 徒长枝　生长特别旺盛，枝粗叶大、节间长、芽小、含水分多，组织不充实，往往直立生长的枝条，称徒长枝。

③ 叶丛枝　枝条节间短，叶片密集，常呈莲座状的短枝，称叶丛枝。

④ 开花枝（结果枝）　着生花芽的枝条，观赏花木称开花枝，果树上称结果枝。根据枝条的长短又分为长花枝（长果枝）、中花枝（中果枝）、短花枝（短果枝）及花束状枝。不同的树种划分标准不同。

⑤ 更新枝　用来替换衰老枝的新枝，称更新枝。

⑥ 辅养枝　协助树体制造营养的枝条，如幼树主干上保留较弱的枝条，使其制造养分，促使树干充实，这种暂时保留的枝条，称辅养枝。

（三）园林树木整形的方式

园林树木的整形方式因栽培目的、配置方式和环境状况不同而有很大的差异，在实际应用中主要有以下几种方式。

1. 自然式整形

这种树形是在树木本身特有的自然树形基础上，按照树木本身的生长发育习性，稍加人工调整和干预而形成的自然树形。这不仅体现园林树木的自然美，同时也符合树木自身的生长发育习性，有利于树木的养护管理。行道树、庭荫树及一般风景树等基本上都采用自然式整形。长圆形，如玉兰、海棠；圆球形，如黄刺玫、榆叶梅；扁圆形，如槐树、桃花；伞形，如合欢、垂枝桃；卵圆形，如苹果、紫叶李；拱形，如连翘、迎春。

2. 人工式整形

由于园林绿化的特殊要求，有时将树木整剪成有规则的几何形体，如方的、圆的、多边形的等，或整剪成非规则的各种形体，如鸟兽等。这类整形是违背树木生长发育的自然规律，抑制强度较大，所采用的植物材料又要求是萌芽力和成枝力均强的种类，例如侧柏、黄杨、榆、金雀花、罗汉松、六月花、水蜡树、紫杉、珊瑚、光野石楠、对节白蜡等，并且只要见有枯死的枝条要立即剪除，有死的植株还要马上换掉，才能保持整齐一致，所以往往为满足特殊的观赏要求才采用此种方式。

（1）几何形体的整形方式　按照几何形体的构成标准进行修剪整形，例如球形、半球形、蘑菇形、圆锥形、圆柱形、正方体、长方体、葫芦形、城堡式等。

（2）非几何形体的整形方式

① 垣壁式　在庭园及建筑物附近为达到垂直绿化墙壁的目的而进行的整形。在欧洲的古典式庭园中常可见到此式。常见的形式有 U 字形、叉字形、肋骨形等。

这种方式的整形方法是使主干低矮，在干上向左右两侧呈对称或放射状配列主枝，并使之保持在同一垂直面上。

② 雕塑式　根据整形者的意图，创造出各种各样的形体，但应注意树木的形体要与四周园景协调，线条不宜过于烦琐，以轮廓鲜明简练为佳。

3. 自然与人工混合式整形

（1）中央领导干形　有强大的中央领导干，在其上配列疏散的主枝，多呈半圆形树冠。如果主枝分层着生，则称为疏散分层形。第一层由比较邻近的 3～4 个主枝组成；第二层由 2～3 个主枝组成；第三层也有 2～3 个主枝，以后每层留 1～2 个主枝，直到 6～10 个主枝为止。各层主枝之间的距离，依次向上逐渐缩小。这种树形，中央领导枝的生长优势较强，能向外和向上扩大树冠，主侧枝分布均匀，透风透光良好，进入开花结果期较早而丰产（图 6-1）。

图 6-1　中央领导干形（疏散分层形）　　　　图 6-2　杯形

（2）杯形　即是常讲的"三股三叉十二枝"，没有中心干，但在主干一定高度处留三主枝向三方伸展。各主枝与主干的夹角约为 45°，三主枝间的夹角约为 120°。在各主枝上又留两个一级侧枝，在各一级侧枝上又再保留二个二级侧枝，依次类推，即形成类似假二叉分枝的杯状树冠（图 6-2）。这种整形方法，多用于干性较弱的树种。

（3）自然开心形　由杯形改进而来，它没有中心主干，中心没有杯形空，但分枝比较低，三个主枝错落分布，有一定间隔，自主干向四周放射伸出，直线延长，中心开展，但主枝分生的侧枝不以假二叉分枝，而是左右错落分布，因此树冠不完全平面化（图6-3）。这种树形的开花结果面积较大，生长枝结构较牢，能较好地利用空间，树冠内阳光通透，有利于开花结果，因此常为园林中的桃、梅、石榴等观花树木整形修剪时采用。

图6-3 自然开心形

（4）多领导干形 留2～4个领导干，在其上分层配列侧生主枝，形成匀整的树冠。此树形适用于生长较旺盛的树种，最适宜观花乔木、庭荫树的整形。其树冠优美，并可提早开花，延长小枝条寿命。

（5）丛球形 此种整形只是主干较短，分生多个各级主侧枝错落排列呈丛状，叶层厚，绿化、美化效果较好。本形多用于小乔木及灌木的整形，如黄杨类、杨梅、海桐等。

（6）伞形 这种整形常用于建筑物出入口两侧或规则式绿地的出入口，两两对植，起导游提示作用。在池边、路角等处也可点缀取景，效果很好。它的特点是有一明显主干，所有侧枝均下弯倒垂，逐年由上方芽继续向外延伸扩大树冠，形成伞形，如龙爪槐、垂枝樱、垂枝三角枫、垂枝榆、垂枝梅和垂枝桃等。

（7）篱架形 这种整形主要应用于园林绿地中的蔓生植物。凡有卷须（葡萄）、吸盘（薜荔）或具缠绕习性的植物（紫藤），均可依靠各种形式的棚架、廊亭等支架攀缘生长；不具备这些特性的藤蔓植物（如木香、爬藤月季等）则要靠人工搭架引缚，既便于它们延长、扩展，又可形成一定的遮阴面积，供游人休息观赏，其形状往往随人们搭架形式而定。

（8）疏层延迟开心形 这种树形是由疏散分层形演变出来的。当树木长至6～7个主枝后，为了不使树冠内部发生郁闭，把中心领导枝的顶梢截除（落头），使之不再向上生长，以利通风透光。

（9）扇形 这种整形方式多应用于墙体近旁的较窄空间，它的特点是主干低矮或无独立主干，多个主枝从地面或主干上端成扇形，分开排列于平行墙面的同一垂直面内，如无花果、蜡梅等可采用这种整形方式。

总括以上所述的三类整形方式，在园林绿地中以自然式应用最多，既省人力、物力又易成功。其次为自然与人工混合式整形，这是为达到花朵硕大、繁密或果实丰多肥美等目的而进行的整形方式，它比较费工，亦需适当配合其他栽培技术措施。关于人工形体式整形，一般言之，由于很费人工，且需有较熟练技术水平的人员，故常只在园林局部或在要求特殊美化处应用。

三、修剪方法

（一）短截

又称短剪，指剪去一年生枝条的一部分。短截对枝条的生长有局部刺激作用。短截是调节枝条生长势的一种重要方法。在一定范围内，短截越重，局部发芽越旺。根据短截程度可分为轻短截、中短截、重短截、极重短截。

（1）轻短截 约约剪去枝梢的1/4～1/3，即轻打梢。由于剪截轻、留芽多，剪后反应是在剪口下发生几个不太强的中长枝，再向下发出许多短枝。一般生长势缓和，有利于形成果枝，促进花芽分化。

（2）中短截　在枝条饱满芽处剪截，一般剪去枝条全长的 1/2 左右。剪后反应是剪口下萌发几个较旺的枝，再向下发出几个中短枝，短枝量比轻短截少，因此剪截后能促进分枝，增强枝势，连续中短截能延缓花芽的形成。

（3）重短截　在枝条饱满芽以下剪截，约剪去枝条的 2/3 以上。剪截后由于留芽少，成枝力低而生长较强。有缓和生长势的作用。

（4）极重短截　剪至轮痕处或在枝条基部留 2～3 个秕芽剪截。剪后只能抽出 1～3 个较弱枝条，可降低枝的位置，削弱旺枝、徒长枝、直立枝的生长，以缓和枝势，促进花芽的形成。

（二）回缩

又称缩剪，是指对二年或二年以上的枝条进行剪截。一般修剪量大，刺激较重，有更新复壮的作用。多用于枝组或骨干枝更新，以及控制树冠辅养枝等。其反应与缩剪程度、留枝强弱、伤口大小等有关。如缩剪时留强枝、直立枝，伤口较小，缩剪适度可促进生长；反之则抑制生长。前者多用于更新复壮，后者多用于控制树冠或辅养枝。

（三）疏删

疏删，又称疏剪或疏枝，指从分生处剪去枝条。一般用于疏除枯枝、病虫枝、过密枝、徒长枝、竞争枝、衰弱枝、下垂枝、交叉枝、重叠枝及并生枝等，是减少树冠内部枝条数量的修剪方法。不仅一年生枝从基部减去称疏剪，而且二年生以上的枝条，只要是从其分生处剪除，都称为疏剪。

疏删修剪时，对将来有妨碍或遮蔽作用的非目的枝条，虽然最终也会除去，但在幼树时期，宜暂时保留，以便使树体营养良好。为了使这类枝条不至于生长过旺，可放任不剪。尤其是同一树上的下部枝比上部枝停止生长早，消耗的养分少，供给根及其他必要部分生长的营养较多，因此宜留则留，切勿过早疏除。

疏剪的应用要适量，尤其是幼树一定不能疏剪过量，否则会打乱树形，给以后的修剪带来麻烦。枝条过密的植株应逐年进行，不能急于求成。

（四）放

营养枝不剪称甩放或长放。放是利用单枝生长势逐年递减的自然规律。长放的枝条留芽多，抽生的枝条也相对增多，致使生长前期养分分散，而多形成中短枝；生长后期积累养分较多，能促进花芽分化和结果。但是营养枝长放后，枝条增粗较快，特别是背上的直立枝，越放越粗，运用不妥，会出现树上长树的现象，必须注意防止。一般情况下，对背上的直立枝不采用甩放，如果要甩放也应结合运用其他的修剪措施，如弯枝、扭伤或环剥等。长放一般多应用于长势中等的枝条，促使形成花芽的把握性较大，不会出现越放越旺的情况。通常，对桃花、海棠等花木，为了平衡树势，为了增强生长弱的骨干枝的生长势往往采取长放的措施，使该枝条迅速增粗，赶上其他骨干枝的生长势。丛生的灌木多采用长放的修剪措施。如在整剪连翘时，为了形成潇洒飘逸的树形，在树冠的上方往往甩放 3～4 条长枝，远远地观赏，长枝随风摆动，效果极佳。

（五）伤

用各种方法损伤枝条的韧皮部和木质部，以达到削弱枝条的生长势、缓和树势的方法称为伤。伤枝多在生长期内进行，对局部影响较大，而对整个树木的生长影响较小，是整形修剪的辅助措施之一。主要的方法有以下几种。

（1）环状剥皮（环剥）　用刀在枝干或枝条基部的适当部位，环状剥去一定宽度的树皮，以在一段时期内阻止枝梢碳水化合物向下输送，有利于环状剥皮上方枝条营养物质的积累和花芽分化。这适用于发育盛期开花结果量小的枝条，实施时应注意。

剥皮宽度要根据枝条的粗细和树种的愈伤能力而定，约为枝直径的 1/10 左右（2～10mm）。过宽伤口不易愈合，过窄愈合过早而不能达到目的。环剥深度以达到木质部为宜，过深伤及木质部会造成环剥枝梢折断或死亡，过浅则韧皮部残留，环剥效果不明显。实施环剥的枝条上方需留有足够的枝叶量，以供正常光合作用之需。

环剥是在生长季应用的临时性修剪措施，通常在开完花或结完果，在冬剪时要将环剥以上的部分逐渐剪除，所以在主干、中心干、主枝上不采用。伤流过旺、易流胶的树一般不用。

（2）刻伤　用刀在芽（或枝）的上（或下）方横切（或纵切）而深及木质部的方法，刻伤常在休眠期结合其他修剪方法施用。主要方法如下所述。

①目伤　在芽或枝的上方行刻伤，伤口形状似眼睛，伤及木质部以阻止水分和矿质养分继续向上输送，以在理想的部位萌芽抽枝；反之，在芽或枝的下方行刻伤时，可使该芽或该枝生长势减弱，但因有机营养物质的积累，有利于花芽的形成。

②纵伤　指在枝干上用刀纵切而深达木质部的方法，目的是为了减小树皮的机械束缚力，促进枝条的加粗生长。纵伤宜在春季树木开始生长前进行，实施时应选树皮硬化部分，小枝可行一条纵伤，粗枝可纵伤数条。

③横伤　指对树干或粗大主枝横切数刀的刻伤方法。其作用是阻滞有机养分的向下输送。促使枝条充实，有利于花芽分化达到促进开花不结实的目的。作用机理同环剥，只是强度较低而已。

（3）折裂　为曲折枝条使之形成各种艺术造型，常在早春芽萌动始期进行。先用刀斜向切入，深达枝条直径的 1/3～2/3 处，然后小心地将枝弯折，并利用木质部折裂处的斜面支撑定位。为防止伤口水分损失过多，往往在伤口处进行包裹。

（4）扭梢和折梢（枝）　多用于生长期内将生长过旺的枝条，特别是着生在枝背上的徒长枝，扭转弯曲而未伤折者称扭梢。折伤而未断高者则称折梢。扭梢和折梢均是部分损伤传导组织以阻碍水分、养分向生长点输送，削弱枝条长势以利于短花枝的形成。

（5）变　是变更枝条生长的方向和角度，以调节顶端优势为目的整形措施，并可改变树冠结构，有屈枝、弯枝、拉枝、抬枝等形式，通常结合生长季修剪进行，对枝梢施行屈曲、缚扎或扶立、支撑等技术措施。直立诱引可增强生长势；水平诱引具中等强度的抑制作用，使组织充实易形成花芽；向下屈曲诱引则有较强的抑制作用，但枝条背上部易萌发强健新枝，需及时去除，以免适得其反。

（六）其他方法

（1）摘心　是摘除新梢顶端生长部位的措施，摘心后削弱了枝条的顶端优势，改变营养物质的输送方向，有利于花芽分化和结果。摘除顶芽可促使侧芽萌发，从而增加了分枝促使树冠早日形成。而适时摘心，可使枝、芽得到足够的营养，充实饱满，提高抗寒力。

（2）抹芽　把多余的芽从基部抹除，称抹芽或除芽。此措施可改善留存芽的养分供应状况，增强其生长势。如行道树每年夏季对主干上萌发的隐芽进行抹除，一方面为了使行道树主干通直，不发分枝，以免影响交通；另一方面为了减少不必要的营养消耗，保证行道树健康成长。又如，芍药通常在花前疏去侧蕾，使养分集中于顶蕾，以使顶端的花开得大而且色艳。有的为了抑制顶端过强的生长势或为了延迟发芽期，将主芽抹除，而促使副芽或隐芽萌发。

（3）摘叶　带叶柄将叶片剪除，叫摘叶。摘叶可改善树冠内的通风透光条件。对观果的树木，可使果实充分见光，且着色好，增加果实的美观程度，从而提高观赏效果；对枝叶过密的树冠，进行摘叶有防止病虫害发生的作用。

（4）去蘖（又称除萌）　榆叶梅、月季等易生根蘖的园林树木，生长季期间应随时去蘖萌蘖，以免扰乱树形，并可减少树体养分的无效消耗。嫁接繁殖树，则需及时去除其上的萌蘖，防止干扰树性，影响接穗树冠的正常生长。

（5）摘蕾　实质上为早期进行的疏花、疏果措施，可有效调节花果量，提高存留花果的质量。如杂种香水月季，通常在花前摘除侧蕾，而使主蕾得到充足养分，开出漂亮而肥硕的花朵；聚花月季，往往要摘除侧蕾或过密的小蕾，使花期集中，花朵大而整齐，观赏效果增强。

（6）断根　将植株的根系在一定范围内全部切断或部分切断的措施，断根后可刺激根部发生新的须根。所以在移栽珍贵的大树或移栽山野自生树时，往往在移栽前1～2年进行断根，在一定的范围内促发新的须根，有利于移栽成活。

（7）留桩修剪　留桩修剪是在进行疏删回缩时，在正常修剪位置以上留一段残桩的修剪方法。待母枝长粗后，再把桩疏掉。这时的伤口面积相对缩小，对下部生长枝也不会有什么大的影响。

（8）里芽外蹬　冬剪时，剪口芽留里芽（枝条上方的芽），而实际培养的是剪口下第二芽，即枝条外方（下方）的芽，经过1年生长，剪口下第一芽因位置高，优势强，长成直立健壮的新枝，第二芽长成的枝条角度开张，生长势缓和并处在延长枝的方向，第二年冬剪时剪去第一枝，留第二枝作延长枝。

（9）平茬　平茬又称截干，指从地面附近全部去掉地上枝干，利用原有的发达根系刺激根颈附近萌芽更新的方法。多用于培养优良主干和灌木的复壮更新。

四、修剪技术问题

（一）剪口状态

剪口向侧芽对面微倾斜，使斜面上端与芽端基本平齐或略高于芽尖 0.6cm 左右，下端与芽的基部基本持平，这样的剪口面积小，创面不致过大，很易愈合，而芽的生长也较好。如果剪口倾斜过大，伤痕面积大，水分蒸发多，并且影响对剪口芽的养分和水分的供给，会抑制剪口芽的生长，而下面一个芽的生长势则得到加强，这种切口一般只在削弱树的生长势时采用。而剪口芽的上方留一小段桩，这种剪口因养分不宜流入小桩，剪口很难愈合，常常导致干枯，影响观赏效果，一般不宜采用。

（二）剪口芽的选择

剪口芽的强弱和选留位置不同，生长出来的枝条强弱和选留位置不同，生长出来的枝条强弱和姿势也不一样。剪口芽留壮芽，则发壮枝；剪口芽留弱芽，则发弱枝。

背上芽易发强旺枝，背下芽发枝中庸。剪口芽留在枝条外侧可向外扩张树冠，而剪口芽方向朝内则可填补内膛空位。为抑制生长过旺的枝条，应选留弱芽为剪口芽；而欲弱枝转强，剪口则需选留饱满的背上壮芽。

（三）大枝剪除

将枯枝或无用的老枝、病虫枝等全部剪除时，为了尽量缩小伤口，应自分枝点的上部斜向下部剪下。残留分枝点下部凸起的部分伤口不大，很易愈合，隐芽萌发也不多；如果残留其枝的一部分，将来留下的一段残桩枯朽，随其母枝的长大，渐渐陷入其组织内，致伤口迟迟不愈合，很可能成为病虫的巢穴。

回缩多年生大枝时，往往会萌生徒长枝。为了防止徒长枝大量抽生，可先行疏枝和重短截，削弱其长势后再回缩。同时剪口下留弱枝当头，有助于生长势缓和，则可减少徒长枝的发生。如果多年生枝较粗必须用锯子锯除，则可先从下方浅锯伤，然后再从上方锯下，可避免锯到半途因枝自身的重量向下而折裂，造成伤口过大，不易愈合。由于这样锯断的树枝伤口大而表面粗糙，因此还要用刀修削平整，以利愈合。为防止伤口的水分蒸发或因病虫侵入而引起伤口腐烂应涂保护剂或用塑料布包扎。

（四）剪口保护剂

树干上因修剪造成太大的伤口，特别是珍贵的树种，在树体主要部分的伤口应用保护剂保护，目前应用较多的保护剂有如下两种。

（1）固体保护剂　取松香 4 份、蜂蜡 2 份、动物油 1 份（重量）。先把动物油放在锅里加火熔化，然后将旺火撤掉，立即加入松香和蜂蜡，再用文火加热并充分搅拌，待冷凝后取出，装在塑料袋密封备用。使用时，只要稍微加热令其软化，然后用油灰刀将其抹在伤口上即可，一般用来封抹大型伤口。

（2）液体保护剂　原料为松香 10 份、动物油 2 份、酒精 6 份、松节油 1 份

（重量）。先把松香和动物油一起放入锅内加温，待熔化后立即停火，稍冷却后再倒入酒精和松节油，同时搅拌均匀，然后倒入瓶内密封贮藏，以防酒精和松节油挥发。使用时用毛刷涂抹即可。这种液体保护剂适用于小型伤口。

（五）常用修剪工具及机械

常用的整形修剪工具有：修枝剪、修枝锯、刀具、斧头、梯子等。

1. 修枝剪

（1）普通修枝剪　一般剪截 3cm 以下的枝条，只要能够含入剪口内，都能被剪断。操作时，用右手握剪，左手将粗枝向剪刀小片方向猛推，就能迎刃而解。不要左右扭动剪刀，否则影响正常使用。

（2）长把修枝剪　其剪刀呈月牙形，没有弹簧，手柄很长，能轻快地修剪直径 1cm 以内的树枝，适用于高灌木丛的修剪。

（3）高枝剪　装有一根能够伸缩的铝合金长柄，使用时可根据修剪的高度要求来调整，用以剪截高处的细枝。

（4）大平剪　又称绿篱剪、长刃剪，适用于绿篱、球形树和造型树木的修剪，它的条形刀片很长并且很薄，易形成平整的修剪面，但只能用来平剪嫩梢。

2. 修枝锯

适用于粗枝和树干的剪截，常用的有五种锯：手锯、单面修枝锯、双面修枝锯、高枝锯和电动锯。

（1）手锯　常用于花木、果木、幼树枝条的修剪。

（2）单面修枝锯　适用于截断树冠内中等粗度的枝条，弓形的单面细齿手锯锯片很窄，可以伸入到树丛当中去锯截，使用起来非常灵活。

（3）双面修枝锯　适用于锯除粗大的枝干，其锯片两侧都有锯齿，一边是细齿，另一边是由深浅两层锯齿组成的粗齿。在锯除枯死的大枝时用粗齿，锯截活枝时用细齿，另外锯把上有一个很大的椭圆形孔洞，可以用双手握住来增加锯的拉力。

（4）高枝锯　适用于修剪树冠上部大枝。

（5）电动锯　适用于大枝的快速锯截。

3. 刀具

为了在一定位置抽生枝条，以解决大枝下部光秃及培养主枝等，使用的刀具有芽接刀、电工刀或其他刃口锋利的刀具。

4. 斧头

砍树或是撑枝、拉枝、钉木桩用。

5. 梯子

修剪较高大的树木时，必须借助与梯子或升降车，不然无法作业。

（六）修剪程序

1. 制订方案

修剪时切不可不加思考、漫无次序、不按树体构成规律地乱剪。应制定具体修剪方案。

2. 具体实施

从事修剪的人员，要懂得树木的生物学特性以及技术规范、安全操作等。

修剪树木时，首先要观察分析。树势是否平衡，如果不平衡，分析是上强（弱）下弱（强），还是主枝之间不平衡，并要分析造成的原因，以便采用相应的修剪技术措施。如果是因为枝条多，特别是大枝多造成生长势强，则要进行疏枝。在疏枝前先应决定选留的大枝数及其在骨干枝上的位置，将无用的大枝先剪掉。如果先剪小枝和中枝，最后从树形要求上看，发现这条大枝是多余的、无用的，留下妨碍其他枝条的生长，又有碍树形，这时再锯除大枝，前面的工作等于是无效的。待大枝调整好以后再修剪小枝，宜从各主枝或各侧枝的上部起，向下依次进行。在这时特别要注意各主枝或各侧枝的延长枝的短截高度，通过各级同类型延长枝长度相呼应，可使枝势互相平衡最后达到平衡树势的目的。

对于一棵树，一定要按技术修剪，应先剪下部，后剪上部；先剪内膛枝，后剪外围枝。几个人同时修剪一棵树，更应注意按照制定的修剪方案分工负责。如果树体高大，则应有一个人负责指挥，其他人要积极配合绝不能各行其是。

修剪时要注意安全，一方面是修剪人员本身对空中电线及梯子、锯、剪子等的使用要注意，另一方面要注意过往行人及车辆的安全。

3. 清理现场

要及时清理修剪下来的枝条，确保安全和环境整洁。过去一般采用把残枝等运走的办法，现在则经常应用移动式削片机在作业现场就地把树枝粉碎成木片，可节约运输量并可再利用。

第三节　不同类型园林树木的整形与修剪

一、修剪的一般技术要求

1. 园林树木修剪的程序

概括起来即"一知、二看、三剪、四拿、五处理、六保护。"①一知：参加修剪的全体技术人员，必须掌握操作规程、技术规范、安全规程及特殊要求。②二看：修剪前先绕树观察，对树木的修剪方法做到心中有数。③三剪：根据因地制宜，因树修剪的原则，做到合理修剪。④四拿：修剪下来的枝条，及时拿掉，集体运走，保证环境整洁。⑤五处理：剪下的枝条要及时处理，防止病虫害蔓延。⑥六保护：疏除大枝、粗枝，要保护乔木。

根据修剪方案，对要修剪的枝条、部位及修剪方式进行标记。然后按先剪下部、后剪上部，先剪内膛枝、后剪外围枝，由粗剪到细剪的顺序进行。一般从疏剪入手，把枯枝、密生枝、重叠枝等先行剪除；再按大、中、小枝的次序，对多年生枝进行回缩修剪；最后，根据整形需要，对一年生枝进行短截修剪。修剪完成后尚需检查修剪的合理性，有无漏剪、错剪，以便更正。

2. 园林树木修剪的一般技术要求

修剪时应遵循"从整体到局部，由下到上，由内到外，去弱留强，去老留新"的基本操作原则。剪口平滑、整齐，不积水，不留残桩。大枝修剪应防止枝重下落，撕裂树皮。及时剪除病虫枝、干枯枝、徒长枝、倒生枝、阴生枝。及时修剪偏冠或过密的树枝，保持均衡、通透的树冠。

修剪时应根据被修剪树木的树冠结构、树势、主侧枝的生长等情况进行观察分析，根据修剪目的及要求，制定具体修剪方案。

从事修剪的人员，要懂得树木的生物学特性，以及技术规范、安全操作等。修剪树木时，首先要观察分析。树势是否平衡，如果不平衡，分析是上强（弱）下弱（强），还是主枝之间不平衡，并要分析造成的原因，以便采用相应的修剪技术措施。如果是因为枝条多，特别是大枝多造成生长势强，则要进行疏枝。在疏枝前先应决定选留的大枝数及其在骨干枝上的位置，将无用的大枝先剪掉，如果先剪小枝和中枝，最后从树形要求上看，发现这条大枝是多余的、无用的，留下妨碍其它枝条的生长，又有碍树形，这时再锯除大枝，前面的工作等于是无效的。待大枝调整好以后再修剪小枝，宜从各主枝或各侧枝的上部起，向下依次进行。在这时特别要注意各主枝或各侧枝延长枝的短截高度，通过各级同类型延长枝长度相呼应，可使枝势互相平衡最后达到平衡树势的目的。

对于一棵树，一定要按技术修剪，应先剪下部，后剪上部；先剪内膛枝，后剪外围枝，几个人同时修剪一棵树，更应注意按照制定的修剪方案分工负责。如果树体高大，则应有一个人负责指挥，其他人要积极配合绝不能各行其是。修剪时要注意安全，一方面是修剪人员本身对空中电线及梯子、锯、剪子等的使用要注意，修剪人员都必须配备安全保护装备；另一方面是对作业树木下面或周围行人与设施的保护，在作业区边界应设置醒目的标记，避免落枝伤害行人，要注意过往行人及车辆的安全。要及时清理修剪下来的枝条，确保安全和环境整洁。当几个人同剪一棵高大树体时，应有专人负责指挥，以便高空作业时的协调配合。

过去一般采用把残枝等运走的办法，现在则经常应用移动式削片机在作业现场就地把树枝粉碎成木片，可节约运输量并可再利用。

二、苗木的整形修剪

苗木在圃期间主要根据将来的不同用途和树种的生物学特性进行整形修剪。此期间的整形修剪工作非常重要，且在苗期的重点是整形。苗木如果经过整形，后期的修剪就有了基础，容易培养成理想的树形。如果从未修剪任其生长的树木后期想要调整、培养成优美的树形就很难。所以，必须注意苗木在苗圃期间的整形修剪。

（一）乔木大苗的整形培育

在生产实际中，乔木类大苗一般用于行道树、庭荫树等。

1. 落叶乔木大苗的整形培育

落叶乔木行道树大苗培育的最后规格是：首先，具有高大通直的树干，树干高2.5～3.5m，胸径5～10cm；其次，完整、紧凑、匀称的树冠；第三，强大的根系。庭荫树则依周围环境条件而定，一般干高1m左右，主干要求通直向上并延伸成中干，主侧枝从属关系鲜明且均匀分布。

对于乔木树种，特别是顶端优势强的树种，如杨树类、水杉、落叶松等，只要注意及时疏去根蘖条和主干1.8m以下的侧枝，以后随着树干的不断增加，逐年疏去中干下部的分枝，同时疏去树冠内的过密枝及扰乱树形的枝条。

对于顶端优势较弱、萌芽力较强的树种，如槐树作行道树，播种苗当年达不到2.5m以上的主干高度，而第二年侧枝又大量萌生且分枝角度较大，很难找到主干延长枝，为此常采用截干法培养主干。具体方法是：在秋季落叶后，将一年生的播种苗按60cm×60cm株行距进行移栽，第二年春加强肥水管理，促进苗木快长，并要注意中耕除草和病虫害防治，养成较强的根系。当苗高到1.5m时，于秋季在距地面5～10cm处将地上部分全部剪除（平茬），然后施有机肥准备越冬；第三年春季萌芽生长后，随时注意去除多余萌蘖条，选取留其中一个最健壮又直立的枝条作为目的枝条进行培养。在风害较严重的地方可选留2个，到5月底枝条木质化后去一留一。在培育期间注意土、肥、水管理及病虫害防治，并注意保护主干延长枝，对侧枝摘心以促进主干延长枝生长。这样到秋季苗木高度可达2.5～3.0m，达到行道树的定干高度。第四年不动，第五年结合第二次移栽，变成120cm×120cm株行距，选留3～5个向四周分布均匀的枝条做主枝。翌年在主枝30～40cm处短截，促侧枝生长，形成基本树形，至第七年或第八年即可长成大苗。

2. 常绿乔木大苗的整形培育

常绿乔木大苗的规格，要求具有该树种本来的冠形特征，如尖塔形、圆锥形、圆头形等；树高3～6m，枝下高应为2m，冠形匀称。

对于轮生枝明显的常绿乔木树种，如黑松、油松、华山松、云杉、辽东冷杉等，有明显的中央领导枝，每年向上长一节，分生一轮分枝，幼苗期生长速度很慢，每节只有几厘米、十几厘米，随苗龄增大，生长速度逐渐加快，每年每节约可达40～50cm。培育一株大苗（高3～6m）需15～20年时间，甚至更长。这类树种有明显主梢，而一旦遭到损坏，整株苗木将失去培养价值，因此要特别注意主梢。一年播种苗一般留床保养一年，第三年开始移植，苗高约15～20cm，株行距定为50cm×50cm，第六年苗高约50～80cm。第七年以120cm×120cm株行距移植，至第十年苗木高度约在1.5～2.0cm。第十一年以4m×5m株行距进行第三次植，至第十五年苗木高可达3.5～4m左右。注意从第十一年开始，每年从基部剪除一轮分枝，以促进高生长。

对于轮生枝不明显的常绿树种，如侧柏、圆柏、雪松、铅笔柏等，幼期的生长速度较轮生枝常绿树稍快，因此在培育大苗时有所不同。一年生播种苗或扦插苗可留床保养一年（侧柏等也可不留床）。第三年移植时苗高20cm左右，株行距可定60cm×60cm，至第五年时苗高约为1.5～2.0m。第六年进行第二次移植，株行距定为 130cm×150cm，至第八年苗高可达 3.5～4m。在培育过程中要注意及时处理主梢竞争枝（剪梢或摘心）。培育单干苗，同时还要加强肥水管理，防治病虫害。

在乔木树种培育大苗期间，应注意疏除过密的主枝，疏除或回缩扰乱树形的主、侧枝。

（二）花灌木大苗的整形培育

对顶端优势很弱的丛生灌木要培养成小乔木状，一般需要三年以上的时间。第一年选留中央一根最粗而直的枝条进行培养，剪除其余丛生枝。第二年保留该枝条上部 3～5 个枝条作主枝，以中央一个直立向上的枝条作中干，将该枝条下部的新生分枝和所有根蘖剪除；第三年修剪方法类似第二年。这样基本上就修剪成一棵株形规整、层次分明的小乔木。

对于丛生花灌木，通常不将其整剪成小乔木状，而是培养成丰满、匀称的灌木丛。苗期可通过平茬或重截留 3～5 个芽促进多萌条的方法培育多主枝的灌丛。

（三）藤木大苗的整形培育

藤条类如紫藤、凌霄、蔓生蔷薇和木香等，苗圃整形修剪的主要任务是养好根系，通过平茬或重截培养一至数条健壮的主蔓。

（四）绿篱及特殊造型苗木的整形培育

绿篱的苗木要求分枝多，特别要注意从基部培养出大量分枝，以便定植后进行任何形式的修剪。因此至少要重剪两次，通过调节树体上下的平衡关系控制根系的生长，便于以后密植操作。此外，为使园林绿化丰富多彩，除采用自然树形外，还可以利用树木的发枝特点，通过整形及以后的修剪，养成各种不同的形状，如梯形、球形、仿生形等。

三、苗木栽植时的修剪

苗木栽植前后修剪的目的，主要是为了减少运输与栽植成本，提高栽植成活率和进一步培养树形，同时减少自然伤害。因此，在不影响树形美观的前提下，对树冠进行适度的修剪。

在起苗、运苗、栽植的过程中，不可避免地要伤害根系，由于根系的大量损失，吸收的水分和无机盐相对减少，供给地上部分的水分和营养也相应减少。而此时，地上部分枝叶照常生长和蒸发，如果根的功能不能迅速恢复，则会造成地上与地下部分在水分代谢等方面的平衡遭到破坏，植株会因为地下供应的水分和营养不够生长和消耗之用，饥饿而死亡，造成移植不成功。虽然有些种类在移栽完成以后，顶芽和一部分侧芽能够萌发，但当叶片全部展开后常常发生凋萎，以致造成苗木死亡，这种萌芽展叶以后又凋萎死亡的现象叫作"假活"。因此，在起苗之前或起苗后应立即进行重剪，使地上和地下两部分保持相对的平衡，否则必将大大降低移栽的成活率。此时的修剪应在苗圃整形的基础上进行，进一步调整和完善树形。具体的修剪方法是：首先，将无用的衰老枝、病枯枝、纤细枝、徒长枝剪除；其次，应根据栽植树木的干性强弱及分枝习性进行修剪。具体如下所述。

（1）具有明显主干的高大落叶乔木应保持原有树形，采用削枝保干的做法，适当疏枝，对保留的主侧枝在健壮芽上短截，可剪去枝条 1/5～1/3。

（2）对于无中干的树种，要保证主枝的优势，适当保留其上的侧枝并在饱满芽处进行短截。通常对萌芽力强的可剪得重些，萌芽力弱的可剪得轻些。

（3）带土球移植的常绿阔叶树，对树冠轻剪或不剪，只剪除断裂和损伤的枝条。枝叶过于浓密的，在保持原有树形的情况下可适量疏枝摘叶。

（4）常绿针叶树，由于萌芽力较差，只剪除病虫枝、枯死枝、过密的轮生枝和下垂枝，一般不宜过多修剪。

（5）对萌芽力较强的部分阔叶树，如槐树、香樟等，为提高种植成活率、减轻栽枝后的管理难度，可以重剪甚至去冠栽植。

（6）对灌木多进行短截和疏枝，为了尽快起到绿化效果，往往修剪稍轻，做到树冠内高外低，内疏外密。经过出圃修剪的苗木在其运输和栽植过程中可能出现新的损伤，应根据具体情况进行补充修剪。种植前对苗木根系的修剪主要是剪除劈裂根、病虫根和过长根。

四、各类园林树木的整形修剪

（一）行道树

行道树是城市绿化的骨架，它将城市中分散的绿地联系起来，能反映出城市的特有面貌和地方色彩。

行道树一般为具有通直主干、树体高大的乔木树种，主干高度与形状最好能与周围的环境要求相适应，枝下高一般 3m 左右。在市区特别是重要道路的行道树，更要求它们的高度和分枝点基本一致，树冠要整齐，富有装饰性。栽在道路两侧的行道树注意不要妨碍车辆的通行，公园内园路树或林荫路上的树木主干高度以不影响游人漫步为原则。

行道树除要求具有直立的主干以外，一般不做特别的选形，采用中干疏散型为好。有较强中干的行道树一般栽植在道路比较宽、上面没有架高架线的道路上，中干不强或无明显的行道树一般栽植在街道比较窄或架有高压线的街道上。在公园，行道树与各类线路的关系处理一般采用四种措施：降低树冠高度，使线路在树冠的上方通过；修剪树冠的一侧，让线路能从其侧旁通过；修剪树冠内膛的枝干，使线路能从中间通过；或使线路从树冠下通过。

行道树的基本主干和主枝在苗圃阶段就已养成，成形后不需要大量的修剪，而只要进行疏除病枝，衰老枝等就能够保持较理想的树形。

（二）庭荫树

庭荫树应具有庞大的树冠。树干定植后，尽早把 1.0～1.5m 以下的枝条全部剪除，以后再逐年疏掉树冠下部的分生侧枝。庭荫树的枝下高以 3m 左右为好，树冠大小及树高的比例以冠高比 2/3 以上为宜。庭荫树的整形大多采用自然形，培养健康挺拔的树木姿态。条件许可的，将过密枝、伤残枝、病枯枝及扰乱属性的枝条疏除。

（三）灌木（或小乔木）的修剪

1. 观花类

以观花为主要目的的树木的修剪，必须考虑其开花习性、着花部位及花芽的性质。

（1）早春开花树种　如连翘、迎春、榆叶梅、碧桃等先花后叶的树种，在前一年的枝条上形成花芽，第二年春天开花。修剪时以休眠期为主，修剪方法以截、疏为主，结合其他方法。具有顶生花芽的树木，在休眠期修剪，绝不能对着生花芽的枝条进行短截；具有腋花芽的种类，可以对生花芽的枝条进行短截；对具有混合芽的枝条，剪口芽不能留花芽。

（2）夏秋开花树种　如珍珠梅、木槿、紫薇等，花芽在当年春天发出的新梢上形成，修剪应在休眠期进行，主要是短截和疏剪相结合。但不能在开花前进行重短截，因为花芽大部分着生在枝条上部和顶端。有的花后还应去残花，使花期延长。对于一年开两次花的灌木，更应在花后将残花及其下方的2～3芽剪除，以促使新枝萌发和二次开花。

2. 观果类

观果类的树木，如金银木、平枝栒子等，其修剪时间及方法与早春开花的种类基本相同。生长期要注意疏除过密枝，以利通风透光、减少病虫害，利于果实着色，提高观赏效果。在夏季，采用环剥、缚缢或疏花疏果等技术措施，以增加果实的数量和质量。

3. 观枝类

观枝类的如红瑞木、棣棠等，为了延长各季观赏期，多在早春芽萌动前进行修剪，以利冬季充分发挥观赏作用。由于这类树木的嫩枝最鲜艳，观赏价值高，因此，年年需要重剪，促发更多的新枝，同时要逐步去掉老冠促进树冠更新。

4. 观形类

这类树木有龙爪槐、垂枝桃、垂枝梅等，修剪时应短截不留下芽而留上芽，从而诱发壮枝。而对合欢树，成形后只进行常规疏剪，通常不再进行短截修剪。

5. 观叶类

以自然整形为主，一般只进行常规修剪，不要求进行细致的修剪和特殊的选形，主要观其自然美。苗木树种形状要遵从因枝修剪、随树做形的原则，逐年分批进行修剪与更新。对于抽生萌生枝强的种类，可以齐地面全部剪除，令其重新发枝。

（四）绿篱的修剪

绿篱又称植篱，是由萌芽、成枝力强、耐修剪的树种密植而成。根据绿篱的高度不同，可分为矮绿篱（50cm 左右）、中绿篱（100cm 左右）和高绿篱（200～300cm）。常见的绿篱整形方式有规则式和自然式两种。

1. 修剪时期

绿篱定植以后，最好任其自然生长一年，以免因修剪过早而妨碍地下根系的生长。从第二年开始，再按照所确定的绿篱高度进行短截，修剪时要依照苗木大小分别截至苗高的 1/3～1/2。然后在生长期内对所有新梢进行 2～3 次修剪，这样可降低分枝高度，多发分枝，提早郁闭。

2. 整形方式

（1）自然式绿篱　这种类型的绿篱一般不进行专门的整形，在栽培的过程中仅作一般修剪，剔除老、枯、病枝。自然式绿篱多用于高篱或绿墙。一些小乔木在密植的情况下，如果不进行规则式修剪，常长成自然式绿篱，因为栽植密度较大，侧枝相互拥挤，相互控制其生长，不会过分杂乱无章，但应选择生长较慢、萌芽力弱的树种。

（2）整形式绿篱　这种类型的绿篱是通过修剪，将篱修整成各种几何形体或装饰形体。为了保持绿篱应有的高度和平整而匀称的外形，应经常将突出轮廓线的新梢整平剪齐，并对两面的侧枝进行适当的修剪，以防分枝侧向伸展太远，影响行人来往或妨碍其他花木的生长。修剪时最好不要使篱体上大下小，否则不但会给人以头重脚轻的感觉，而且会造成下部枝叶的枯死和脱落。

（3）绿篱的更新　是指通过强度修剪来更换绿篱大部分树冠的过程，一般需要3 年。

第一年，首先疏除过多的老干。因为绿篱经过多年的生长，在内部萌生了许多主干，加之每年短截新枝而促生许多小枝，从而造成整个绿篱内部整体通风、透光不良，主枝下部的叶片枯萎脱落。因此，必须根据合理的密度要求，疏除过多的老主干使内部具备良好的通风透光条件。然后，短截主干上的枝条，并对保留下来的主干逐个回缩修剪，保留高度一般为 30cm；对主干下部所保留的侧枝，先行疏除过密枝，再回缩修剪，通常每枝留 10～15cm 长度即可。常绿树的更新修剪时间以5 月下旬至 6 月底为宜，落叶树宜在休眠期进行，剪后要加强肥水管理和病虫害防治工作。

第二年，对新生枝条进行多次轻短截，促发分枝。

第三年，再将顶部剪至略低于所需要的高度，以后每年进行重复修剪。

对于萌芽能力较强的种类可采用平茬的方法进行更新，仅保留一段很矮的主干。平茬后的植株可在 1～2 年中形成绿篱的雏形，3 年以后恢复成形。

（五）藤本类的整形修剪

1. 棚架式

卷须类及缠绕类藤本植物多用这种方式。整形时，应在近地面处重剪，使发出数条强壮主蔓，然后将主蔓垂直引至棚架顶部，使侧蔓在架上均匀分布，可很快形成荫棚。在华北、东北各地，对不耐寒的树种，如葡萄，需每年下架，将病弱衰老枝剪除，均匀地选留结果母枝，经盘卷扎缚后埋于土中，翌年再去土上架；至于耐寒的树种，如紫藤等，则不必下架埋土防寒，除隔数年将病老或过密枝疏剪外，一般不必年年修剪。

2. 凉廊式

常用于卷须类及缠绕类植物，亦偶尔用于吸附类植物，因凉廊有侧方阁架，所以主蔓勿过早引至廊顶，否则侧面容易空虚。

3. 篱垣式

多用于卷须类及缠绕类植物，将侧蔓水平引缚，每年对侧枝短截，形成整齐的篱恒形式。

4. 附壁式

这种形式多用吸附类植物为材料，如地锦、凌霄、常春藤、扶芳藤等。操作的方法很简单，只需将藤蔓引于墙面即可，自行依靠吸盘或吸附根逐渐布满墙面。修剪时主要采用短截以及回缩促发分枝，防止基部空虚，同时要进行常规疏剪。

5. 直立式

此形式主要用于茎蔓粗壮的种类，如紫藤等。主要方法是对主蔓进行多次短截，将主蔓培养成直立的主干，从而形成直立的多干式的灌木丛。此整形方式如用在河岸边、山石旁、园路边、草坪上，均可以收到良好的观赏效果。

第四节　园林树木的创伤与愈合

树木受伤以后会对创伤产生一系列的保护性反应。树木创伤包括修剪和其他机械损伤及自然灾害等造成的损伤。

树木的伤口有两类：一类是皮部伤口，包括外皮和内皮；另一类是木质部伤口，包括边材、心材或二者兼有。木质部伤口在皮部伤口形成之后。

如果忽视早期伤口的处理则很容易导致树木腐朽和过早死亡。树皮如同皮肤一样，也起着保护皮下组织的作用。因修剪、冻害、日灼或其他机械损伤使树木保护层破坏，如不及时处理，促进愈合，就会遭受病原真菌、细菌和其他寄生物的侵袭，导致树体溃烂、腐朽，会使树木早衰，不但严重削弱机体的生活力，还有可能死亡。因此树皮一旦破裂，就应尽快对伤口进行处理，这样木腐菌或其他病虫侵袭的机会就越少。

一、愈伤组织形成

愈伤组织原指植物体的局部受到创伤刺激后，在伤口表面新生的组织。它由活的薄壁细胞组成，可起源于植物体任何器官内各种组织的活细胞。在植物体的创伤部分，愈伤组织可帮助伤口愈合；在嫁接中，可促使砧木与接穗愈合，并由新生的维管组织使砧木和接穗沟通；在扦插中，从伤口愈伤组织可分化出不定根或不定芽，进而形成完整植株。树木受伤，在受损致死的细胞附近，健全细胞的细胞核会向受伤细胞壁靠近，呼吸作用增强，使受伤组织的温度升高。愈伤组织形成以后，增生的组织又开始重新分化，使受伤丧失的组织逐步"恢复"正常，向外同树皮愈合生长，向内形成形成层并与原来的形成层连接，伤口被新的木质部和韧皮部覆盖。随着愈伤组织的进一步增生，形成层和分生组织进一步结合，覆盖整个创面，使树皮得以修补，恢复其保护能力。

二、伤口愈合

伤口愈合是一个复杂和严格控制的过程，涉及不同类型的细胞和大量的生长因子和细胞因子。这些生长因子及细胞因子在伤口愈合的阶段有其特定的角色。伤口附近的形成层细胞，形成愈伤组织逐渐覆盖伤口的过程称为伤口闭合过程。树木的愈伤能力与树木的种类、生活力及创伤面的大小有密切的关系。一般说，树种越速生，生活力越强，伤口越小，愈合速度越快。在树木修剪过程中，一方面，过于紧贴树干或枝条的剪口比被剪枝条相应断面大得多，愈伤组织完全覆盖伤口所花费的时间也长得多；另一方面，留桩越长，愈伤组织在覆盖之前必须沿残桩周围向上生长，覆盖伤口所花费的时间也越长，而且容易形成死节，或导致腐朽。另外，伤口愈合受细菌、菌类或病毒影响会减慢或停止。为了继续正常的伤口愈合过程，必须控制污染或感染。

三、伤口处理

树木伤口的处理与敷料是为了促进愈伤组织的形成，加速伤口封闭和防止病原微生物的侵染。

（一）伤口修整

伤口修整是必不可少的重要工作，应以不伤或少伤健康组织为原则，满足创面光滑、轮廓匀称、保护树木自然防御系统的要求。

1. 损伤树皮的修整

树干或大枝的树皮容易遭受大型动物、人为活动、日灼、冻伤、病虫及啮齿类动物的损伤，应进行适当处理以促进伤口愈合。

如果只是树皮受到破坏，形成层没有受到损伤，仍具有分生能力，应将树皮重新贴在外露的形成层上，用平头钉或橡胶塑料带钉牢或绑紧，一般不使用伤口涂料，但应在树皮上覆盖5cm厚的湿润而干净的水苔，用白色的塑料薄膜覆盖，上下两端再用沥青涂料封严，以防水保湿。覆盖的塑料薄膜和水苔应在3周内撤除。

对于树皮较厚、只有表层损伤、不妨碍形成层活动的伤口，如果立即用干净的麻布或聚乙烯薄膜覆盖，就可较快地愈合。如果形成层甚至木质部损伤，应尽可能按照伤口的自然外形修整，顺势修整成圆形、椭圆形或梭形，尽量避免伤及健康的形成层。当创伤面的形成层陈旧时，应从伤口边缘切除枯死或松动的树皮，同样应避免伤及健康组织。当树干或大枝受冻害、灼伤或遭雷击时，不易确定伤口范围，最好待生长季末容易判断时再行修整。

2. 疏剪伤口的修整

疏剪是从干或母枝上剪除非目的枝条的方法。疏除大枝的最终切口都应在保护枝领的前提下，适当贴近树干或母枝，绝不要留下长桩或凸出物，切口要平整，不应撕裂，否则会积水腐烂，难以愈合。伤口的上下端不应横向平切，而应成为长径与枝（干）长轴平行的椭圆形或圆形，否则伤口愈合比较困难。

此外，为了防止伤口因愈合组织的发育形成周围高、中央低的积水盆，修整较大的伤口时应将伤口中央的木质部修整成凸形球面，这样可预防木质部的腐烂。

（二）伤口敷料的作用和种类

关于敷料的作用，看法并不完全一致。有人认为虽然现在涂料在促进愈伤组织的形成和伤口封闭上发挥了一定的作用，但是在减轻病原微生物的感染和蔓延中并没有很大的价值。有些研究结果表明，虽然有些涂料，如羊毛脂等确实可以促进愈合体的形成，但是对于防止木材寄生微生物向深层侵染作用很小。许多涂料能刺激愈合组织的形成，但愈合组织的形成与腐朽过程没有什么关系。树木的大伤口很少完全封闭。有的伤口外表好像已经封闭，但仍可能有很细的裂缝。研究认为，过去使用的伤口涂料很少能保持一年以上，中间经过风吹、日晒和雨淋等作用，最终都将开裂和风化。

另有研究认为，涂料的性能和涂刷质量成为是否使用伤口涂料和如何发挥涂料作用的关键。理想的伤口涂料应能对处理创伤面进行消毒，防止木腐菌的侵袭和木材干裂，并能促进愈伤组织的形成；涂料还应使用方便，能使伤口过多的水分渗透蒸发，以保持伤口的相对干燥；漆膜干燥后应抗风化、不龟裂。伤口的涂抹质量要好，漆膜薄、致密而均匀，不要漏涂或因漆膜过厚而起泡。形成层区不应直接使用伤害活细胞的涂料与沥青。涂抹以后应定期检查，发现漏涂、起泡或龟裂要立即采取补救措施，这样才能取得较好的效果。

常用的伤口涂料一般有以下几种。

1. 伤口消毒剂与激素

经修整后的伤口，应用 $2\%\sim5\%$ 的硫酸铜溶液或 5% 石硫合剂溶液消毒。如果用 $0.01\%\sim0.1\%$ 的 a-萘乙酸涂抹形成层区，可促进伤口愈合组织的形成。

2. 紫胶清漆

它不会伤害活细胞，防水性能好，常用于伤口周围树皮与边材相邻接的形成层区，而且使用比较安全。紫胶的酒精溶液还是一种好的消毒剂。但是单独使用紫胶漆不耐久，还应用其他树涂剂覆盖。

3. 杂酚涂料

这是处理已被真菌侵袭的树洞内部大创伤面的最好涂料，但对活细胞有害，因此在表层新伤口上使用应特别小心。普通市售的杂酚是消灭和预防木腐菌最好的材料，但除煤焦油或热熔沥青以外，多数涂料都不易与其黏着。像杂酚涂料一样，杂酚油对活组织有害，主要用于心材的处理。此外，杂酚油与沥青等量混合也是一种涂料，而且对活组织的毒性没有单独使用杂酚油那样有害。

4. 接蜡

用接蜡处理小伤面效果很好。固体接蜡是用 1 份兽油（或植物油）加热煮沸，加入 4 份松香和 2 份黄蜡，充分熔化后倒入冷水配制而成的。这种接蜡用时要加热，使用不太方便。液体接蜡是用 8 份松香和 1 份凡士林（或猪油）同时加热熔化以后稍微冷却，加入酒精至起泡且泡又不过多而发出"嗞嗞"声时，再加入 1 份松节油，最后再加入 2～3 份酒精，边加边搅拌配制而成。这种接蜡可直接用毛刷涂抹，见风就干，使用方便。

5. 沥青涂料

这一类型的涂料对树体组织的毒害比水乳剂涂料大，但干燥慢，较耐风化。其组成和配制方法是：每千克固体沥青在微火上熔化，加入约 2500mL 松节油或石油，充分搅拌后冷却。

6. 羊毛脂涂料

用羊毛脂作为主要配料的树木涂料，在国际上得到了广泛的发展。它可以保护形成层和皮层组织，使愈伤组织顺利形成和扩展。

7. 房屋涂料

外墙使用的房屋涂料是由铅和锌的氧化物与亚麻仁油混合而成的，涂刷效果很好。但是它不像沥青涂料那样耐久，同时对幼嫩组织有害，因此在使用前应预先涂抹紫胶漆。

8. 波尔多膏

这是用生亚麻仁油慢慢拌入波尔多粉配制而成的黏稠敷料。它具有防腐的特性，但在使用的第一年对愈合组织的形成有妨碍，且不耐风化，要经常检查复涂。

9. 商品涂料

在有些专业商店可以买到较好的树木涂料，其中有一种罐装的气压式树木涂料十分实用，喷涂方便使用。

需要注意的是，木材干裂的大伤口是木腐菌侵袭的重要途径。这类伤口特别是木质部完好的伤口，除正常敷料外，应把油布剪成大于伤口的小块，牢牢钉在周围的健康树皮上，可进一步防止木材开裂而导致腐朽。

涂抹工作结束后，无论涂料质量的好坏，为了保证树木涂料获得较好的效果，都应对处理伤口进行定期检查。一般每年检查和重涂一到两次。发现涂料起泡、开裂或剥落就要及时采取措施。在对老伤口重涂时，最好先用刷子轻轻去掉全部漆泡和松散的漆皮，除愈合体外，其他暴露的创伤面都应重新涂抹一次。

思 考 题

1. 园林树木整形修剪的目的是什么？
2. 园林树木的整形与修剪的主要技术要求有哪些？
3. 自然与人工混合式整形具体有哪几种方法？
4. 园林树木修剪的方法有哪些？
5. 对灌木或小乔木应如何进行修剪？
6. 树木伤口涂料主要有哪几种？应如何做？

第七章　园林树木的土、肥、水及其他管理

　　园林树木的土、肥、水管理是园林树木日常管理与养护工作的一项极为重要的内容。园林树木一般生长在人工化的环境条件下，其水分与营养的获得往往有别于自然环境中生长的树木。有些树木常年生长在干旱贫瘠的土壤中，同时还要受到人为因素的影响，使其生长发育不良，难以发挥其应有的作用。通过园林树木的土、肥、水管理，能够有效地改善树木的生长环境，促进其生长发育，使其更好地发挥各项功能，达到绿化美化的目的。人们形容树木的种植施工与养护管理的关系是"三分种，七分管"，这很能说明园林树木养护管理的重要性。

　　我国地域辽阔，自然条件非常复杂，树木种类繁多，分布区域又广，园林树木能否生长良好，并尽快发挥最佳的观赏效果或生态效益，不仅取决于能否根据园林树木的年生长进程和生命周期的变化规律，做好其土、水、肥管理，而且取决于能否根据园林树木的生长环境及各种自然和人为因素的影响，进行经常、适时和稳定的其他养护管理，为各个龄期的树体生长创造适宜的环境条件，使树体长期维持较好的生长势。为此，应根据园林树木生长地的气候条件，做好各种自然灾害的防治工作，对受损树体进行必要的保护和修补，使之能够长久地保持色艳、香浓、形佳，形成参天覆地、绿翠盎然的园林景观；还应制定养护管理的技术标准和操作规范，使养护管理工作目标明确，措施有力，做到养护管理科学化、规范化。

　　养护管理的具体方法因树种、地区、树木生长环境和栽培目的不同而异，但总的要求是要顺应树木的生长发育规律，根据其生物学特性和当地的具体气候、地形、土壤等环境条件，同时考虑设备设施、经费、技术和人力等客观条件，因时因地制宜，以取得最佳的养护管理效果。

第一节　土　壤　管　理

　　土壤是树木生长的基地，是各种生物因素和非生物因素进行物质转化和能量交流的重要介质和枢纽，也是树木生命活动所需求的水分和各种营养元素的供应所和贮藏库。所以，土壤的好坏直接关系到树木的生长状况。园林树木的土壤管理就是通过多种综合措施来改善土壤结构和土壤理化性质，提高土壤肥力，以保证园林树木生长所需养分、水分等生活因子的有效供给，并防止和减少水土流失和尘土飞扬，增强园林景观的艺术效果。

一、园林绿地的土壤条件

土壤有机质和养分含量高低是土壤肥力水平和熟化程度的重要标志之一。土壤理化性质是土壤通气性、保水性、热性状、养分含量高低等各种性状发生和变化的物质基础。一般来说，肥沃的土壤应具备土壤养分均衡、土体构造适宜、土壤理化性质好等基本特征。熟化度高的土壤，有机质含量应在 1.5%～2% 以上，土壤微生物活动旺盛，土壤养分转化快、含量高，有机质和全氮等速效性养分含量搭配适宜，养分配比相对均衡，供肥能力强，肥效稳而长，可以满足树木不同生长阶段对养分的需求。土体构造适宜的土壤，在树木根系集中分布的土层中养分贮量丰富，心土层、底土层也有较高的养分含量；在 1～1.5m 深度范围内，土体为上松下实的结构，上层土壤要疏松，质地较轻；心土层较坚实，质地较硬。理化性质好的土壤，质地适中，具有良好的结构，温度变幅小，吸热保温能力强，微酸至微碱，土壤容重为 1～1.3g/cm³，土壤总孔隙度在 50% 以上，非毛管孔隙度在 10% 以上，大小孔隙比例为 1:(2～4)。

园林绿地的土壤条件十分复杂，既有各种自然土壤，又有人为干预过的各类土壤；既有平原肥土，又有荒山荒地、建筑废弃地、水边低湿地、人工土层、工矿污染地、盐碱地等；既受地域性气候、土壤、植被的影响，又受城市高密度人口和特殊的气候条件及各种污染物的干扰。因此，园林绿地的土壤往往具有一些不同寻常的特点，如土壤层次紊乱、土壤物理性质较差、土壤中缺少有机质、土壤pH 值偏高、土壤中外来侵入体多而且分布较深等。园林绿地的土壤大致可分为以下几类。

1. 荒山荒地

土壤未经深翻熟化，孔隙度低，肥力差。这种土壤用于栽植树木时常需进行土壤改良。

2. 平原肥土

平原肥土是理想的栽培土壤，最适合园林树木的生长，但由于耕作层较浅，需通过整地打破犁底层。

3. 酸性红壤

在我国长江以南地区常常遇到红壤。红壤呈酸性反应，土粒细，土壤结构不良，水分过多时，土粒吸水成糊状，干旱时水分容易蒸发散失，土块变得紧实坚硬，又常缺乏氮、磷、钾等元素，许多树木不能适应这种土壤，需要采取增施有机肥、磷肥、石灰，并在土壤底层铺设排水层等改良措施。

4. 水边低湿地

土壤一般都很坚实，水分多，通气不良，多带盐碱，不利于树木根系的生长。这种土壤应通过适当的地形改造，如挖湖堆山，降低地下水位，改变土壤的水分和通气条件，以适应园林树木的生长。选择耐水湿的树种如水杉、柳树、杨树等进行种植，可以取得良好的效果。

5. 沿海地区的土壤

沿海地区的土壤非常复杂，形成的原因很多，并常受海潮及海潮风影响。如果是沙质土壤，盐分被雨水溶解后能在短期内排除；如果是黏性土壤，因透水性小，盐分便会长期残留，不利于树木的生长，必须经过土壤改良。另外，海边的海潮风很大，空气中的水汽含有大量的盐分，会腐蚀树木的叶片，应选择耐海潮风的树种。

6. 市政工程施工后的场地

在城市市政工程的施工过程中，常将未熟化的心土翻到表层，破坏了土壤原有的结构，使土壤肥力降低。而且，由于机械施工碾压土地，造成土壤紧实度增加，通气不良，需要通过机械全面整地后方可栽植树木。

7. 煤灰土或建筑垃圾土

煤灰土是人们日常生活所产生的废弃物，如煤灰、垃圾、瓦砾、动植物残骸等。建筑垃圾是建筑施工后的残留物，如砖头、瓦砾、石块、木块、木屑、水泥、石灰等。煤灰土可以作为盐碱地客土栽植的隔离层。大量的生活垃圾可以通过腐熟等处理后用于园林绿化。土壤中有少量的砖头、瓦砾、木块、木屑等残留物可以增加土壤的孔隙度，对树木生长无害，而水泥、石灰及其灰渣则对树木生长有很大危害，必须彻底清除并换土后才能栽植树木。

8. 工矿污染地

矿山和工厂排出的废料中含有有害成分，被其严重污染过的土壤往往不适宜树木的生长，必须换土后才能进行绿化。

9. 坚实的土壤

园林绿地常常受到人流的践踏和车辆的碾压，造成土壤板结、孔隙度减小、含氧量降低，导致树木根系生长不良甚至窒息死亡等现象的发生，直接影响园林树木的生长发育和景观效果。一般来说，沙性强的土壤受压后孔隙度的变化小，黏性土受压后孔隙度的变化大。对坚实度高的土壤，应采取深翻松土、掺沙、施有机肥等改良措施。

10. 人工土层

城市中的许多建筑，如楼房、地铁、地下停车场、地下隧道、地下贮水槽等占据了许多宝贵的土地，待项目完工后，其顶部的绿化和利用是必须要考虑的问题，如在楼房的顶部建屋顶花园、在地下停车场的顶部栽植树木等。这些建筑物顶部的土壤通常是在建筑结构完工后由人工覆盖上的，所以称为人工土层。由于建筑负荷的限制，与天然土层相比，人工土层一般比较薄，土壤的有效水分容量小，而且没有地下毛细管水的供应，土壤很容易失水变干。如果没有人工灌水，仅靠天然降水，树木的生长很难维持。

人工土层的温度，既受气温的影响，也受下层结构传来的热量影响，所以土层温度的变化幅度较大，微生物的活动易受影响，腐殖质的形成速度缓慢，土壤的水分和养分条件较差。因此，应重视人工土层的土壤选择。为减轻建筑负荷和降低成本，尤其是屋顶花园，选择的土壤要轻，需要混合各种保水保肥和通气性强的多孔性轻质材料，如蛭石、珍珠岩、煤灰渣、沙砾、泥炭、陶粒等，而且栽植的树木要体量小、重量轻，所以只宜选用小乔木、灌木及低矮树木。

除上述土壤类型外，园林绿地的土壤还有盐碱土、重黏土、沙砾土等，这些土壤在种植前都应施有机肥进行改良。

二、园林树木栽植前的整地

不同的树种对土壤的要求不同，但一般而言，树木都要求保水保肥性能好的土壤，而在干旱贫瘠或水分过多的土壤上，往往生长不良。由于园林绿地的土壤条件十分复杂，所以园林树木栽植前的整地工作既要做到严格细致，又要因地制宜。不仅要满足树木生长发育对土壤的要求，还要注意地形地貌的美观。

园林整地工作包括适当整理地形、翻地、去除杂物、碎土、耙平、填压土壤等内容。

1. 一般平缓地区的整地

对比较平缓的耕地或半荒地，可采取全面整地。通常翻耕深度为 30cm 左右，以利蓄水保墒。对于重点布置地区或深根性树种，整地深度应达到 50cm 以上，并施有机肥，以改良土壤。平地的整地要有一定的倾斜度，以利在雨季排除多余的水分。

2. 荒山整地

荒山整地需要采用深翻熟化和施有机肥等措施来改良土壤。在整地之前，要先清理地面，刨出枯树根，搬除可以移动的障碍物。若坡度不大，土层较厚，可采用水平带状整地，即沿低山等高线整成长条状。在干旱石质荒山及黄土或红壤荒山上，可采用水平阶整地。在水土流失较严重或急需保持水土的荒山上，则应采用水平沟整地或鱼鳞坑整地。

3. 低湿地区的整地

低湿地的土壤一般比较紧实，通气不良，盐碱含量高，即使树种选择正确，也常生长不良。通过填土、挖排水沟、松土晒干和施有机肥等措施，能有效地降低地下水位，防止返碱。通常在植树的前一年，每隔 20m 左右就挖出一条深 1.5～2.0m 的排水沟，并将掘起的表土翻至一侧培成垅台，经过一个生长季，土壤受雨水的冲洗，盐碱减少了，杂草腐烂了。土质疏松，不干不湿，即可在垅台上植树。

4. 市政工程场地和建筑地区的整地

城市的市政工程完工后，在工地上常遗留大量灰槽、灰渣、砂石、砖石、碎木及建筑垃圾等废物，在整地前应将这些遗留物全部清除。由于建筑工程施工机械的碾压或夯实，常使得土壤变得十分坚硬，因此在整地时，还应将坚实的土壤挖松，并根据设计要求处理地形。对因挖除建筑垃圾而缺土的地方，应换入肥沃土壤。

5. 新堆土山的整地

挖湖堆山是园林建设中常见的改造地形措施之一。人工新堆的土山，要令其自然沉降之后，方可整地植树，因此，通常在土山堆成后，至少要经过一个雨季，才能开始整地。人工土山往往不太大，也不太陡，又全是疏松新土，可以按设计要求进行局部块状整地。

整地季节直接影响整地效果。在一般情况下，应提前整地，以充分发挥其蓄水保墒的作用。这一点在干旱地区尤为重要。一般整地应在植树前3个月以上的时期内（最好经过一个雨季）进行，若现整现栽，整地效果将会大受影响。

三、土壤管理技术

1. 松土除草

松土不仅可以切断土壤表层的毛细管，减少土壤水分蒸发，防止土壤泛碱，改良土壤通气状况，促进土壤的微生物活动，还有利于难溶性养分的分解，提高土壤肥力。松土还能在短期内恢复土壤的疏松度，改进土壤的通气和水分状态，使土壤的水、气关系趋于协调，所以生产上有"地湿锄干，地干锄湿"之说。此外，早春进行松土，还能明显地提高土壤温度，使树木的根系尽快开始生长，并及早进入吸收功能状态，以满足地上部分生长对水分、营养的需求。

除草的目的是排除杂草灌木对树木生长所需的水、肥、气、热、光的竞争，避免杂草、灌木、藤蔓对树木生长的不良影响。杂草生命力强，根系盘结，与树木争夺水肥，阻碍树木生长；藤本植物攀缘缠绕，不仅扰乱树形，而且可能绞杀树木。一般杂草的蒸腾量大，尤其在生长旺盛季节，由于其大量耗水，致使树木特别是幼树生长量明显下降。清除杂草还能阻止病虫害的滋生和蔓延，使树木生长的地面环境更清洁美观。

与深翻不同，松土除草是一项经常性的工作。松土除草，对于幼树尤为重要。二者一般应同时进行，但也可根据实际情况分别进行。松土除草的次数应根据当地的气候条件、树种特性以及杂草生长状况而定。通常城市园林主管部门对当地各类绿地中的园林树木的松土除草次数都有明确的要求，有条件的地方一般每年松土除草次数要达到2~3次。松土除草大多在生长季节进行，在以除草为主要目的时，选择杂草出苗期和结实期进行效果较好，这样不仅能消灭大量杂草，还能减少除草次数。具体时间应选择在土壤既不过于干燥，又不过于湿润的时期进行。

松土深度一般为大苗6~9cm，小苗2~3cm，过深伤根，过浅起不到松土的作用。在进行松土除草作业时，要尽量做到不伤或少伤树根，不碰破树皮，不折断树枝。

清除杂草是一项费时费力的工作，有条件的地方可采用除草剂除草。目前常用的除草剂有扑草净（Prometryne）、西玛津（Simazine）、阿特拉津（Atrazine）、茅草枯（Dalapon）和除草醚（Nitrofen）。每一种除草剂只能清除某些杂草，不能清除所有的杂草，而且不具有松土的作用。

有些地方的当地乡土草种已经形成了一定的景观特色（如马蔺、苦荬菜、点地梅、酢浆草、百里香等），除草时可以保留，而将其中影响景观效果的其他草种除掉，这样做既能保持物种的多样性，又可以形成一定的地域景观，还能降低土壤管理的费用。

2. 地面覆盖与地被植物

利用有机物或植物活体覆盖地面，可以防止或减少水分蒸发，减少地表径流，增加土壤有机质，调节土壤温度和减少杂草生长，为树木生长创造良好的环境条件。若在生长季进行覆盖，以后将覆盖的有机物随即翻入土中，还可增加土壤有机质，改善土壤结构，提高土壤肥力。覆盖材料以就地取材、经济适用为原则，如水草、谷草、豆秸、树叶、树皮、锯屑、马粪、泥炭等均可应用。在大面积粗放管理的园林中，还可将草坪上或树旁刈割下来的杂草随手堆于树盘附近，用以进行覆盖。一般对于幼树或草地疏林的树木，多在树盘下进行覆盖。覆盖的厚度通常以3～6cm为宜，鲜草约5～6cm，过厚会产生不利影响。覆盖时间一般在生长季节土温较高而较干旱时进行。

地被植物可以是紧伏地面的多年生植物，也可以是一二年生的较高大的绿肥作物，如饭豆、绿豆、黑豆、苜蓿、苕子、猪屎豆、紫云英、豌豆、蚕豆、草木樨、羽扇豆等，用绿肥作物覆盖地面，除能够发挥覆盖作用外，还可在开花期将其翻入土内，收到施肥改土的效果。用多年生地被植物覆盖地面，不仅具有良好的覆盖作用，还能抑制尘土飞扬，提高园林景观效果，防止杂草生长，节约树木养护费用。

无论是地被植物还是绿肥作物，若作为树下的覆盖植物，均应具有适应性强，有一定的耐阴能力，覆盖作用好，繁殖容易，比杂草的竞争力强，又与树木矛盾不大等优良特性。如果要覆盖的地面为疏林草地，则应选用耐踩踏、无汁液、无针刺的植物进行覆盖，最好还应具有一定的观赏性和经济价值。

常用的草本地被有铃兰、石竹类、勿忘草、百里香、萱草、二月兰、酢浆草、鸢尾类、麦冬类、丛生福禄考、玉簪类，吉祥草、蛇莓、石碱花、沿阶草、白三叶、红三叶、紫花地丁等。木本地被植物有地锦类、金银花、木通、扶芳藤、常春藤类、络石、菲白竹、倭竹、葛藤、裂叶金丝桃、偃柏、铺地柏、金老梅、野葡萄、山葡萄、蛇葡萄、凌霄类等。

四、土壤改良

土壤改良是采用物理、化学及生物措施，改善土壤理化性质，提高土壤肥力的方法。

1. 土壤耕作改良

许多园林绿地因人流长期活动而被踩实，踩实厚度一般达3～10cm，土壤硬度达14～70kg/cm²；被机动车辆压实的土壤，其坚实层厚度一般为20～30cm。在经过多层压实后，其厚度可达80cm以上，土壤硬度达12～110kg/cm²。当土壤硬度在14kg/cm²以上，土壤孔隙度在10％以下时，会严重妨碍微生物的活动和树木根系的伸展；当土壤容重大于1.4g/cm³时，会严重影响树木生长。因此，在这些地区，土壤的物理性能往往较差，水、气矛盾突出，土壤性质向恶化方向发展，主要表现为土壤板结、黏重、耕性差、通气透水不良，必须进行土壤改良。

通过土壤耕作改良，可以有效地改善土壤的水分和通气条件，促进微生物的活动，加快土壤的熟化进程，使难溶性营养物质转化为可溶性养分，从而提高土壤肥力。同时，由于大多数园林树木都是深根性植物，根系分布深广，通过土壤耕作可以为根系提供更广阔的伸展空间，能保证树木随着年龄的增长对水、肥、气、热的不断需要。土壤的合理耕作应包括以下内容。

（1）深翻熟化　深翻就是对园林树木根区范围内的土壤进行深度翻垦；主要目的是加快土壤的熟化，使"死土"变"活土"，"活土"变"细土"，"细土"变"肥土"。深翻结合施肥，特别是施有机肥，改土效果更好。

① 深翻适应的范围　在荒山荒地、低湿地、建筑的周围、土壤的下层有不透水层的地方、人流践踏或机械压实过的部位等地段栽植树木，特别是栽植深根性的乔木时，栽植前应深翻土壤，栽植后也应定期深翻。过去曾认为深翻伤根多，对树木生长不利，但长期的实践证明，合理的深翻，虽然切断了一些根系，但由于根系受到刺激后会发生大量的新根，因而提高了吸收能力，有利于树木的健壮生长。

② 深翻时期　深翻时期包括园林树木栽植前的深翻与栽植后的深翻。前者是在栽植树木前，配合园林地形改造、杂物清除等工作，对栽植场地进行全面或局部的深翻，并曝晒土壤，打碎土块，增施有机肥，为树木后期生长奠定基础；后者是在树木生长过程中进行的土壤深翻。

一般来说，深翻主要在秋末和早春两个时期进行。秋末，树木地上部分生长基本停止或趋于缓慢，同化产物消耗少，并已经开始回流积累；这时又正值根系秋季生长高峰，伤口容易愈合，并发出部分新根，吸收能力提高，吸收和合成的营养物质在树体内进行积累，有利于树木翌年的生长发育；同时秋翻后经过漫长的冬季，有利于土壤风化和积雪保墒。春翻应在土壤解冻后及时进行。此时树木地上部分尚处于休眠状态，根系则已开始缓慢生长，伤根后容易愈合和再生。春季土壤解冻后，土壤水分开始向上移动，土质疏松，省工省力，但此时土壤蒸发量较大，易导致树木干旱缺水，因此在春季干旱多风地区，春翻后应耙平、镇压，及时灌水，或采取措施覆盖根部。

③ 深翻深度　一般以稍深于园林树木主要根系垂直分布层为度，这样有利于引导根系向下生长，但具体的深翻深度应根据土壤结构、土质状况以及树种特性等因素来确定。若土层浅、下部为半风化岩石，或土质黏重、浅层有砾石层和黏土夹层，或地下水位较低的土壤，以及栽植深根性树种的土壤，深翻深度宜较深些，可达 $50\sim70cm$，相反可适当浅些。春翻深度也应较秋耕为浅。

④ 深翻次数　土壤深翻的效果能保持多年，因此没有必要每年都进行深翻，但深翻作用持续时间的长短与土壤特性有关。黏土、涝洼地深翻后容易恢复紧实，因而保持年限较短，可每 $1\sim2$ 年深翻一次；而地下水位低、排水良好、疏松透气的沙壤土保持时间较长，一般可每 $3\sim4$ 年深翻一次。

⑤ 深翻方式　园林树木土壤深翻方式主要有树盘深翻与行间深翻两种。树盘深翻是在树冠垂直投影线附近挖取环状深翻沟，以利树木根系向外扩展，这适用于园林草坪中的孤植树和株距较大的树木。行间深翻则是在两排树木的行中间挖取长条形深翻沟，用一条深翻沟达到对两行树木同时深翻的目的，这种方式多适用于呈

行状种植的树木，如风景林、防护林带、园林苗圃等。此外，还有全面深翻、隔行深翻等方式，应根据具体情况灵活运用。

深翻应与施肥、灌溉同时进行。深翻回填土时，须按土层状况加以处理，通常维持原来的层次不变，就地翻松后掺入有机肥，将心土放在下部，将表土放在最上面。有时为了促使心土迅速熟化，也可将较肥沃的表土与腐熟有机肥拌匀后放置沟底，以改良根层附近的土壤结构，为根系的生长创造有利条件，而将心土放在上面。

（2）客土栽培　在栽植园林树木时对栽植地实行局部换土，通常是在土壤完全不适宜园林树木生长的情况下进行的。如在岩石裸露的人工爆破坑栽植树木时，或在土壤十分黏重、土壤过酸、过碱时，或在土壤已被工业废水、建筑垃圾或其他废弃物严重污染等情况时，或在选定的树种需要一定酸度的土壤而本地土质不合要求时，均应全部或部分换土以获得适宜的栽培条件。通常在北方地区栽植栀子、杜鹃、山茶、八仙花等酸性土植物时，应将局部范围内的土壤全部换成酸性土，或至少也要加大种植坑，放入山泥、泥炭土、腐叶土等，并混拌有机肥料，以符合酸性树种的要求。

在客土栽培实施前应做好预算和施工计划，要选用质地好、肥力较高的土壤。应根据施工的进度，有计划地分期分批进行更换。若换土量较大，好土的来源较困难时，或客土的质量不够理想时，可在实施过程中进行改土，如填加泥炭土、腐叶土、有机肥、磷矿粉、复合肥，或施用土壤结构改良剂。

（3）培土　在园林树木生长过程中，根据需要在树木根际周围添加一定厚度的土壤基质，以增加土层厚度，保护根系，补充营养，改良土壤结构。这种方法，在我国南北各地普遍采用。例如，在我国南方高温多雨的地区，降雨量大、强度高，植被稀少的坡地上水土流失严重，往往造成树木根系大量裸露，使树木处于既缺水又缺肥，生长势弱甚至可能导致树木整株倒伏或死亡的不利境地，这时就需要及时培土。

培土是一项经常性的土壤管理工作，应根据土质确定培土基质的类型。如土质黏重的应培含沙质较多的疏松肥土甚至河沙；含沙质较多的可培塘泥、河泥等较黏重的肥土以及腐殖土。培土量视植株的大小、土源、成本等条件而定，厚度多在5～10cm，不超过15cm，以免影响树木根系的正常生长。

2. 土壤化学改良

（1）施肥改良　增施有机肥料是改良土壤过沙或过黏最简便易行的方法。有机肥所含营养元素全面，能有效地供给树木生长所需营养，还能增加土壤腐殖质，提高土壤保水保肥能力，降低黏土的黏性，增强沙土地团聚性，克服沙土过于松散和黏土过黏僵硬的缺点，增加黏土的空隙度，缓冲土壤的酸碱度，从而改善土壤的水、肥、气、热状况。有机肥需经过发酵腐熟后才可使用，生产上常用的有机肥料有厩肥、堆肥、禽肥、鱼肥、饼肥、人粪尿、土杂肥、绿肥以及城市中的垃圾等。

（2）土壤酸碱度的调节　绝大多数园林树木适宜生长在中性至微酸性土壤上，然而在我国许多城市的园林绿地中，酸性和碱性土壤所占比例较大。土壤酸碱度的大小受生物气候条件和施肥性质等因素控制。一般说来，我国南方城市的土壤 pH 值偏低，北方 pH 值偏高，气候几乎起到决定性作用。

土壤的酸碱度主要影响土壤养分的转化和有效性、土壤微生物的活动和土壤的理化性质等，因此与园林树木的生长发育密切相关。通常土壤 pH 值在 6～7 的土壤中的营养元素最容易被树木吸收，养分有效性高。当土壤 pH 值过低时，土壤中活性铁、铝增多，磷酸根易与它们结合形成不溶性的沉淀，造成磷素养分的无效化。同时由于土壤吸附性氢离子多，黏粒矿物易被分解，盐基离子大部分遭受淋失，不利于良好土壤结构的形成。相反，当土壤 pH 值过高时，则发生明显的钙对磷酸的固定，使土粒分散，土壤结构受到破坏。

① 土壤酸化处理 土壤酸化是指对偏碱性的土壤进行必要的处理，使之 pH 值有所降低，以适宜某些喜酸性土的园林树种的生长需求。目前，土壤酸化主要通过施用释酸物质来调节，如施用有机肥料、生理酸性肥料、硫黄等，通过这些物质在土壤中的转化，产生酸性物质，降低土壤的 pH 值。据试验，每亩（1 亩≈667m²）地施用 30kg 硫黄粉，可使土壤 pH 值从 8.0 降到 6.5 左右；硫黄粉的酸化效果较持久，但见效缓慢。对盆栽园林树木也可用 1∶50 的硫酸铝钾，或 1∶180 的硫酸亚铁水溶液浇灌植株来降低盆栽土的 pH 值。

② 土壤碱化处理 土壤碱化是指对偏酸的土壤进行必要的处理，使之土壤 pH 值有所提高，以适宜某些碱性树种生长需求。土壤碱化的常用方法是向土壤中施加石灰、草木灰等碱性物质，但以石灰应用较普遍。土壤碱化处理的石灰是农业上用的"农业石灰"，即石灰石粉（碳酸钙粉）。使用时，石灰石粉越细越好，这样可增加土壤内的离子交换强度，以达到提高土壤 pH 值的目的。市面上销售的石灰石粉有几十到几千目的细粉，目数越大，见效越快，价格也越贵，生产上一般用 300～450 目的较适宜。

3. 疏松剂改良

近年来，有不少国家已开始大量使用疏松剂来改良土壤结构和生物学活性，调节土壤酸碱度，提高土壤肥力，并有专门的疏松剂商品销售。如国外生产上广泛应用的聚丙烯酰胺，是人工合成的高分子化合物，使用时先把干粉溶于 80℃ 以上的热水，制成 2% 的母液，再稀释 10 倍浇灌至 5cm 深土层中，通过其离子键、氢键的吸引使土壤形成团粒结构，从而优化土壤水、肥、气、热条件，达到改良土壤的目的，其效果可达 3 年以上。

土壤疏松剂可大致分为有机、无机和高分子三种类型，其功能主要表现在：a. 膨松土壤，提高置换容量，促进微生物活动；b. 增多孔隙，协调保水与通气的矛盾、增加透水性；c. 使土壤粒子团粒化。

土壤疏松剂的具体种类、性质及用途等见表 7-1、表 7-2、表 7-3。

目前，我国大量使用的疏松剂以有机类型为主，如泥炭、锯末粉、谷糠、腐叶土、腐殖土、家畜厩肥等，这些材料来源广泛，价格便宜，效果较好，但一定要使用经过发酵腐熟的材料，并与土壤混合均匀。

表 7-1 有机型土壤疏松剂材料一览表

物质名称	原料	制法	效果	用途
泥炭系统	泥炭	泥炭内加入消石灰后，加热、加压	增强对 pH 的缓冲能力，增加保肥力，增加腐殖质，提高土壤的保水能力和膨软性	泥炭土等适用于红壤、重黏土，施用量为土壤体积的 10%～20%，过量会造成土壤干燥。
	草炭	草炭内加入石灰中和		
	苔藓	干燥粉碎		本改良材料原是强酸性的，所以每升添加 3g 左右的石灰调节 pH，添加肥料成分
褐煤系统	褐煤	用硝酸分解褐煤后，加石灰、氨或蛇纹岩粉末中和		
树皮、树叶系统	树皮、树叶	把阔叶树的树皮、树叶与鸡粪等堆积在一起，长时间腐熟	使土壤膨软，微生物的活动旺盛，改善土壤物理性，增加保肥力，供给养分，增加腐殖质	适用于多种土壤，特别适用于红土、沙坝土，使用量为土量体积的 10%～20%，要充分注意制品的腐熟度
纸浆残渣系统	稻草、麦秆、造纸残渣	处理稻草、麦秆造纸残渣，用造纸残渣的处理物促进腐熟，使造纸残渣的处理物发酵增加保肥力	提高土壤的膨软和保肥力，使微生物活动旺盛	适用于重黏土，其体积比为土量的 2%～5%
堆肥系统	城市垃圾、屎尿、废水、污泥	把废水处理物干燥处理，或通过堆肥装置发酵	作为堆肥的代用品是有效的	—
动植物糟粕系统	海草粉末、鱼粉、酵素、糟粕	提高微生物的活动，增加氮量	—	适用于贫瘠土

表 7-2 无机型土壤疏松剂材料一览表

物质名称	原料	制法	效果	用途
沸石	沸石	沸石磨成末（北海道、东北产）	盐基置换容量增大，硅酸、铁、微量元素等增多	膨润性小，适宜改良重黏土，混入的容积比为土量的 5%～10%
	凝灰岩	凝灰岩磨成末		
膨土岩	黏土	北海道，群马县产	良质的黏土，内含钙、镁、钾等，改良土壤酸性，提高保肥力	膨润土具有膨润性，适用于沙质土壤的改良
蛭石	蛭石	用高温煅烧蛭石	多孔质的小块状物质，透水性、通气性、保水性都好	适用于重黏土和沙质土。在干燥条件下全面混合，能提高保水性能。低湿条件下，在土壤下层施用，有利排水
珠光体	珍珠岩	高温焙烧珍珠岩		
石灰质材料	石灰石	—	中和酸性土壤，有效利用磷酸，促进微生物分解繁殖	根据 pH 决定施用量。如果 pH 在 5.5 以上，树木类不得使用

表7-3　高分子型土壤疏松剂材料一览表

物质名称	原料	效果	用途
树脂(聚阴离子)	聚乙烯醇(聚乙酸乙烯酯)	以离子结合力为主体。作为团粒化剂,能够促使土壤团粒化,增加保水性能改善通气性和透水性	适用于壤土和沙壤土
	聚乙烯		
	尿素系统(脲醛树脂)		
聚阳离子	丙烯酰胺	比聚阴离子效果还要好的强力土壤团粒化剂	适用于重黏土
	乙烯系统(环氧乙烷)		

4. 生物改良

生物改良包括植物改良和动物改良两个方面。在城市园林中,植物改良是指通过有计划地种植地被植物来达到改良土壤的目的。各地可根据实际情况,按照习性互补的原则灵活选用植物,处理好种间关系。动物改良可以从以下两方面入手:一方面,加强土壤中现有有益动物种类的保护,对土壤施肥、农药使用、土壤与水体污染等进行严格控制,为土壤动物创造一个良好的生存环境。另一方面,推广使用根瘤菌、固氮菌、磷细菌、钾细菌等生物肥料,这些生物肥料含有多种微生物,其生命活动的分泌物和代谢产物,既能直接给园林树木提供某些营养元素、激素类物质、各种酶等,促进树木根系的生长,又能改善土壤的理化性能。

土壤动物主要生活在土壤表层或凋落物层内,分为原生动物和腐食性动物。原生动物如鞭毛虫、肉足虫、纤毛虫等,主要生活在土壤凋落物层和0～5cm的土层中,以凋落物层的种类最多;腐食性动物如蚯蚓、甲虫的幼虫、白蚁、壁虱、飞虫等喜欢生活在潮湿的土壤间隙里或凋落物层内。土壤动物能分解树木的枯落物,促进土壤形成良好的团粒结构,改良土壤的通气状况,提高土壤的保水、保肥能力,对土壤改良具有积极意义。

五、土壤污染的防止

土壤污染是指土壤中积累的有毒或有害物质超过了土壤的自净能力,从而对园林树木的正常生长发育造成伤害时的土壤状态。土壤污染一方面直接影响园林树木的生长,如通常当土壤中砷、汞等重金属元素含量达到2.2～2.8mg/kg时,就有可能使许多园林树木的根系中毒,丧失吸收功能;另一方面,土壤污染还导致土壤结构破坏,肥力衰竭,引发地下水、地表水及大气等连锁污染。因此,土壤污染是一个不容忽视的环境问题。

土壤污染一旦发生,仅靠切断污染源往往很难恢复,有时要靠换土、淋洗土壤等方法才能解决问题,其他治理技术可能见效较慢。因此,治理污染土壤通常成本较高,治理周期较长。防治土壤污染的措施主要有管理措施、生产措施和工程措施。

1. 管理措施

严格控制污染源,禁止向城市园林绿地排放工业和生活污染物,加强污水灌溉区的监测与管理,各类污水必须净化后方可用于园林树木的灌溉;加大对园林绿地中各类固体废弃物的清理力度，及时清运有毒垃圾、污泥等。

2. 生产措施

合理施用化肥和农药，执行科学的施肥制度，大力发展新型肥料，增施有机肥，提高土壤环境容量；采用低量或超低量喷洒农药的方法，严格控制剧毒农药及有机磷、有机氯农药的使用范围；施加改良剂，加速土壤有机物的分解，使重金属固定在土壤中，如添加有机质可加速土壤中农药的降解，减少农药的残留量；在某些重金属污染的土壤中，加入石灰、膨润土、沸石磷酸盐、硅酸钙等土壤改良剂，使其与土壤中的重金属污染物作用生成难溶化合物，控制重金属元素在土壤中的迁移与转化，降低土壤污染物的水溶性、扩散性和生物有效性；广泛选用吸收污染物及抗污染能力强的园林树种。

3. 工程措施

工程措施治理土壤污染效果彻底但投资较大。可以采用客土、换土、去表土、翻土等方法更换已被污染的土壤；另外，还有隔离法、清洗法、热处理法以及近年来被国外采用的电化法等。

第二节　营养管理

树木的营养管理是通过合理施肥来改善与调节树木营养状况的经营活动。营养是园林树木生长的物质基础，树木的许多异常状况常与营养不足密切相关。

园林树木多为根深体大的木本植物，生长期和寿命长，生长发育需要的养分数量很大，加之树木长期生长于一地，根系不断从土壤中选择性吸收某些元素，造成某些营养元素贫乏。此外，城市园林绿地土壤人流践踏严重，土壤密实度大，密封度高，水气矛盾突出，使得土壤养分的有效性大大降低。同时城市园林绿地中的枯枝落叶常被彻底清除，中断了营养物质的循环，故极易造成养分的枯竭。因此，只有通过合理施肥，才能增强树木的抗逆性，延缓树木衰老，确保园林树木的健康生长。

一、园林树木施肥的意义和特点

园林树木多为根深体大的木本植物，生长期和寿命均较长，生长发育需要的养分数量均较大，加之树木长期生长于一地，根系不断从土壤中选择性吸收某些元素，造成某些营养元素贫乏。合理施肥是促进树木枝叶茂盛，花繁果丰，加速生长和延年益寿的重要措施。如果在树木修剪前后或遭受其他机械损伤后施肥，还可促进伤口愈合。

长期以来，人们都非常重视作物、蔬菜和果树的施肥，而忽视了园林树木的施肥。其实，从某种意义上讲，园林树木的施肥比农作物，甚至比林木更重要，因为园林树木的主要功能不是提供果实、木材等直接产品，而是展示其花、果、叶及树形等多方面的外在美，这就要求园林树木能在数十年、数百年，甚至上千年的生长过程中郁郁葱葱、花繁叶茂，即使老态龙钟，也能给人以苍劲雄伟的美感。但在这漫长的岁月里，由于园林树木栽植地的特殊性，营养物质的循环经常失调，枯枝落叶不是被扫走，就是被烧毁，归还给土壤的数量很少；还由于城市园林绿地的人流践踏严重，土壤密实度大，密封度高，水气矛盾突出，使得土壤养分的有效性大大降低；加之地下管线、建筑地基的构建，减少了土壤的有效容量，限制了根系的吸收面积。此外，随着绿化水平的提高，包括草坪在内的多层次植物配置，更增加了养分的消耗和与树木的竞争。以上种种不利因素，都会造成园林树木生长不良，直接影响景观效果。通过合理施肥，满足园林树木的生长需求，增强其抗逆性，延缓衰老，对园林树木的健壮生长至关重要。

园林树木的种类繁多，习性各异，生态、观赏与经济效益不同，因而无论是肥料的种类、用量，还是施肥比例与方法都与作物、蔬菜和果树有很大差异；园林树木的特殊性决定了其施肥的次数不会太多，因而施肥应以有机肥和其他迟效性肥料为主。此外，为了环境美观、卫生，不能采用有恶臭、污染环境，或妨碍人们正常生活的肥料或施肥方法。肥料应适当深施并及时覆盖。

二、园林树木与营养

1. 营养诊断

营养诊断是指导树木施肥的理论基础，根据树木营养诊断进行施肥，是实现树木养护管理科学化的一个重要标志。营养诊断是将树木矿质营养原理运用到施肥措施中的一个关键环节，它能使树木施肥达到合理化、指标化和规范化。

营养诊断的方法很多，包括土壤分析、叶样分析、外观诊断等，其中外观诊断是行之有效的方法。在树木的生长发育过程中，当缺少某种元素时，在植株的形态上就会呈现出一定的症状来。外观诊断法就是通过树木呈现出的不同症状来判断树体缺素的种类和程度。此法具有简单易行、快速的优点，在生产上有一定实用价值。

2. 引起树木营养贫乏症的原因

引起树木营养贫乏的具体原因很多，如土壤营养元素缺乏，土壤理化性质不良、土壤酸碱度不适，土壤营养成分的失衡，不良气候条件等。

（1）土壤营养元素缺乏　这是引起树木营养贫乏症的主要原因。但某种营养元素缺乏到什么程度才会发生缺素症却是个复杂的问题。不同树种，即使同一树种的不同品种、不同生长期或不同气候条件下树木对营养元素的需求都会有差异，所以不能一概而论，但从理论上说，各个树种都有其对某种营养元素需求的最低限值。

（2）土壤理化性质不良　这里所说的理化性质，主要是指与养分吸收有关的因素。正常而旺盛的地上部生长有利于根系的良好发育，而根系分布越广，吸收的养分数量就越多，可能吸收到的养分种类也越多。但若土壤坚实、底层有漂白层，或地下水位高、盆栽容器太小等都限制根系的伸展，从而会引发或加剧缺素症。

（3）土壤酸碱度不适　土壤 pH 值直接影响营养元素的溶解度，即有效性。有些营养元素在酸性条件下易溶解，有效性高，如铁(Fe)、硼(B)、锌(Zn)、铜(Cu)等，其有效性随 pH 值的降低而迅速增加；另一些元素则相反，当土壤 pH 值趋于中性或碱性时有效性增加，如钼(Mo)，其有效性会随 pH 值的提高而增加。

（4）土壤营养成分的平衡　树木体内的正常代谢要求各营养元素含量保持相对均衡，否则会导致代谢紊乱，出现生理障碍。一种元素的过量存在常会抑制另一种元素的吸收与利用，这就是所谓元素间"拮抗"现象。这种拮抗现象是相当普遍的，当其作用比较强烈时就会导致缺素症的发生。生产中，较常见的拮抗现象有磷(P)-锌(Zn)、磷(P)-铁(Fe)、钾(K)-镁(Mg)、氮(N)-钾(K)、氮(N)-硼(B)、铁(Fe)-锰(Mn)等。因此，在施肥时需注意肥料的选择与搭配，避免一种元素过多而影响其他元素作用的发挥。

（5）不良气候条件　主要是低温的影响。低温一方面减慢土壤养分的转化，另一方面削弱树木对养分的吸收能力，故低温容易促发缺素症。实验证明，在各种营养元素中磷是受低温抑制最大的一个元素。除低温外，雨量的多少对缺素症的发生也有明显的影响，雨量的影响主要表现为土壤过旱或过湿对营养元素的释放、淋失及固定的影响，如干旱易促发缺硼(B)、钾(K)及磷(P)；多雨易促发缺镁(Mg)。光照也影响元素吸收，其中光照不足对营养元素吸收的影响以磷(P)最严重，因而在多雨少光照而寒冷的天气条件下，施磷肥的效果特别明显。

3. 营养元素及其作用

树木的正常生长发育需要从土壤和大气中吸收几十种营养元素，如碳(C)、氢(H)、氧(O)、氮(N)、磷(P)、钾(K)、钙(Ca)、镁(Mg)、硫(S)、铁(Fe)、铜(Cu)、锌(Zn)、硼(B)、钼(Mo)、锰(Mn)、氯(Cl)等。尽管树木对各种营养元素的需要量差异很大，但对树木生长发育来说它们是同等重要、不可缺少的。

根据树木需求量的多少，常将营养元素分为大量元素、中量元素和微量元素。大量元素有碳(C)、氢(H)、氧(O)、氮(N)、磷(P)、钾(K)，中量元素有钙(Ca)、镁(Me)、硫(S)，微量元素有铁(Fe)、铜(Cu)、锌(Zn)、硼(B)、钼(Mo)、锰(Mn)、氯(Cl)、镍(Ni)等。

碳(C)、氢(H)、氧(O)是组成树体的主要成分，这三种元素主要是从空气和土壤中获得的，一般不会缺乏。氮(N)、磷(P)、钾(K)被称为营养三要素，树木的需求量远远超过土壤的供应量。其他营养元素由于受土壤条件、降雨、温度等的影响也常不能满足树木需求，因此，必须根据实际情况对这些元素给予适当补充。

现将几种主要营养元素对树木生长的作用介绍如下：

（1）氮　树木根系吸收氮(N)的主要形态是 NH_4^+ 和 NO_3^-，还有少量 NO_2^-。氮能促进树木的营养生长和叶绿素的形成，使树木的茎、叶生长茂盛，叶色浓绿（观叶树种），增大叶面积，提高光合效率。缺氮对光合作用的抑制作用较其他元素大得多，但如果氮肥施用过多，尤其是在磷、钾供应不足时，会造成树木徒长、贪青、迟熟，降低其抗逆性。不同树种对氮的需求有差异，如观叶树种、绿篱、行道树通常在整个生长期中都需要较多的氮肥，以便在较长的时期内保持美观的叶丛、翠绿的叶色；观花树种只是在营养生长阶段需要较多的氮肥，进入生殖生长阶段之后，应该控制使用氮肥，否则将延迟花期。

（2）磷　树木根系吸收磷(P)的主要形态是正磷酸盐，即 $H_2PO_4^-$ 和 HPO_4^{2-}。

磷能促进种子发芽，提早开花结实期，这一功能恰好与氮相反。此外，磷还能使茎发育坚韧不易倒伏，增强根系的发育，特别是在苗期能使根系早生快发，弥补氮施用过多时产生的缺点，增强树体对不良环境条件及病虫害的抵抗力。因此，树木不仅在幼年或前期营养生长阶段需要适量的磷肥，而且进入开花期以后磷肥需要量也是很大的。然而，磷的利用率很低，这是因为磷在各类土壤中都容易被固定。在 pH 值 6.5～7.5 的中性土壤中磷的固定最弱，有效化程度较高。强酸土壤固磷最严重，磷的有效性最低，最容易缺磷。因此，加强磷肥的合理分配和施用很重要。

（3）钾　钾（K）有"品质元素"的美誉，在土壤及树木体内以无机形态存在，以离子态 K^+ 被树木吸收。钾能使树木生长强健，增强茎的坚韧性，并能促进叶绿素的形成和光合作用的进行，同时钾还能促进根系的扩大，使树木根深叶茂、花色鲜艳，提高其抗寒性和抵抗病虫害的能力。但过量的钾肥常使树木节间缩短，生长缓慢，树体低矮，叶片先变黄，之后逐渐变成褐色而皱缩，甚至可能使树木在短时间内枯萎。

（4）钙　钙（Ca）在树木体内主要分布在老叶或其他老组织中，以 Ca^{2+} 的形态被吸收。钙主要用于树木细胞壁、原生质及蛋白质的形成，促进树木的根系生长。

（5）硫　硫（S）以硫酸根（SO_4^{2-}）的形态被树木吸收。硫是树木体内蛋白质的成分之一，能促进根系的生长，并与叶绿素的形成有关。硫还能促进土壤中微生物的活动，但硫在树体内移动性较差，很少从衰老组织向幼嫩组织运转，所以硫的利用率较低。

（6）铁　铁（Fe）以低价态铁离子（Fe^{2+}）的形态被树木根系吸收，并以螯合态铁被运移到根表面。含高价态铁离子（Fe^{3+}）的化合物可溶性低，这严重限制了 Fe^{3+} 的有效性和树木对 Fe^{3+} 的吸收。铁在叶绿素的形成过程中起着重要作用。当缺铁时，叶绿素不能形成，因而树木的光合作用将受到严重影响。铁在树木体内的流动性也很弱，老叶中的铁很难向新生组织中转移，因而它很难被再度利用。在通常情况下树木不会发生缺铁现象，但在石灰质土或碱性土中，由于铁易转变为不可给态，虽土壤中含有大量铁元素，树木仍然会因发生缺铁现象而出现"缺绿症"。近年来的研究发现，固氮酶的两个组成部分都含有铁，说明铁在生物固氮中也起重要作用。

4. 元素间的相互关系

树木生长发育需要多种营养元素，所以不能单一地施用一种肥料，而应施用含有多种营养元素的复合肥。营养元素之间存在相助和颉颃作用，即一种元素可以对另一种或几种元素的吸收和利用产生有利或不利的影响，因此，施肥时要注意营养元素间的关系。

（1）相助作用　当一种元素的增加能引起树木对另一种或另一些元素的吸收和利用随之而增加的现象称为相助作用，又称相辅或协同作用。如当氮素增加时，叶片内的钙（Ca）和镁（Mg）的含量也随之增加；当氮素减少时，树木对镁（Mg）的吸收也减少，即氮（N）与钙（Ca）、镁（Mg）间存在相助作用。因此，当树体表现出缺镁（Mg）症状时，有可能是土壤缺镁，也有可能是因别的原因造成树体缺镁，所以，应首先进行土壤和叶片分析，再根据分析结果判断树体缺镁（Mg）的原因。若是氮（N）和镁（Mg）均不足，则必须同时施入适量的氮（N）和镁（Mg），才能迅速见效。

（2）颉颃作用　当一种元素的量的增加能引起树木对另一种或另一些元素的吸收和利用随之减少，且这一元素越多，另一种或另一些元素的吸收和利用就越少，这种现象称为颉颃作用，又称对抗或相克作用。如氮（N）与钾（K）、硼（B）、铜（Cu）、锌（Zn）、磷（P）等元素间存在颉颃作用，如过量施用氮肥，而不相应地施用上述元素，树体内钾（K）、硼（B）、铜（Cu）、锌（Zn）和磷（P）等元素的含量就会相应减少。相反，如磷（P）施用过多，会使树木对氮（N）、钾（K）的吸收受到阻滞，树木生长衰弱；钾素过多，则树木对钙（Ca）与镁（Mg）的吸收减少。因此在施肥时，必须考虑各元素的相互关系，不要因为某一种元素的施用不当（过剩或不足）而影响树木对其他元素的吸收和利用。

相助和颉颃作用常在大量元素、微量元素、阳离子和阴离子之间发生，且一种元素的存在形式不同，与其他元素间的关系表现形式也不相同。如氮（N）为阳离子时则与阴离子颉颃，为阴离子时又与阳离子颉颃。树木体内总的阳离子和阴离子的适宜比例由多种因素所决定，在生产实践中要随着树木生长条件的变化，通过合理施肥适时调节元素间的比例关系。当离子在溶液中的浓度发生变化时，元素间的关系也会随之发生变化。

一般来说，一种元素对另一种元素的对抗或增效作用，在沙性土上比在黏性土上为强，在原来缺少这一种元素的土壤上比原来含量高的土壤上为强。

过去在生产上一般只注意树体内某一种元素或几种元素的缺少，而不注意因素的过剩。实际上，缺素症和多素症是一个问题的两个不同侧面，如果只考虑一面而忽略另一面，往往不会取得良好的施肥效果。所以，施肥前不仅要掌握树木的需肥特性，还要全面调查和分析土壤中各种元素的状况和关系，在此基础上才能制定出科学合理的施肥方案。

三、施肥原理

1. 明确施肥目的

施肥的主要目的是为树木生长提供所需的营养，方便树木吸收和利用。但如果是为了改良土壤，就应根据土壤存在的具体问题确定肥料的种类和施用的方法，而不是单纯考虑树木对矿质营养的需要，有时甚至可以使用不含肥料三要素的物质，如用石灰改良酸性土，用硫黄改良碱性土等。为了使树木获得丰富的矿质营养，肥料应尽可能集中分层施于树木主要吸收根的分布范围内，以有利于树木吸收，并避免土壤固定；还应根据土壤中矿质营养的总量及其有效性、树木的需肥量、需肥时期以及营养诊断与施肥试验得出的合适施肥量、施肥时期等情况，做到迟效与速效肥料合理搭配，有机与矿质肥料合理搭配，基肥与追肥并重，以保证土壤能稳定、及时地供给树木营养，提高肥料利用率。

2. 根据树种合理施肥

（1）树种及其生长习性 树木对肥料的需求与树种及其生长习性有关，如泡桐、杨树、重阳木、香樟、桂花、茉莉、月季、茶花等树种生长迅速、生长量大，要比柏木、马尾松、油松、黄杨等慢生耐瘠树种的需肥量大。早春开花的乔灌木树种，如玉兰、碧桃、紫荆、榆叶梅、连翘等，休眠期施肥对开花具有重要的作用，花后及时施入以氮（N）为主的肥料能促进新枝生长，而在花芽分化期，则应施以磷（P）为主的肥料。喜肥树种，如梅花、桂花、牡丹、梓树、茉莉、梧桐等应多施肥；耐瘠薄树种，如沙棘、刺槐、悬铃木、油松、臭椿、山杏等可少施肥，甚至极少施肥。喜酸性土壤的花木，如杜鹃、山茶、栀子花、八仙花等应施酸性肥料，如堆肥、酸性泥炭藓和腐熟栎叶土、松针土等，不能施石灰、草木灰等碱性肥料；常绿树种，特别是常绿针叶幼树最好不施化肥，因为化肥易对其产生药害，施有机肥比较安全。有固氮作用的树种可少施氮肥，无固氮作用的应适当多施。总之，应根据树种特性调整施肥方法和用量。

（2）树木生长发育阶段 总体上讲，随着树木生长旺盛期的到来需肥量逐渐增加，生长旺盛期之前或之后需肥量相对较少，在休眠期甚至不需要施肥。在抽枝展叶的营养生长阶段，树木对氮素的需求量大，而生殖生长阶段则以磷（P）、钾（K）及其他微量元素为主。树木生长后期对氮肥的需求量较少，若此时施氮肥量过多，会使枝梢徒长，不利于枝条的充分木质化，使树木的抗寒能力降低，所以，此时应控施氮肥。根据树木物候期的差异，施肥方案上有萌芽肥、抽枝肥、花前肥、壮花稳果肥以及花后肥等。如柑橘类几乎全年都能吸收氮素，但吸收高峰在温度较高的仲夏；磷素的吸收主要在枝梢和根系生长旺盛的高温季节，冬季显著减少；钾的吸收主要在 5～11 月间。而栗树从发芽即开始吸收氮素，在新梢停止生长后，果实肥大期吸收最多，在开花后至 9 月下旬吸收较稳定，11 月之后几乎停止；钾的吸收在花前很少，开花后（6 月间）迅速增加，果实肥大期达吸收高峰，10 月以后急剧减少。一年中多次抽梢、多次开花的树种，如月季、木槿、珍珠梅等，应多次施肥，及时补施以氮（N）、磷（P）为主的肥料，以促进新梢的生长和花芽的形成，使其花繁叶茂，开花不断。就生命周期而言，一般处于幼年期的树种，尤其是幼年的针叶树，生长需要大量的氮肥，到成年阶段对氮肥的需求量减少；对古树、大树供给较多的微量元素，有助于增强其对不良环境因子的抵抗力。开花、坐果和果实发育时期，树木对各种营养元素的需求量都比较大，其中钾肥的作用最为重要。由此可见，了解树木不同生长发育阶段的需肥特性是确定合理施肥方法的重要基础。

（3）树木用途 树木的观赏特性及其园林用途直接影响树木施肥。一般说来，观叶、观形树种需要较多的氮肥，而观花、观果树种对磷（P）、钾（K）的需求量大。有调查表明，城市里的行道树大多缺少钾（K）、镁（Mg）、磷（P）、硼（B）、锰（Mn）、硝态氮等元素，而钙（Ca）、钠（Na）等元素又常过量。也有人认为，对行道树、庭荫树、绿篱树种施肥应以饼肥、化肥为主，郊区绿化树种可更多地施用人粪尿和土杂肥。

3. 根据环境条件合理施肥

树木吸肥不仅取决于树种特性，还受树木生长环境中的光、热、水、气、土壤反应、土壤溶液浓度等条件的影响。光照充足，温度适宜，光合作用强，根系吸肥量就多；如果光合作用减弱，由叶输导到根系的合成物质减少，树木从土壤中吸收营养元素的速度就会变慢。当土壤通气不良或温度不适宜时，同样也会发生类似的现象。

（1）土壤条件　土壤厚度、土壤水分和有机质含量、土壤酸碱度的高低、土壤结构以及三相比等均对树木的施肥有很大影响。土壤水分含量和土壤酸碱度与肥效直接相关。土壤水分缺乏时施肥，可能会因肥料浓度过高树木不能吸收利用而使树木遭受毒害；积水或多雨时养分容易被淋洗流失，降低肥料利用率；土壤酸碱度直接影响营养元素的溶解度，从而影响肥效。

保肥能力强的土壤，其缓冲能力和保水能力也强，即使施入较多的化肥，土壤溶液的浓度和 pH 值也不会发生急剧的变化，不会产生"烧根"的恶果，而保肥能力弱的土壤则相反。所以在施用化肥时，砂土的施肥量每次宜小，黏土的施肥量每次可适当加大。同样的用量，砂土应分多次追肥，黏土可适当减少施肥次数或加大每次的施肥量。砂土的质地疏松，通气性好，温度较高，湿度较低，属于"热土"，宜施用猪粪、牛粪等冷性肥料，施肥宜深不宜浅。为了延长肥效，可用半腐熟的有机肥料或腐殖酸类肥料等。黏土的质地紧密、通气透水性差、温度低，属于"冷土"，宜选用马粪、羊粪等热性肥料，施肥深度宜浅不宜深，而且使用的有机肥料必须充分腐熟。

（2）气候条件　确定施肥措施时，要充分考虑栽植地的气候条件，如生长期的长短、生长期中某一时期温度的高低、降水量的多少及分配情况，以及树木的越冬条件等，其中气温和降水是影响施肥的主要气候因子。如低温能减慢土壤养分的转化，削弱树木对养分的吸收能力。在各种元素中磷是受低温抑制最大的一种元素。干旱常导致缺硼、钾及磷等症状的发生，多雨则容易发生缺镁症。夏季大雨后，土壤中的硝态氮大量淋失，这时追施速效氮肥，肥效比雨前好；根外追肥最好选在清晨或傍晚，应避免在雨前或雨天进行。

4. 根据营养诊断和肥料性质合理施肥

（1）营养诊断　根据营养诊断结果进行施肥，能使树木的施肥达到合理化、指标化和规范化，完全做到树木缺什么就施什么，缺多少就施多少。虽然目前在生产上广泛应用受到一定限制，但应大力提倡，积极推广。

（2）肥料性质　肥料性质不同，直接影响施肥的时期、方法和施肥量。一些易流失或挥发的速效性肥料，如碳酸氢铵、过磷酸钙等，宜在树木需肥期稍前施入；而迟效性的有机肥料，需腐烂分解后才能被树木吸收利用，故应提前施入。氮肥在土壤中移动性强，即使浅施也能渗透到根系分布层内供树木吸收利用；而磷、钾肥移动性差故宜深施，尤其磷肥需施在根系分布层内才有利于根系的吸收。化肥的施用量应本着宜淡不宜浓的原则，否则容易烧伤树木根系。事实上任何一种肥料都不是十全十美的，因此实践中应将有机与无机、速效性与缓效性、酸性与碱性、大量元素与微量元素等结合施用，提倡复合配方施肥。

四、肥料的种类与成本

（一）肥料的种类

根据肥料的性质及使用效果，树木常用的肥料大致可分为机肥料、化学肥料及微生物肥料三大类。

1. 有机肥料

有机肥料是指含有丰富有机质，既能为树木提供多种无机养分和有机养分，又能培肥改土的一类肥料，其中绝大部分为就地取材自行积制的。有机肥料来源广泛、种类繁多，常用的有粪尿肥、堆沤肥、饼肥，泥炭、绿肥、腐殖酸类肥料等。虽然不同种类有机肥的成分、性质及肥效各不相同，但有机肥大多有机质含量高，有显著的改土作用，含有多种养分，有完全肥料之称，既能促进树木生长，又能保水保肥；而且其养分大多为有机态，供肥时间较长。不过，大多数有机肥养分含量有限，尤其是含氮量低，肥效来得慢，施用量也相当大，因而需要较多的劳力和运输力量。此外，有机肥施用时对环境卫生也有一定的不利影响。针对以上特点，有机肥一般以基肥形式施用，施用前必须采取堆积方式使之腐熟，其目的是为了快速释放养分，提高肥料质量及肥效，避免肥料在土壤中腐熟时产生某些对树木不利的影响。

2. 化学肥料

化学肥料又称为化肥、矿质肥料、无机肥料，是用物理或化学工业方法制成的，其养分形态为无机盐或化合物。某些有肥料价值的无机物质，如草木灰，虽然不属于商品性化肥，但习惯上也列为化学肥料，还有些有机化合物及其产品，如硫氰酸钙、尿素等，也常被称为化肥。化学肥料种类很多，按植物生长所需要的营养元素种类，常用的有氮肥、磷肥、钾肥、钙肥、镁肥、硫肥、微量元素肥料、复合肥料、草木灰、农用盐等。

化学肥料大多属于速效性肥料，供肥快，能及时满足树木生长的需要。化学肥料还有养分含量高、施用量少的优点。但化学肥料只能供给树木矿质养分，一般无改土作用，养分种类也比较单一，肥效不够持久，而且易挥发、流失或发生强烈的固定，降低肥料的利用率。所以，生产上一般以追肥形式使用，且不宜长期单一施用化学肥料，应以化学肥料和有机肥料配合施用为好，否则，对树木、土壤都是不利的。

3. 微生物肥料

微生物肥料也称生物肥、菌肥、细菌肥及接种剂等。确切地说，微生物肥料是菌而不是肥，因为它本身并不含有树木生长需要的营养元素，而是通过含有的大量微生物的生命活动来改善树木的营养条件。根据生产菌株的种类和性能，微生物肥料大致有根瘤菌肥料、固氮菌肥料、磷细菌肥料及复合微生物肥料等几大类。根据微生物肥料的特点，使用时应注意：一是使用菌肥需具备一定的条件，才能确保菌种的生命活力和菌肥的功效，而强光照射、高温、接触农药等都有可能杀死微生物；二是固氮菌肥要在土壤通气条件好、水分充足、有机质含量稍高的条件下才能保证细菌的生长和繁殖；三是微生物肥料一般不宜单施，一定要与化学肥料、有机肥料配合施用，才能充分发挥其应有的作用，而且微生物的生长、繁殖也需要一定的营养物质。

（二）肥料的特性与成本

要做到合理施肥，必须了解肥料本身的特性、成本及其在不同土壤条件下对树木的效应等情况，如磷矿粉的生产成本低、来源较广、后效长，在酸性土壤上施用很有价值，而在石灰性土壤上就不宜施用。

肥料的用量并非越多越好，而是在适当的生产技术措施配合下，有一定的用量范围。过量施用化学肥料不仅不符合增产节约的原则，还可能会导致树木灼伤甚至死亡，或污染环境等现象的发生。为了改良土壤，可加大有机肥料、绿肥或泥肥（塘泥、湖泥等）的用量，但也要根据需要与可能做出合理安排。若过量，同样会造成土壤溶液浓度过高之害。

氮肥应适当集中施用，因少量氮肥在土壤中往往没有显著效果。磷肥、钾肥的施用，除特殊情况外，必须用在不缺氮素的土壤中才经济合理，否则施用磷肥、钾肥的作用不大。有机肥及磷肥等，除当年的肥效外，往往还有后效，因此在施肥时要考虑前一、两年施肥的种类和用量。

五、施肥方式和方法

1. 施肥方式

（1）根据肥料的性质和施用时期划分　主要有基肥和追肥两种类型。基肥施用时期宜早，追肥要巧。

① 基肥　以有机肥为主，是在较长时期内供给树木多种养分的基础性肥料，所以宜施迟效性有机肥料，如腐殖酸类肥料、堆肥、厩肥、圈肥、粪肥、鱼肥、骨粉、血肥、复合肥、长效肥以及植物枯枝落叶、作物秸秆等。基肥通常有栽植前基肥、春季基肥和秋季基肥。在此时施入基肥，不但有利于提高土壤孔隙度、疏松土壤，改善土壤的水、肥、气、热状况，促进微生物的活动，而且还能在较长时间内源源不断地供给树木所需的大量元素和微量元素，基肥通常在春季与秋季结合土壤深翻施用，施用的次数较少，但用量较大。由于基肥肥效发挥平稳且缓慢，所以当树木需肥急迫时就必须及时补充肥料，以满足树木生长发育的需求。

② 追肥　一般多用速效性无机肥，并根据树木一年中各物候期的特点来施用。在生产上有前期追肥和后期追肥。前期追肥又分为花前追肥、花后追肥和花芽分化期追肥。具体追肥时间与树种、品种习性以及气候、树龄、用途等有关。如对观花、观果树种，花芽分化期和花后的追肥尤为重要，而对大多数树种来说，一年中生长旺期的抽梢追肥常常是必不可少的。与基肥相比，追肥施用的次数较多，但一次性用肥量却较少。对于观花灌木、庭荫树、行道树以及重点观赏树种，应在每年的生长期进行2～3次追肥，且土壤追肥与根外追肥均可。

（2）根据施肥部位划分　主要有土壤施肥和根外施肥两大类。

① 土壤施肥　土壤施肥是将肥料直接施入土壤中，然后通过树木根系吸收利用，土壤施肥是树木的主要施肥方法。

土壤施肥应根据树木根系分布特点，将肥料施在吸收根集中分布区附近，以便根系吸收利用，充分发挥肥效，并引导根系向外扩展。理论上讲，在正常情况下，树木的大多数根系集中分布在地下 10～60cm 深范围内，根系的水平分布范围，多数与树木的冠幅大小相一致，即主要分布在树冠外围边缘的圆周内，故可在树冠外围于地面的水平投影处附近挖掘施肥沟或施肥坑。由于许多园林树木常常经过造型修剪，树冠冠幅大大缩小，这就给确定施肥范围带来了困难。有人建议，在这种情况下，可以将离地面 30cm 高处的树干直径值扩大 10 倍，以此数据为半径，以树干为圆心，在地面上画出的圆周边即为吸收根的分布区，也就是说该圆周附近处即为施肥范围。

事实上，具体的施肥深度和范围还与树种、树龄、土壤和肥料种类等有关。深根性树种、沙地、坡地、基肥以及移动性差的肥料等，施肥时，宜深不宜浅，相反，可适当浅施；随着树龄的增加，施肥时应逐年加深，并扩大施肥范围，以满足树木根系不断扩大的需求。

② 根外施肥　目前生产上常见的根外施肥方法有叶面施肥和枝干施肥。

a. 叶面施肥　叶面施肥是用机械的方法，将按一定浓度配制好的肥料溶液，直接喷雾到树木的叶面上，通过叶面气孔和角质层的吸收，转移运输到树体的各个器官。叶面施肥具有简单易行，用肥量小，吸收见效快，可满足树木急需等优点，避免了营养元素在土壤中的化学或生物固定。因此，在早春树木根系恢复吸收功能前，在缺水季节或缺水地区以及不方便土壤施肥的地方，均可采用叶面施肥，同时，该方法还特别适宜于微量元素的施用以及对树体高大、根系吸收能力衰竭的古树、大树的施肥。

叶面施肥的效果与叶龄、叶面结构、肥料性质、气温、湿度、风速等密切相关。幼叶生理机能旺盛，气孔所占比重较大，较老叶吸收速度快，效率高；叶背较叶面气孔多，且表皮层下具有较疏松的海绵组织，细胞间隙大而多，有利于渗透和吸收。因此，应对树叶正反两面进行喷雾。

肥料种类不同，进入叶内的速度有差异。如硝态氮、氯化镁喷后 15 秒即可进入叶内，而硫酸镁需 30 秒，氯化镁需 15 分钟，氯化钾需 30 分钟，硝酸钾需 1 小时，铵态氮需 2 小时才进入叶内。许多试验表明，叶面施肥最适温度为 18～25℃，湿度大些效果好，因而夏季最好在上午 10 点以前和下午 4 点以后喷雾，以免气温高，溶液很快浓缩而影响喷肥效果或导致药害。

叶面施肥多作追肥施用，生产上常与病虫害的防治结合进行，因而药液浓度至关重要。在没有足够把握的情况下，应宁淡勿浓。喷布前需做小型试验，确定不会引起药害时，方可大面积施用。

b. 枝干施肥　枝干施肥就是通过树木枝、茎的韧皮部来吸收肥料养分的施肥方法，其吸肥的机理和效果与叶面施肥基本相似。枝干施肥又大致有枝干涂抹和枝干注射两种方法，前者是先将树木枝干刻伤，然后在刻伤处加上固体药棉，让树木吸收；后者如同给人和动物注射药液一样，用专门的仪器来注射枝干，让树木吸收。目前国内已有专用的树干注射器。枝干施肥主要用于衰老古大树、珍稀树种、树桩盆景以及观花树木和大树移栽时的营养供给。例如，有人分别用浓度为 2% 的柠檬酸铁溶液注射和用浓度为 1% 的硫酸亚铁加尿素药棉涂抹栀子花枝干，在短期内就扭转了栀子花的缺绿症，效果十分明显。

美国在 20 世纪 80 年代中生产出可埋入树干的长效固体肥料，通过树液湿润药物缓慢地释放有效成分，有效期可保持 3～5 年，主要用于行道树的缺锌、缺铁、缺锰的营养缺素症。

2. 施肥方法

目前生产上常见的土壤施肥方法有全面施肥、沟状施肥和穴状施肥。

（1）全面施肥　分撒施与水施两种。前者是将肥料均匀地撒布于树木生长的地面，然后再翻入土中。这种施肥的优点是方法简单、操作方便、肥效均匀，但施入较浅，养分流失严重，用肥量大，并易诱导根系上浮而降低根系抗性。此法若与其他方法交替使用则可取长补短，发挥肥料的更大功效。水施供肥及时，肥效分布均匀，既不伤根系又保护耕作层土壤结构，节省劳力，肥料利用率高，是一种很有发展潜力的施肥方法。

（2）沟状施肥　沟状施肥包括环状沟施、放射状沟施和条状沟施，其中以环状沟施较为普遍。环状沟施是在树冠外围稍远处挖环状沟施肥，一般施肥沟宽 30～40cm，深 30～60cm。环状沟施具有操作简便，用肥经济的优点，但易伤水平根，多适用于园林孤植树；放射状沟施较环状沟施伤根要少，但施肥部位也有一定局限性；条状沟施是在树木行间或株间开沟施肥，多适用于苗圃或呈行列式布置的树木。

（3）穴状施肥　穴状施肥与沟状施肥很相似，若将沟状施肥中的施肥沟变为施肥穴或坑就成了穴状施肥。栽植树木时的基肥施入，实际上就是穴状施肥。生产上，以环状穴施居多。施肥时，施肥穴同样沿树冠在地面投影线附近分布，不过，施肥穴可为 2～4 圈，呈同心圆环状。目前国外穴状施肥已实现了机械化操作，把配制好的肥料装入特制容器内，依靠空气压缩机通过钢钻直接将肥料送入到土壤中，供树木根系吸收利用。这种方法快速省工，对地面破坏小，特别适合城市铺装地面中树木的施肥。

六、施肥量

施肥量受树种习性、物候期、树体大小、树龄、土壤与气候条件、肥料的种类、施肥时间与方法、管理技术等诸多因素的影响，难以制定统一的标准。对施肥量含义的全面理解应包括肥料中各种营养元素的比例、一次性施肥的用量和浓度以及全年施肥的次数等数量指标。

科学施肥应该是针对树体的营养状态，经济有效地供给树木生长所需的营养元素，并且防止在土壤和地下水内积累有害的残存物质。施肥量过大或不足，对树木均有不利影响。施肥过多树木不能吸收，既造成肥料的浪费，又可能使树木遭受肥害，而肥料用量不足则达不到施肥的目的。

施肥量的确定既要考虑树种特性，还要考虑土壤肥沃程度及其树木对肥料的反应。如山地、盐碱地、瘠薄的沙地为了改良土壤，有机肥如绿肥、泥炭等的施用量一般均应高些，而土壤肥沃、理化性质良好的土壤可以适当少施；理化性质差的土壤施肥必须与土壤改良相结合。

树叶所含的营养元素量可反映树体的营养状况，所以近 20 多年来，广泛应用叶片分析法来确定树木的施肥量。用此法不仅能查出肉眼看得到的症状，还能分析出多种营养元素的不足或过剩，以及能分辨两种不同元素引起的相似症状，还能在病症出现前及早测知。此外，进行土壤分析也是确定施肥量的重要依据。

近年来，国内外已开始应用计算机技术、营养诊断技术等先进手段，在对肥料成分、土壤及树体营养状况等进行综合分析判断的基础上，控制施肥量，实行科学施肥。

理论施肥量的确定应先测定树木各器官每年对土壤中主要营养元素的吸收量、土壤中营养元素的可供量及肥料的利用率，再按下列公式计算施肥量：施肥量＝（树木吸收肥料的元素量－土壤可供应的元素量）/肥料元素的利用率。经验施肥量的确定一般按树木每厘米胸径 $180\sim1400g$ 的混合肥施用。普遍使用的最安全用量间于上述用量之间，即每厘米胸径 $350\sim700g$ 完全肥料。胸径小于 $15cm$ 的树木，施肥量应减半。一般化学肥料、追肥、根外施肥的施肥浓度分别较有机肥料、基肥和土壤施肥要低，而且要求更严格。化学肥料的施用浓度一般不宜超过 $1\%\sim3\%$，而在进行叶面施肥时，多为 $0.1\%\sim0.3\%$，对一些微量元素，浓度应更低。

第三节　水分管理

水是树木生存的重要因素，可以说没有水就没有生命，树木的一切生命活动都与水有极为密切的关系。土壤水是土壤的重要组成部分，是全球水分循环和平衡当中的一个重要环节。土壤水分的多少对养分的形态、运输、转化以及土壤空气和热量状况都有直接影响。园林树木的水分管理，就是根据各类园林树木的生态学特性，通过多种技术措施和管理手段，来满足其对水分的合理需求，保障水分的有效供给，达到树木健康生长和节约水资源的目的。园林树木的水分管理包括灌溉与排水两方面的内容。

一、园林树木水分科学管理的意义

1. 确保园林树木的健康生长及园林功能的正常发挥

树木的生存离不开水分，水分缺乏会使树木处于萎蔫状态，轻者叶色暗浅，干边无光泽，叶面出现枯焦斑点，新芽、幼蕾、幼花干尖、干瓣并早期脱落，重者新梢停止生长，往往自下而上发黄变枯、落叶，甚至整株干枯死亡。但水分过多会造成植株徒长，引起倒伏，抑制花芽分化，延迟开花期，易出现烂花、落蕾、落果等现象。特别是当土壤水分过多时，土壤缺氧而引起厌氧细菌的活动，使得大量有毒物质积累，导致根系发霉腐烂，窒息死亡。

2. 改善园林树木的生长环境

水分不但对城市园林绿地的土壤和气候环境有良好的调节作用，而且还与植物病虫害的发生密切相关。例如，在高温季节进行喷灌可降低土温，同时树木还可借助蒸腾作用来调节体温，提高空气湿度，使叶片和花果不致因强光的照射而引起"日烧"，避免了强光、高温对树木的伤害；在干旱的土壤上灌水，可以改善微生物的生活状况，促进土壤有机质的分解。然而，不合理的灌溉，可能会造成园林绿地的地面侵蚀，土壤结构的破坏，营养物质淋失，土壤盐渍化加剧等不良后果，不利于树木的生长。

3. 节约水资源，降低养护成本

目前我国城市园林绿地中树木的灌溉用水大多为自来水，与生产、生活用水的矛盾十分突出，而我国是缺水国家，水资源十分有限，节约并合理利用每一滴水都显得十分重要。因此，制定科学合理的树木水分管理方案，实施先进的灌排技术，确保树木的水分需求，减少水资源的损失和浪费，降低园林绿地的养护管理费用，是我国城市园林现阶段的客观需要和必然选择。

二、园林树木的需水特性

正确全面地认识园林树木的需水特性，是制定科学的水分管理方案，合理安排灌排工作，适时适量满足树木的水分需求，确保树木健康生长，充分有效地利用水资源的重要依据。树木的需水特性主要与多种因素有关。

1. 树种特性及其年生长节律

（1）树种特性　园林树木是园林绿化的主体，数量大，种类多，但由于不同树种、品种在水分需求上有较大差异，所以应区别对待。俗话说"旱不死的蜡梅，淹不死的柑橘"。有些树种很耐旱，如国槐、刺槐、侧柏、柽柳等，有些则耐水淹，如杨、柳。一般说来，生长速度快，生长期长，花、果、叶量大的树种需水量较大，反之，需水量较小。因此，通常乔木比灌木，常绿树种比落叶树种，阳性树种比阴性树种，浅根性树种比深根性树种，中生、湿生树种比旱生树种需要较多的水分。但值得注意的是，需水量大的树种不一定需常湿，需水量小的也不一定可常干，而且树木的耐旱力与耐湿力并不完全呈负相关关系。如最抗旱的紫穗槐，其耐水力也很强，而刺槐也耐旱，但却不耐水湿。

（2）生长发育阶段　就生命周期而言，种子萌发时，必须吸足水分，以便种皮膨胀软化，需水量较大；在幼苗时期，树木的根系弱小，在土层中分布较浅，抗旱力较差，虽然树木个体较小，总需水量不大，但却必须经常保持表土适度湿润；随着树木个体的增大，总需水量应有所增加，树体对水分的适应能力也有所增强。

在年生长周期中，生长季的需水量大于休眠期。秋冬季气温降低，大多数树木处于休眠或半休眠状态，即使常绿树种的生长也极为缓慢，此时应少浇或不浇水，以防烂根；春季气温上升，随着树木大量抽枝展叶，需水量也逐渐增大。由于早春气温回升快于土温，根系尚处于休眠状态，此时吸收功能弱，树木地上部分已开始蒸腾耗水，因此，对于一些常绿树种应进行适当的叶面喷雾。

在生长过程中，许多树木都有一个对水分需求特别敏感的时期，即需水临界期，此时如果缺水将严重影响树木枝梢生长和花的发育，以后即使供给充足的水分也难以补偿。需水临界期因各地气候及树种而不同，就目前研究的结果来看，呼吸、蒸腾作用最旺盛时期，以及观果类树种果实迅速生长期都要求充足的水分。由于相对干旱会促使树木枝条停止加长生长，使营养物质向花芽转移，因而在栽培上常采用减水、断水等措施来促进花芽分化。如对梅、桃、榆叶梅、紫薇、紫荆等花灌木，在营养生长期即将结束时适当扣水，少浇或停浇几次水，能提早和促进花芽的形成和发育，从而达到开花繁茂的观赏效果。

2. 树木栽植年限与用途

（1）树木栽植年限　刚刚栽植的树木，根系损伤大，吸收功能弱，根系在短期内难与土壤密切接触，常常需要连续多次反复灌水，方能保证成活。如果是常绿树种，还有必要对枝叶进行喷雾。树木定植经过一定年限后，进入正常生长阶段，地上部分与地下部分之间建立起了新的平衡，需水的迫切性会逐渐下降，不必经常灌水。

（2）树木的用途　因受水源、灌溉设施、人力、财力等因素的限制，常常难以对全部树木进行同等的灌溉，而要根据树木的用途来确定灌溉的重点。一般需水的优先对象是观花灌木、珍贵树种、孤植树、古树、大树等观赏价值高的树木以及新栽树木。

3. 环境条件

生长在不同地区的树木，受当地气候、地形、土壤等条件的影响，其需水状况有较大差异。在气温高、日照强、空气干燥、风大的地区，叶面蒸腾和株间蒸发均会加强，树木的需水量就大，反之则小。由于上述因素直接影响水面蒸发量的大小，因此在许多灌溉试验中，大多以水面蒸发量作为反映各气候因素的综合指标，而以树木需水量与同期水面蒸发量的比值来反映需水量与气候条件之间的关系。土壤的质地、结构与灌水密切相关。如沙土的保水性较差，应"小水勤浇"，较黏重土壤的保水性强，灌溉次数和灌水量均应适当减少。若种植地面经过了铺装，或游人践踏严重时，应给予树木经常性的地上喷雾，以补充土壤水分的不足。

4. 管理技术措施

管理技术措施对树木的需水情况有较大影响。一般来说，经过合理的深翻、中耕，并经常施用有机肥料的土壤，其结构性能好，蓄水保墒能力强，土壤水分的有效性高，能及时满足树木对水分的需求，因而灌水量较小。

在全年的栽培养护工作中，灌水应与其他技术措施密切结合，以便在互相影响下更好地发挥每个措施的积极作用。如灌溉结合施肥，特别是施化肥的前后浇水，既可避免肥力过大、过猛对根系吸收的影响或使根系遭受毒害，又可满足树木对水分的正常要求。此外，灌水应与中耕除草、培土、覆盖等土壤管理措施相结合。由于灌水和保墒是一个问题的两个方面，所以做好保墒工作就显得非常重要。保墒能减少土壤水分消耗，提高土壤水分利用率，减少灌溉次数。

三、园林树木的灌溉

1. 灌水时期

正确的灌水时期对灌溉效果以及水资源的合理利用有很大影响。理论上讲，科学的灌水是适时灌溉，也就是说在树木最需要水的时候及时灌溉。根据园林生产管理实际，可将树木灌水时期分为干旱性灌溉和管理性灌溉两种类型。

（1）干旱性灌溉　干旱性灌溉是指在发生土壤、大气严重干旱，土壤水分难以满足树木需要时进行的灌水。在我国，这种灌溉大多在久旱无雨，高温的夏季和早春等缺水时节进行，此时若不及时供水就有可能导致树木死亡。早春灌水，不仅有利于新梢和叶片的生长，而且有利于开花和坐果，促使树木健壮生长，是花繁叶茂果丰的关键性措施。

根据土壤含水量和树木的萎蔫系数确定具体的灌水时间是较可靠的方法。一般认为，当土壤含水量为最大持水量的 $60\%\sim80\%$ 时，土壤中的空气与水分状况符合大多数树木的生长需要。当土壤含水量低于最大持水量的 60% 时，就应根据具体情况决定是否需要灌水。用土壤水分张力计，可以简便、快速、准确地测出土壤的水分状况，从而确定科学的灌水时间，也可通过测定树木萎蔫系数来确定是否需要灌溉。萎蔫系数是指因干旱而导致树木外观出现明显伤害症状时的树木体内含水量，因树种和生长环境不同而异，可以通过栽培观察试验，简单测定各种树木的萎蔫系数，为确定灌水时间提供依据。

（2）管理性灌溉　管理性灌溉是根据树木生长发育的需要，在某个特殊阶段进行的灌水，即在树木需水临界期的灌水。除定植时要浇大量的定根水外，管理性灌溉的时间主要根据树木的生长发育规律而定。大体上可以分为休眠期灌水和生长期灌水两种。

① 休眠期灌水　我国北方地区降水量较少，冬春严寒干旱，休眠期灌水十分必要。秋末冬初灌水（北京为 11 月上中旬），一般称为灌"冻水"或"封冻水"。土壤浇冻水后，冬季结冻可放出潜热，能提高树木的越冬安全性，并可防止早春干旱。对于边缘树种、越冬困难的树种以及幼年树木等，浇冻水更为必要。早春灌水，又叫"返青水"，不但有利于新梢和叶片的生长，而且有利于开花和坐果，还可以防止"倒春寒"的危害，是促使树木健康生长、花繁叶茂的一项关键措施。

② 生长期灌水　许多树木在生长期间要浇展叶水、抽梢水、花芽分化水、花蕾水、花前水、花后水等。花前水可在萌芽后结合花前追肥进行。花前水的具体时间，则因地、因树而异。多数树木在花谢后半个月左右是新梢速生期，此时灌水可保持土壤的适宜湿度，促进新梢和叶片生长，扩大同化面积，增强光合作用的能力，提高坐果率和增大果实，同时对后期的花芽分化有良好作用。花芽分化期灌水对观花、观果树木尤为重要。因为树木一般是在新梢生长缓慢或停止生长时开始花芽的形态分化，此时正是果实速生期，需要较多的水分和养分，如果水分不足，就会影响果实生长和花芽分化。因此，在新梢停止生长前及时而适量的灌水，可以促进春梢生长，抑制秋梢生长，有利于花芽分化及果实发育。

在北京地区，一般年份全年灌水6次，3月、4月、5月、6月、9月和11月各1次。干旱年份或土质不好或因缺水生长不良应增加灌水次数。在西北干旱地区，灌水次数应更多一些。

正确的灌水时期，不是等树木在形态上已显露出缺水症状时才进行灌溉，而是要在树木尚未受到缺水影响之前开始，否则可能会对树木的生长发育带来不可弥补的损失。总之，灌水的时期应根据树种以及气候、土壤等条件而定，具体灌溉时间则因季节而异。夏季灌溉应在清晨和傍晚，此时水温与地温接近，对根系生长影响小；冬季因晨夕气温较低，灌溉宜在中午前后。

2. 灌水量

灌水量受多种因素的影响，不同树种、品种、砧木以及土质、气候条件、植株大小、生长状况等都与灌水量有关。一般已达花龄的乔木，大多应浇水令其渗透到80~100cm深处。最适宜的灌水量，应在一次灌溉中，使树木根系分布范围内的土壤湿度，达到最有利于树木生长发育的程度，一般以达到土壤最大持水量的60%~80%为标准。只浸润表层或上层根系分布的土壤，不能达到灌水要求，且由于多次补充灌溉，容易引起土壤板结和土温下降，因此必须一次灌透。如果在树木生长地安置张力计，则不必计算灌水量，灌水量和灌水时间均可由真空计器的读数表示出来。

树木灌水量的大小可参照果园灌水方法进行，即根据不同土壤的持水量、灌溉前的土壤湿度、土壤容重、要求土壤浸湿的深度，按下例公式计算：

灌水量＝灌溉面积×土壤浸湿深度×土壤容重×（田间持水量－灌溉前土壤湿度）

灌溉前的土壤湿度，每次灌水前均需测定。田间持水量、土壤容重、土壤浸湿深度等项，可数年测定一次。

应用此公式计算出的灌水量，还可根据树种、品种、不同生命周期、物候期以及日照、温度、风、干旱持续期等多种因素进行调整，酌增酌减，以更符合实际需要。

3. 灌水方法

要达到灌水的目的，灌水时间、用量和方法是三个不可分割的因素。如果仅注意灌水时间和灌水量，而方法不当，常不能获得灌水的良好效果，甚至带来严重危害。因此灌水方法是树木灌水的一个重要环节。正确的灌水方法，有利于水分在土壤中均匀分布，能充分发挥水效，节约用水量，降低灌水成本，减少土壤冲刷，保持土壤的良好结构。随着科学技术的发展，灌水方法也在不断改进，正朝着机械化、自动化的方向发展，使灌水效率和灌水效果都大幅度提高。根据供水方式的不同，将树木的灌水方法分为三种，即地上灌水、地面灌水和地下灌水。

（1）地上灌水 地上灌水包括人工浇灌、机械喷灌和移动式喷灌。

在山区或离水源较远的地方，若不能应用机械灌水，而树种又极为珍贵时，就得采用人工挑水灌溉。虽然人工浇灌费工多、效率低，但在某些特殊情况下仍很有必要。人工浇灌大多采用树盘灌水方式，灌溉时以树干为圆心，在树冠边缘投影处用土壤围成圆形树堰，灌溉水在树堰中缓慢渗入地下。人工浇灌属于局部灌溉，灌水前应疏松树堰内土壤，使水容易渗透，灌溉后耙松表土以减少水分蒸发。

机械喷灌是固定或拆卸式的管道输送和喷灌系统，一般由水源、动力、水泵、输水管道及喷头等部分组成，是一种比较先进的灌水技术，目前已广泛用于园林苗圃、园林草坪以及重要的绿地系统。

机械喷灌的灌溉水以雾化状洒落在树体上，然后通过树木枝叶逐渐下渗至地表，避免了对土壤的直接打击和冲刷，基本不产生深层渗漏和地表径流，既节约用水又减少了对土壤结构的破坏，可保持土壤原有的疏松状态。同时，机械喷灌还能迅速提高树木周围的空气湿度，控制局部环境温度的急剧变化，为树木生长创造良好条件。此外，机械喷灌对土地的平整度要求不高，可以节约劳力，提高工作效率。机械喷灌的缺点是可能加重某些园林树木感染白粉病和其他真菌病害的程度；灌水的均匀性受风的影响很大，风力过大，还会增加水量损失；同时，喷灌的设备价格和管理维护费用较高，使其应用范围受到一定限制。但总体上讲，机械喷灌还是一种发展潜力巨大的灌溉技术，值得大力推广应用。

移动式喷灌一般由城市洒水车改建而成，在汽车上安装贮水箱、水泵、水管及喷头组成一个完整的喷灌系统，灌溉的效果与机械喷灌相似。由于汽车喷灌具有移动灵活的优点，因而常用于城市街道行道树的灌水。

（2）地面灌水　地面灌水可分为漫灌与滴灌两种形式。前者是一种大面积的表面灌水方式，因用水既不经济也不科学，生产上已很少采用；后者是近年来发展起来的机械化、自动化的先进灌溉技术，它是将灌溉用水以水滴或细小水流的形式，缓慢地施于树木根域的灌水方法。滴灌的效果与机械喷灌相似，但比机械喷灌更节约用水。不过滴灌对小气候的调节作用较差，而且耗管材多，对用水质量要求严格，管道和滴头容易堵塞。

目前自动化滴灌装置已广泛用于蔬菜、花卉的设施栽培生产中，以及庭院观赏树木的养护中，其自动控制方法有多种，如时间控制法、电力抵抗法和土壤水分张力计自动控制法等。滴灌系统的主要组成部分包括水泵、化肥罐、过滤器、输水管、灌水管和滴水管等。

（3）地下灌水　是借助于地下的管道系统，使灌溉水在土壤毛细管作用下，向周围扩散浸润树木根区土壤的灌溉方法。地下灌水具有蒸发量小、节省灌溉用水、不破坏土壤结构、在雨季还可用于排水等优点。

地下灌水分为沟灌与渗灌两种。沟灌是用高畦低沟方法，引水沿沟底流动来浸润周围土壤。灌溉沟有明沟与暗沟，土沟与石沟之分，石沟的沟壁设有小型渗漏孔。渗灌是采用地下管道系统的一种地下灌水方式，整个系统包括输水管道和渗水管道两大部分，通过输水管道将灌溉水输送至灌溉地的渗水管道，渗水管道做成暗渠和明渠均可，但应有一定比降，其作用是通过管道上的小孔，使灌水渗入土壤中。

4. 灌溉中应注意的几个问题

（1）灌水顺序　在干旱季节灌水时，由于受设备及劳动力条件的限制，灌溉不可能在短期内完成，应根据园林树木的缺水程度，区别轻重缓急，合理安排灌水顺序。一般来说，新栽的树木、小树、花灌木要优先灌溉，因为这些树种一般根系较浅，抗旱能力较差；阔叶树也要优先灌溉，因为阔叶树的蒸发大、耗水多，在干旱季节容易缺水受旱。喜湿树种和其他不耐干旱的树种应先灌，大树、针叶树和其他耐干旱的树种，可适当后灌。

（2）要适时适量灌溉　灌溉一旦开始，要经常注意土壤水分的适宜状态，争取灌饱灌透。如果该灌不灌，则会使树木处于干旱环境中，不利于吸收根的发育，也影响地上部分的生长，甚至造成旱害；如果小水浅灌，次数频繁，则易诱导根系向浅层发展，降低树木的抗旱性和抗风性。当然，也不能长时间超量灌溉，否则会造成根系的窒息。

（3）干旱时追肥应结合灌水　在土壤水分不足的情况下，追肥以后应立即灌溉，否则会加重旱情。

（4）生长后期适时停止灌水　除特殊情况外，9月中旬以后应停止灌水，以防树木徒长，降低树木的抗寒性，但在干旱寒冷的地区，冬灌有利于越冬。

（5）灌溉宜在早晨或傍晚进行　因为早晨或傍晚蒸发量较小，而且水温与地温差异不大，有利于根系的吸收。不要在气温最高的中午前后进行土壤灌溉，更不能用温度低的水源（如井水、自来水等）灌溉，否则树木地上部分蒸腾强烈，而土壤温度的突然降低会影响根系的吸水能力，导致树体水分代谢失调而受害。

（6）重视灌溉水的质量　灌溉水的好坏直接影响树木的生长。用于园林绿地树木灌溉的水源有雨水、河水、地表径流、自来水、井水及泉水等。这些水中的可溶性物质、悬浮物质以及水温等各有差异，对树木生长有不同影响。如雨水含有较多的二氧化碳、氨和硝酸，自来水中含有氯，这些物质都对树木的生长有不利影响；地表径流含有较多树木可利用的有机质及矿质元素；河水中常含有泥沙和藻类植物，若用于喷、滴灌时，容易堵塞喷头和滴头；井水和泉水温度较低，伤害树木根系，需贮于蓄水池中，经短期增温充气后方可利用。总之，树木灌溉用水以软水为宜，不能含有过多对树木生长有害的有机、无机盐类和有毒元素及其化合物，一般有毒可溶性盐类含量不超过 1.8g/L，水温应与气温或地温接近。

四、园林树木的排水

排水是防涝保树的主要措施。排水能减少土壤中多余的水分，以增加土壤空气的含量，促进土壤空气与大气的交流，提高土壤温度，激发好气性微生物的活动，加快有机物质的分解，改善树木营养状况，使土壤的理化性状得到全面改善。

排水不良的土壤经常因水分过多而缺乏空气，迫使树根进行无氧呼吸并积累乙醇造成蛋白质凝固，引起根系生长衰弱或死亡；土壤通气不良造成嫌气性微生物的活动，促使反硝化作用发生，从而降低土壤肥力；而有些土壤，如黏土，在大量施用硫酸铵等化肥或未腐熟的有机肥后，若遇土壤排水不良，这些肥料将进行无氧分解，从而产生大量的一氧化碳、甲烷、硫化氢等还原性物质，严重影响树木地下与地上部分的生长发育。因此排水与灌水同等重要。

1. 排水条件

在有下列情况之一时，就需要进行排水：①树木生长在低洼地，当降雨强度大时汇集大量地表径流，且不能及时渗透，而形成季节性涝湿地；②土壤结构不良，渗水性差，特别是有坚实不透水层的土壤，水分下渗困难，形成过高的假地下水位；③园林绿地临近江河湖海，地下水位高或雨季易遭淹没，形成周期性的土壤过湿；④平原或山地城市，在洪水季节有可能因排水不畅，形成大量积水；⑤在一些盐碱地区，土壤下层含盐量高，若不及时排水洗盐，盐分就会随水位的上升而到达表层，造成土壤次生盐渍化，直接影响树木生长。

2. 排水方法

园林绿地的排水是一项专业性基础工程，在园林规划及土建施工时就应统筹安排，建好畅通的排水系统。园林树木的排水通常有四种，即明沟排水、暗沟排水、地面排水和滤水层排水。

（1）明沟排水　明沟排水是在地面上挖掘明沟，排除径流。它常由小排水沟、支排水沟和主排水沟等组成一个完整的排水系统，在地势最低处设置总排水沟。这种排水系统的布局多与道路走向一致，各级排水沟的走向最好相互垂直，但在两沟相交处应成锐角（45°～60°）相交，以利排水流畅，防止相交处沟道淤塞，且各级排水沟的纵向比降应大小有别。

（2）暗沟排水　暗沟排水是在地下埋设管道形成地下排水系统，将地下水降到要求的深度。暗沟排水系统与明沟排水系统基本相同，也有干管、支管和排水管之别。暗沟排水的管道多由塑料管、混凝土管或瓦管做成。建设时，各级管道需按水力学要求的指标组合施工，以确保水流畅通，防止淤塞。

（3）地面排水　这是目前使用最广泛、最经济的一种排水方法。它是通过道路、广场等地面，汇聚雨水，然后集中到排水沟，从而避免绿地树木遭受水淹。不过，地面排水方法需要设计者经过精心设计安排，才能达到预期效果。

（4）滤水层排水　滤水层排水实际就是一种地下排水方法，一般是对低洼积水地以及透水性极差的立地上栽种的树木，或对一些极不耐水湿的树种在栽植初采取的排水措施。即在树木生长的土壤下层填埋一定深度的煤渣、碎石等材料，形成滤水层，并在其周围设置排水孔，一旦积水就能及时排除。这种排水方法只能小范围使用，起到局部排水的作用。

五、土壤保水剂

1. 保水剂的种类

保水剂按主要化学成分分为聚丙烯酸盐类、聚丙烯酰胺类、聚乙烯醇、聚氧化乙烯类等类型；按原料来源可分为合成树脂类、淀粉类和纤维素类；按功能和使用方法可分为种衣剂、土壤改良剂、化肥缓释剂、果蔬保鲜剂、抗旱剂等；按产品形态分为颗粒状、粉末状、胶液状、膜状等种类。合成树脂类物成本高但寿命长，适合于拌土使用，是保水剂的主流产品。淀粉类成本低，但寿命短，更适合于包衣和蘸根。聚丙烯酰胺（简称 PAM）是污水处理常用试剂，也是常用的保水剂。

2. 保水剂的作用

土壤保水剂（合成树脂类）是一类具有三维网状结构的有机高分子聚合物，为高吸水性树脂，是新型的现代抗旱节水材料。土壤保水剂含有强亲水性基团，通过其分子内外侧电解质离子浓度所产生的渗透压，对水有极强的缔合作用，吸水性能高，吸水速度快，能迅速吸收自重 $400\sim500$ 倍的纯水，且具有很好的保水性、缓释性、反复性等多种功能。土壤保水剂能快速吸收雨水、灌溉水并保存起来，形成"微型水库"，天旱时缓慢释放出来供树木利用。土壤保水剂的保水力为 $13\sim14kg/cm^2$，保住的水不流动、不渗失，抗外界物理压力强，不会被一般的物理方法挤压出来；而树木根系的吸水力为 $16\sim17kg/cm^2$，所以能被树木根系轻易吸收利用，从而保证树木根际范围始终有充足的水分供应。这样既能保证树木正常生长所需的水分，又能减少因土壤蒸发、渗漏或水土流失等原因引起土壤水分和养分的损失，起到节约用水和提高水分利用率的功效。

土壤保水剂的吸水、释水具有可逆性。土壤水分多时吸水，水分少时释放水，如此吸水、释水反复循环，而且不易被土壤中的微生物破坏，能够长时间保持三维立体结构，从而长期向树木供水。

传统的施肥方法，养分的利用不够充分，有些肥料还来不及被树木根系吸收就挥发或淋溶损失了。土壤保水剂具有极强的吸水性和保水性，在吸水、保水的同时还能起到吸肥保肥的作用。土壤保水剂可吸附自重 100 倍左右的尿素，将其固定在土壤中并缓慢释放，可极大地减少养分的流失，有效节肥 $20\%\sim40\%$，能延长肥效期，并降低因肥料流失造成的江河湖泊富营养化。

土壤保水剂还具有改良土壤、降温保温的功能。保水剂颗粒吸水后膨胀，释水后缩小，可使土壤形成团粒多孔结构，松软透气，可增加黏土的通透性和砂土的持水力。掺入保水剂的土壤，由于水分多而提高墒情，土壤的热容量增加，白天的温度比没有掺入保水剂的土壤低 $1\sim4℃$，夜间的温度下降较慢，下降幅度较小，使昼夜温差缩小。

此外，土壤保水剂的 pH 值中性，释放的水分中不含毒性物质，对环境和树木无毒无害，不随雨水流失，$3\sim5$ 年后自然降解，还原为氨态氮、二氧化碳、水和少量钾离子。

3. 保水剂在园林绿化中的应用

（1）在育苗中的应用　保水剂在育苗中的应用主要有地面撒施法和沟施法两种。地面撒施法常在撒播育苗时采用。床面整平后，将保水剂拌适量细土并均匀地撒在苗床上。用镢头翻刨床面，使保水剂均匀分布在 10cm 左右的土层中，搂平床面，浇 2 次水，使保水剂吸足水后，撒种、覆土。沟施法常在条播或扦插育苗时采用。开播种或扦插沟后，将保水剂拌入细土，撒在沟内，用窄镢头等工具钩拌沟底土壤，使保水剂均匀地分布在沟底 10cm 左右的土层中；播种育苗时，先在沟中浇水，待水渗下后，再浇 1 次，使保水剂充分吸取水分，然后下种、覆土。扦插育苗时，先在沟中施保水剂，然后顺沟插上插穗，覆土整平床面，再灌水。

（2）保水剂在树木栽植中的应用　保水剂在树木栽植中的应用有根系泥浆法和

定植坑（沟）施法两种。根系泥浆法是将保水剂与土按1：（200～300）的比例拌匀，加水拌成泥浆。树木裸根栽植时，把根系蘸上泥浆后再栽。外运的树木应先给根系蘸泥浆，然后包上农膜，这样可保证根系在较长的时间内不失水（可达5～7天），能显著提高树木的栽植成活率。定植坑（沟）施法是将保水剂与土按1：1000左右的比例混合拌匀，栽植时，把拌匀的混合土施在树木根系周围，再覆一层园土；带土球栽植的树木，可把混合土施在土球周围，上部10cm左右覆一层土；栽后连灌两次水，使保水剂充分吸水。在土壤瘠薄、保水保肥力差、无方便灌溉条件的地块栽植树木时，最好先使保水剂吸足水，再与土拌匀后施用。保水剂用量：直径10cm以上的大树，施保水剂150～300g/株，小树施10～100g/株。栽植绿篱时，施在栽植沟中，可施保水剂20～30g/m²。对已定植的树木施用保水剂，应在树冠投影处挖宽20cm左右的沟，沟深达根系集中分布层，将沟内土壤挖出，与保水剂拌匀，回填，浇透水，每立方米土拌1～2kg保水剂干粉。若将保水剂吸足水呈凝胶体后使用，效果更佳。

4. 保水剂使用过程中应该注意的问题

所有保水剂都具有一定的广谱性，但这并不意味着可以任意使用。施用于土壤，以保蓄雨水为目的的应选用颗粒状、凝胶强度高的保水剂；苗木蘸根、移栽、拌种等以提高成活率为目的的应选用粉状、凝胶强度不一定很高的保水剂。保水剂不是造水剂，在土壤含水量高于出苗临界水分3%～5%以上的为最佳，否则会降低出苗率。应用保水剂主要是增加土壤蓄水能力，调节雨水与树木需水不同步的矛盾，对树木生长中后期能及时供水的地区，效果不太显著，应用时要因地制宜。选用保水剂时，不能把保水剂吸水倍数高低作为质量评判的标准，而应以吸收有效水数量作为标准。使用中应看重产品的稳定性，一般能吸收土壤水100倍以上即可。保水剂能吸收空气中的水分，容易在包装物内结块，这会给使用造成不便，但吸潮后不会影响其品质。保水剂遇强紫外线照射会很快降解，严重影响其使用寿命和效果。因此，在运输、储藏过程中应尽量避免长时间日光照射。

第四节　园林树木的其他养护管理

园林树木的其他养护管理自然灾害及其防治、市政工程建设过程中的园林树木管理、污水和融雪盐及煤气对树木的危害与防治、树体的保护和修补、园林树木的管理标准和养护技术等。

一、自然灾害及其防治

1. 冻害

冻害是指树木因受0℃以下的低温的伤害而使细胞和组织受伤，甚至死亡的现象。也可以说，冻害是树木在休眠期因受0℃以下的低温影响，使树体组织内部结冰所引起的伤害。细胞或组织结冰时，细胞壁外面的纯水膜首先结冰，随着温度的下降，冰晶进一步扩大，这一方面会使细胞失水，引起细胞原生质浓缩，造成胶体物质的沉淀；另一方面使压力增加，促使细胞膜变性和细胞壁破裂，严重时引起树木死亡。

（1）冻害的表现

① 花芽　花芽是抗寒力较弱的器官。花芽冻害多发生在春季回暖期，腋花芽较顶花芽的抗寒力强。有的树种花芽受轻微冻害时会使其内部器官受伤害，其中最易受冻的是雌蕊。花芽受冻后，内部变褐色，初期从表面上只看到芽鳞松散，不易鉴别，到后期则芽不萌发，干缩枯死。

② 枝条　枝条是否受到冻害在很大程度上取决于其成熟度。在休眠期，成熟的枝条的形成层最抗寒，皮层次之，而木质部、髓部最不抗寒。所以随着受冻程度的加重，髓部、木质部先后变色，严重冻害时韧皮部也受伤，如果形成层变色则枝条失去了恢复能力。但在生长期则以形成层的抗寒力最差。

幼树在秋季因雨水过多贪青徒长，枝条生长不充实，易加重冻害，特别是成熟不良的先端对严寒敏感，常最先发生冻害，轻者髓部变色，较重时枝条脱水干缩，严重时枝条可能受冻死亡。多年生枝条发生冻害，常表现为树皮局部冻伤，受冻部分最初稍变色下陷，不易被发现。如果用刀挑开，可发现皮部已变褐，以后逐渐干枯死亡，皮部裂开和脱落，但是如果形成层未受冻，则可逐渐恢复。

③ 枝杈和基角　遇到低温或昼夜温差变化较大时，枝杈和基角较易受到冻害。这是因为枝杈或主枝基角部分进入休眠较晚，位置比较隐蔽，输导组织发育不好，通过抗寒锻炼较迟，耐寒力较差。

枝杈冻害有各种表现：有的受冻后皮层和形成层变褐色，而后干枝凹陷，有的树皮成块状冻坏，有的顺主干垂直冻裂形成劈枝。主枝与树干的基角愈小，枝杈基角冻害也愈严重。这些表现依冻害的程度和树种、品种的不同而异。

④ 主干　在气温低且气温变化又剧烈的冬季，树干受冻后有时主干形成纵裂，一般称为"冻裂"，树皮成块状脱离木质部，或沿裂缝向外卷折。一般生长过旺的幼树主干易受冻害。形成冻裂的原因是由于气温突然骤降到零下，树皮迅速冷却收缩，致使主干组织内外张力不均，因而自外向内开裂，或树皮脱离木质部。树干"冻裂"常发生在夜间，随着气温的回升和树木的生长，冻裂处又可逐渐愈合。

冻裂一般不会直接引起树木的死亡，但由于树皮开裂，木质部失去保护，容易招致病虫害，不但严重削弱树木的生长势，而且很容易引起木材腐朽，使树干形成孔洞。一般落叶树，如椴属、悬铃木属、鹅掌楸属、核桃属、柳属、杨属及七叶树属等属的树种，比常绿树较易受冻裂，孤植树比群植树较易受冻裂；生长旺盛年龄阶段的树木对冻害比幼树和老树敏感；生长在排水不良的土壤上生长的树木也易受害。

⑤ 根颈　在一年中，树木的根颈部分最迟停止生长，进入休眠期最晚，而第二年春天开始活动和解除休眠又较早，因此在深秋温度骤降时，根颈往往还未很好地通过抗寒锻炼，或在晚春温度骤降时，由于根颈解除休眠较早，抗寒力降低，同时由于根颈接近地表，而近地表处温度变化又比较剧烈，因而容易引起根颈的冻害。根颈受冻后，树皮先变色，之后逐渐干枯，这种现象可发生在根颈的局部，也

可能在根颈处形成环状。根颈冻害对树木危害很大，常引起树势衰弱或整株死亡。

⑥ 根系　根系无休眠期，所以根系较其地上部分的耐寒力差。但根系在越冬时活动力明显减弱，加之受到土壤的保护，故其耐寒力较生长期略强，受害较少。根系形成层最易受冻，皮层次之，而木质部抗寒力较强。根系受冻后变褐，皮部易与木质部分离。粗根通常较细根的耐寒力强，由于近地表的地温低，所以上层根系较下层根系易受冻；疏松的土壤易与大气进行气体交换，温度变幅大，其中的根系比生长在一般土壤的受害严重；干燥的土壤含水量低，热容量也低，易受温度的影响，故根系受害程度比潮湿土壤严重；新栽的树木或幼树因根系分布范围小又浅，易受冻害，而大树则相当抗寒。

根系受冻害较轻时，对树木的生长发育影响不大，但受害较严重时，会直接影响树体的营养和水分供应，所以常表现为树木发芽晚，生长不良，只有待根系得到恢复后才能正常生长和发育。

（2）造成的成因　造成树木冻害发生的因素很复杂，有内因也有外因，因此当发生冻害时，应从多方面分析，找出主要矛盾，提出解决办法。

① 内因　冻害的发生与树种、品种、树龄、树木生长势及当年枝条的成熟度和树木休眠与否均有密切关系。

与树种、品种的关系：树种或品种不同，其抗冻能力也不同。如樟子松比油松抗冻，油松比马尾松抗冻。同是梨属的秋子梨比白梨和沙梨抗冻。又如原产长江流域的梅品种比广东的黄梅抗寒。

与枝条内糖类变化动态的关系：如梅花枝条中糖类变化动态与其抗寒越冬性密切相关。在整个生长季节内，梅花与同属的北方抗寒树种杏及山桃一样，糖类主要以淀粉的形式存在。到生长期结束前，淀粉的积蓄达到最高，在枝条的环髓层及髓射线细胞内充满淀粉粒。到11月上旬末，原产长江流域的梅品种与杏、山桃的淀粉粒均开始明显溶蚀分解，至1月份杏及山桃枝条中的淀粉粒完全分解；广州黄梅入冬后，始终未观察到淀粉分解的现象。可见，越冬时枝条中淀粉转化的速度和程度与树种的抗寒越冬能力密切相关。从淀粉的转化表明，长江流域梅品种的抗寒力虽不及杏和山桃，但具有一定的抗寒生理功能基础，而广州黄梅则完全不具备这种内在条件。同时还观察到梅花枝条皮部的氮素代谢动态与其越冬力密切相关。越冬力较强的单瓣玉蝶比无越冬能力的广州黄梅有较高的含氮水平，特别是蛋白氮。

与枝条成熟度的关系：枝条愈成熟其抗冻力愈强。枝条充分成熟的标志主要是木质化的程度高，含水量减少，细胞液浓度增加，积累淀粉多。在降温来临之前，如果还不能停止生长，仍处在抗寒锻炼阶段的树木，都容易遭受冻害。

与树木休眠的关系：冻害的发生和树木的休眠和抗寒锻炼有关。树木处于休眠状态时，抗寒力显著增强。休眠愈深，抗寒力愈强。树木抗寒性的获得是在秋天和初冬期间逐渐发展起来的。这个过程称为"抗寒锻炼"，一般在通过抗寒锻炼后树木才能获得抗寒性。到了春季，抗寒能力又逐渐趋于丧失，这一丧失过程称为"锻炼解除"。

树木在春季解除休眠的早晚与冻害的发生有密切关系。解除休眠较早的，受早春低温的威胁较大；解除休眠较晚的，可以避开早春低温的威胁。因此，冻害的发生往往不在绝对温度最低的休眠期，而常在秋末或春初时发生。所以说，越冬性不仅在于树木对低温的抵抗能力，还在于树木在休眠期和解除休眠后对综合环境条件的适应能力。

② 外因　树木冻害的发生与气象、地势、坡向、水体、土壤、栽培管理等因素紧密相关。

低温的状况：当低温到来较早且又突然，树木本身未经抗寒锻炼，人们也未采用有效防寒措施时，很容易发生冻害；日极端最低温度越低，树木受冻害就越重；低温持续的时间越长，树木受冻害就越重；降温速度越快，树木受冻害就越重。此外，树木受低温影响后，如果温度急剧回升，则比缓慢回升受害严重。

地势和坡向：地势和坡向不同，小气候有很大差异，对树木能否正常越冬有明显影响。如在江苏、浙江一带，生长于山南面的柑橘比生长于山北面的受害重，这是因为山南面的昼夜温差大，山北面的温差小。在同等条件下，土层薄的橘园比土层厚的橘园受害严重，这是因为土层厚，树木扎根深，根系发达，吸收养分和水分的能力强，树体生长健壮，抗寒力强。

水体：水体对冻害的发生也有一定影响。在同一个地区距水源较近的橘园比距水源较远的橘园受害轻，这是因为水的比热容大，白天水体吸收大量热量，到夜晚周围空气温度比水温低时，水体能向外放出热量，从而使周围空气温度升高。前面介绍的江苏东山北面的柑橘一般不发生冻害的另一个原因是山北面紧临太湖。但是在 1976 年的冬天，东山北面的柑橘比山南面的柑橘受害还重，这是因为山北面的太湖已结冰之故。

栽培管理水平：栽培管理水平与冻害的发生密切相关。同一品种的实生苗比嫁接苗耐寒，因为实生苗根系发达，抗寒力强，同时实生苗的可塑性强，适应性也强；砧木的耐寒性差异也很大，在北方桃树以山桃为砧木，在南方以毛桃为砧木，因为山桃比毛桃更抗寒；同一个品种结果多的比结果少的容易发生冻害，这是因为结果多消耗的养分也多，树木的营养积累少，所以容易受冻；施肥不足的比合理施肥的抗寒力差，因为施肥不足，树木长势弱，营养积累少，抗寒力降低；树木遭受病虫为害时，容易发生冻害，而且病虫为害越严重，冻害也就越重。

(3) 冻害的防治　虽然我国的气候条件比较优越，但是由于树木种类繁多，分布广，而且常常有寒流侵袭，所以冻害的发生仍较普遍。冻害对树木威胁很大，严重时常造成数十年生的大树死亡。如 1976 年 3 月初昆明市发生的低温，导致 30～40 年生的桉树受冻死亡。树木局部受冻后，常引起溃疡性寄生菌的寄生，使树势大大衰弱，从而造成这类病害和冻害的恶性循环。如苹果腐烂病、柿园的柿斑病和角斑病等的发生常与冻害的发生有关。

在北京地区，有些树种在栽植后的头 1～3 年内需要采用防寒措施，如玉兰、雪松、樱花、竹类、水杉、梧桐、凌霄、红叶李、日本冷杉、迎春等，少数树种需要每年进行越冬保护，如北京园林中的葡萄、月季、牡丹、千头柏、翠柏等。

① 种植设计要贯彻适地适树的原则　因地制宜地种植抗寒力强的树种、品种

和砧木，在小气候条件比较好的地方种植边缘树种，这样可以大大减少越冬防寒的工作量，同时在多风地区或风口处注意栽植防护林和设置风障，改善小气候条件，预防和减轻冻害。利用抗寒力强的砧木进行高接也可以减轻树木的冻害，这种方法在寒冷地区已广泛推广。另外，利用抗寒砧木可以直接提高树木根系的抗寒力，对容易产生根系冻害的树种来说，既能减少冻害的发生，又免去了覆土防寒的工序，省工省力，降低成本。在较寒冷的地区，还可采取深栽和地面覆盖措施来防寒。

② 加强栽培管理　加强栽培管理（尤其重视后期管理）有助于树木体内营养物质的贮备。经验证明，春季加强肥水供应，合理运用排灌和施肥技术，可以促进新梢生长和叶片增大，提高光合效能，增加营养物质的积累，保证树体健壮。后期控制灌水，及时排涝，适量施用磷钾肥，勤锄深耕，可促使树木枝条及早结束生长，有利于组织充实，延长营养物质的积累时间，使树木更好地通过抗寒锻炼，提高其抗寒性。

夏季适期摘心，促进枝条成熟；冬季及时修剪，减少蒸腾面积对预防冻害有良好的效果。在整个生长期必须加强对病虫害的防治。

③ 加强树体保护　保护树体的方法很多，一般的树木多采用浇"冻水"和灌"春水"来防寒。为了保护容易受冻的树种，如月季、葡萄等，可采用全株培土、箍树、根颈培土（高 30cm）、涂白、主干包草、搭风障、北面培月牙形土埂等防寒措施。在北京栽植玉兰、雪松、竹子等树种时，在栽植后的头几年冬天要搭风障防寒。以上防治措施应在冬季低温到来之前做好准备，以免低温突然来临时来不及采取防护措施而使树木遭受冻害。最根本的防寒措施还是引种驯化和育种。如梅花、乌桕等在北京均可露地栽培。

受冻后恢复生长的树木，一般均表现为生长不良，因此首先要加强管理，保证前期的水肥供应，如进行早期追肥和根外追肥，及时灌水和补给养分，这些措施对受冻树木恢复树势非常有效。

在树体管理上，对受冻害树体要晚剪和轻剪，给予枝条一定的恢复期，对明显受冻已经枯死的枝干及时剪除，以利伤口愈合。若一时看不准受冻部位时，不要急于修剪，待春天发芽后再做决定；对受冻造成的伤口要及时治疗，应喷白涂剂预防日灼，并同时做好防治病虫害和保叶工作；对根颈受冻的树木要及时桥接或根寄接；树皮受冻后成块脱离木质部的要用钉子钉住或进行桥接补救。

2. 抽条

幼龄树因越冬性不强而发生枝条脱水、皱缩、干枯的现象称为抽条，有些地方称灼条、烧条、干梢等。抽条实际上是枝条受冻及脱水造成的，轻者虽能发枝，但易造成树形紊乱，影响树冠的正常扩展，严重时整枝枯死。

（1）抽条的原因　抽条与枝条的成熟度有关，生长充实的枝条抗性强，反之则易抽条。造成抽条的原因有多种，但各地试验证明，幼树越冬后抽条主要是"冻、旱"造成的。即冬季气温低，尤以土温降低持续时间长，直至早春，因土温低致使树木根系吸水困难，而树木地上部则因温度较高且干燥多风，蒸腾消耗加大，树体水分供应失调，造成枝条逐渐失水，表皮皱缩，严重时干枯。所以，抽条实际上是冬季的生理干旱，是冻害的结果。

（2）防止抽条的措施　主要是通过合理的肥水管理，促进枝条前期生长，防止后期徒长，充实枝条组织，增强抗性，并注意防治病虫害。秋季新定植的不耐寒树种尤其是幼龄树，为了预防抽条，一般多采用埋土防寒，即将苗木地上部向北卧倒后培土，以减少蒸腾，防止抽条。但如果树体较大则不易卧倒，也可在树干北侧培起60cm高的半月形土堰，使南面充分接受光照，改变微域气候条件，在一定程度上提高土温，并可缩短土壤冻结期，提早化冻，有利于根系及时吸水，补充枝条损失的水分。实践证明用培土堰的办法，可以防止或减轻幼树的抽条。如在树干周围撒布马粪，亦可增加土温，提前解冻，或于早春灌水，增加土壤水分，均有利于防止或减轻抽条。

此外，在秋季对幼树枝干喷白、缠纸、缠塑料薄膜或胶膜等，对防止浮尘子产卵和抽条均有一定效果。这样做的缺点是用工多、成本高，应根据当地具体条件灵活运用。

3. 霜害

（1）霜冻的危害及其特点　在生长季由于急剧降温，水汽凝结成霜而使树木幼嫩部分受冻的现象称为霜害。由于冬春季寒潮的反复侵袭，我国除台湾与海南岛的部分地区外，均会出现零度以下的低温。在秋初及晚春寒潮侵袭时，常使气温骤然下降，形成霜害。通常，纬度越高，无霜期越短，霜害越严重。在同一纬度上，我国西部大陆性气候明显，无霜期较东部短，受霜冻较东部严重。小地形与无霜期有密切关系，一般洼地较坡地、北坡较南坡、无大水面处较近水面处的无霜期短，受霜冻危害较重。

霜冻严重影响树木的观赏效果和果品产量，如1955年1月，由于强大的寒流侵袭，广东、福建南部，平均气温比正常年份低3～4℃，绝对低温达－0.3～－4℃，连续几天重霜，使香蕉、龙眼、荔枝等多种树木遭受严重损失，轻者树势减弱，数年后才逐渐恢复，重者全株死亡。

在北方，晚霜较早霜具有更大的危害性。从萌芽至开花，树木的抗寒力越来越弱，即使极其短暂的零度以下温度也会给树木的幼嫩组织带来致命的伤害。在此时期内，霜冻来临越晚，则受害越重；春季萌芽越早，霜冻威胁也越大。北方的杏树开花早，最易遭受霜害。

若在早春树木萌芽时受到霜冻危害，则嫩芽和嫩枝会变为褐色，芽鳞松散而枯死在枝上。花期受冻，由于雌蕊最不耐寒，轻者将雌蕊和花托冻死，但花朵可照常开放，稍重的可将雄蕊也冻死，更重的花瓣亦受冻变枯、脱落。幼果受冻后，轻者幼胚变褐，果实仍保持绿色，以后逐渐脱落，重者则全果变成褐色，很快脱落。

（2）防霜措施　霜冻的发生与外界条件密切相关。由于霜冻是冷空气集聚的结果，所以小地形对霜冻的发生有很大影响。在冷空气易积聚的地方霜冻重，而在空气流通处则霜冻轻。在不透风的林带之间易聚积冷空气，形成霜穴，使霜冻加重。由于霜冻发生时的气温逆转现象，越近地面气温越低，所以树木下部受害较上部重。湿度对霜冻也有一定的影响，湿度大可缓和温度变化，故靠近大水面的地方或霜前灌水的树木均可减轻危害。因此，防霜的措施应从增加或保持树木周围的热量，促使上下层空气对流，避免冷空气积聚，推迟树木的物候期，增加树木对霜冻的抗性等多方面考虑和采取措施。

① 推迟萌动期，避免霜害　利用药剂和激素或其他方法可使树木萌动推迟（延长树木的休眠期），躲避早春发生的霜冻。例如，将 B9、乙烯利、青鲜素（顺丁烯二酰肼）、萘乙酸钾盐（250～500mg/kg 水）溶液在树木萌芽前或秋末喷洒树上，可以抑制树木萌动，或在早春多次灌返浆水，即在萌芽后至开花前灌水 2～3 次，以降低地温，一般可延迟开花 2～3 天，或树干刷白使早春树体减少对太阳热能的吸收，使树体温度升高变慢。据试验，此法可延迟发芽开花 2～3 天，能防止树体遭受早春回寒的霜冻。

② 改变小气候条件以防霜护树　根据霜冻预报及时采取防霜措施，对保护树木具有重要作用。

喷水法：利用人工降雨和喷雾设备在即将发生霜冻的黎明，向树冠上喷水，水遇冷凝结时放出潜热，$1m^3$ 的水降温 $1℃$，就可使相应的 3300 倍体积的空气升温 $1℃$。同时也能提高近地表层的空气湿度，减少地面辐射热的散失，因而具有提高气温防止霜冻的效果。

熏烟法：我国早在 1400 年前就发明了熏烟防霜法，因其简单易行而有效，至今仍在国内外各地广为应用。事先在园内每隔一定距离设置发烟堆（用稻秆、草类或锯末等）。可根据当地气象预报，于凌晨及时点火发烟，形成烟幕。熏烟能减少土壤热量的辐射散发，同时烟粒吸收湿气，使水汽凝结液体放出热量，提高温度，保护树木。但在多风或降温到 $-3℃$ 以下时，此法的效果不好。

近年来，北方一些地区配制防霜烟雾剂防霜效果很好。例如，黑龙江省宾西果树场烟雾剂配方为：硝酸铵 20%，锯末 70%，废柴油 10%。配制方法是将硝酸铵研碎，锯末烘干过筛。平时将原料分开放置，待霜冻来临时，按比例混合，放入铁筒或纸壳筒，根据风向放药剂，在降霜前点燃，可提高温度 1～1.5℃，烟幕可维持 1 小时左右。锯末越碎，发烟越浓，持续时间越长。

吹风法：由于霜害是在空气静止的情况下发生的，因此可以在霜冻来临时利用大型吹风机增强空气流通，将冷气吹散，能有效防霜。

遮盖法：用蒿草、芦苇、苫布等覆盖树冠，既可保温，起到阻挡外来寒流袭击的作用，又可保留散发的湿气，增加湿度。遮盖法需要人力物力较多，所以只有珍贵的幼树采用。广西南宁市用破布、塑料薄膜、稻草等保护芒果的幼苗，效果很好。北京 2003 年春季倒春寒时间较长，不少树木因此受到冻害，特别是雪松。据调查，凡是树冠用稻草覆盖或风障顶部封严成为"大棚"保护雪松的地区，雪松均未受害。

加热法：加热防霜是现代先进而有效的防霜方法，美国、苏联等利用加热器提高果园温度。在果园内每隔一定距离放置加热器，在霜冻即将来临时点火加温，使加热器周围的空气变暖上升，使上层原来温度较高的空气下降，在果园周围形成一个暖气层。果园内设置加热器以数量多而每个加热器放热量小为原则，以达到既保护了果树，又不致耗费太大的目的。

根外追肥：根外追肥能增加细胞浓度，明显提高树木的抗冻性。

霜冻过后忽视善后工作，放弃了霜冻后的管理，这是错误的。特别是对花灌木和果树，为减少霜冻造成的损失，应采取积极措施，做好霜后的管理工作。

4. 雷击伤害

（1）雷击伤害的症状　树木遭受雷击后，树皮可能被烧伤或剥落，木质部可能完全破碎或烧毁；内部组织可能被严重灼伤而无外部症状，部分或全部根系可能致死。常绿树，特别是云杉、铁杉等上部枝干可能全部死亡，而较低部分的枝干不受影响。在群状配置的树林中，直接遭雷击者的周围植株及其附近的禾草类和其他植被也可能死亡。在通常情况下，超过 1370℃ 的"热闪电"将使整株树燃起火焰，而"冷闪电"则以每秒 3200km 的速度冲击树木，使之炸裂。有时两种类型的闪电都不会损害树木的外貌，但数月以后，由于其根部和内部组织被烧而造成整株树死亡。

（2）影响雷击伤害的因素　树木遭受雷击的数量、类型和程度差异极大。它不但受负荷电压大小的影响，而且与树种及其含水量有关。

树体高大的树木、在空旷地上孤立生长的树木，以及在湿润土壤或沿水体附近生长的树木最易遭受雷击。在乔木树种中，有些树木，如水青冈、桦木和七叶树等，几乎不遭雷击，而银杏、皂荚、榆、槭、栎、松、杨、云杉和杂种鹅掌楸等较易遭雷击。树木对雷击敏感性差异很大的原因尚不太清楚，但有些权威人士认为，这与树木的组织结构及树体内含物有关。如水青冈和桦木等树种的油脂含量高，而油脂是电的不良导体，所以不易遭雷击，而白蜡、槭、栎等树种的淀粉含量高，而淀粉是电的良导体，所以较易遭雷击。

（3）雷击伤害的防治

① 雷击树木的养护　对于遭受雷击伤害的树木应进行适当处理，但在处理之前，必须进行仔细检查，确定其是否有恢复的希望。有些树木尽管没有外部症状，但其内部组织或地下部分已经受到严重损伤，不及时处理就会很快死亡。外部损害不大或具有特殊价值的树木应及时采取挽救措施。方法如下：a. 被雷击撕裂或翘起的边材应及时钉牢，并用麻布等物覆盖，促进其愈合和生长；b. 被雷击劈裂的大枝应及时复位加固，并进行合理的修剪，对伤口进行修整、消毒和涂漆；c. 被雷击撕裂的树皮应切削至健康部分，也要进行整形、消毒和涂漆；d. 在树木根际周围施用速效肥，增加养分供应，促进树木尽快恢复。

② 预防雷击的方法　生长在易遭雷击位置的树木和高大珍稀古树及具有特殊价值的树木，应安装避雷器，消除雷击的危险。

树木安装避雷器的原理与高大建筑物安装避雷器的原理相同，主要区别在于所使用的材料、类型和安装方法的不同。安装在树上的避雷器必须用柔韧的电缆，并应考虑树干和枝条摇摆可能造成的影响及随树木生长的可调性。垂直导线应沿树干用铜钉固定。导线接地端应连接在几个辐射排列的导体上。这些导体水平埋置在地下，并延伸到根区之外，再分别连接在垂直打入地下长约 2.4m 的地线杆上。以后每隔几年检查一次避雷系统并将导线的上端延伸至树木新梢以上的一定部位。

5. 风害

在多风地区，树木常发生风害，出现偏冠和偏心现象。偏冠会给树木整形修剪带来困难，直接影响树木功能的发挥；偏心的树木易遭受冻害和日灼，影响正常发育。北方冬季和早春的大风，易使树木抽条干枯死亡。春季的旱风，常将新梢嫩叶吹焦，缩短花期，影响植株授粉受精。夏秋季沿海地区的树木常遭受台风危害，造成枝叶折损、大枝折断，或整株倒伏，尤以阵发性大风对高大的树木的破坏性为大。

（1）树种的生物学特性与风害的关系

① 树种特性 干高、冠大、叶密、根浅的树种，如刺槐、加杨等树种的抗风力弱；相反，干矮、冠小、枝叶稀疏、根深的树种，如垂柳、乌桕等树种的抗风性较强。

② 树枝结构 一般髓心大、机械组织不发达、生长又很迅速而枝叶茂密的树种，风害较重。易遭蛀干害虫为害的树种，其主干最易发生风折。

（2）环境条件与风害的关系

① 行道树 如果风向与街道平行，风力汇集成为风口，风压增加，风害会随之加大。

② 土壤水分 局部绿地因地势低凹，排水不畅，雨后绿地积水，土壤松软，风害会显著增加。

③ 土壤质地 风害也受绿地土壤质地的影响。若绿地偏沙，或为煤渣土、石砾土等，因其结构差、土层薄，抗风性弱；若为壤土，或偏黏土则抗风性强。

（3）人为经营措施与风害的关系

① 苗木质量 苗木移栽时，特别是移栽大树，如果根盘起的小，则因树体大，易遭风害。所以大树移栽时一定要按规格起苗，起的根盘不可小于规定尺寸，还要立支柱。在风大的地区，栽大苗也要立支柱，以免树体歪斜。

② 栽植方式 栽植株行距适当，根系能自由扩展，树木的抗风性强。如果株行距过密，根系发育会受到很大影响，若管护措施不到位，则风害显著增加。

③ 栽植技术 在多风地区，栽植穴应适当加大。如果栽植穴太小，树木会因根系不舒展，重心不稳而易受风害。

④ 修剪方法 对树木进行修剪时，如果仅仅对树冠的下半部进行修剪，而对树冠中上部的枝叶不进行修剪，其结果势必增强树木的顶端优势和枝叶量，使树木的高度、冠幅与根系分布呈现不均衡状态，头重脚轻，极易遭受风害。

预防和减轻风害的方法：首先在种植设计时要注意在风口、风道等易遭风害的地方栽植抗风树种和品种，适当密植，采用低干矮冠整形。此外，要根据当地特点，设置防风林和护园林，降低风速，减少损失。

在管理措施上应根据当地实际情况采取相应防风措施，如排除积水、改良栽植地的土壤质地、培育壮根良苗；采取大穴换土、适当深植、定植后及时立支柱、合理修枝、控制树形；对结果多的树要及早吊枝或顶枝，减少落果；对幼树、名贵树种可设置风障等。

对发生折枝或风倒的树木，要根据受害情况及时管护。对风倒树要及时顺势扶正，培土呈馒头形，修去部分或大部分枝条，并立支柱。对裂枝要顶起或吊枝，捆紧基部创伤面，或涂激素药膏促其愈合，并加强肥水管理，促进树势的恢复。对难以补救者应加以淘汰，秋后重植新株。

6. 日灼

日灼是由太阳辐射热引起的生理病害。根据发生时期的不同，日灼分为冬春日灼和夏秋日灼两种。

（1）冬春日灼　冬春日灼实质上是冻害的一种，多发生在寒冷地区的树木主干和大枝上，而且常发生在昼夜温差较大的树干向阳面。这是因为在冬春白天太阳照射枝干的向阳面，使其温度升高，冻结的细胞解冻，并处于活跃状态，而夜间的温度又急剧下降，细胞再次冻结，冻融交替使皮层细胞受破坏而造成日灼。刚开始受害的大多是枝条的阳面，树皮变色横裂成块斑状；危害严重时韧皮部与木质部脱离；急剧受害时，树皮凹陷，日灼部位逐渐干枯、裂开或脱落，枝条死亡。毛白杨、雪松、苹果、梨、桃等树种都易发生日灼。老树或树皮厚的树木几乎不发生冬季日灼，树干遮阴或涂白可减少伤害。

（2）夏秋日灼　夏秋日灼与干旱和高温有关。由于夏季温度高，空气湿度低，如果土壤水分不足，树木的蒸腾作用会大大减弱，致使树体温度难以调节，造成枝干的皮层或果实的表面局部温度过高而灼伤，严重者会引起局部组织死亡。夏秋日灼常发生在桃、苹果、梨及葡萄等树种的枝条和果实上，病弱树日灼更为严重。桃的枝干遭受日灼后常发生横裂，皮层受损，减低了枝条的负载量，易出现裂枝。苹果、葡萄等树种的果实发生日灼后，先出现黑斑，而后逐渐扩大，甚至裂果，在树冠外围及西南面的果实较易发生日灼。

泡桐、七叶树的幼树若修枝过重，主干暴露，因其皮层薄而容易在夏季受高温伤害而发生日灼，受伤后若不能及时愈合，极易感染真菌病害。对此类树木修剪时，应注意在其向阳面保留枝条，有叶遮阴，降低日晒强度，防止日灼发生。

7. 雪害和雨凇（雾凇、冰挂）

积雪一般对树木有利而无害，因为在寒冷的北方，降雪覆盖大地，可增加土壤水分，保护土壤，防止土温过低，避免土壤冻结过深，有利于树木安全越冬。但在雪量较大的地区，常常因为树冠上积雪过多而压裂或压断大枝。通常，常绿树比落叶树受害严重，单层纯林比复层混交林受害严重。如1976年3月初昆明市的大雪将直径为10cm左右的油橄榄的主枝压断，将竹子压倒。2003年初冬北京及华北一些地区的一场大雪，将许多大树的大枝压弯、压断，许多园林树木，如国槐、悬铃木、柳、杨等受到不同程度的伤害，雪后的路面上一片狼藉，造成了一定的经济损失，有些地方还堵塞了交通。同时因融雪期的冻融交替变化，冷却不均也易引起冻害。所以在多雪地区，应在雪前对树木大枝设立支柱，枝条过密的还应进行适当修剪，在雪后及时除掉被雪压断的树枝，扶正压弯的树枝，振落树上的积雪或采用其他有效措施防止雪害。

雨凇对树木也有一定危害。1957年3月和1964年2月，杭州、武汉、长沙等地均发生过雨凇，对早春开花的梅花、蜡梅、山茶、迎春和初结幼果的枇杷、油茶等树种的花果均有不同程度的危害，还造成部分毛竹、樟树等常绿树折枝、裂干和死亡。对于雨凇，可以用竹竿打击枝叶上的冰，并设支柱支撑。

雾凇的危害与雨凇相似。我国西南山地丘陵区常有雾，遇低温而形成树挂即雾凇。在吉林省吉林市的松花湖上，夜间水汽升起遇冷凝结在树上，形成雾凇。在寒冷的北方，冬季发生的树挂非常漂亮，在多树挂的地区形成独特的景观，一般不会对树木造成伤害。但在雨凇或雾凇比较严重时，应采用竹竿打击枝叶上的冰挂，令其振落，并给树木大枝设立支柱，进行支撑。

8. 涝害和雨害

我国南方降水较多，北方降水较少，但各地均存在降水不匀的情况。北方降水多集中在6~8月份，南方则以4~9月份为多。在降水较多的季节，低洼地或地下水位较高的地段常因排水不良，形成积水，对树木生长产生不利影响。

（1）涝害和雨害的危害及特点　树木被水淹后，轻者早期出现黄叶、落叶、落果、裂果，有的发生二次枝、二次花，细根因窒息而死亡，并逐渐涉及大根，出现朽根现象。如果水淹时间过长，则皮层易脱落，木质变色，树冠出现枯枝或叶片失绿等现象，严重时树势变弱，甚至全株枯死。这是因为树木受淹后使土壤中的水分处于饱和状态而造成缺氧，树木根系的呼吸作用随之减弱，若时间太长则根系就会停止呼吸，导致树木死亡。积水使土壤氧气骤减的同时，由于土层中二氧化碳的积累抑制了好氧细菌的活动，并使厌氧细菌活跃起来，因而产生多种有机酸和还原物等有毒物质，使树木根系中毒。中毒和缺氧都会引起树木根系腐烂，导致树木死亡。

一般情况下，土壤积水不会使树木立即致命，但会不同程度地影响树木根系的呼吸，并使水分输导受阻，而此时地上部分的蒸腾作用仍在进行，导致树木逐渐缺水，光合作用不能正常进行，影响树木的生长、开花坐果及果实发育，并易招致病虫害。

不同树种或同一树种的不同品种的抗水淹能力有较大差异，这是由树木自身的遗传适应性所决定的。耐淹力极强或较强的树种受危害的程度较轻，如垂柳、旱柳、龙爪柳、榔榆、桑、柽柳、落羽杉、水松等。耐淹力较弱的树种对水反应敏感，危害症状明显，若不及时采取措施会使树木很快死亡，如马尾松、杉木、柳杉、柏木、构树、刺槐、栾树、紫丁香等。在沙质土壤上栽植的树木受涝害较轻，在黏质土壤和未风化的心土上栽植的树木受害较重。

（2）涝害和雨害的防治措施　选择较高的地形或通过地形改造，或在地势低的地方采取挖湖或建水池，或填土、耙平等措施，能从根本上减少地面积水现象。在此基础上，选用抗涝性强和耐水湿的树种、品种和砧木均能取得良好的效果。一般来说，常绿树不如落叶树抗涝，所以，在低洼地或地下水位过高的地段，应适当少种常绿树。在低洼易积水和地下水位高的地段，栽植树木前必须修好排水设施，同时注意选择排水好的沙性土壤。树穴下面有不透水层时，栽植前一定要打破。

树木受涝后虽然表现出黄叶、落叶、落果、部分枝芽干枯等现象，但如果受涝时间较短，除少数耐淹力极弱的树种外，大多数树木不会死亡。因此，应积极采取保护措施，促进树势的恢复。

9. 旱害

干旱对树木生长发育影响很大，会造成树木生长不正常，加速树木的衰老，缩短树木的寿命。春旱不雨，会延迟树木的萌芽、开花时间，严重时发生抽条、日灼、落花、落果和新梢过早停止生长以及早期落叶等现象。若当年秋季雨水多，树木易发生二次生长，推迟枝条的成熟，削弱其越冬能力，给翌年的生长造成不良影响。

树木的抗旱能力因树种不同而异。有些树种的耐旱力极强或较强，能够忍耐较长时间的干旱和高温，如雪松、加杨、垂柳、旱柳、榔榆、小檗、合欢、臭椿、黄连木、油松、侧柏、圆柏、龙柏、毛白杨、白榆、桑、构等。有些树种的耐旱力较弱或极弱，在没有抗旱条件的情况下，短期的干旱和高温会对其生长发育造成严重影响，长期的干旱和高温就会使其逐渐枯萎死亡，如银杏、杉木、水杉、水松、日本花柏、日本扁柏、白兰花、粗榧、华山松、鹅掌楸、玉兰等。有些阔叶树，如柳、桑、柘、榔榆、梨树、紫穗槐、紫藤、夹竹桃、乌桕、楝、白蜡、雪柳、柽柳、珊瑚椒等的耐淹力很强，而其耐旱力也很强。深根性树种大多较耐旱，如松类、栎类、臭椿、樟树、构树等，而浅根性树种大多不耐旱，如杉木、柳杉、刺槐等。在针叶树中，天然分布较广的树种，以及属于大科、大属的树种通常比较耐旱，如松科、柏科的树种，而天然分布较狭的树种，以及属于小科、小属的树种，如仅为一科一属一种或仅有几种者，其耐旱力多较弱，如银杏科、三尖杉科（粗榧科）、红豆杉科（紫杉科）及杉科等科属的树种。

在干旱地区，防止树木发生旱害有多种途径，其中包括选择抗旱性强的树种、品种和砧木；选择水分条件相对较好的地方进行栽植；采取中耕、除草、培土、覆盖等养护管理措施，减少土壤水分蒸发，蓄水保墒，提高水分利用率；在有条件的地方，开发水源，修建灌溉系统，及时满足树木对水分的要求。

二、市政工程建设过程中的园林树木管理

1. 施工前的处理

施工前对计划保留的树木采取适当的保护性处理，有助于增强树体对施工影响的忍耐力。处理的目的是最大限度地增加树体内碳水化合物的贮存并调节生长，使树木迅速产生新根、嫩梢，以适应新的生长环境。对树木的保护性处理应尽早进行，以便有足够的时间使各种处理措施发挥作用。如美国，在施工的前一年，就对规划施工区内计划保护的树木进行特殊养护，使其能在施工后有一个较之前更完整的树冠构成、更好的枝干形态和更鲜明的枝叶色彩。一般经常采用的措施有灌溉、施肥和病虫害防治。

（1）灌溉 在水分亏缺时给树体提供及时而充足的灌溉是既简单又重要的一项措施。在工程前期，应在树体保护圈的边缘，围绕树体筑一个15cm高的围堰或设

置塑料隔板，用载水车引水灌溉，树体根际土壤浸湿深度应达到 $0.6\sim1m$。

（2）施肥　施肥应根据树木的管护历史做出具体安排。在一般情况下，如果树体生长缓慢、叶色暗淡或有少量落叶，就应考虑施肥，通常以施氮肥为主。在工程施工之前给树体施肥是卓有成效的，在施工期间及在施工后的至少一年内，仍应继续进行施肥，以增强树体对生长环境条件改变的适应性。

（3）病虫害防治　在施工之前和施工期间，若发现树体有病虫危害，应及时而有效地进行防治，以确保树木的正常生长。

2. 施工期间的树体保护

给计划保留的每株树或每个树群设置一个临时性栅栏是最重要的保护措施，在此范围内应禁止材料贮放、倾倒垃圾、停车或其他建筑性的活动，同时应在计划保留的树木上作明显的标志，以随时引起工程施工人员的注意和重视，避免出现不必要的损伤。在施工开始前，当邻近的不被保留的树木被伐除后，保留下来的树木将面临更大的风，因此需要进行适当的修剪，以防树木被风吹倒。若先前在树干的四周有其他树种的遮蔽，而现在树干已暴露在太阳的直射之下，应及时将其遮蔽或用白色的乳胶涂抹，以免受到日灼的危害。

施工区域内的计划栽植区，若有可能受到施工车辆、材料贮放和设备停放的影响时，应事先覆盖 $10\sim15cm$ 的护土材料进行保护。覆盖材料应是容易去除的，若覆盖材料有利于表层土壤结构的改善，亦可保留。

除给计划保留的树木设置防护栏外，所有其他工地相关事项，如场地清扫、公共设施的埋设和坑道挖掘、现场办事处的部署、施工设备的停放、土方的堆积、化学物质和燃料的贮放、混凝土搅拌场选址、因搭建施工用房和设备运作面必须进行的树木修剪、施工过程中对树木的管理等，都应在树木栽培专家的参与下，在不影响树木生长的前提下进行。

建设工程的合同书应包含对现有树木的保护计划和树木受损后的补救和处罚措施。要让工程建设者知道其责任，自觉地保护现有树木。在施工开始前，应根据有关法规对保留树的价值做出评估。一旦发生损害事件，负有责任的建设承包商应做出相应的赔偿。

3. 避免市政建设对现有树木的伤害

在大多情况下，市政建设对树木的影响不可能完全消除，但应尽最大可能减小损伤程度。我国一些城市在市政建设中已经注意到施工对现有树木的伤害，并建立了保护条例。如北京在 2001 年颁发了"在本市城市建设中加强树木保护的紧急通知"，明确规定"凡在城市及近郊区进行建设，特别是进行道路改扩建和危旧房改造中，建设单位必须在规划前期调查清楚工程范围内的树木情况，在规划设计中能够避让古树、大树的，应坚决避让，并在施工中采取严格的保护措施"。国外城市在这方面有很好的经验，现作简单介绍。

（1）地形改造对树木的伤害　几乎每一项工程建设都可能涉及对地形的改造，在挖土、填土、削土和筑坡的过程中，不仅改变了地表构造或地形地貌，更重要的是改变了树木根系的生长环境，必然会影响树木的生长。

① 填土　填土是市政建设中经常发生的行为，如果靠近树体填土，必须考虑为什么要填土、是否能限制填土或将填土远离树体。如果必须填土，则应将保持树体健康的价值与堆放这些土方的花费进行比较，或寻找其他远离树体的地方处理这些土方。在一般情况下，填土层低于 15cm 且排水良好时，对生根容易、能忍受和抵御根颈腐烂的长势旺盛的幼树危害不大。一些树木被填埋后，可能会萌发出一些新根暂时维持树体的生命，但随着原有根系的逐渐死亡，最终仍将危及树体存活。另外，一些浅根性树木则对基部的填土十分敏感，如填土层太厚，就有可能造成树木死亡。

许多树木栽培学文献都强调了保持树体基部土壤自然状态的重要性。如果树木周围必须用填土来抬升高程，通常可采取以下措施：a. 设法调整周边高程，使之与树木根颈基部的高程尽可能一致；b. 在高程必须被抬升时，应确定填土的边界结构，并附加必需的辅助建筑，如在树体保护圈的内边缘设置挡土墙，并在四周埋设通气管道；c. 如果树木种植地地势低洼，有可能产生积水时，应在尽可能远离树体（靠近挡土墙）的地方挖排水沟，或采取修导流沟、筑缓坡等方式，以确保在产生积水时能及时排除；d. 如果恰当的树体保护圈不能被保留时，则应考虑移树，或在调整到适宜高程后，重新种植或改植其他树种。

② 取土　从树木周围取土会严重损伤树木根系，甚至可能危及树体的稳定性。如果树体保护圈内的整个地面被降低 15cm，树的存活将受到威胁。如果必须在树下取土，则应根据树种、树龄、树木生根方式以及该地域的土壤条件，保留适当厚度的原始土层，以未被损坏的土壤保留得越多越好。如果取土和挖掘必须在树体保护圈内进行时，应事先探明根系的分布，然后谨慎地从树冠投影外围向树干基部逐渐取土，以免取土过多、过快，引起树根严重受损或树体倒伏，直接威胁到树木的生长和存活。在大多数情况下，在距树干 2～3m 以外，吸收根的分布明显减少，但为了保持树体的良好稳固状态，仍应尽量距树干远一些，并尽量少伤根系。

③ 高程变更　在大多数情况下，竣工的地面高程与自然高程间有一定的变化。如果位于高程变化附近的树木值得抢救，可以采取建造挡土墙的办法来减少根部周围土壤的高程变化。挡土墙的结构可以是混凝土、砖砌、木制或石砌，但墙体必须具有挖深到土层中的结构性脚基。若脚基必须伸入根系保护圈内时，可使用不连续脚基，以减少对根系生长的影响。在挡土墙建构过程中，为预防被切断或暴露的根系干枯，可采用厚实的粗麻布或其他多孔、有吸水力的织物，覆盖在暴露的根系和土壤表面，特别是对木兰属这一类具肉质根的树种，更应有效地预防根系失水，但这一点经常被忽略，有时甚至在高温干燥的气候条件下，对敏感树种也很少采用这种保护措施，故必须加强施工过程中的绿化监理。

在高程变更较小（30～60cm）时，通常采用构筑斜坡过渡到自然高程的措施，以减少对树木根系的损伤。斜坡比例通常为 2∶1 或 3∶1。如果树木周围地表的高程降低超过 15cm 时，一般会对树木生长造成严重影响，甚至会导致树木死亡，必须在树木的周围筑挡土墙，以保留根部的自然土层，避免根系的裸露。

（2）地下市政设施施工对树木的伤害　地下公共设施埋设可能导致对树木根系

的严重损伤。据美国的一项研究报道，在伊里诺斯州的一个公园，采用开挖地沟埋设水管后 12 年，262 株被侵扰过的成年行道树中有 92 株已经死亡，27 株的树冠顶部明显回缩。而在这些地区，若改用穿过树下铺设管道而不开挖地沟的方法，则需增加费用 150～215 美元/m；但由此增加的费用仅是因树木损失和移去死树、重新栽植树木的代价的 1/4。因此，该市现在采用在树下挖坑道的施工办法来避免对树木的伤害，并颁布了地下坑道施工规范。加拿大的多伦多市也有地沟和坑道的操作规范。英国标准协会（BSI）则于 1989 年公布了地下公用设施挖掘深度的最低限度，并建议在树体下方直接挖掘（表 7-4、表 7-5）。

表 7-4　地下坑道距离栽植树地面的深度

多伦多市		伊里诺斯州	
树干直径/mm	深度/m	树干直径/mm	深度/m
50	0.6		
75	0.9	50	0.3
150	1.5	75～100	0.6
300	1.8	125～225	1.5
450	2.1	250～350	3.0
600	2.4	375～475	3.6
750	2.7	>475	4.5
900	3.0		
1050	3.6		

表 7-5　露天地沟距栽植树干的距离

多伦多市		伊里诺斯州	
树干直径/mm	距离/m	树干直径/mm	距离/m
50	0.9		
75	1.8		
150	3.0	200	1.0
300	3.6	250	1.5
450	4.2	375	2.0
600	4.8	500	2.5
750	5.5	>750	3.0
900	6.0		
1050	6.6		

　　虽然采用在树下挖坑道的施工方法对树木根系的伤害较轻，但由于其施工难度较大，成本较高，所以其实际应用远不如开挖地沟广泛。开挖地沟时，应在树体保护圈外侧采用机械开挖，或根据表 7-4 中规定的距离进行施工；若管道必须从树体

中央下部穿过时，只能采用地下坑道的施工方法。一些国家制订了树下穿过的管道深度的规范，如多伦多市，依据树体的大小确定为 0.9~1.5m；伊里诺斯州，则要求深度至少应达到 0.6m；英国则建议应尽可能深一些。在根系主要分布范围的下方挖掘时，应尽可能避免切断任何直径在 3~5cm 以上的根系。

（3）铺筑路面对树木的伤害　大多数树木栽培专家认为铺筑的路面有损于树木的生长，因为路面限制了根际土壤中水和空气的流通。树木对铺筑路面量的容忍度取决于在铺筑过程中有多少根系受到影响、树木的种类、生长状况、树木的生长环境、土壤孔隙度和排水系统，以及树木在路面下重建根系的潜能等多种因素。国外的一些树木保护指南建议，在树木根际周围铺设通透性强的路面，或在必须铺设非通透性路面时，建议采用某些具漏孔的类型或设置良好的透气系统。一种简单的设计是，在道路铺筑开工时，沿线挖一些规则排列、有间隔的、2~5cm 直径的洞。另一种设计是，铺一层沙砾基础，在其上竖一些 PVC 臂材，用铺设路面的材料围固；路面竣工后将其切平，管中注入沙砾，安上格栅，其形状可依据通气需求设计成长条形或格栅状。另外，在铺设的路面上设置多条伸缩缝，也可以达到同样的功效。

路面铺设过程中，保护树木的最重要措施是避免因铺设道路而切断根系和压实根际周围的土壤，合理的设计可以把施工的影响限制到最低程度。实际施工中有几种常用的有效方法：a. 采用最薄断面的铺设模式，如混凝土的断面比沥青要薄；b. 尽可能使要求较厚铺设断面的重载道路远离树木；c. 调整最终高程，使铺设路面的路段建在自然高程的顶部，路面将高于周围的地形，这样就可以使用"免挖掘"设计，减少对道路两侧树木根系的损伤；d. 增加铺设材料的强度，以减少在施工过程中对亚基层（土壤）的压实。

三、污水、融雪盐及煤气对树木的危害与防治

1. 污水对树木的危害

城市生活污水，如洗脸洗澡水、洗衣水、刷锅洗碗水及大小便等被直接排入土壤后，可使土壤的含盐量达到 0.3%~0.8%。土壤水分含盐碱量的加大会造成树木根系吸水困难，使树木得不到适量的水分补充，严重的反而会使根部的水分渗出，致使树木因缺水而生长不良。土壤中含盐分总量低于 0.1%时树木才能正常生长，否则会因烂根、焦叶而死。

工厂排出的废水中含有重金属等多种有毒物质，不仅有碍于环境卫生，而且会污染土壤，直接影响树木的生长。因此，必须严禁工厂污水的直接排出。为了防止污染，改善环境，同时利用废水、污水，以扩大水源，可以把经过处理的污水用于园林灌溉。通过宣传教育，提高全民素质，形成遵纪守法、爱护环境的良好风气，对乱倒脏水和乱排废水的行为进行严肃处理是防止污水对树木造成危害的有效措施。

2. 融雪盐对树木的危害

在北方，冬季下雪是常有的事。下雪造成道路结冰后，为了交通安全，常在道

路上撒融雪盐，以促进冰雪的融化。冰雪融化后的盐水无论是溅到树木茎、叶，还是侵入根区土壤都会对树木造成伤害。常用的融雪盐是氯化钠（NaCl，约占95％），少量使用的是氯化钙（CaCl₂，约占 5％）。不同树种对融雪盐危害的敏感性有很大差异，通常是常绿针叶树对盐的敏感性大于落叶树；浅根性的树种对盐的敏感性大于深根性树种。据报道，对盐最敏感的树种有松类、椴树属、七叶树属、柠檬、李、杏、桃、苹果等。行道树中几乎所有的椴树属和七叶树属的树种对盐害都非常敏感。

（1）融雪盐的危害症状　融雪盐对树木的影响可达距喷撒处 9m 多的地方。受害树的主要症状是春季萌动晚、发芽迟、叶片变小、叶缘和叶片有枯斑、呈棕色甚至叶片脱落；夏季可发几次新梢，一年开花两次以上，导致芽的干枯；早秋叶片变色或落叶、枯梢，甚至整枝或整株死亡。

（2）融雪盐的危害机理　盐渗入土壤，造成土壤溶液浓度升高，树木根系从土壤溶液中吸水困难，吸收的水分就会减少。盐分通过水的渗透吸收以及对原生质上特殊离子作用而对树木造成伤害。

一般认为氯化钠中的 Cl⁻ 在细胞中的积聚会增加吸附离子释放成自由离子的比例，从而引起原生质脱水，造成不可逆转的伤害。也有人认为氯化钠的积累会削弱氨基酸和碳水化合物的代谢作用。由于 Na⁺ 的过剩破坏了正离子之间的平衡，从而削弱了树木的代谢，妨碍了根系对某些养分的吸收和运输。Na⁺ 被黏粒或腐殖质颗粒吸收后，会排除其他正离子，从而导致土壤结构受到破坏。

（3）防止融雪盐对树木危害的方法　防止融雪盐危害树木的措施有清运、隔离、使用无害化冰材料、选择或培育耐盐树种或无性系。

① 清运　将融化过冰雪的盐连同积雪一起运走，远离树木，使其免受伤害。

② 隔离　砌高边树坛可以防止融雪盐溶液侵入。采取这样的隔离措施对幼树比较容易，但对老树比较困难。城镇的大多数树木生长在铺装地上，这些地面不像车行道那样急需融雪，可以铺撒一些粗粒材料，如砾石、沙子等。要保证在树冠投影范围内的地面上始终保持无盐状态。

③ 严格控制盐的喷撒量　每次的喷撒量不要超过 40g/m²，也不能超越行车道的范围。

④ 开发无毒害的替代物　如 Ferti-Thaw 和 Tred-Spread 等也能融解冰和雪而不损害树木，但其花费要比氯化钠高得多。

⑤ 选择耐盐树种或培育耐盐的品种　通过细致的树种选择，选择耐盐性强的树种，或通过育种手段，培育耐盐性强的品种是防止融雪盐对树木造成危害的有效措施。

3. 煤气对树木的危害与防治

城市中的天然气管道常沿着道路铺设，往往恰好位于道路绿化带之下。由于管道质量或交通震动的影响，可能会造成管道破裂或接头松动，从而导致管道气体的泄漏，对树木产生危害。

（1）危害症状和机理　在煤气轻微泄漏的地方，树木受害症状的主要表现是叶片逐渐发黄或脱落，顶梢附近的枝条逐渐枯死。在煤气大量或突然严重泄漏的地方，受害树木的叶片几乎一夜间全部变黄，枝条逐渐枯死。如果不采取措施解除煤气泄漏，危害症状就会扩展至树干，使树皮变松，树木死亡。

天然气中的主要成分是甲烷（CH_4）。泄漏的天然气通过土壤空隙向四周扩散，其中的甲烷被土壤中的某些细菌氧化变成二氧化碳和水，每一个被氧化的甲烷分子从土壤空气中吸收两个氧分子，同时放出二氧化碳，从而使土壤中的二氧化碳浓度增加，含氧量下降，对树木的生长造成严重影响，甚至引起树木死亡。土壤被天然气污染后，有的土壤需要经过几年才能重新栽植树木，但在疏松的沙质土壤中，甚至在泄漏的煤气管道修好后，就可立即植树。

（2）煤气泄漏对树木危害的诊断

① 嗅觉诊断法　煤气具有特殊的气味，如果在管道近前的树林里能够闻到一股强烈的气味，则可直接判定有煤气泄漏，而且泄漏比较严重。如果通过钻孔进行气味探测，在洞口还感觉不到煤气的气味，则说明没有煤气泄漏或泄漏很轻。

② 指示植物诊断法　番茄植株比人的鼻孔更敏感，在嗅觉不能探测渗漏的地方，可在可疑区域挖一个深约60cm的大洞，在洞中放一株盆栽番茄，用木板盖住洞口24h，然后拿出番茄植株进行观察。如果有煤气泄漏，无论是多少，番茄的茎都会剧烈地向下弯曲。这种弯曲是番茄植株对煤气的一种反应。如果番茄植株未受影响，则可判定附近没有管道煤气的泄漏。在没有番茄植株的情况下，也可用香豌豆、石竹或麝香石竹植株来代替。

（3）煤气伤害的补救措施　当煤气渗漏对树木造成的伤害不太严重时，可采用以下补救措施：a. 立即修好渗漏点；b. 在距渗漏点最近的树木侧方挖沟换掉被污染的土壤；c. 在整个根区打孔，用压缩空气驱散土壤中的有毒气体；d. 根区灌水有助于冲走有毒物质；e. 合理修剪，剪除枯枝、死根、病根；f. 科学施肥，促发新根，尽快恢复树木的生长势，增强树木的抗性。

四、树体的保护和修补

1. 树体保护和修补的原则

树木的主干或骨干枝上的伤口包括皮部伤口和木质部伤口两大类。木质部伤口大多是皮部伤口形成之后，伤口继续恶化的结果。这些伤口往往是由病虫害、冻害、日灼及机械损伤等造成的，若不及时进行保护、治疗和修补，经过长期雨水浸渍和病菌寄生，易使树体内部腐烂形成树洞。另外，树木经常受到人为有意无意地干扰和损坏，如树盘内的土壤被长期践踏变得很坚实，在树干上刻字留念或拉枝折枝等，所有这些不仅严重削弱树木的生长势，而且会使树木早衰，甚至死亡。因此，对树体的保护和修补是非常重要的养护措施。

树体保护首先应贯彻"防重于治"的原则，事先做好预防工作，尽量防止各种灾害的发生，同时还要做好宣传教育工作，使人们认识到，保护树木人人有责。对树体上已经形成的伤口，应尽早进行治疗和修补，以防止伤口继续扩大，影响树木的生长或危及树木的生存。应根据树干上伤口的部位、轻重和特点，采用不同的治疗和修补方法。

2. 树干伤口的修补

树木的愈伤能力与树种、树木生活力及创伤面的大小有密切的关系。一般来说，树种越速生，其生活力越强，其愈伤能力也越强；伤口越小，愈合速度越快。修剪所造成的剪口越大或留桩越长，愈伤所需的时间也就越长。如果受伤部位只限于皮部，而且伤口面积不太大，可以通过树木自身的愈伤得以恢复。如果伤口面积很大，或树干的木质部或树根受到严重损伤，树木自身不能正常愈合时，就应进行人为修补和加固。这种技术措施又被称为"树木外科手术"。

根据受伤的程度和部位的不同，树干伤口的修补分为皮部伤口的修复和木质部伤口的修补。二者均以伤后处理为主，目的在于治愈创伤，恢复树势，防止早衰。这对于古树名木的保护和树木意外损伤的修复尤为重要。

（1）皮部伤口的修复　皮部受伤以后，有的能够自愈，有的不能自愈。为了使其尽快愈合，防止扩大蔓延，应该及时对伤口进行治疗，也可以采用植皮措施进行处理。

对于枝干上因病、虫、冻、日灼或修剪等造成的伤口，首先应当用锋利的刀刮净削平四周，使皮层边缘呈弧形，然后用药剂（2%～5%硫酸铜液，0.1%的升汞溶液，石硫合剂原液）消毒。修剪造成伤口应削平，然后涂以保护剂。选用的保护剂要求容易涂抹，黏着性好，受热不融化，不透雨水，不腐蚀树体组织，同时又有防腐消毒的作用，如铅油、接蜡等均可。大量应用时也可用黏土和鲜牛粪加少量的石硫合剂的混合物作为涂抹剂，若用激素涂剂则更有利于伤口的愈合，用含有0.01%～0.1%的 α-萘乙酸膏涂在伤口表面，可促进伤口愈合。伤口处理一次往往是不够的，要进行定期检查，一年内重复处理 2 次，才能获得满意的效果。

由于风折使树木枝干折裂时，应立即用绳索捆绑加固，然后消毒并涂保护剂。北京有的公园用两个半弧圈构成的铁箍加固枝干，为了防止铁箍摩擦树皮，可用棕麻绕垫，用螺栓连接，以便随着干径的增粗而放松。另一种方法（主要是国外采用）是用带螺纹的铁棒或螺栓旋入树干，起到连接和夹紧的作用。对创伤面较小的枝干，可于生长季节移植同种树的新鲜树皮。具体做法是首先对伤口进行清理，然后从同种树上切取与创伤面大小相同的树皮，创伤面与切好的树皮对好压平后，涂以 10%的萘乙酸溶液，再用塑料薄膜捆紧即可。这种方法以形成层活跃时期（约6～8 月份）最易成功，操作应越快越好。

由于雷击使枝干受伤的树木，应将烧伤部位锯除并涂保护剂。

刮树皮能够减少老树皮对树干加粗生长的约束，并可清除在树皮缝隙中越冬的害虫。此法多在树木休眠季节进行，冬季严寒地区可延至萌芽前。要掌握好刮皮深度，将粗裂老皮刮掉即可，切勿伤及绿皮或以下部位。刮后应立即涂以保护剂。对刮皮后出现流胶的树木，不可采用此法。

（2）木质部伤口的修补　木质部伤口有的是皮部伤口恶化后形成的，也有的是因剧烈的创伤直接形成的。如果伤口长久不能愈合，外露的木质部经雨水不断浸渍，会逐渐腐烂，形成树洞，严重时树干内部中空，树皮破裂，一般称为"破肚子"。由于树干的木质部及髓部腐烂，输导组织遭到破坏，因而影响水分和养分的运输及贮存，严重削弱树势，降低了枝干的坚固性和负载能力，缩短了树体寿命。

在刮大风时常发生枝干折断或树木倒伏，这时不仅树木受到了损害，而且还会造成一些其他伤害（如砸坏建筑物、车辆、广告牌或人身受到伤害等）。树干形成树洞后，假如洞口朝上，下雨时雨水直接灌入洞中，致使木质部腐烂，如果不加管护，放任这种现象发展下去，不仅会使树木生长不良，还有可能造成树木死亡。有的公园，树体下部的树洞未被及时发现和修补，由于游人不慎丢弃烟头而引起火灾，有的还会发生人身伤亡事故。所以修补树洞是非常重要的，不可忽视。

① 树洞修补　树洞修补是为了防止树洞继续扩大和发展，有以下 3 种方法。

a. 开放法　若树洞过大或孔洞不深无填充的必要时，可将洞内的腐烂木质部彻底清除，刮去洞口边缘的死组织，直至露出新的组织为止，然后用药剂消毒，并涂防护剂。防护剂每隔半年左右重涂 1 次。同时改变洞形，以利排水；也可在树洞最下端插入排水管，并注意经常检查排水情况，以免堵塞。如果树洞很大，给人以奇特之感，欲留作观赏时，可采用此法。

b. 封闭法　对较窄的树洞，应先将洞内的腐烂木质部清除干净，刮去洞口边缘的死组织，用药剂消毒后，在洞口表面覆以金属薄片，待其愈合后嵌入树体而封闭树洞。也可将树洞经处理消毒后，在洞口表面钉上板条，用油灰（油灰是用生石灰和熟桐油以 1：0.35 混合而成）和麻刀灰封闭〔也可以直接用安装玻璃用的油灰（俗称"腻子"）〕，再用白灰、乳胶、颜料粉面混合好后，涂抹于洞口表面，还可以在上面压树皮状纹或钉上一层真树皮，以增加美观。

c. 填充法　填充物最好是水泥和小石砾的混合物。若无水泥，也可就地取材。聚氨酯塑料是一种具有许多优点的填充材料，具有许多优点，如坚韧、结实、稍有弹性，易与心材和边材黏合；操作简便，质量轻，容易灌注，并可与多种杀菌剂共存；膨化与固化迅速，易于形成愈伤组织。填充材料必须压实，为加强填料与木质部的连接，洞内可钉若干电镀铁钉，并在洞口内两侧挖一道深约 4cm 的凹槽，从底部开始填充，每 20～25cm 为一层用油毡隔开，每层表面都向外略斜，以利排水，填充物边缘应不超出木质部，使形成层能在其上面形成愈伤组织。外层再将白灰、乳胶、颜料粉面混合好后，涂抹于表面。为增加美观，使其富有真实感，应在最外面钉一层真的树皮。

② 桥接　桥接能恢复树势，延长树木的寿命。对受伤面积很大的枝干，在采用树洞修补方法处理后，可进行桥接。在春季树木萌芽前，取同种树的一年生枝条，两头嵌入伤口上下树皮完好的部位，然后用小钉固定，再涂抹接蜡，用塑料薄膜捆紧即可。如果伤口发生在树干的下部，树干基部周围恰好有萌蘖生长时，则可选取位置适宜的萌蘖枝，并在适当位置剪断，将其接入伤口的上端，然后固定绑紧。也可在树干基部紧贴树根处栽一至数株幼树，待其成活后将其上端斜削，插嵌于树干伤口上端的活树皮下，绑紧即可。这种方法称为根寄接。

3. 吊枝、顶枝和打箍

吊枝在果园中多采用，顶枝在园林中应用较多。大树或古老的树木若出现树身倾斜不稳时和大枝下垂的需设支柱撑好，支柱可采用金属、木桩、钢筋混凝土材料。支柱应有坚固的基础，上端与树干连接处应有适当形状的托杆和托碗，并加软垫，以免损害树皮。设支柱时一定要考虑到美观，与周围环境协调。北京故宫将支撑物油漆成绿色，并根据松枝下垂的姿态，将支撑物做成棚架形式，效果很好。将几个主枝用铁索连接起来，也是一种有效的加固方法。

树木粗大的枝干发生劈裂后，可用打箍法进行固定。首先清除裂口杂物，然后用铁箍箍上。铁箍是用两个半圆形的弧形铁，两端向外垂直折弯，其上打孔，用大的螺丝连接，在铁箍内最好垫一层橡皮垫，以免因重力或枝干生长时伤及树皮，还应隔一段时间拧松螺丝，以免随着树木的增粗生长，铁箍嵌入树体内。

4. 涂白

树干涂白具有防治病虫害、延迟树木萌芽、避免日灼危害等作用。据试验，桃树涂白后较对照推迟花期 5 天，因此在日照强烈、温度变化剧烈的大陆性气候地区，应利用涂白减弱树木地上部分吸收太阳辐射热的原理来延迟芽的萌动期。由于涂白可以反射光照，防止枝干温度局部增高，可预防日灼危害。因此目前仍采用涂白作为树体保护的措施之一。杨柳树栽植后马上涂白，可防蛀干害虫。

涂白剂的配制成分各地不一，一般常用的配方是：水 10 份，生石灰 3 份，石硫合剂原液 0.5 份，食盐 0.5 份，油脂（动植物油均可）少许。配制时要先化开石灰，将油脂倒入后充分搅拌，再加水拌成石灰乳，最后放入石硫合剂及盐水，也可加黏着剂，以延长涂白剂的黏着性。

5. 洗尘、围护隔离和看管巡查

许多树木具有防风吸尘的功能，这对净化空气、防止污染是有益的。但在空气污染严重的地方，或地面裸露、尘土飞扬的环境中生长的树木，往往在其枝叶上蒙上厚厚的一层尘埃。这些尘埃能够堵塞气孔，影响树木的光合作用和观赏效果，妨碍树木的生长。在条件许可的情况下，应在无雨或少雨季节定期喷水冲洗树冠，以改善树木的生长和外貌。夏秋酷热天，该项工作宜在早晨或傍晚进行。

多数树木喜欢透气性能良好、土质疏松的土壤条件。人流践踏和机械碾压造成的土壤板结会妨碍树木根系的正常生长，从而影响树木地上部的生长，常引起树木早衰。对受到践踏的树木进行土壤改良后，栽植绿篱或建围篱、栅栏加以围护，使其与游人隔离，能有效防止人流的践踏，改善树木的生长状况。为突出主要景观，围篱要适当低矮一些，造型和花色宜简朴，以不影响观赏为原则。

为了保护树木免遭或少受人为破坏，一些重点绿地应设置专人进行看管和巡查，以便及时劝阻和制止破坏绿地和树木的行为，对游人进行爱护树木的宣传教育，定期检查管护范围内的绿地和树木，发现问题及时向主管部门报告，以便得到妥善处理。巡查人员还应与电力、电讯、交通等部门配合，在保证这些部门正常施工的前提下，协同保护好工程区域内的树木。

五、园林树木的管理标准和养护技术

1. 园林树木的管理标准

目前，国内的一些城市在城市绿地与园林树木的养护管理方面，已采用了招标的方式，吸收社会力量参与，因此城市园林主管部门更应制订相应的办法来加强管理，而采用分级管理是较好的管理方法。例如北京市园林管理局，根据绿地的类型、区域、位势轻重和财政状况，对绿地树木制订分级管理与养护的标准，以区别对待，成为现阶段条件下行之有效的管理措施之一。

（1）一级管理

① 生长势好。生长超过该树种、该规格的平均年生长量（指标经调查后确定）。

② 叶片光亮。叶片色鲜、质厚、具光泽。不黄叶、不焦边、不卷边、不落叶，叶面无虫粪、虫网和积尘。被虫咬食叶片的单株在 5% 以下。

③ 枝干健壮。枝条粗壮，越冬前新梢的木质化程度高。无明显枯枝、死杈，无蛀干害虫的活卵、活虫。介壳虫最严重处，主干、主枝上平均成虫数少于 1 头/100cm，较细枝条的平均成虫数少于 5 头/30cm。受虫害株数在 2% 以下。无明显的人为损坏。绿地草坪内无堆物、搭棚或侵占等；行道树下距树干 1m 内无堆物、搭棚、围栏等影响树木养护管理和树体生长的物品。树冠完整美观，分枝点合适，主、侧枝分布匀称，内膛不乱、通风透光。绿篱类树木，应枝条茂密，完满无缺。

④ 缺株在 2% 以下。

（2）二级管理

① 生长势正常。生长正常，达到该树种、该规格的平均生长量。

② 叶片正常。叶色、叶片大小和厚薄正常。有较严重黄叶、焦叶、卷叶及带虫粪、虫网、蒙尘叶的株数在 2% 以下。被虫咬食的叶片单株在 5%～10%。

③ 枝干正常。无明显枯枝、死杈。有蛀干害虫的株数在 2% 以下。介壳虫最严重处，主干上平均成虫数为 1～2 头/100cm，较细枝条上平均成虫数为 5～10 头/30cm。有虫株数在 2%～4%。无较严重的人为损坏，对轻微或偶尔发生的人为损坏，能及时发现和处理。绿地草坪内无堆物、搭棚或侵占等；行道树下距树干 1m 内无影响树木养护管理的堆物、搭棚、围栏等。树冠基本完整，主侧枝分布匀称，树冠通风透光。

④ 缺株在 2%～4%。

（3）三级管理

① 生长势基本正常。

② 叶片基本正常。叶色、大小、厚薄基本正常。有较严重黄叶、焦叶、卷叶及带虫粪、虫网、蒙尘叶的株数在 2%～4%。虫食叶单株在 10%～15%。

③ 枝干基本正常。无明显枯枝、死杈。有蛀干害虫的株数在 2%～10%。介壳虫最严重处，主干主枝上平均成虫数为 2～3 头/100cm，较细枝条的平均成虫数为 10～15 头/30cm。有虫株数在 4%～6%。对人为损坏能及时进行处理。绿地内无

堆物、搭棚、侵占等；行道树下无堆放石灰等对树木有烧伤、毒害的物质，无搭棚、围栏、侵占树等。90%以上的树木树冠基本完整。

④ 缺株在 4%～6%。

（4）四级管理

① 树势。被严重吃花树叶（被虫咬食的叶面积、数量都超过一半）的株数达20%。被严重吃光树叶的株数达 10%。

② 叶片。严重焦叶、卷叶、落叶的株数达 20%。严重焦梢的株数达 10%。

③ 枝干。有蛀干害虫的株数在 30%。介壳虫最严重处，主干主枝上平均成虫数多于 3 头/100cm。较细枝条上平均成虫数多于 15 头/30cm。有虫株数在 6%以上。

④ 缺株在 6%～10%。

以上的分级养护质量标准，是根据目前的生产管理水平和人力物力等条件而制定的暂时性标准。今后，随着对生态环境建设投入的加大，随着城市绿化养护管理水平的提高，应逐渐向一级标准靠拢，以更好地发挥园林树木的景观生态和环境效益。

2. 园林树木的保护性养护技术

园林树木的保护性养护应根据树种生物学特性、树木的生长发育的规律以及当地的环境气候条件等因素开展工作。在季节性比较明显的地区，保护性养护技术大致可依四季而行。

（1）冬季（12 月～翌年 2 月）　亚热带、暖温带及温带地区有降雪和冰冻现象。露地栽植的树木进入或基本进入休眠期，此期主要进行树木的冬季整形修剪、深施基肥、涂白防寒和防治病虫害等工作。在春季干旱的华北地区，冬季在树木根部堆积降雪，既可防寒，又可用融化的雪水补充土壤水分，缓解春旱。

（2）春季（3 月～5 月）　气温逐渐回升，树体开始陆续解除休眠，进入萌芽生长阶段，春花树种陆续开花。此期应逐步撤除防寒措施，进行灌溉与施肥，及时进行常绿树篱和春花树种的花后修剪。春季是防治病虫害的关键时刻，可采取多种形式消灭越冬成虫，为全年的病虫害防治工作打下基础。

（3）夏季（6 月～8 月）　气温高，光照时间长、光量大，南、北雨水都较充沛。树体光合作用强、光合效率高，树体内各项生理活动处于活跃状态，是园林树木生长发育的最旺盛时期，也是需肥最多的时期，花果树应增施以磷、钾为主的肥料。夏季蒸腾量大，要及时进行灌水，但雨水过多时，对低洼地带应加强排水防涝工作。晴天进行中耕除草，有利于土壤保墒。行道树要加强修剪、稀疏树冠，并及时修剪树木与架空电线或建筑物之间有矛盾的枝干，防风防台和防暴雨。花灌木开花后，及时剪除残花枝，促使新梢萌发。未春剪的绿篱，补充整形修剪。南方亚热带地区应抓紧雨季的有利时机，进行常绿树及竹类的带土球补植。

（4）秋季（9 月～11 月）　气温开始下降，雨量减少，树木的生长已趋缓慢，生理活动减弱，逐渐向休眠期过渡，肥水管理应及时停止，防止晚秋梢徒长。从10 月份开始应对新植树木进行全面的成活率调查。全面整理绿地园容，更植死树，清除枯枝。对花灌木、绿篱进行整形修剪。树木落叶后至封冻前，应对抗寒性弱或刚栽植的引进新品种进行防寒保护，灌封冻水。大多数园林树木已进入秋施基肥和冬剪等管护阶段，南方竹林应进行深翻。

思 考 题

1. 园林绿地的土壤大致可分为哪几类？
2. 松土除草的目的和意义。
3. 深翻熟化的主要内容及客土栽培的目的和要求。
4. 土壤化学改良的主要方法。
5. 园林树木施肥原理和施肥的主要方法。
6. 园林树木的需水特性和主要灌排水方法。在我国南方和北方地区，园林树木灌水与排水的重要性有何差异，说明其原因与特点。
7. 土壤保水剂的作用和在园林绿化中的应用。
8. 简述冻害和霜害对树木危害的症状与防治。
9. 简述涝害和旱害对树木危害的症状与防治。
10. 树木遭雷击的伤害症状及防治措施。
11. 简述树体保护和修补的原则和措施。
12. 简述地形改造对树木的伤害与防治。
13. 简述铺装对树木的危害及铺装技术的改进。

第八章 古树名木的养护与管理

古树名木是自然与人类历史文化的宝贵遗产，是民族悠久历史和灿烂文化的佐证，它们几经沧桑，饱经风霜，展现着古朴典雅的身姿，具有很高的观赏和研究价值。所以说，古树是活着的古董，是有生命的国宝，素有"绿色文物""绿色活化石"之美誉。我国幅员辽阔、地理地形复杂、气候条件多样、历史悠久，古树分布之广，树种之多，树龄之长，数量之大，属世界罕见。自古以来，我国就十分重视古树名木的保护，相传明代蜀地，历任州官在交接时都要举行郑重的仪式来清点蜀道的古树；安徽歙县雄村新安江畔的千年古樟树下，有清光绪（1895 年）树立的碑文，称其"控荫、固堤利众"而出示永禁。随着人类文明的不断发展，古树名木愈来愈受到社会各界的关注和重视。目前，我国负责对古树名木管理与保护的部门是国家林业和草原局等，对城市园林、自然风景区、自然保护区等的古树名木进行管理，其中大量的工作属于城市的园林部门。通过积极有效的保护和研究，力争使古树名木永葆青春，永放光彩。

第一节 保护和研究古树名木的意义

我国的古树名木一直受到各方面的关注与保护，20 世纪 80 年代初，当时的林业部曾组织专家在全国范围内开展了古树名木的调查，并根据调查结果出版了全国和地方性的古树名木专著，为古树名木的保护提供了宝贵的文献资料。但也应当看到，尽管各地都十分重视对古树的保护，可是有一些地方在城市发展、风景区和旅游区开发中，仍有损伤古树的现象发生，有时还很严重。为此，国家颁布了古树名木保护条例，对进一步加强古树名木的保护具有重要意义。

一、古树名木的标准

《中国农业百科全书》对古树名木的内涵界定为："树龄在百年以上的大树，具有历史、文化、科学或社会意义的木本植物。"国家环保局对古树名木的定义为："一般树龄在 100 年以上的大树即为古树；而那些稀有、名贵树种或具有历史价值、纪念意义的树木则可称为名木。"1982 年，当时的国家城建总局制定的文件规定，古树一般指树龄在 100 年以上的大树；名木是指稀有、名贵树种或具有历史价值和纪念意义的树木。2000 年 9 月建设部重新颁布了《城市古树名木保护管理办法》，将古树定义为树龄在 100 年以上的树木；把名木定义为国内外稀有的、具有历史价值和纪念意义以及重要科研价值的树木；凡树龄在 300 年以上，或特别珍贵稀有，具有重要历史价值和纪念意义，或具有重要科研价值的古树名木为一级古树名木；其余为二级古树名木。国家环保局（现环保部）还曾对古树名木做过更为明确的说明，如距地面 1.2m 胸径在 60cm 以上的柏树类、白皮松、七叶树，胸径在 70cm 以上的油松，胸径在 100cm 以上的银杏、国槐、楸树、榆树等古树，且树龄在 300 年以上的，定为一级古树；胸径在 30cm 以上的柏树类、白皮松、七叶树，胸径在 40cm 以上的油松，胸径在 50cm 以上的银杏、楸树、榆树等，且树龄在 100 年以上 300 年以下的，定为二级古树；稀有名贵树木指树龄在 20 年以上、胸径在 25cm 以上的各类珍稀引进树木；外国朋友赠送的礼品树、友谊树、有纪念意义和具有科研价值的树木，不限规格一律保护。其中各国家元首亲自种植的定为一级保护，其他定为二级保护。

我国的古树名木资源十分丰富，其中树龄在千年以上的不在少数，它们经历过历代战争的洗礼和世事变迁，虽已老态龙钟却依然生机盎然，为中华民族的灿烂文化和壮丽山河增添了不少光彩。许多是国宝级文物，世界闻名。如有的以姿态奇特、观赏价值极高而闻名，如黄山的"迎客松"、泰山的"卧龙松"、北京市中山公园的"槐柏合抱"，等等；有的以历史事件而闻名，如北京市景山公园内原崇祯皇帝上吊的槐树；有的以奇闻轶事而闻名，如北京市孔庙的侧柏，传说其枝条曾将权奸魏忠贤的帽子碰掉而大快人心，故后人称之为"除奸柏"，等等。古树名木往往一身而二任，当然也有名木不古或古树未名的，都应引起重视，加以保护和研究。

二、保护古树名木的意义

保护古树名木的意义在于它是一种独特的自然和历史景观，是人类社会历史发展的佐证，具有极高的历史、人文和景观价值，是发展旅游、开展爱国主义教育的重要素材，对研究古植物、古地理、古水文和古气候等具有重要的参考价值。

1. 古树名木的社会历史价值

我国的古树名木不仅地域分布广阔，而且历史跨度大。传说中的周柏、秦松、汉槐、隋梅、唐杏（银杏）、唐樟、宋柳都是树龄高达千年的树中寿星；更有一些树龄高达数千年的古树至今风姿卓然，如山东莒县浮莱山 3000 年以上树龄的"银杏王"，台湾高寿 2700 年的"神木"红桧，西藏寿命 2500 年以上的巨柏，陕西长安温国寺和北京戒台寺树龄 1300 多年的古白皮松等。人们在瞻仰其风采时，不禁会联想起我国悠久的历史和丰富的文化，其中也有一些是与重要的历史事件相联系的，如北京颐和园东宫门内的两排古柏，在靠近建筑物的一面保留着火烧的痕迹，那是八国联军纵火留下的侵华罪行的真实记录。

2. 古树名木的文化艺术价值

我国各地的许多古树名木往往与历代帝王、名士、文人、学者相联系，有的为他们手植、有的受到他们的赞美，长于丹青水墨的大师们则视其为永恒的题材。"扬州八怪"中的李鱓，曾有名画《五大夫松》，是泰山名松的艺术再现；嵩阳书院的"将军柏"，更有明、清文人赋诗三十余首之多。又如苏州拙政园文徵明手植的明紫藤，其胸径 22cm，枝蔓盘曲蜿蜒逾 5m，旁立光绪三十年江苏巡抚端方题写的

"文徵明先生手植紫藤"青石碑，名园、名木、名碑，被朱德的老师李根源先生誉为"苏州三绝"之一，具极高的人文旅游价值。

3. 古树名木的观赏价值

古树名木和山水、建筑一样具有景观价值，是重要的风景旅游资源。它们或苍劲挺拔、风姿多彩，镶嵌在名山峻岭和古刹胜迹之中，与山川、古建筑、园林融为一体；或独成一景成为景观主体；或伴一山石、建筑，成为该景的重要组成部分，吸引着众多游客前往游览观赏，流连忘返。如黄山以"迎客松"为首的十大名松，泰山的"卧龙松"等均是自然风景中的珍品；而北京天坛公园的"九龙柏"、北海公园团城上的"遮阴侯"（油松），以及苏州光福的"清、奇、古、怪"4株古圆柏更是人文景观中的瑰宝，吸引着众多游客前往游览观光。

又如陕西黄陵"轩辕庙"内有二株古柏，一株是"黄帝手植柏"，树高近20m，下围周长10m，是目前我国最大的古柏之一；另一株叫"挂甲柏"，枝干"斑痕累累，纵横成行，柏液渗出，晶莹奇目"。游客无不称奇，相传为汉武帝挂甲所致。这两棵古柏虽然年代久远，但至今仍枝叶繁茂，郁郁葱葱，毫无老态，此等奇景，堪称世界无双。

4. 古树在古气候、古地理研究中的价值

古树是研究古代气象水文的绝好材料，因为树木的年轮生长除了取决于树种的遗传特性外，还与当时的气候特点相关，表现为年轮有宽窄不等的变化，由此可以推算过去年代湿热气象因素的变化情况。尤其在干旱和半干旱的少雨地区，古树年轮对研究古气候、古地理的变化更具有重要的价值。

5. 古树在树木生理研究中的价值

树木的生长周期很长，人们无法对其生长发育、衰老死亡的规律用跟踪的方法加以研究，而古树的存在就把树木生长、发育在时间上的顺序展现为空间上的排列，使我们能以处于不同年龄阶段的树木作为研究对象，从中发现该树种从生到死的总规律，帮助人们认识各种树木的寿命、生长发育状况以及抵抗外界不良环境的能力。

6. 古树在树种规划中的参考价值

古树多为乡土树种，对当地的气候和土壤条件具有很强的适应性。因此，古树是制定当地树种规划，特别是指导园林绿化的可靠依据。景观规划师和园林设计师可以从中得到对该树种重要特性的认识，从而在树种规划时做出科学合理地选择，而不致因盲目决定而造成无法弥补的损失。

7. 古树名木的经济价值

有些古树虽已高龄，却毫无老态，仍可果实累累，生产潜力巨大。如素有"银杏之乡"之称的河南嵩县白河乡，树龄在300年以上的古银杏树有210株，1986年产白果 2.7×10^4 kg；新郑市孟庄乡的1株古枣树，单株采收鲜果达500kg；南召县皇后村的1株250年的望春玉兰古树，每年仍可采收辛夷药材200kg左右；辉县后庄乡1株山楂古树，年产鲜山楂果700~800kg；安徽砀山良梨乡1株300年的老梨树，不仅年年果实满树，而且是该地发展梨树产业的种质库。事实上多数古树

在保存优良种质资源方面具有重要的意义。古树名木还为旅游资源的开发提供了难得的条件，对发展旅游产业具有重要价值。

三、国内外古树名木研究概况

20 世纪 80 年代中期，我国各地园林部门根据建设部的要求，对所属区域的古树名木进行了普查。北京市园林科学研究所于 1979～1984 年进行了"北京市内公园古松柏生长衰弱原因及复壮措施的研究"；沈阳及泰安等地开展了古树衰弱原因及古树物候的观察，探寻了古树养护复壮的最佳措施。上海市针对古树的衰弱原因及复壮措施进行了深入研究；广州市园林局针对古树衰弱、死亡的原因，采取了改善立地条件及引气生根入土等复壮措施。河南农业大学于 1999 年对古银杏的生长现状与保护对策进行了研究，探讨了古银杏的衰老机理、复壮更新技术、栽培管理措施及生物学、生态学特性，对改善古银杏的生长发育状况具有指导意义。自 2000 年以来，对古树名木的研究重点主要集中在探讨古树名木复壮技术及病虫害防治、资源调查、古树地理信息系统开发等方面。

2000 年 9 月，建设部颁发了《城市古树名木保护管理办法》（建城［2000］192 号），对古树名木保护管理做出了更为详细的规定。2009 年 5 月 1 日，由北京市园林绿化局组织编制的北京市地方标准《古树名木保护复壮技术规程》（DB11/T 632—2009）正式发布，作为北京市开展古树名木复壮及监督检查工作的重要依据，对实现首都古树名木的科学化、规范化管理具有重要意义。2011 年 4 月 1 日，由北京市园林绿化局组织编制的地方标准《古树名木日常养护管理规范》（DB11/T 767—2010）正式实施。该标准规定了春、夏、秋、冬四季古树名木日常养护管理中的各项养护技术措施、管理要求以及投资定额测算方法，具有很强的针对性、科学性、指导性和可操作性。

国外对古树名木的研究也非常重视，美国开发出肥料气钉，解决了古树表层土壤的供肥问题；德国采用在土壤中埋管、埋陶粒和高压打气等方法解决了土壤的通气问题；英国探讨了土壤坚实、空气污染等因素对古树生长的影响；日本开发出树木强化器，将其埋于树下，以改善古树的通气、灌水及供肥状况。

随着计算机数据库管理信息技术、地理信息系统（GIS）、空间技术的发展，对古树名木的普查与管理等技术手段也得到不断提高。传统的古树名木的管护和信息管理逐渐向古树名木资料的实时更新、检索、汇总、共享、上报和空间操作的数字化管理方向发展。如 2009 年东莞市完成了"东莞市古树名木地理信息系统的设计与开发"，实现了对古树名木属性数据和空间信息的管理、数据查询和数据导出，以及对古树名木周围环境的实时了解，为古树名木的管护、信息共享、数据导出、信息上报和管理决策等提供了一个数字化管理平台。2011 年南京中山陵园管理局建立了景区内 916 株古树名木的"电子档案"，并有 GPS 定位"护身"。

四、古树名木的调查、登记和存档备案

古树名木是无价之宝，各省市应组织专人进行细致的调查，摸清我国的古树资

源。调查内容包括树种、树龄、树高、冠幅、胸径、生长势、生长地的环境（土地、气候等情况）以及对观赏及研究的作用、养护措施等，同时应对古树名木的分布状况、群落特征、资源利用情况等进行调查，还应搜集有关古树的历史及其他资料，如有关古树的诗、画，图片及神话传说等。

城市和风景名胜区范围内的古树名木，应由各地城建、园林部门和风景名胜区管理机构组织调查鉴定，进行登记造册，建立档案；对散生于各单位管界及个人住宅庭院范围内的古树名木，应由单位和个人所在地城建、园林部门组织调查鉴定，并进行登记造册，建立档案，相关单位和个人应积极配合。对重大的养护管理措施要详细记载存档。

五、古树名木的分级管理

在调查、鉴定的基础上，根据古树名木的树龄、价值、作用和意义等进行分级，实行分级养护管理。

① 一级古树名木由省、自治区、直辖市人民政府确认，报国务院行政主管部门备案；二级古树名木由城市人民政府确认，直辖市以外的城市报省、自治区行政主管部门备案。

② 古树名木保护管理实行专业养护部门保护管理和单位、个人保护管理相结合的原则。城市人民政府园林绿化行政主管部门应按实际情况，对城市古树名木分株制定养护、管理方案，落实养护责任单位、责任人，并进行检查指导。生长在城市园林绿化专业养护管理部门管理的绿地、公园等处的古树名木，由城市园林绿化专业养护管理部门保护管理；生长在铁路、公路、河道用地范围内的古树名木，由铁路、公路、河道管理部门保护管理；生长在风景名胜区内的古树名木，由风景名胜区管理部门保护管理；散生在各单位管界内及个人庭院内的古树名木，由所在单位和个人保护管理。变更古树名木养护单位或个人，应当到城市园林绿化行政主管部门办理养护责任转移手续。

③ 城市人民政府应当每年从城市维护管理经费、城市园林绿化专项资金中划出一定比例的资金用于城市古树名木的保护管理。古树名木养护责任单位或责任人，应按照城市园林绿化行政主管部门规定的养护管理措施实施保护管理。古树名木受到损害或长势衰弱，养护单位和个人应当立即报告城市园林绿化行政主管部门，由城市园林绿化行政主管部门组织进行复壮。对已死亡的古树名木，应当经城市园林绿化行政主管部门确认，查明原因，明确责任并予以注销登记后，方可进行处理。处理结果应及时上报省、自治区行政主管部门或直辖市园林绿化行政主管部门。

④ 在古树名木的保护管理过程中，各地城建、园林部门和风景名胜区管理机构要根据调查鉴定的结果，对本地区所有古树名木进行挂牌，标明中文名、拉丁学名、科属、分布与习性、管理单位等。同时，要研究制定出具体的养护管理办法和技术措施，如复壮、松土、施肥、防治病虫害、补洞、围栏以及大风和雨雪季节的安全措施等。遇有特殊维护问题，如发现有危及古树名木安全的因素存在时，园林

部门应及时向上级行政主管部门汇报，并与有关部门共同协作，采取有效保护措施；在城市和风景名胜区内实施的建设项目，在规划设计和施工过程中都要严格保护古树名木，避免对其正常生长产生不良影响，更不许任意砍伐和迁移。对于一些有特殊历史价值和纪念意义的古树名木，还应立牌说明，并采取特殊保护措施。

第二节　古树名木保护的生物学基础

一、古树名木的生物学特征

1. 古树的生物学特征

古树的生物学特征是古树长寿的内在原因。古树多为本地乡土树种，也有已经驯化、对当地自然环境条件表现出较强适应性，并对不良环境条件形成较强抗性的外来树种。

古树一般是长寿树种，通常是由种子繁殖而来的。种子繁殖的树木，其根系发达，适应性广，抗逆性强，比无性繁殖的树木寿命长。

古树一般是慢生或中速生长树种，新陈代谢较弱，消耗少而积累多，因而为其长期抵抗不良环境因素提供了内在有利条件。某些树种的枝叶还含有特殊的有机化学成分，如侧柏体内含有苦味素、侧柏苷及挥发油等，具有抵抗病虫侵袭的功效；银杏叶片细胞组织中含有的 2-乙烯醛和多种双黄酮素有机酸，常与糖结合成苷的状态或以游离的方式而存在，同样具有抑菌杀虫的威力，表现出较强的抗病虫害能力。

古树多为深根性树种，主侧根发达，一方面能有效地吸收树体生长发育所需的水分和养分，另一方面具有极强的固地和支撑能力来稳固庞大的树体。根深才能叶茂，才能使其延年益寿。如河南洛宁县兴华乡山坡顶部的 1 株侧柏，号称"刘秀柏"，树干平卧，主侧根露地 1.5m 高，稳固地支撑着硕大的树体，抗御冬春的干旱多风；杞县高阳生长在孤丘上的古朴树，盘根错节，露根紧包土丘，依然生长繁茂；桐柏县确山的北泉寺古银杏侧根露地延伸，远远超过树冠的冠幅。黄山迎客松的根系在岩石裂缝中伸展到数十米远，其根系还能分泌有机酸分解岩石以获得养分。

古树树体结构合理，木材强度高，能抵御强风等外力的侵袭，减少树干受损的机会。如黄山的古松、泰山的古柏，均能经受山顶常年的大风吹袭。

许多古树具有根、茎萌蘖力较强的特性，根部萌蘖可为已经衰弱的树体提供营养与水分。例如河南信阳李家寨的古银杏，虽然树干劈裂成几块，中空可过人，但根际萌生出多株苗木并长成大树，形成了"三代同堂"的丛生银杏树。有的树种如侧柏、槐树、栓皮栎、香樟等，干枝隐芽寿命长、萌枝力强，枝条折断后能很快萌发新枝，更新枝叶。如河南登封少林寺的"秦五品封槐"，枝干枯而复苏，生枝发叶，侧根又生出萌蘖苗，从而长成现在的第三代"秦槐"，生生不息。

2. 古树的生长环境

古树的生长环境是古树长寿的外在原因。许多古树名木生长于名胜古迹、自然风景区或自然山林中，其原生的环境条件未受到人为因素的破坏，或具有特殊意义而受到人们的保护，使其能在比较稳定的生长环境中正常地生长。有些古树名木的原生环境受到破坏，也未得到人为的刻意保护，但仍能正常生长，其原因是生长地的立地条件具有特殊性，如土层深厚、不易受人畜活动的干扰、水分与营养条件较好、生长空间大等。

二、古树名木衰老的原因

任何树木都要经过生长、发育、衰老、死亡的过程，这是客观规律，不可抗拒。但是通过探讨古树衰老的原因，可以采取适当的措施来推迟其衰老阶段的到来、延长树木的生命，甚至可以促使其复壮而恢复生机。如前所述，100年以上的树木就可列为古树，但从树木的生命周期来看，有相当一部分树种在100年树龄时才进入中年期而仍处于旺盛生长阶段。因此这里所述的古树衰老，是指生物学角度上的衰老。树木由衰老到死亡不是简单的时间推移过程，而是复杂的生理生化过程，是树种自身遗传因素与环境因素以及人为因素的综合作用的结果。

1. 古树生长条件差

（1）生长空间不足　树木的生长空间包括地上空间和地下空间。有些古树栽在殿基土上，植树时只在树坑中换了好土，树木长大后，根系很难向坚土中生长，由于根系的活动范围受到限制，营养缺乏，致使树木衰老。古树名木周围常有高大建筑物，严重影响树体的通风和光照条件，迫使枝干生长发生改向，造成树体偏冠，且随着树龄增大，偏冠现象就越发严重。这种树冠的畸形生长的树冠，不仅影响了树体的美观，更为严重的是造成树体重心发生偏移，枝条分布不均衡，如遇雪压、雨淞、大风等异常天气，在外力的作用下，极易造成枝折树倒，尤以阵发性大风对偏冠的高大古树的破坏性为大。

（2）土壤板结，通气不良　据分析，古树名木生长之初的立地条件都比较优越，多生长在宫、苑、寺、庙或宅院、农田和道旁，其土壤深厚疏松，排水良好，小气候条件适宜。但是经过历史的变迁，人口剧增，随着经济的发展和人民生活水平的提高，许多古树所在地被开发成旅游点，旅游者越来越多，地面受到大量践踏，土壤板结，密实度增加，透气性降低，机械阻抗变大，限制了根系的发展，甚至造成根系特别是吸收根的大量死亡。某些古树姿态奇特，或具有神奇的传说，常招来大量的游客，车压、人踏，使得本来就缺乏耕作条件的土壤密实度日趋增高，使土壤团粒结构遭到破坏、通透性及自然含水量大大降低。据测定：北京中山公园在人流密集的古柏林中土壤容重达 $1.7g/cm^3$，非毛管孔隙度为 2.2%；天坛"九龙柏"周围土壤容重为 $1.59g/cm^3$，非毛管孔隙度为 2%，在这样的土壤中，根系生长严重受阻，若不及时采取有效措施，树势必然日渐衰弱。

（3）土壤剥蚀，根系外露　古树历经沧桑，土壤表层剥蚀，水土流失严重，土壤肥力下降，树木生长条件不良。表层根系外露，在干旱和高温条件下受损或死亡，还易受到人为活动的踩踏和伤害，使树木生长不良。

（4）挖方和填方的影响　挖方的危害与土壤剥蚀相同。填方则易造成根系缺氧窒息而死。

（5）树下地面的不合理铺装　由于游人增多，为方便观赏，多在树干周围用水泥砖或其他硬质材料进行大面积铺装，仅留下较小的树池。地面铺装不仅加大了地面抗压强度，造成土壤通透性降低，也形成了大量的地面径流，大大减少了土壤水分的积蓄，致使古树根系经常处于通气、营养及水分极差的环境中，使其生长衰弱。

（6）土壤营养不足　古树长期固定生长在某一地点，持续不断地吸收消耗土壤中各种必需的营养元素，几乎没有多少枯枝落叶归还给土壤，养分循环利用差，根据周围的土壤有机质含量低在得不到养分的自然补偿以及定期的人工施肥补给时，土壤中的某些营养元素会严重不足，使得树木长期生长在不良环境中，造成树木生理代谢平衡失调，树体衰老加速。因此，古树根际周围的土壤不仅有机质含量低，而且有些必需的元素也十分缺乏。由于古树长年累月的消耗，在造成某些元素缺乏的同时，另一些元素可能会积累过多而产生毒害。对北方古树营养状况与生长关系的研究表明，古柏土壤缺乏有效铁、氮和磷；古银杏土壤缺钾而镁过多。

2. 自然灾害

（1）大风　七级以上的风主要是台风、龙卷风和其他一些短时风暴，可吹折枝干或撕裂大枝，严重时可将树干拦腰折断。由于有些古树受蛀干害虫的危害，枝干中空、腐朽或有树洞，更容易受到风折的危害。枝干的损伤直接造成叶面积减少，还易引发病虫害，使本来生长势弱的树木更加衰弱，严重时导致树木死亡。

（2）干旱　持久的干旱，使得古树发芽推迟，枝叶生长量减小，枝的节间变短，叶片因失水而发生卷曲，严重时可使古树落叶，小枝枯死，易遭病虫侵袭，从而导致古树的进一步衰老。

（3）雷电　古树高大，易遭雷电袭击，导致树头枯焦、干皮开裂或大枝劈断，使树势明显衰弱。

（4）雪压、雨凇（冰挂）、冰雹　雪压是造成古树名木折枝毁冠的主要自然灾害之一。下雪时，若不能及时清除有些树上的积雪，常会导致毁树事件的发生。如黄山风景管理处，在下大雪时都要安排全时清雪，以免雪压毁树。雨凇（冰挂）、冰雹是空气中的水蒸气遇冷凝结成冰的自然现象，一般发生在4～7月，这种灾害虽然发生概率较低，但灾害发生时的大量冰凌、冰雹常压断或砸断小枝或大枝，对树体造成不同程度的损伤，削弱树势。

（5）地震　地震这种自然灾害虽然不是经常发生，但是一旦发生5级以上的强烈地震，对于腐朽、空洞、干皮开裂、树势倾斜的古树来说，往往会造成树体倾倒或干皮进一步开裂。

3. 病虫危害

虽然古树的病虫害与一般树木相比发生的概率要小得多，而且致命的病虫更少，但高龄的古树大多已开始或者已经步入了衰老至死亡的生命阶段，树势衰弱已是必然，若日常养护管理不善，人为或自然因素对古树造成损伤时有发生的话，遭受病虫害的概率就会大大增加。对已遭受病虫危害的古树，若得不到及时而有效的防治，其树势衰弱的速度将会进一步加快，衰弱的程度也会越来越严重。因此在古树名木的保护工作中，应及时有效地控制主要病虫害的危害，是一项极其重要的措施。

4. 人为活动的影响

（1）环境污染　人为活动造成的环境污染直接或间接地影响树木的生长，古树因其高龄而更容易受到污染环境的伤害，加速其衰老的进程。

① 大气污染对古树名木的影响和危害　主要症状为叶片卷曲、变小、出现病斑，春季发叶迟，秋季落叶早，节间变短，开花、结果少等。

② 污染物对古树根系的伤害　土壤污染常造成树木根系发黑、畸形生长、侧根萎缩、细短而稀疏，根尖坏死等现象的发生，对树木根系有直接伤害；空气污染抑制光合作用和蒸腾作用的正常进行，使树木生长量减少、物候期异常、生长势衰弱，对树木根系有间接伤害。

（2）直接损害　指遭受人为的直接损害，如在树下摆摊设点；在树干周围乱堆杂物，如水泥、沙子、石灰等建筑材料（特别是石灰，遇水产生高温常致树干灼伤，严重者可致其死亡），造成土壤理化性质发生改变，土壤的含盐量增加，土壤pH值增高，致使树木缺少微量元素，营养平衡失调。在旅游景点，个别游客会在古树名木的树干上乱刻乱画；在城市街道，会有人在树干上乱钉钉子；在农村，古树成为拴牲畜的桩，树皮遭受啃食的现象时有发生；更为甚者，对妨碍其建筑或车辆通行等原因的古树名木不惜砍枝伤根，致其丧命。

第三节　古树名木的养护、复壮及移栽

古树是几百年乃至上千年生长的结果，一旦死亡就无法再现，因此应该非常重视古树的养护管理与复壮。

一、古树名木的养护管理措施

任何树种都有一定的生长发育规律和生态学特性，如生长更新特点、对土壤的水肥要求以及对光照变化的反应等。在养护管理过程中应顺其自然，以满足其生理和生态要求。

1. 恢复和保持古树原有的生境条件

如果古树生长发育正常，就不应随意改变其生境条件。这是因为古树在这样的生境下已经生活了几百年甚至数千年，已经完全适应了这样的生态环境，尤其是土壤环境。如果由于人为或自然因素，如挖方、填方、表土剥蚀、土壤污染等，在一定程度上改变了古树的生长环境，应该尽量恢复其原有的状况，以免造成古树的衰弱。在古树周围进行建厂、建房、修厕所、挖方、填方等施工之前，应首先考虑是否对古树名木有不利影响。若有不利影响而又不能采取有效措施予以消除时，就应另选他处。否则，对古树造成的影响可能是不可逆的，甚至会引起树木死亡。所以，保证古树有稳定的生态环境至关重要。

2. 树体加固

由于年代久远，古树的主干常有中空，主枝常有死亡，造成树冠失去均衡，树体容易倾斜；又因树体衰老，枝条容易下垂，因而需用他物支撑。如北京故宫御花园的龙爪槐，皇极门内的古松均用钢管呈棚架式支撑，钢管下端用混凝土基加固，干裂的树干用扁钢箍起，收效良好。

3. 树洞修补及树干疗伤

古树名木进入衰老阶段后，对各种伤害的恢复能力减弱，更应加强管护和处理。如果古树名木的伤口长久不能愈合，长期外露的木质部受雨水浸渍，会逐渐腐烂，形成树洞，既影响树木生长，又影响观赏效果，长期下去还有可能造成古树名木倒伏和死亡。树洞修补和树干疗伤的具体方法见第七章第四节相关内容。

4. 设避雷针

据调查，千年古银杏大部分曾遭受过雷击，受伤的树木生长受到严重影响，有的因未及时采取补救措施而造成树势衰退，甚至濒临死亡。为防止古树遭受雷击，对高大的古树应加避雷针。对遭受过雷击的古树，应立即采取保护和修补措施，将伤口刮平，并涂上保护剂。

5. 灌水、松土、施肥

春、夏干旱季节灌水防旱，秋、冬季浇水防冻，灌水后应及时松土保墒，增加表层土壤的通透性。古树施肥要慎重，一般在树冠投影部分开沟（深 0.3m、宽 0.7m、长 2m 或深 0.7m、宽 1m、长 2m），沟内施腐叶土加稀粪，或适量施化肥等增加土壤的肥力，但要严格控制肥料的用量，绝不能造成古树生长过旺，特别是原来树势衰弱的树木，如果在短期内生长过旺会加重根系的负担，造成树冠与树干及根系的平衡失调，结果适得其反。

腐叶土是用松树、栎树、槲树、紫穗槐等树种的落叶（60%腐熟落叶加40%半腐熟落叶混合），再加少量氮、磷、铁、锰等元素配制而成。这种腐叶土含有丰富的多种矿物质元素，可促进古树根系生长，同时有机物逐年分解与土粒结合，形成团粒结构，能改善土壤的物理性状，促进微生物的活动，将土壤中固定的多种元素逐年释放出来，土壤孔隙度增加，有利于根系的吸收、合成及输导功能的发挥，能促进地上部分的复壮生长。

6. 树体喷水

由于城市空气浮尘污染，古树的树体截留灰尘极多，特别是在枝叶部位，不仅影响观赏效果，而且由于减少了叶片对光照的吸收而影响光合作用。可采用喷水方法加以清洗，此项措施费工费水，一般只在重点管护区采用。

7. 整形修剪

古树名木的整形修剪必须慎重处置，在一般情况下，以基本保持原有树形为原则，尽量减少修剪量，避免增加伤口数。对病虫枝、枯弱枝、交叉重叠枝进行修剪时，应注意修剪手法，以疏剪为主，以利通风透光，减少病虫害滋生。必须进行更新、复壮修剪时，可适当短截，促发新枝。

8. 防治病虫害

生长衰弱的古树最易招虫致病，而病虫的为害又会加速古树的衰弱，甚至造成古树死亡。因此应更加注意对古树病虫害的防治，如黄山迎客松有专人看护和监测红蜘蛛的发生，一旦发现，就能立即防治。

9. 设围栏、堆土、筑台

在人为活动频繁的环境中生长的古树，要设围栏进行保护。围栏一般要距树干3～4m，或在树冠的投影范围之外，在人流密度大及树木根系延伸较长者，应对围栏外的地面作透气性的铺装处理；在古树干基堆土或筑台可起保护作用，也有防涝效果，砌台比堆土收效更佳，应在台边留孔排水，切忌围栏造成根部积水。

10. 立标示牌

安装标志，标明树种、树龄、等级、编号，明确养护管理负责单位，设立宣传牌，介绍古树名木保护的重要意义与现状。这样做既可普及古树名木保护的相关知识，又能起到宣传教育和发动群众保护古树名木的作用。

二、古树复壮

古树名木的共同特点是树龄较高、树势衰老、自体生理机能下降、根系吸收水分和养分的能力及新根再生的能力降低、树冠枝叶的生长速率比较缓慢，如遇外部环境的不适或剧烈变化，极易导致树体生长衰弱或死亡。所谓更新复壮，就是采取科学合理的养护管理措施，使原本衰弱的树体重新恢复正常生长，延缓其衰老进程。必须指出，古树名木更新复壮技术的运用是有前提的，它只对那些虽说年老体衰，但仍在其生命极限之内的树体有效。

（一）分析引起古树衰老的主要原因

古树衰老可能是由一种原因造成的，也可能是由多种原因造成的。不同地区，引起古树衰老的原因可能会有很大不同。即使在同一地区，古树衰老的主要原因也会有明显差异。因此，在进行古树复壮之前，首先应根据古树的生长状况，对其周围环境及养护管理措施进行详细的调查和分析，确定古树衰老的主要原因。有时可能还要借助土壤观察与叶面分析等措施，才能做出科学的判断。

（二）制定复壮技术方案

在确定引起古树衰老的原因之后，应根据具体情况，制定相应的复壮技术方案。如果是由单一原因造成的，如因土壤结实度过高，引起古树生长衰弱，而其他条件尚好时，则可以采取疏松土壤，适当灌溉、施肥的办法来解决。如果是由两种或两种以上的原因造成的，则应采取综合性复壮技术措施。

（三）复壮的技术措施

20世纪80～90年代，北京、泰山、黄山等地对古树复壮的研究与实践取得了较大进展，抢救并复壮了不少古树。如北京市园林科学研究所针对北京市属公园及皇家园林中古松柏、古槐等生长衰弱的原因，如土壤密实、营养及通气不良、病虫害严重等，采取了多种复壮措施，取得了良好的效果。

1. 施腐叶土或埋条促根

腐叶土可用松树、栎树、槲树、紫穗槐等树种的腐熟落叶，加少量氮（N）、磷（P）、铁（Fe）、锰（Mn）等元素配制而成。这种腐叶土含有多种矿物质元素，可促进古树的根系生长，同时有机物逐年分解，并与土粒结合成团粒结构，能改善土壤的物理性状，促进微生物的活动，提高根系的吸收、合成和输导功能，为地上部分的复壮生长创造良好的条件。

施腐叶土的方法有放射沟施法和长条沟施法两种。放射沟法是从树冠投影约距树干 1/3 的地方向外挖 4～12 条沟，沟应内浅外深，内窄外宽，沟宽为 40～70cm、深 60～80cm，沟长约 2m。每条沟内除施腐叶土外，同时施入粉碎的麻酱渣约 1kg、尿素 50g 和少量粉碎的动物骨头或贝壳等物，然后覆土约 10cm，填平踩实。在株行距较大的地方，可采用长条沟施法，即在古树行间的中央挖宽 40～70cm、深 60～80cm 的长沟，将腐叶土及其他相关材料施入。在不具备沟施条件的地方，也可采用穴施法，即在距树干 1.5～2.0m 或更远一点的地方挖直径 40～80cm、深 80cm 的穴，施入腐叶土及其他材料。穴施的材料可以与沟施的相同，也可以不同。但不管是沟施还是穴施，都应该就地取材，以降低古树复壮的难度和成本。如果没有腐叶土，也可采用埋条法，即将冬季修剪下来的枝条剪成一定长度后成捆埋入沟（穴）中，令其缓慢腐烂，改善根系的生长条件。埋条法的挖沟规格和要求与施腐叶土的相同。在沟挖好后，先在沟内垫放 10cm 厚的松土，再把截成长 40cm 枝段的苹果、海棠、紫穗槐等树种的枝条缚成捆，平铺一层，每捆直径 20cm 左右，上撒少量松土，每沟施麻酱渣 1kg，尿素 50g，并施少量动物骨头或贝壳，覆土 10cm 后再放第二层树枝捆，最后覆土踩实。必须注意的是，埋土应高出地面，不能凹下，以免沟（穴）内积水。在可能发生积水的地方，应在下层增设盲沟或排水管等地下排水设施。

2. 地面处理

在古树根基周围铺梯形砖、带孔石板或种植地被能有效地防止土壤表面遭受人为践踏，对改善土壤与外界的水汽交换状况有良好作用。在铺梯形砖时，下层用沙衬垫，砖与砖之间不勾缝，留足透气通道。北京常采用石灰、河沙、锯末以 1：1：0.5 的比例配制成的材料衬垫，在别的地方选择衬垫材料时，要特别注意土壤 pH 值的变化，以尽量不用石灰为好。许多风景区在古树根基周围铺带孔或有空花纹的水泥砖或铺铁筛盖，如黄山玉屏楼景点，用此法处理"陪客松"的土壤表面，效果很好。

3. 设置复壮沟（孔）

有些古树生长不良是由于地下积水影响其通气造成的。在这种情况下，可采用挖复壮沟，铺设通气管和砌渗水井的方法，以增加土壤通透性，使积水通过管道、渗水井排出或用水泵抽出。

复壮沟深 80～100cm，宽 80～100cm，长度和形状视地形而定。沟内常用的回填物是腐叶土和各种树枝及一些营养元素等。增施的营养元素应根据需要而定，北方的许多古树以铁（Fe）元素为主，再施入少量的氮（N）、磷（P）元素。硫酸亚铁（FeSO₄）的使用剂量按长 1m、宽 0.8m 的复壮沟内施入 100～200g 为好，并可掺入少量的麻酱渣，以更好地满足古树对营养的需求。

若因条件所限，不能挖复壮沟时，也可以挖通气孔，即在树冠投影范围外侧挖 3～4 个穴，穴深 60～80cm，穴直径 60～80cm，穴壁用砖垒砌，穴内放入疏松的有机质，上面加上带孔的铁盖即可。有的穴壁可以不用砖垒砌，在穴内放入十几条蚯蚓，这样既可增加通气又可提高土壤肥力。

4. 换土

如果古树名木的生长位置由于受到地形、生长空间等立地条件的限制，无法实施其他复壮措施时，可考虑采用更新土壤的办法。如北京市故宫园林科，从 1962 年起开始用换土的方法抢救古树，使老树复壮。典型的范例有：皇极门内宁寿宫门外的 1 株古松，当时幼芽萎缩，叶片枯黄，好似被火烧焦一般。职工们在树冠投影范围内，对主根部位的土壤进行换土，挖土深 0.5m（随时将暴露出来的根用浸湿的草袋盖上），以原来的旧土与沙土、腐叶土、锯末、粪肥、少量化肥混合均匀后填埋其中，换土半年之后，这株古松重新长出新梢，根系长出 2～3cm 的须根，复壮成功。1975 年对另一株濒于死亡的古松，采取同样的换土处理，换土深度达 1.5m，面积也超出了树冠投影部分；同时深挖达 4m 的排水沟，下层垫以大卵石，中层填以碎石和粗砂，上面以细沙和园土覆平，使排水顺畅。至今，故宫内凡是经过换土的古松均已返老还童，郁郁葱葱，生机勃勃。

5. 嫁接更新

嫁接更新法是在古树根际周围紧贴树干栽植根系发达、生长健壮的同种幼树 2～4 株，待其成活后，在适当的季节采用靠接法将其接入古树树干基部，使其与古树连成一体，以增强古树的吸收能力，使其生长状况得到改善。如上海市浦东三林古银杏苑、三林水厂、金桥开发区的三株濒危古银杏，采用嫁接更新法进行抢救，树木的长势比以前明显改观，并在嫁接后的第二年结了果。这种方法是抢救濒危古树的一种行之有效的方法。

6. 病虫防治

（1）浇灌法　将药剂浇灌在根系分布层，通过树木根系吸收药剂，再经过输导组织达全树，以达到杀虫、杀螨的目的。这种方法能解决古树病虫害防治经常遇到的分散、高大、立地条件复杂等情况而造成的喷药难，以及杀伤天敌、污染空气等问题。具体方法是，在树冠垂直投影边缘的根系分布区内挖 3～5 个深 20cm、宽 5cm、长 60cm 的弧形沟，然后将药剂浇入沟内，待药液渗完后封土。

（2）埋施法　将固体药剂埋施在古树根部，以达到杀虫、杀螨和长时间保持药效的目的。方法与浇灌法相同，将固体颗粒均匀撒在沟内，然后覆土浇足水。

（3）注射法　对古树周围环境复杂、障碍物较多、吸收根区难以确定和挖掘，利用其他方法也很难解决防治问题时，可以通过向树体内注射内吸杀虫、杀螨药剂，以达到杀虫、杀螨的目的。

7. 化学药剂疏花疏果

当树木缺乏营养，或生长衰退时，常出现多花多果的现象，这是树木生长发育的自我调节，但大量结果能造成树木营养失调，古树发生这种现象时后果更为严重。采用药剂疏花疏果，则可抑制古树的生殖生长，促进营养生长，恢复树势而达到复壮的目的。疏花疏果的关键是疏花，喷药时间以秋末、冬季或早春为好。如在国槐开花期喷施 50mg/L 萘乙酸加 3000mg/L 的西维因或 200mg/L 赤霉素效果较好；对于侧柏和龙柏（或桧柏）若在秋末喷施，侧柏以 400mg/L 萘乙酸为好，龙柏以 800mg/L 萘乙酸为好，但从经济的角度出发，200mg/L 萘乙酸对抑制二者第二年产生雌雄球花的效果也很好；若在春季喷施，以 800~1000mg/L 萘乙酸、800mg/L 2,4-D、400~600mg/L 吲哚丁酸为宜，对于油松，若春季喷施，可采用 400~1000mg/L 萘乙酸。

8. 喷施或灌施生物混合制剂

据雷增普等报道（1995 年），用生物混合剂，如"五四〇六"细胞分裂素、农抗 120、农丰菌、生物固氮肥相混合等对古圆柏、古侧柏实施叶面喷施和灌根处理，能明显促进古柏枝、叶与根系的生长，增加了枝叶中叶绿素及磷的含量，还能增强其耐旱性。

三、古树移栽

为了更好地保护古树名木，我国于 1985 年正式颁布了《古树保护法》，严禁砍伐和移栽古树名木。但在经济发展过程中，随着城市的不断扩建和改建，特别是老城区的改造和道路的改扩建，如在修建高速公路（或铁路）等重大工程的过程中，当遇到古树而又无法避让时，就不可避免地涉及古树的迁移问题。另外，随着园林事业的发展，如古典园林的修复和改造、各种娱乐场所和设施的建立、各种园林绿地及专类观赏园的建设等，有时为达到某种特殊的景观要求，在设计时可能会考虑用古树造景。在这种情况下，经主管部门批准后，在取得合法移栽手续的前提下，可以进行古树移栽。

1. 移栽前的准备工作

古树的移栽技术与大树的移栽基本相同，但因古树年龄高、价值大，所以移栽的要求更高，即要更加认真细致，尽可能做到万无一失。

在取得移栽许可的前提下，施工单位在移栽前应委托园林部门派出专业技术人员调查核实古树的树种、年龄、高度、冠幅、胸径、树形（附照片）、长势与病虫害、观赏及研究价值、周围环境与交通等基本情况。在此基础上，组织技术力量，做出详细的施工方案，并做好移栽技术、材料、工具及吊运机械等各方面的准备。然后召开专家论证会，在取得专家的认可和主管部门的批准后，方可组织施工。挖掘时古树的断根缩坨不能按挖掘大树的规格来确定，因为多数古树处于向心更新阶段，根际范围比大树要小得多，但为了准确起见，应事先进行试挖探根，再根据具体情况确定断根缩坨的范围，然后根据施工方案的要求进行挖掘、打包、起吊、运输、栽植等工作（具体方法请参阅第五章第五节大树移栽工程）。

在我国南方的一些地方，在对古树进行移栽前，常将要移栽的古树带土坨并适当剪枝后运到苗圃，在苗圃内的栽植地上先垫 30cm 以上的肥土，然后将古树放在其上，再在古树周围培土宽 80～100cm，高与古树土坨的表层土平齐，做成一个高的种植台。在种植台上做好灌水的土堰，以便灌水时水不流失。待移栽成活 2～3 年后，再移走定植。由于苗圃的经营管理条件较好，能够对古树进行细致的养护管理，而且在没有找到合适的栽植地点之前，可以在较长时间内确保古树的根系恢复和正常生长，为古树移栽后的成活和生长打下了良好的基础。

2. 移栽应注意的事项

古树移栽不能随便进行，必须事先报有关部门审批，并制定科学、周密的实施措施。适宜的移植时期是保证古树移栽成活的关键措施之一，移栽最好在春季进行。被移栽古树的生长势必须在中等以上，因为生长势弱的古树移栽很难成功。古树移植地的土壤和气候条件要与原生长地的基本相同，以满足古树的生长需求。在进行古树起吊和运输时，要事先做好各方面的准备工作，最好用机械装车，然后直接运到栽植地，尽量减少起吊次数和运输时间。在起挖、运输、栽植时不能散坨。运输途中应有专人负责检查苫布是否盖严，枝叶是否缺水，以防古树失水影响成活。种植穴要比古树的土坨大 60～80cm，以便为古树的后期生长和根系的不断扩展提供充足的余地；若事先未进行断根缩坨，在起掘前要先进行试挖探根，再根据探根结果进行挖掘，以免起坨太大，浪费人力和物力，并给移栽带来不便。古树移栽后要有专人负责日常养护工作，做好立支柱、施肥、灌水、喷水、修剪、松土除草、病虫害防治、越冬防寒等工作，尤其要加强水分管理，保证根冠的水分代谢平衡。但在古树移栽时不能仅仅为了保持根冠的水分平衡而对地上部分进行重度修剪，因为修剪过重会损伤树势，破坏树形，直接影响后期的观赏效果。应在保证古树的根系少受损伤和对地上部分的枝叶适当修剪的基础上，再通过及时、充足的根系灌水和必要的枝叶喷水来保证古树的水分代谢平衡。如果古树上有树洞，应及时修补或采取适当的措施进行保护，不能放任不管；如果枝干有劈裂，要进行打箍处理，以防折断。易发生雷击的古树还应安装避雷针。总之，要加强古树的养护管理，确保移栽后的古树能够成活并能在最短的时间内恢复正常生长。

思 考 题

1. 古树名木的概念。
2. 移栽前的准备及注意事项。
3. 古树名木的分级管理与保护古树名木的意义。
4. 古树的生物学特点及其衰老原因。
5. 古树名木的养护管理与复壮措施。

第九章　园林树木病虫害防治

第一节　园林树木病害的基本知识

　　植物在生活和储送过程中，由于受到环境中物理化学因素的非正常影响，或受其他寄生物的侵害，以致生理上、解剖结构上产生局部的或整体的反常变化，使植物的生长发育受到显著影响，甚至引起死亡，造成经济损失和降低观赏价值，这种现象就叫植物病害。植物在生长过程中受到多种因素的影响，只有直接引起病害的因素才称为病原（Causes of disease），其他因素统称为环境条件。生物性病原又称为病原物（Pathogen）。病原物包括真菌、细菌、病毒、支原体、线虫、寄生性种子植物、藻类和螨8类。非生物性病原包括温度失调、湿度失调、营养失调和污染物的毒害等。病原物引起的病害称为侵染性病害（Infectious disease）。非生物性病原引起的病害称为非侵染性病害（Noninfectious disease），也叫生理病害。受害植物均称为寄主。

一、园林树木病害的症状

　　病害症状是指植物受病原生物或不良环境因素的侵扰后，内部的生理活动和外观的生长发育所显示的某种异常状态。植物的病害症状表现十分复杂，按照症状在植物体显示部位的不同，可分为内部症状与外部症状。在外部症状中，按照有无病原物结构体显露可分为病征与病状两种。病状就是在病部所看到的状态，如透明条纹、枝叶萎蔫或肿瘤等。病征是指在病部上出现的病原物的个体，如真菌的菌丝体、菌核、孢子器，细菌的菌脓，线虫的虫体等。习惯上对病征和病状的术语使用并不严格，统称为症状。

1. 病状类型

　　（1）变色　植物感病后，叶绿素不能正常形成，因而叶片上表现出淡绿色、黄色甚至白色。叶片的全面退绿常称为黄化或白化，叶片上出现深与淡绿相互间杂的现象称为花叶。

　　（2）坏死　坏死是细胞和组织死亡的现象。常见的有：腐烂、溃疡、斑点。

　　（3）萎蔫　植物因病而表现失水状态称为萎蔫。

　　（4）畸形　畸形是因细胞或组织过度生长或发育不足引起的。常见的有：丛生、瘿瘤、变形、疮痂、枝条带化。

　　（5）流脂或流胶　植物细胞分解为树脂或树胶流出，常称为流脂病或流胶病。

(1) 霉状物　病原真菌在病部产生的各种颜色的霉层。如霜霉、青霉、灰霉、黑霉、赤霉、烟霉等。

(2) 粉状物　病原真菌在病部产生各种颜色的粉状物。如月季白粉病。

(3) 锈状物　病原真菌在病部所表现的黄褐色锈状物。如香石竹锈病、桧柏锈病等。

(4) 点状物　病原真菌在病部产生的黑色、褐色小点，多为真菌的繁殖体。如梨轮纹病、橡树炭疽病等。

(5) 线状物、颗粒状物　病原真菌在病部产生的线状或颗粒状结构。如苹果紫纹羽病在根部形成紫色的线状物。

(6) 蕈体　树木干、根或木材腐朽后，常常产生马蹄形、伞形等各种蕈体。其由真菌引起，如蜜环菌、硫黄菌等引起的林木腐朽病常产生蕈体。

(7) 脓状物（溢脓）　病部出现的脓状黏液，干燥后成为胶质的颗粒，这是细菌性病害特有的病征。

二、园林树木侵染性病害

1. 园林树木病原菌

(1) 植物病原真菌　真菌引起的植物病害达 3 万余种，占植物病害的 70%～80%。根据《全国大中城市园林病虫害普查》统计，在 1254 种园林植物中，有病害 5508 种，其中真菌病害占 90.6%。众多的真菌病害降低了花木的观赏价值，影响了花木的生产和贸易。

① 鞭毛菌亚门：多水生，少两栖和陆生。典型特征是营养体多为无隔菌丝，少数为原生质团或具细胞壁的单细胞；无性繁殖产生游动孢子，有性生殖产生卵孢子或休眠孢子。与园林树木病害关系密切的是根肿菌纲和卵菌纲的腐霉属（*Pythium*）、疫霉属（*Phytophthora*）和霜霉菌。鞭毛菌生活在土壤中，常引起植物根部和茎基部的腐烂与苗期猝倒病。具陆生习性的鞭毛菌可以侵害植物的地上部，其中许多是专性寄生菌，引起极为重要的病害。腐霉属能引起幼苗猝倒及根、茎、果实的腐烂。其中瓜果腐霉、德巴利腐霉引起苗木猝倒病。疫霉属寄主范围广，可侵染植物的根、茎、叶和果实，引起组织腐烂和死亡。其中恶疫霉为害苹果引起茎基病和果腐，还可为害柑橘、橡胶树、凤仙花、三七、柴荆等植物。樟疫霉可侵染上千种植物，主要寄主有：凤梨、山茶花、雪松、木瓜、香樟、杜鹃花、刺槐、金鸡纳树、凤仙花等。棕榈疫霉为害凤梨、无花果、橡胶树、胡椒、芦枇杷、芒果、冬青、卫茅等引起根腐或茎溃疡。霜霉菌主要包括霜霉属（*Peronospora*）、假霜霉属（*Pseudoperonospora*）、盘梗霉属（*Bremia*）和直梗霉属（*Plasmopara*），能够在葡萄、月季等多园林树木表面聚集形成青白色粉霉层，故称霜霉病。

② 接合菌亚门：多为腐生菌，少数为弱寄生菌，能引起植物花及果实、块根、块茎等贮藏器官的腐烂。营养体多为无隔菌丝；无性繁殖形成孢子囊和孢囊孢子，有性生殖产生接合孢子。与园林树木病害有关的主要是结合菌纲的根霉属（*Rhi-*

251

第九章　园林树木病虫害防治

zopus），其中匍枝根霉引起果实、种子的霉烂。

③ 子囊菌亚门：高等真菌，营养体为有隔菌丝体，少数单细胞；无性繁殖产生分生孢子、粉孢子、芽孢子，有性生殖产生子囊和子囊孢子。与园林树木病害关系密切的有下列几个目。外囊菌目（Taphrinales）侵染植物的叶、果和芽，引起畸形，危害桃、鹅儿枥、李、桦木、樱桃等。白粉菌目（Erysiphales）的单丝壳属（*Sphaerotheca*）、叉丝单囊壳属（*Podosphaera*）、球针壳属（*Phyllactinia*）、钩丝壳属（*Uncinula*）、白粉菌属（*Erysiphe*）、叉丝壳属（*Microsphaera*）等是园林树木白粉病的主要病原，引起黄栌、紫薇、牡丹、杨树等多种园林树木的白粉病。球壳菌目（Sphaeriales）引起叶斑、果腐、烂皮和根腐等病害。其中小丛壳属（*Glomerella*）、日规壳属（*Gnomonia*）、内座壳属（*Endothia*）、黑腐皮壳属（*Valsa*）、丛赤壳属（*Nectria*）常引起园林树木腐烂。座囊菌目（Dothideales）和孢格菌目（Pleosporales）和多个属引起园林树木严重病害，如黑星菌属（*Venturiaes*）、球腔菌属（*Mycosphaerella*）、葡萄座腔菌属（*Botrosphaeria*）、球座菌属（*Guignardia*）等。

④ 担子菌亚门：真菌中最高等的一类，寄生或腐生。营养体为发达的有隔菌丝体。担子菌一般没有无性生殖，有性生殖除锈菌外不形成特殊分化的性器官，而有双核菌丝体的细胞直接产生担子和担孢子。与园林树木有关的担子菌有下列几类。锈菌目（Uredinales）引起的植物病害，在病部可以看到铁锈状物（孢子堆），故称锈病。感染锈病的叶片，一般引起黄色斑点，病枝有瘤肿的症状。重要的园林树木病原菌有：柱锈菌属（*Cronartium*）、鞘锈菌属（*Coleosporium*）、栅锈菌属（*Melampsora*）、柄锈菌属（*Puccinia*）和胶锈菌属（*Gymnosporangium*）等。多孔菌目（Aphyllophorales）大多数是腐生菌，其主要危害是引起立木腐朽和木材腐朽。黑粉菌目（Ustilaginales）引起的植物病害称黑粉病。最常见的是发生在花器上，使其不能授粉或不结实；植物幼嫩组织受害后形成菌瘿；叶片和茎受害，其上发生条斑和黑粉堆；少数黑粉菌能侵害植物根部使它膨大成块瘿或瘤。为害园林树木的重要病原有条黑粉菌属（*Urocystis*）及黑粉菌属（*Ustilago*）等。外担子菌目（Exobasidiales）为害植物的叶、茎和果实。常常使被害部位发生膨肿症状，有时也引起组织坏死。其中外担子菌属（*Exobasidium*）是园林植物重要的病原，常见的有杜鹃和山茶的饼病。

⑤ 半知菌亚门：半知菌分生孢子量大，迅速成熟和传播，再侵染次数多，而且潜育期短，所以常造成病害流行。与园林植物有关的重要半知菌有：丝孢目（Hyphomycetales），其中镰刀菌属（*Fusarium*）引起各种根病和萎蔫病；粉孢属（*Oidium*）、尾孢属（*Cercospora*）、葡萄孢属（*Botrytis*）、链格孢属（*Alternaria*）、枝孢属（*Cladosporium*）、轮枝孢属（*Verticillium*）等引起园林植物叶斑病。无孢菌目（Agonomycetales）的丝核菌属（*Rhizoctonia*）、小核菌属（*Sclerotium*）引起猝倒病或白绢病。黑盘孢目（Melanconiales）的炭疽菌属（*Colletotrichum*）、盘二孢属（*Marssonina*）、盘多毛孢属（*Pestalotia*）引起园林植物多种炭疽及各种叶斑病。球壳孢目（Sphaeropsidales）的大茎点属（*Macroohoma*）、茎点属（*Phoma*）、壳

针孢属（*Septoria*）和叶点霉属（*Phyllosticta*）常引起枝枯及各种叶斑病。

（2）植物病原细菌　植物细菌病害分布很广，目前已知的植物病原细菌有300多种，我国发现的有70种以上。细菌病害主要见于被子植物，松柏等裸子植物上很少发现。植物病原细菌都是非专性寄生菌。都能在培养基上生长繁殖，在固体培养基上可形成各种不同形状和颜色的菌落。通常以白色和黄色的圆形菌落居多，也有褐色和形状不规则的。菌落的颜色和细菌产生的色素有关。细菌的色素若限于细胞内，则只有菌落有颜色，若分泌到细胞外，则培养基也变色。假单胞杆菌属的植物病原细菌，有的可产生荧光性色素并分泌到培养基中。青枯病细菌在培养基上可产生大量褐色色素。大多数植物病原细菌是好气的，只有少数是嫌气菌。细菌的最适生长温度是26～30℃，温度过高过低都会使细菌生长发育受到抑制，细菌对高温比较敏感，一般致死温度是50～52℃。植物细菌病害的主要症状有斑点、腐烂、枯萎、畸形等几种类型。

细菌侵入途径是自然孔口和伤口，各种植物病原细菌均可以从伤口侵入寄主。假单胞杆菌属（*Pseudomonas*）和黄单胞杆菌属（*Xanthomonas*）寄生性较强的一些种类除了通过伤口侵入外，也可以通过气孔、水孔或皮孔等自然孔口侵入植物体。在自然条件下，细菌的传播主要依靠雨滴飞溅，很少由气流和昆虫传播，故传播的距离一般不远。植物细菌病害的防治最重要的是减少侵染源。从地区来说，要采取检疫措施，防止新病菌的传入。在病区内则应培养无病种苗，进行种苗的消毒处理和清除病株及残体。化学药剂对细菌病害的防治效果一般不理想。对于从根部侵入的细菌，可以考虑用抗病的植物作砧木进行嫁接来防病。选育抗病品种也是防治细菌病害的重要途径。

（3）植物病原病毒　病毒是一种专性寄生物，它的粒体只能存在于活的细胞中。病毒的寄主性和寄生专化性不完全符合，一般对寄主选择性不严格，因此它的寄主范围很广。如烟草花叶病毒能侵染36科的236种植物。不少植物感染某种病毒后不表现症状，其生长发育和产量不受显著的影响，这表明有的病毒在寄主上只具有寄生性而不具有致病性。这种现象称为带毒现象，被寄生的植物称为带毒体。植物病毒病害绝大多数属于系统侵染的病害。当寄主植物感染病毒后，症状发生总是从局部开始，经过或长或短的时间扩展至全身。病毒病症可分为三种类型：变色、组织坏死和畸形。植物受病毒侵染后除在外部表现一定的症状外，在感病植物细胞内也可以引起病变。细胞内结构变化，较明显的如叶绿体的破坏和各种内含体的出现。环境条件对病毒病害的症状有抑制或增强作用。例如花叶症状在高温下常受到抑制，而在强光照下则表现得更明显。由于环境条件的关系，使植物暂时不表现明显的症状，甚至原来已表现的症状也会暂时消失，这种现象称为隐症现象。

病毒是专性寄生物，它必须在活体细胞内寄生活动，不能像其他病原物那样主动的传播，只能通过轻微的伤口侵入植物体，因而轻伤不但为病毒开放了门户，而且又不至造成寄生细胞的死亡。病毒的传播方式主要有以下几种：接触传播、嫁接传播、昆虫传播、其他介体传播及种子传播。由于病毒系统侵染的特性，一般无性繁殖材料都可能传播病毒病害。由于植物病毒的寄主范围广，对化学药剂抵抗性较强，所以在防治上存在一定的复杂性和局限性，与其他侵染性病害比较，更加难以防治。主要防治途径有以下几个方面：选用无病繁殖材料、减少侵染来源、防治媒介昆虫、培育抗病品种和病株治疗。

（4）植物病原植原体　植原体（Mycoplasma-like organism，MLO）是 1967年从桑萎缩病中认识的一种新病原。这类微生物的形态结构与动物病原菌原体极为相似。目前已发现 300 多种植物的 90 种左右的病害是由植原体引起的。园林植物上已知的植原体病害有泡桐丛枝病、枣疯病、桑萎缩病、榆韧皮部坏死病及翠菊黄化病、三叶草叶肿病等。由植原体引起的植物病害，大多表现为黄化、花变绿、丛枝、萎缩现象。丛枝上的叶片常表现为失绿、变小、发脆等特点。丛枝上的花芽有时转变为叶芽、后期果实往往变形，有的植物感染植原体后节间缩短、叶片皱缩，表现萎缩症状。植物上的植原体在自然界主要是通过叶蝉传播，少数可以通过木虱和菟丝子传播。嫁接也可以是传播植原体的有效方法，但就目前所知，植原体很难通过植物汁液传染。在木本植物上，从植原体接种到发病所经历的时间较长。防治植原体病害基本上与防治病毒病害相似。应严格选择无病的繁殖材料，防治媒介昆虫，选用抗病品种。由于植原体对四环素药物敏感，使用这类药物可以有效地防治多种植原体病害。

（5）植物病原线虫　线虫属线形动物门（Nemathelminthes）线虫纲（Nematoda），它在自然界分布很广，种类繁多，有的可以在土壤和水中生活，有的可以在动植物体内营寄生生活。被线虫为害的植物种类很多，裸子植物、被子植物等均能受害。园林植物根部的外寄生线虫比较普遍，树木上重要的寄生线虫主要是根结线虫和松材线虫，此外还有茎线虫和滑刃线虫。根结线虫为害花卉、苗木根系，引起根皮中柱细胞不正常生长，形成大小不等的根瘤，被害植株生长不良，甚至枯死。线虫对植物的致病作用，除了吻针对寄主刺伤和虫体在寄主组织内穿行所造成的机械损伤之外，线虫还分泌各种酶和毒素，使寄主组织和器官发生各种病变。园林植物线虫病害的主要症状表现为全株性症状和局部性症状。

线虫主要靠种子、苗木作远距离传播，土壤灌溉水也可以传播线虫，病株残体中的线虫也可借风、机具等作一定距离的传播。线虫自身只能作短距离的主动运动，在传播病害上意义不大。不同类群的线虫有不同的寄生方式，有的寄生在植物体内，称为内寄生；有的线虫只以头部或吻针插入寄主体内吸取汁液，虫体在寄主体外，称为外寄生；也有的线虫先行外寄生，再行内寄生。线虫除直接引起植物病害外，还能成为其他病原物的传播媒介。现已证明寄生线虫中有三个属都是病毒的传播者。如已发现一种美洲剑线虫（Xiphinema americana）能将马铃薯环斑病毒传给南美扁柏的根，但不表现症状。同时，线虫为害常为其他根病的病原物开辟了侵入途径，甚至将病原物直接带入寄主组织内。例如香石竹萎蔫病是由一种假单孢杆菌和任何一种根线虫联合引起的。细菌通过线虫造成的伤口侵入植物。植物线虫病害的防治方法有植物检疫、轮作和间作、种苗处理和土壤处理等。

（6）寄生性种子植物　种子植物大都是自养的，只有少数因缺乏叶绿素不能进行光合作用或因某些器官退化而成为异养的寄生植物，这类植物大都是双子叶的，依据寄生方式可分为半寄生和全寄生两种。重要的半寄生性种子植物为桑寄生科（Loranthaceae），这种植物的叶片有叶绿素，可以进行光合作用，但必须从树木寄生体内吸取矿质元素和水分。桑寄生科在我国已发现有 6 个属，50 余种，其中最主要的是桑寄生属（*Loranthus*），其次是槲寄生属（*Viscum*）。重要的全寄生性种子植物有菟丝子科（Cuscutaceae）和列当科（Orobanchaceae）。这种植物的根、叶均已退化，全身没有叶绿素，只保留茎和繁殖器官，它们的导管筛管与寄主植物的导管和筛管相连，从寄主植物中吸收水分和无机盐，并依赖寄主植物供给碳水化合物和其他有机营养物质。寄生性种子植物对木本植物的为害是使其生长受到抑制，如落叶树受桑寄生侵害后，树叶早落，次年发芽迟缓，常绿树则在冬季引起全部落叶或局部落叶，树木受害，有时引起顶枝枯死，叶面缩小等。

2. 侵染性病害的诊断

植物病害的症状都具有一定的特征，又相对稳定，可以作为病害诊断的重要依据。对于已知的比较常见的病害，根据症状可以作出比较正确的诊断。如当杨树叶片上出现许多针头大小的黑褐病斑，病斑中央有一灰白色黏质物时，无疑是由 *Marssonina* 属的真菌引起的杨树黑斑病的典型症状。但病害的症状并不是固定不变的，同一种病原物在不同寄主上或在同一寄主的不同发育阶段或处在不同的环境条件下都可能表现出不同的症状。如梨胶锈菌在为害梨和海棠叶片时产生叶斑，在松柏上使小枝膨肿并形成楔状菌瘿；立枯丝核菌为害针叶树幼苗时，若侵染发生在幼苗木质化以前表现为猝倒，侵染如发生在幼苗木质化后则表现为立枯。相反，不同的病原物也可以引起相同的症状，如真菌、细菌甚至霜害都能引起李树植物穿孔病。真菌病害一般到后期会在病组织上产生病征，它们多半是真菌的繁殖体。对于那些专性寄生或强寄生的真菌，如锈菌、白粉菌、外子囊菌所致病害，根据病原物进行诊断是完全可靠的，细菌病害在潮湿的条件下部分产生菌脓。病毒病害只有病状而无病征，病状有显著特点，常见全株性变色、畸形也有局部坏死症状，坏死斑在植株上分布比较均匀。植物病害的症状是很复杂的，每一种病害的症状常常由好几种现象综合而成，因此要明确地把它们划分类型也很困难，单纯根据症状作出诊断，有时并不完全可靠，在许多具体的病例中，常常需要做系统的综合比较观察，有时还必须应用显微镜检、人工诱发或血清反应和酶联免疫反应等先进技术和方法对病原进行分析和鉴定，才能做出正确的诊断。

显微镜检是挑取少许病组织做病部切片，显微镜下观察病原形态。如是真菌，观察菌丝有无隔膜，孢子和子实体形态、大小、颜色、细胞数、着生情况等，进行鉴定。如是细菌病害，一般可看到大量细菌似云雾状从维管束薄壁细胞溢出，这是诊断细菌病害的简单而又可靠的方法。对于病毒病害，显微镜检查植物细胞中的内含体，从黄化型病毒的叶脉或茎切片中，可以看到韧皮部细胞的坏死与组织内淀粉积累。用碘或碘化钾溶液检测可显现深蓝色淀粉斑，作为诊断参考。对线虫病可将线虫瘿或肿瘤切开，挑取线虫制片镜检鉴定。根瘤线虫的观察，可将病根组织放在载玻片上，加一滴碘液（碘 0.3g、碘化钾 1.3g、水 100mL），另用一块玻璃，放在上面轻压，线虫染为深色，根部组织呈淡金黄色。

在镜检时会遇到腐生菌类和次生菌干扰，这时可使用诱发实验进行诊断。人工诱发是在症状观察和显微镜检查时，可能在发病部位发现一些微生物，若不能断定是病原菌或是腐生菌，最好进行分离培养、接种和再分离，这种诊断步骤称柯赫氏法则。应用柯赫氏法则的原理来证明一种微生物的传染性和致病性，是最科学的植物病害诊断方法。其步骤如下：①当发现植物病组织上经常出现的微生物时，应将它分离出来，并使其在人工培养基上生长；②将培养物进一步纯化，得到纯菌种；③将纯菌种接种到健康的寄主植物上，并给予适宜的发病条件，使其发病，观察它是否与原症状相同；④从接种发病的组织上再分离出这种微生物。但人工诱发试验并不一定能够完全实行，因为有些病原物到现在还没找到人工培养的方法。接种试验也常常由于没有掌握接种方法或不了解病害发生的必要条件而不能成功。目前，对病毒和支原体还没有人工培养方法，一般用嫁接方法来证明它们的传染性。

三、园林植物的非侵染性病原

园林植物正常的生长发育，要求一定的外界环境条件。各种园林植物只有在适宜的坏境条件下生长，才能发挥它的优良性状。当植物遇到特殊的气候条件、不良的土壤条件或有害物质时，植物的代谢作用受到干扰，生理机能受到破坏，因此在外部形态上必然表现出症状来。引起非侵染性病害发生的原因很多，主要有营养失调、温度失调和有毒污染物质。

1. 营养缺乏引起的植物病害

植物所必需的营养元素有氮、磷、钾、钙、镁和微量元素铁、硼、锰、锌、铜等十几种。缺乏这些元素时，就会出现缺素症；某种元素过多时，也会影响园林植物的正常生长发育。常见的缺素症有以下几种。

（1）缺氮　植物生长不良，植株矮小，分枝较少，成熟较早，叶稀疏、小而薄、色变淡或黄化、早落。在酸性强、缺乏有机质的土壤中，常有氮素不足的现象。

（2）缺磷　植物生长受抑制，严重时停止生长，植株矮小，叶片初期变成深绿色，但灰暗无光泽，后渐呈紫色、早落。在植物体中磷素可以从老熟组织中转移到幼嫩组织中重被利用。所以症状一般从老叶上开始出现。

（3）缺钾　植株下部老叶首先出现黄化或坏死斑块，通常从叶缘开始，植株发育不良。

（4）缺铁　植物叶片黄化或白化。开始时，脉间部分失绿变为淡黄色或白色，叶脉仍为绿色，后叶脉也变为黄色。以后脉间部分会出现黄褐色枯斑，并自叶边缘起逐渐变黄褐色枯死。由缺铁引起的黄化病先从幼叶开始发病，逐渐发展到老叶黄化。防止缺铁症应以增施有机肥料改良土壤性质，使土壤中的铁素变为可溶性的。用 1：30 的硫酸亚铁液作土壤打洞浇灌防治多种观赏灌木树种的黄化病可获较好的效果。

（5）缺镁　缺镁症的症状与缺铁症相似，所不同的是先从枝条下部的老叶开始发病，然后逐渐扩展到上部的叶片。

（6）缺硼　缺硼症的主要表现是分生组织受抑制或死亡，常引起芽的丛生或畸形、萎缩等症状。可用硼酸注射树干或浇灌土壤进行防治。

（7）缺锌　苹果小叶病是常见的缺锌症。病树新枝节间短，叶片变小且黄色，根系发育不良结实量少。

（8）缺铜　缺铜常引起树木枯梢，同时还出现流胶及在叶或果上产生褐色斑点等症状。

（9）缺硫　缺硫的症状同缺氮相似，但以幼叶表现更明显。植株生长较矮小，叶尖黄化。

（10）缺钙　缺钙的症状多表现在枝叶生长点附近，引起嫩叶扭曲或嫩芽枯死。

2. 环境不适引起的植物病害

（1）水分失调引起的植物病害　在缺水条件下，植物生长受到抑制，组织中纤维细胞增加，引起叶片凋萎和黄化、花芽分化减少、落叶、落花、落果等现象。土壤水分过多，会造成土壤缺氧，使植物根部呼吸困难，造成叶片变色、枯萎、早期落叶、落果，最后引起根系腐烂和全树干枯死亡。

（2）温度不适宜引起的植物病害　低温可以引起霜害和冻害，这是温度降低到冰点以下，使植物体内发生冰冻而造成的危害。晚秋的早霜常使未木质化的植物器官受害。晚霜病害在树木冬芽萌动后发生，常使嫩芽新叶甚至新梢冻死。树木开花期间受晚霜为害，花芽受冻变黑，花器呈水浸状，花瓣变色脱落。阔叶树受霜冻之害，常自叶尖或叶缘产生水渍状斑块，有时叶脉间组织也出现不规则形斑块，严重的全叶死亡，化冻后变软下垂。松树受害多致针叶先端枯死变为红褐色。南方热带、亚热带树种，常发生寒害。寒害为冰点以上的低温对喜温植物造成的危害。寒害常见的症状是组织变色、坏死，也可以出现芽枯、顶枯及落叶等现象。高温能破坏植物正常的生理生化过程，使原生质中毒凝固导致细胞死亡，最后造成茎、叶或果实发生局部的灼伤等症状。土表温度过高，会使苗木的茎基部受灼伤，尤以黑色土壤的苗圃地上最为严重。针叶树幼苗受灼伤时，茎基部出现白斑，幼苗即行倒伏，很容易同侵染性的猝倒病相混淆。阔叶树苗受害根颈部出现缢缩，严重的也会死亡。

（3）光照不适宜引起的植物病害　光照过弱可影响叶绿素的形成和光合作用的进行。受害植物叶色发黄、枝条细弱，花芽分化率低，易落花落果，并易受病原物侵染。特别是温室、温床栽培的植物更容易出现上述现象。

（4）环境污染引起的植物病害　环境中的有毒物质达到一定的浓度就会对植物产生有害影响。空气中的有毒气体包括二氧化硫、氟化物、臭氧、氮的氧化物、乙烯、硫化氢等。空气中的二氧化硫主要来源于煤和石油的燃烧。有的植物对二氧化硫非常敏感，如空气中含硫量达 0.05ppm 时，美国白松顶梢就会发生轻微枯死，针叶表面出现退绿斑点，针叶尖端起初变为暗色，后呈棕色至褚红色。阔叶树受害的典型病状是自叶缘开始沿着侧脉向中脉伸展，在叶脉之间形成退绿的花斑。如果二氧化硫的浓度过高时，则退色斑很快变为褐色坏死斑。女贞、刺槐、垂柳、银桦、夹竹桃、桃、棕榈、法国梧桐等对二氧化硫的抗性很强。

空气中伤害植物的氟化物以氟化氢、氟化硅为主。氟化物的毒性比二氧化硫大10～20倍，但来源较少，因此危害不及二氧化硫。植物受氟化物毒害时，首先在叶先端或叶缘表现变色病斑，然后向下方或中央扩展。脉间的病斑坏死干枯后，可能脱落形成穿孔。叶上病健交界处常有一棕红色带纹。危害严重时，叶片枯死脱落。悬铃木、加杨、银杏、松杉类树木对氟化物较敏感，而女贞、垂柳、刺槐、油茶、油杉、夹竹桃、白栎、苹果等则抗性较强。

（5）化学药剂的不当使用造成的植物病害 硝酸盐、钾盐或酸性肥料、碱性肥料如果使用不当，常能产生类似病原菌引起的症状。如果天气干旱，施用过量的硝酸钠，植株顶叶会变褐，出现灼伤。除草剂使用不慎会使树木和灌木受到严重伤害，甚至死亡。阴凉潮湿的天气使用波尔多液和其他铜素杀菌剂时，有些植物叶面会发生灼伤或是出现斑点。栎、苹果和蔷薇属于最易产生药害的一类植物。温室生长的景天、长生草和某些多汁植物易受有机磷药物（如对硫磷）的危害。误用烟碱，会使百合叶出现灰色斑。

四、常见的园林树木病害

1. 根部病害

（1）根结线虫病 主要发生于四川、湖南、河南、浙江、广东、广西、北京等省市。该病寄主范围广，包括杨树、槐树、梓树、柳树、桑树、槭、卫矛、榆树等1700多种植物。苗木根部受害后，在主侧根上形成大小不等的虫瘿，直径达1～2mm。切开虫瘿可见白色颗粒物，为线虫的雌虫，显微镜下观察，呈梨形。苗木被侵染后，疏导组织被破坏，水分和养分运输被阻断，不能进行正常的生理活动。重病苗根短、侧根和根毛少，根部畸形。地上部分生长弱，大部分苗木当年枯死，部分苗木翌年春季死亡。病原为根结线虫属，生活史可分为卵、幼虫和成虫三个阶段。雌虫全部或部分埋藏在寄主植物内，在胶质的介质内产卵，卵经过几小时即可形成幼虫，具口针在卵内卷曲。雌雄虫均呈蚯蚓状，无色透明，可见口针、食道球和排泄管道。成熟雌虫长0.5～1.3mm，平均宽度0.4～7.7mm，虫体对称或不对称，可进行孤雌生殖。雄虫与幼虫虫体相似，有发达的口针。一年可发生多代，幼虫、成虫和卵都可在土壤中或病瘤内越冬。多数线虫在土表下5～30cm处，但在种植多年生植物的土壤中，线虫可分布在5m以下。可通过苗木、水流、土壤、农事操作进行传播。线虫的存活主要受到温度、湿度和土壤结构的影响。土温20～27℃，土壤潮湿时，有助于病害发生。

（2）猝倒病 我国各地普遍发生，危害松、杉、刺槐、桑、银杏、榆树、枫杨、桦树等。不同时期苗木受害后表现的症状不同，主要有以下4种。a. 种芽腐烂型：种子播种后至出土前即被病原菌侵染腐烂，腐烂的种子多呈水肿状，腐烂种子的外部披有一层白色或粉红色的丝状物。b. 茎叶腐烂型：种子发芽后，嫩芽尚未出土前，土壤湿度过大或播种量过多，幼苗可遭受病原菌侵染而腐烂，最后全株枯死。c. 幼苗猝倒型：幼苗出土后，尚未木质化之前，苗茎基部受到病原菌侵染后，腐烂细缢，呈浸渍状病斑，上部褪色枯萎，甚至变成褐色，遇风吹时折断倒伏，故称为猝倒病。此为该病的典型症状，多发生在苗木出土后的 1 个月之内。

d. 苗木立枯型：苗木茎部木质化以后，病原菌难以从根颈部侵入。此时如果土壤中存在病原菌较多，在环境条件适宜时，则侵害苗木根部，使其腐烂，全株枯死，但不倒伏，也叫根腐烂型立枯病。病原主要是立枯丝核菌、腐皮镰孢菌、尖孢镰孢菌、终极腐霉、瓜果腐霉和细链格孢菌等。病原菌都有较强的腐生习性，平时能在土壤中的植物残体上进行腐生。一旦遇到合适的寄主和潮湿的环境，病原菌可以从伤口或直接侵入寄主植物。几种病原菌可以单独侵染，也可以同时侵染。病原菌主要侵染一年生苗木，发病时间一般在 4～10 月，发病高峰期一般在苗木出土后 1 个月左右。病害发生的严重程度与土壤含水量、降水量、降水次数、空气相对湿度关系密切。降水量大，降水次数多，空气相对湿度大，土壤过于黏重，病害发生严重。整地粗糙、高低不平、积水圃地苗木易遭受病原菌侵染。未腐熟的有机肥常混有带菌的植物残体，施用时可向苗圃引入病原菌。另外，肥料在腐熟的过程中产生热量，有助于病原菌的侵染。播种时期也影响猝倒病的发生。播种过早，土壤温度低，出苗时间延迟，易发生种芽腐烂型猝倒病。播种太迟，苗木出土晚，在雨季到来之前苗木未木质化，苗木脆弱，抗病性差，遇到高温高湿的环境易造成病害流行。

（3）苗木白绢病　主要发生于四川、江苏、广西、安徽、河南、湖南、海南等省。危害 38 科 128 种植物，其中木本植物有油茶、核桃、泡桐、梧桐、楸树、梓树、乌桕、楠木、杉木、马尾松、樟树、木豆、香椿、柑橘、苹果等，主要危害苗木和扦插苗。病菌侵染后，根茎皮层褐色，继而下陷，颜色变深，并在表面长出白色绢丝状菌丝体，菌丝迅速蔓延至细根、土壤及表土上的枯枝落叶，后期菌丝扭结成油菜籽状的菌核，渐变黄色，最后变成褐色，直径 1～2mm。菌核布满根茎、侧根和表土。染病苗木叶片下垂，根部皮层腐烂，植株凋萎，最终导致全株死亡。病原为齐整小核菌，菌丝体白色，棉絮状，菌核球形或近球形，似油菜籽，直径 1～3mm，成熟时褐色至茶褐色，表面光滑，内部灰白色，细胞呈多角形，菌核易与菌丝分离。有性型为担子菌亚门的罗尔伏革菌，只有在温热条件下才产生担子，担孢子的传病作用不大。该病菌生长发育最适温度为 30℃，最适 pH 值为 5.9，光线能促进产生菌核。病菌主要以菌丝或菌核在土壤及病株残体上越冬。菌核生活力较强，可在土中存活 4～5 年。翌年夏天，菌核长出菌丝，借流水或菌丝体在土中蔓延，侵染苗木根颈或根部。高温、高湿季节有利于发病。病区苗木连作以及排水不良的苗圃发病重，土壤贫瘠、植株生长纤弱时利于病害流行。

（4）紫纹羽病　云南、四川、广东、浙江、北京、江苏、安徽、山东、河南、河北、辽宁、吉林、黑龙江等省均有分布。危害 45 科 76 属 100 多种针叶阔叶树，主要包括松、柏、杉、刺梅、榆、杨、桑、柳、栎、漆树、苹果等。从幼嫩新根开始发病，逐渐蔓延至侧根及主根，甚至到树干基部，皮层腐烂，易与木质部剥离。发病初期病根表面出现淡紫色棉絮状菌丝体，逐渐集结成网状，随后颜色逐渐加深呈深紫色，包围病根。在病根表面菌丝层中有时可见紫色球状的菌核。湿度大的环境中菌丝体可蔓延到地面包围干基。夏天菌丝体上形成一层薄的白粉状子实层。病株地上部分表现为顶梢不抽芽或叶黄、小叶、皱缩卷曲、枝条干枯，最后全株枯萎死亡。病原为担子菌亚门的紫卷担子菌，有性阶段发现以前，曾以其无性阶段命名为紫纹羽丝核菌。担子圆筒形或棍棒形，无色，向一方弯曲，有3个隔膜。担孢子卵形或肾形，顶端圆，基部变细弯曲。菌核能够抵抗不良环境条件，可在土壤中长期存活，遇到适宜环境萌发成菌丝体造成侵染。菌丝、菌核、菌索在病根上生活，借菌索在土壤中蔓延或通过病根与健根的相互接触在苗木间进行传播。该病4月开始发生，6～8月为发病盛期。地势低洼，排水不良的地区有利于病原菌生长。

（5）根癌病　世界各地均有发生。我国多集中在华北、华东、东北和西北地区。危害600余种植物，园林植物主要有杨柳科、蔷薇科，如樱花、梅、李、桃、丁香、杨、柳等。苗木、幼树、大树均可发病。通常发生在植物根颈处，主根、侧根或地上部分的主干、枝条上也有发生。病原菌侵染后出现近圆形、灰白色或肉色小瘤，质地柔软，表面光滑。随着寄主植物的生长，病瘤逐渐增大成不规则块状，且颜色变成深褐色，表面粗糙且龟裂，质地坚硬。随后在大瘤上又生出许多大小不等、形状不规则的小瘤。由于植物根部损伤，地上部分生长衰弱，枝条枯萎，严重的则整株枯萎死亡。病原为根癌农杆菌，菌体杆状，有1～4根周生鞭毛，有些菌系无鞭毛有荚膜。病原菌能够在病组织或土壤中寄主植物的残体中存活1～2年。病原菌可由灌溉水、雨水、插条和嫁接工具、起苗和耕作农机具以及地下害虫进行传播。带菌苗木及插条的运输能够造成该病的远距离传播。病菌通过伤口侵入寄主。从细菌侵入到显示症状的时间因气候等因素而异，需数周到1年以上的时间。湿度大的土壤发病率高，偏碱性和疏松土壤有利于病害发生。

2. 叶部病害

（1）杨树灰斑病　黑龙江、吉林、辽宁、河北、河南、陕西、内蒙古、江苏等省区均有分布。危害加拿大杨、小叶杨、小青杨、钻天杨、青杨、箭杆杨、中东杨、哈青杨等多种杨树。病害发生在叶片、茎和梢上。根据发病部位和发病条件可归纳为四种症状类。a. 灰斑型：病叶初生水渍状斑，很快变成褐色，最后变成灰色，周围褐色。病原菌的分生孢子堆在灰斑上产生许多小黑点，或连片成黑绿色。b. 黑斑型：多发生在雨后或湿度大的条件下，病斑多从叶尖或叶缘开始发生，并迅速发展成大块环状坏死黑斑。在黑斑上产生黑绿色霉层。病叶干后扭缩，易碎。c. 枯梢型：病菌侵染嫩梢后，病部组织很快变黑枯死，常由病部弯曲下垂或由此折断，俗称"黑脖子"。病部下面又生出许多小枝条，形成多杈无顶的病苗。d. 肿茎溃疡型：在苗木的茎干皮部，开始产生椭圆形褐色病斑，长度1～4cm，后失水下陷变黑，病斑中央逐渐变成白色，出现黑绿色小点。以上症状类型可以单独存在也可以同时发生。病原为东北球腔菌，子囊座初埋生，后突破表皮，散生、群生或几个连生，近球形，黑色，具短孔口，直径10～14μm，子囊双壁，长椭圆形或棍棒形，无柄。子囊孢子近无色，双行排列，近梭形或椭圆形，中间有一横隔。其无性型为杨棒盘孢菌，分生孢子淡褐色，由4个细胞组成，上数第三个细胞最大且自此稍弯。病原菌以分生孢子盘、分生孢子和子囊座在病部及其残体上越冬，翌年5～6月在子囊座内形成的子囊和子囊孢子是初次侵染的来源。孢子借雨水和气流传播，萌发后由气孔或伤口侵入寄主组织，少数则能穿透表皮侵入。潜伏期5～10

天，发病后 2 天即可形成新的分生孢子进行再侵染。在自然界中，分生孢子在病害流行中起重要作用。病害发生与降雨、空气湿度关系密切，连续阴雨天后，病害常随之流行。苗床上 1 年生苗发病后，受害最重，幼树发病较轻，对大树影响不大。

（2）苗木阔叶树白粉病　全国各地均有发生。危害杨、柳、栎、栗、白蜡、水曲柳、核桃、泡桐、桑、槭、橡胶树、苹果、梨、桃、葡萄、丁香等。白粉病最明显的症状是在受害部位覆盖一层白色粉末状物，是病原菌的营养体和繁殖体。后期在白色粉末层中出现小颗粒，初为淡黄色，逐渐变成黄褐色、黑褐色，是病菌的有性繁殖体。主要危害植物叶片，叶片上病斑不明显，呈黄白色斑块，严重时病叶卷曲枯死。还可危害嫩梢、花、果实及枝条，造成嫩梢枯死，落花落果，嫩枝扭曲变形。引起白粉病的病原菌均属于子囊菌亚门白粉菌目，是一类专化性很强的寄生菌类。引起不同树木的白粉菌常属于不同的种类，少数白粉菌能够寄生在两种以上的寄主上。菌丝体多生在寄主表面，分生孢子单生或成串生，多数呈白粉末状或毡状。闭囊壳黑色，球形，上生丝状、钩状或球针状附属丝。子囊孢子单胞，椭圆形。常见的有东北钩丝壳，危害杨树；柳钩丝壳，危害柳、杨；榛球针壳，危害杨树和板栗；丁香叉丝壳，危害丁香；黄栌钩丝壳，危害黄栌；南方小钩丝壳，危害紫薇。病菌以闭囊壳在落地病叶上越冬，翌年从闭囊壳内释放出子囊孢子，借气流传播进行初侵染。病菌的分生孢子在适宜条件下，在一年内能够进行多次重复侵染。除了球针壳属的白粉菌由气孔侵入叶片外，多数白粉菌可由角质层直接侵入。苗圃管理粗放，苗木过密，通风不良，雨水多，土壤潮湿等情况下病害严重。高氮低钾以及促进植物生长柔嫩的条件有利于病害发生。

（3）煤污病　我国各地均有分布。主要危害柳、泡桐、山茶、紫薇、黄杨、小叶女贞等多种园林树木。树木叶片、枝条均可受害，以叶片症状最为明显。叶片最初形成煤烟状圆形、黑色小霉斑。病斑逐渐扩大，病斑间可连接成片，最终扩展至全叶片及枝梢，使其表面覆盖一层煤烟状物。发病严重时引起植株生长不良，叶芽、花芽分化受到影响。多种病原菌均能引起煤污病，主要为子囊菌亚门的煤炱属和小煤炱属真菌。病菌以菌丝体、分生孢子或子囊果在苗木受害部位或昆虫体上越冬。翌年产生分生孢子、子囊孢子，借风雨、流水和昆虫进行传播。蚜虫、蚧壳虫和植物的分泌物可为病原菌的生长提供营养，使煤污病发病严重。在一个生长季中，分生孢子可以造成重复侵染。苗木过密、空气湿度大、通风透光不良均有利于病害发生。

（4）圆柏（桧）锈病　我国各地柏科植物上均有发生，尤其以城市及各地风景区附近有梨、苹果的地方发病普遍。危害圆柏、欧洲刺柏、龙柏、苹果、海棠、木瓜等蔷薇科的果树和园林植物。圆柏感病后，起初在针叶、叶腋或小枝上出现淡黄色斑点，后稍肿大，有时在枝上形成膨大的纺锤形菌瘿。翌年 3 月，冬孢子角突破寄主表皮形成单个或数个聚生的圆锥形胶状物，红褐色至咖啡色。冬孢子角遇水膨胀成舌状胶质块，橙黄色，干燥时收缩成胶块。被害枝叶表现枯黄，小枝枯死。病原为锈菌目锈菌科胶锈菌属、梨胶锈菌和山田胶锈菌。两种病菌都需转主寄生，我国梨胶锈菌发生较普遍。在圆柏、欧洲刺柏、龙柏等寄主上产生冬孢子角，内生纺锤形或椭圆形黄褐色冬孢子。冬孢子柄细长，外被胶质，遇水易胶化。冬孢子萌发形成担子，其上着生担孢子。担孢子卵形，淡黄色单细胞。担孢子转主寄生在梨、海棠、木瓜、山楂等，其上产生性孢子器和锈孢子器。性孢子器扁平形或近球形，埋于寄主叶片表皮下，孔口外露，内生许多无色、单胞、纺锤形或椭圆形的性孢子。锈孢子器丛生于病叶部肿大组织上，细圆柱形，外观呈灰黄色毛状物，内生大量球形或近形锈孢子。病菌以多年生菌丝体在圆柏等寄主病组织中越冬。次年 3月开始显露冬孢子角。冬孢子角遇春雨后吸水膨胀为胶质状，随后萌发形成担孢子。担孢子经风雨传播后危害苹果、梨等植物。侵染发病后形成性孢子器、锈孢子器。性孢子和锈孢子不能再危害梨、苹果等植物，而是侵染圆柏的嫩叶或新梢，形成新的侵染循环。病害发生的严重程度与两类寄主的生长距离，以及春季雨水的多少和品种的抗病性有密切关系。两类寄主相距越近，越有利于病原菌传播，发病越重。在寄主幼嫩组织生长时期，遇雨水且气温适宜有利于病害发生。圆柏、龙柏和欧洲刺柏易受病菌侵染，球桧、翠柏中度感病，柱柏、金羽柏则较抗病。

3. 枝干病害

泡桐丛枝病：山东、河南、陕西、河北、安徽、台湾、江苏、浙江、湖南、湖北等地均有发生。寄主为兰考泡桐、楸叶泡桐、绒毛泡桐、白花泡桐、紫花泡桐、台湾泡桐等。病害开始在个别枝上发生，萌发出大量不定芽和腋芽，丛生出许多小细枝，节间短，叶小而薄，色黄，叶序紊乱，有不明显的花叶状，有的叶片皱缩。小枝不断丛生，形成鸟巢状。冬季呈扫帚状，且易枯死，翌年再生更多小枝，以后逐渐枯死。大树上有时发生花器变形，柱头变成小枝，小枝上腋芽又生小枝，如此往复形成丛枝。病原为植原体，多为圆形或椭圆形，直径 $200 \sim 820 \mathrm{nm}$，多在病丛枝韧皮部筛管细胞内，通过筛板移动，能扩及整个植株。不同泡桐种或品系发病情况有差异，川桐、白花泡桐及毛泡桐比兰考泡桐抗病，白花泡桐比紫花泡桐抗病，培育的豫杂一号泡桐也很抗病。实生苗繁殖的泡桐发病率低，平茬苗栽植的泡桐发病率高。病害可由带病的种根、病苗调运传播，病健苗嫁接能传染病菌。烟草盲蝽、茶翅蜡、小绿叶蝉也是传病媒介。有时被侵染的泡桐不表现症状（隐症），也被选为采根母树。

4. 其他病害

菟丝子：我国各地均有分布。危害杨、柳、刺槐、枣、槭树、榆、木槿、蔷薇、扶桑、小叶女贞等多种植物。菟丝子以其细藤状的茎蔓缠绕在植物的茎、叶上，以吸器吸收寄主植物的养分和水分，造成寄主植物生长衰弱，植株矮小，叶片黄化甚至枯萎死亡。被缠绕的枝条，枝叶紊乱不舒展，通常形成较明显的缢痕。菟丝子是菟丝子科菟丝子属植物的通称，1 年生缠绕性草本植物，无根，借助吸器寄生于寄主上。茎为黄色、白色或紫红色丝状物，缠绕在寄主植物的茎和叶上。叶片退化为鳞片，不含叶绿体。花小、白色、黄色或粉红色，无梗或具短梗，穗状、总状或簇生成头状花序。蒴果球形或卵形，周裂或不规则裂，种子 2～4 粒。我国园林植物上最常见的菟丝子有 4 种：日本菟丝子、中国菟丝子、田野菟丝子和单柱菟丝子。种子成熟后落入土中，或混杂在草本花卉的种子中休眠过冬。翌年春末、夏初成为初侵染源。种子萌发后迅速生长，前端的幼茎在空中螺旋式旋转，当碰到寄主时便缠绕其上，在接触处形成吸器，伸入寄主维管束中，吸收养料和水分。此后不断分枝生长，缠绕寄主，向四周迅速蔓延扩展，最后布满整个寄主。夏末开花结果，9～10月成熟。成熟后的蒴果开裂，种子散出。每株菟丝子能够产生约3000粒种子。土壤湿润、杂草灌木较多的圃地危害严重。

第二节　园林树木虫害的基本知识

一、昆虫的外部形态

昆虫属于节肢动物门（Arthopoda）昆虫纲（Insecta）。昆虫的种类繁多，已知的有100多万种，约占动物界3/4以上。昆虫的种类不同，其身体构造差别很大，但昆虫都具有共同的特征：①体躯分为头、胸、腹3个体段；②头部有1对触角、1对复眼，有的还有1～3个单眼；③胸部生有6足4翅，故昆虫纲也称为6足纲；④腹部由10节左右组成，末端生有外生殖器。

1. 昆虫的头部及其附器

头部是昆虫体躯的最前的一个体段，生有触角、复眼、单眼等感觉器官和取食的口器。

（1）触角　触角的基本构造由柄节、梗节、鞭节3部分组成。柄节是触角连接头部的基节；梗节为触角的第2节，一般比较细小；鞭节为梗节以后各节的统称。触角的形状随昆虫的种类和性别而不同，其变化主要在鞭节。常见的形状主要有刚毛状、丝状、念珠状、锯齿状、栉齿状、双栉齿状、膝状、具芒状、环毛状、棍棒状、锤状和鳃叶状等。

（2）眼　昆虫的眼一般有复眼和单眼2种。复眼由许多小眼组成。小眼的数目因昆虫种类而有所不同，一般小眼数目越多，它的视力也越强。昆虫的复眼不但能分辨近处的物体，而且对光的强度、波长和颜色都有较强的分辨能力，并且能看到人眼所不能看见的短光波，对紫外光有很强的反应，表现出趋性。故防治上可利用黑光灯、双色灯、卤素灯等诱集昆虫。单眼与复眼中的1个小眼相似，没有调节光度的能力，一般认为单眼只能辨别光的方向和强弱，不能形成物像。

（3）口器　口器是昆虫取食的器官，昆虫因食性和取食方式不同，口器在外形和构造方式上也有相应的特化。一般分咀嚼式和吸收式两类。后者又因吸收方式不同分为刺吸式、虹吸式和锉吸式等几种主要的类型。了解昆虫口器类型和为害特性，不但可以准确地识别昆虫，而且还可针对害虫不同口器的特点，选择合适的农药进行防治。如防治咀嚼式口器的害虫，可选用具有胃毒作用的杀虫剂。防治刺吸式口器的害虫，则需选用具有内吸性能的杀虫剂。

2. 昆虫的胸部及其附器

胸部是昆虫的第2个体段，由3个体节组成，由前向后依次为前胸、中胸和后胸。各胸节侧下方生有1对足，分别为前足、中足和后足。在中胸和后胸的背面两侧，许多种类生有1对翅，称为前翅和后翅。

（1）胸足　胸足是昆虫体躯上最典型的分节附肢，自连接胸部起，分别由基节、转节、腿节、胫节、跗节和前跗节所组成。根据昆虫胸足的功能可将其分为步行足、跳跃足、捕捉足、开掘足、游泳足、抱握足、携粉足等。

（2）翅　昆虫的翅多为膜质薄片，一般呈三角形，呈现3个角和3个边。

3. 昆虫的腹部

腹部是昆虫的第三个体段，前端与胸部紧密相连，后端生有肛门和外生殖器等器官。腹部内包有大部分内脏和生殖器官，是昆虫新陈代谢和生殖的中心。腹部一般由9～11节组成。有些种类腹节愈合，仅有5～6节，如蜂、蝇等。腹部除末端数节外，一般无附肢，各节由背板、腹板和连接它们的侧膜组成。各节间也由柔软的节间膜连接。因此，腹节可以互相套叠，伸缩弯曲，以利交配和产卵活动。腹部1～8节两侧各有气门1对，用以呼吸。某些种类腹部末端生有尾须。

昆虫的外生殖器，雄性的称交尾器，一般由一个管状的阳具和1对钳状的抱握器所组成；雌性的称作产卵器，由2～3对瓣状物构造而成。不同种类的昆虫，外生殖器的变化很大，有些种类并无产卵器，直接由腹部末端几节伸长成一细管来产卵，如蛾类、蝇类和甲虫类等的雌虫；有些种类的产卵器已不用来产卵，而特化为螯刺，用以自卫或攻击猎物（其他虫体），如蜜蜂、胡蜂、泥蜂、土蜂等。

4. 昆虫的体壁

昆虫的躯体外包围一层硬化了的皮肤，称为体壁。体壁起着支撑身体、着生肌肉的作用。与高等动物的骨骼作用相似，所以又称"外骨骼"。外骨骼是节肢动物的重要特征之一。另外，昆虫的体壁还有保护内部器官、防止体内水分过度蒸发，以保持体内水分平衡和防止微生物及其他有害物质侵入的作用。体壁上还生有许多感觉器官，是昆虫接受各种外界刺激，与外界环境发生联系的重要器官。

昆虫的体壁构造比较复杂，由里向外依次由底膜、皮细胞层及表皮层组成。底膜为一薄膜组织，是体壁与内脏的分界线。表皮层是皮细胞层的分泌产物，由里向外又可分为内表皮、外表皮和上表皮3层。内表皮为表皮层中最厚的一层，主要成分是蛋白质和几丁质，容易被水及水溶性物质所渗透。外表皮是由内表皮外层骨化而成，是表皮中坚硬的层次，主要化学组成是骨蛋白和几丁质及脂类等化合物。所以也属于亲水性的。上表皮是表皮中最薄的一层，但构造最复杂。通常由里向外分为表皮质层、蜡层及护蜡层。表皮质层和护蜡层都是脂类和蛋白质的复合物，而蜡层几乎全是蜡质，所以上表皮的特性是亲脂性的（即拒水性的）。蜡层是昆虫保持体内水分免于过度蒸发和阻止水溶性物质侵入的主要部分。如果蜡层及护蜡层被破坏，昆虫就会由于过分失水而干死。长期生活在土中的昆虫，蜡层常被土粒磨损，所以在日光下曝晒，容易出现死亡。

二、昆虫的内部器官系统

1. 消化系统

昆虫的消化系统包括一根自口到肛门，纵贯血腔中央的消化道，以及与消化有关的唾腺等。

（1）消化道　昆虫的消化道是一根不对称的管道，前端的口位于口前腔的基部，后端的肛门位于体躯的末节。根据其发生的来源和机能的不同，消化道可分为三个部分，即前肠、中肠和后肠。

（2）与消化有关的腺体　昆虫的消化道一般没有本身单独的腺体。与消化有关的腺体主要有上颚腺、下颚腺、下唇腺，总称为唾腺。

2. 排泄器官

昆虫的排泄器官和组织包括体壁、马氏管、脂肪体及围心细胞等。其中马氏管为昆虫的主要排泄器官。

（1）马氏管　马氏管来源于外胚层，着生于中肠与后肠的交界处，基端通入消化道内，是浸浴在血液中长形盲管，其数目因种类而异，一般为4～6条，少则2条，多达上百条。马氏管从血液中吸收的代谢物、水分、无机盐类及其他有机分子，不断进入后肠，由直肠垫细胞调节再吸收作用，称排泄循环。其主要作用是保持一个体液循环液流，使血液内的代谢废物不断地被运送到直肠腔内沉淀，从而调节血液的渗透压和水分、离子平衡。

（2）其他排泄器官　主要包括脂肪体和围心细胞。昆虫脂肪体为不规则的团状、疏松带状或叶状组织。组成脂肪体的细胞主要有两类：一类是贮存养料细胞；另一类是积聚着尿酸结晶的尿盐细胞，具有排泄作用。围心细胞分布在背血管两侧，能吸收血液中的叶绿素、胶体颗粒大分子物质，也有积贮排泄的作用。

3. 循环系统

昆虫的循环系统和其他节肢动物一样，属于开放式，即血液在体腔内各器官和组织间自由运行。昆虫的主要循环器官是一根位于消化道背面，纵贯于背血窦中的背血管。在很多昆虫体内还存在有辅搏动器官，它们一般位于体躯的各部位和附肢的基部和内面，使血液能被驱入附肢的尖端。

4. 呼吸系统

昆虫的呼吸系统由气门和气管系统组成。昆虫的呼吸方式有体壁呼吸、气泡和气膜呼吸及气管鳃呼吸。但绝大多数昆虫是靠气管系统呼吸。

（1）气管系统　气管系是由外胚层内陷而成，因此组织结构和理化性质与体壁基本上相同。只是层次的内外相反，即由底膜、管壁细胞和内膜组成。

（2）气体的交换　气体在气管系统内的传送，主要靠气体的扩散作用和气管的通风作用来完成。扩散作用是指昆虫生命活动需用的氧气，是借大气与气管间、气管与微气管间、微气管与组织间的氧气压力差，从大气中直接获取的。通风作用也称换气运动，是指昆虫依靠腹部的收缩、扩张，帮助气体在气管系统内进行气体交换的一种形式。具有气囊的昆虫，气囊的伸缩也能加强气管内的通风作用。

5. 神经系统和感觉器官

昆虫的神经系统来源于外胚层，它联系着体壁表面和体内各种感觉器官和反应器，感觉器官接受内外刺激而产生冲动，由神经系统将冲动传递到肌肉、腺体等反应器官，从而引起收缩和分泌活动，以适应环境的变化和要求。

（1）神经系统　昆虫的神经系统是由许多神经细胞及其发出的神经所组成，每个神经细胞及其分支称神经元。神经细胞分出的主枝称轴状突，轴状突再分出的支为侧支。轴状突及其侧支的顶端发生的树状细枝，称为端丛。在细胞体四周发生的小树状分支，称树状突。按神经元的作用，神经元可分为感觉神经元、运动神经元和联络神经元。

昆虫的神经系统可分为中枢神经系统、交感神经系统和周缘神经系统 3 部分。

① 中枢神经系统　中枢神经系统包括脑和腹神经索。脑由前脑、中脑、后脑组成，其上有神经通到眼、触角、上唇和额。脑不仅是头部的感应中心，也是神经系统中最主要的联系中心。腹神经索包括头内的咽下神经节及以后各体节的一系列神经节的神经索。

② 交感神经系统　交感神经系统包括口道神经索、中神经和腹部最后一个神经节。主要功能是司内脏器官的活动。

③ 周缘神经系统　周缘神经系统包括除去脑和神经节以外的所有感觉神经纤维和运动神经纤维形成的网络结构。它们接受环境刺激，并传入中枢神经系统，再把中枢神经系统发出的指令传送到运动器官，从而做出相应的反应。

（2）感觉器官　昆虫必须依靠身体的感觉器接受外界的刺激，通过神经与反应器联系，然后才能作出适当的反应。昆虫的感觉器主要分为感触器、听觉器、感化器和视觉器。

（3）神经传导过程　神经冲动的传导主要包括神经元内、神经元与神经元之间以及神经元与肌肉（或反应器）间的传导。整个传导是一个相当复杂的过程。

① 神经元内的传导　当神经的某一部位接受刺激后，兴奋部位膜的通透性发生改变，产生了兴奋，兴奋达到一定程度时，形成明显的电位差，形成动作电位，产生了电脉冲，从而推进传导。

② 神经元间的传导　冲动在神经元间的传导是靠突触传导。当突触前神经末梢发生兴奋时，就有兴奋性递质从突触小泡中释放出来，扩散到突触间隙，作用于突触后膜上的受体，激发后膜产生动作电位，使神经兴奋冲动继续传递下去。

③ 运动神经元与肌肉间的传导　也靠突触传导，其特点是神经末梢释放的化学传递物质为谷氨酸盐，使冲动传到肌肉。

6. 内分泌系统

昆虫体内的各种内分泌活动，直接受到神经系统的支配和调节，也间接受神经控制下某些组织器官所分泌的活性物质的支配和调节，这一活性物质，称为激素。产生和分泌激素的组织和器官，称为内分泌器官。由于内分泌器官分泌不同的激素，起着不同的作用，彼此之间也有一定的联系，共同组成一个内分泌系统。昆虫的内分泌系统包括脑神经分泌细胞群、咽下神经节、心侧体、咽侧体、前胸腺、绛色细胞、脂肪体及某些神经节等。

（1）主要内分泌器官

① 脑神经分泌细胞群　脑神经分泌细胞群是由昆虫前脑内背面的大型神经细胞所组成，并与心侧体和咽侧体相连。脑神经分泌细胞群的主要分泌物是激素，其主要功能是：激发和活化前胸腺分泌脱皮激素，控制昆虫幼期的脱皮作用，因而脑

激素又称促前胸腺激素。

② 心侧体　心侧体位于前胸后方及背血管前端的两侧或上方，是一对光亮的乳白色的小球体。其功能为：具有贮藏脑神经分泌物和混合神经分泌物的作用；能产生一种心体激素，影响心脏搏动率以及消化道的蠕动；产生高血糖激素、脂激素，刺激脂肪体释放海藻糖、激发磷酸化酶的活性，促进脂肪合成与分解；还有利尿和控制水分代谢的作用等。

③ 咽侧体　位于咽喉两侧，紧靠心侧体，并各有一神经与心侧体相连。受脑激素的刺激，可分泌保幼激素。保幼激素的主要功能是：抑制成虫器官芽的生长和分化，从而使虫体保持幼龄期状态。另外保幼激素对成虫卵细胞的发育和昆虫的多型现象等生命活动起作用，因此，保幼激素又称促性腺激素。

④ 前胸腺　一般位于头部和前胸之间，是一对透明、带状的细胞群体。受脑激素的刺激，可分泌脱皮激素。脱皮激素的主要功能是激发昆虫脱皮过程。

（2）昆虫的外激素　昆虫的外激素又称信息激素，是由昆虫体表特化的腺体分泌到体外，能影响同种其他个体的行为、发育和生殖等的一种化学物质。主要外激素有：性外激素、性抑制外激素、踪迹外激素、报警外激素和聚集外激素。

7. 生殖系统

昆虫的生殖系统是产生精子或卵子，进行交配、繁殖种族的器官。所以，它们的结构和生理功能，就在于增殖生殖细胞，使它们在一定时期内达到成熟阶段，经过交配、受精后产出体外。

（1）雌性生殖器官　雌性内生殖器官包括一对卵巢、一对侧输卵管、受精囊、生殖腔（或阴道）、附腺等。卵巢由若干条卵巢管组成，不同昆虫的卵巢管数目不同。卵巢管是产生卵子的地方。卵按其发育的顺序，依次排列在卵巢管内，愈在下面的卵愈接近成熟。侧输卵管与卵巢相接，两侧输卵管汇合形成一条中输卵管。中输卵管通向生殖腔（或阴道），其后端开口是生殖孔。生殖腔是昆虫雌雄生殖器交尾的地方，故又称交尾囊。生殖腔背面附有一个受精囊，用以贮存精子。受精囊上有特殊的腺体，能分泌保持精子活力的物质。生殖腔上还着生有一对附腺，其功能是分泌胶质，使虫卵黏结成块或黏着于物体上。

（2）雄性生殖器官　雄性内生殖器官包括一对睾丸（或精巢）、一对输精管、贮精囊、射精管、阴茎和生殖附腺。睾丸由许多睾丸管组成，数目因种而异。睾丸管是精子形成的地方。输精管与睾丸管相通，基部常膨大为贮精囊，贮精囊是暂时存放精子的地方，当精子成熟时，就通过输精管进入贮精囊。射精管开口于阴茎的端部。雄性附腺大多开口于输精管与射精管相连的地方，一般成对存在，其主要功能是分泌包藏精子的精珠。

（3）交尾、授精和受精　昆虫的交配又称交尾，它是雌雄两性成虫交合的过程。昆虫在交尾时，雄虫把精子射入雌虫的生殖腔内，并贮存在受精囊中，这个过程称为授精。授精后雌虫不久开始排卵，当成熟的卵经过受精囊时，精子就从受精囊中释放出来，与卵子相结合，这个过程称为受精。

三、常见的园林树木害虫

依据园林害虫习性不同可分为刺吸类害虫、食叶害虫、钻蛀性枝干害虫、种实害虫和地下害虫5大类。

1. 刺吸类害虫

主要指以口针刺吸植物汁液造成危害的害虫。

（1）蚜虫类　属同翅目，蚜科。为小型昆虫，体长约2mm，体色多样，触角丝状。具有翅型和无翅型。第6腹节两侧背具1对腹管，腹末具尾片。常见种类有桃蚜、棉蚜、菜蚜、菊姬长管蚜、蕉蚜、夹竹桃蚜等。以成虫、若虫刺吸寄主的叶、芽、梢、花为害，造成被害部分卷曲、皱缩、畸形。还能诱发煤污病和传播病毒病。1年可发生多代。可行孤雌生殖和胎生。干旱气候、枝叶过于茂密、通风透光性差有利其发生。成虫对黄颜色有趋性。

（2）叶蝉类　属同翅目，叶蝉科。为小型昆虫，体长多在3～12mm，体色因种而异。头宽，触角刚毛状，体表被一层蜡质层。后足胫节有一排刺。常见的有大青叶蝉、小青叶蝉、桃一点斑叶蝉、黑尾叶蝉等。以成虫、若虫刺吸寄主枝、叶的汁液为害。1年可发生多代。以成虫越冬。在夏、秋季发生较为严重。成虫具强烈的趋光性。能横行。

（3）蚧类　蚧又称介壳虫。属同翅目，蚧总科。为小型昆虫。蚧类多以雌虫和若虫固定不动刺吸植物的叶、枝条、果实等的汁液为害。为害对象多，还能诱发煤污病，造成植物的外观和生长受到严重的影响，降低了产量和观赏价值。蚧类种类繁多，外部形态差异大。虫体表面常覆盖介壳、各种粉绵状等蜡质分泌物。常见种类有吹绵蚧、矢尖蚧、红蜡蚧、褐圆蚧、草履蚧、褐软蚧等。

（4）木虱类　属同翅目，木虱科。为小型昆虫。能飞善跳，但飞翔距离有限，成虫、若虫常分泌蜡质盖于身体上，木虱类多为害木本植物。常见的有柑橘木虱、梧桐木虱、梨木虱和榕卵痣木虱。下面以榕卵痣木虱为例作简介。

成虫体粗壮，体长约3mm，体淡绿色至褐色，上有白色纹，雌成虫较雄虫略大，产卵管发达。若虫淡黄色至淡绿色，体扁，近圆形。发生特点为1年约1～2代。以若虫或卵在叶芽中越冬，南方有些地区越冬现象不明显。主要为害细叶榕，若虫在嫩芽上为害，产生大量絮状蜡质，致使嫩芽干枯、死亡。成虫在嫩叶、嫩梢上为害。

（5）螨类　螨类不是昆虫，在分类上属蛛形纲，蜱螨目，但螨类的为害特点与刺吸性害虫有相似之处。最常见的是柑橘红蜘蛛和柑橘锈蜘蛛。下面以柑橘红蜘蛛为例作简介。成螨雌螨体椭圆形，雄螨楔形，雌螨暗红色，雄螨鲜红色，足4对。卵扁球形，红色，上有1垂直卵柄，顶端有放射性的丝，固定于叶面。幼螨浅红色，足3对。若螨似成螨，略小。发生特点以成螨、幼螨和若螨刺吸寄主的叶片、嫩梢和果实为害。造成受害处呈现小白点、失绿、无光泽、严重时整叶灰白。每年发生10多代，春、秋两季为发生高峰期。

2. 食叶害虫

此类害虫以植物的叶片为食，主要集中在鞘翅目和鳞翅目。

（1）叶甲类　叶甲又名金花虫，属鞘翅目、叶甲科。小至中型，体卵圆至长形，体色因种类而异。触角丝状，复眼圆形。体表常具金属光泽，幼虫为寡足型。发生特点以虫、幼虫咬食叶片为害，造成叶片穿孔或残缺，严重时叶片被吃光。多以成虫越冬，越冬场所因种而异。成虫具有假死性，有些种类具趋光性。常见种类有恶性叶甲、龟叶甲、榆绿叶甲、榆黄叶甲、黄守瓜、黑守瓜等。

（2）蓑蛾类　又称袋蛾，属鳞翅目、蓑蛾科。体中型，成虫雌雄异型，雄虫有翅，触角羽毛状，雌虫无翅无足，栖于袋囊内。幼虫肥胖，胸足发达，常负囊活动。发生特点以雌成虫和幼虫食叶为害，致使叶片仅剩表皮或穿孔。袋蛾类为害对象多，可达几百种，如茶、山茶、柑橘类、榆、梅、桂花、樱花等，1年中以夏、秋季为害严重。雄成虫具有趋光性。常见种类有大袋蛾、小袋蛾、白茧袋蛾、茶袋蛾等。

（3）刺蛾类　属鳞翅目、刺蛾科。幼虫俗称刺毛虫、痒辣子。成虫体粗壮，体被鳞毛，翅色一般为黄褐色或鲜绿色，翅面有红色或暗色线纹。幼虫短肥，颜色鲜艳，头小，可缩入体内，体表有瘤，上生枝刺和毒毛。常见的有褐刺蛾、绿刺蛾、黄刺蛾和扁刺蛾等。刺蛾类分布广，食性杂，危害对象多，可为害桃、李、梅、桑、茶等多种林木。以幼虫咬食叶片为害。一般1年发生2代。以老熟幼虫结茧越冬。4～10月均有为害。初孵幼虫有群集性，成虫有趋光性。化蛹于坚实的茧内。

（4）尺蛾类　属鳞翅目，尺蛾科。为小至大型蛾类。幼虫称为"尺蠖"。成虫体细长，翅大而薄，鳞片稀少，前后翅有波浪状花纹相连。幼虫虫体细长，仅第6腹节各具1对腹足。常见种类有油桐尺蠖、柑橘尺蠖、青尺蠖、绿尺蠖、绿额翠尺蠖、大叶黄杨尺蠖等。1年发生多代。多以蛹在土中越冬。以幼虫咬食叶片为害。成虫静止时，翅平展。幼虫静止时，常将虫体伸直似枯枝状，或在枝条叉口处搭成桥状。幼虫老熟后在疏松的土中化蛹，入土深度一般为1～3cm。成虫具趋光性。

（5）天蛾类　属鳞翅目，天蛾科。为大型蛾类。体粗壮。触角丝状，末端呈钩状，口器发达，翅狭长，前翅后缘常呈弧状凹陷。幼虫粗大，体表粗糙，体侧常具有往后向方的斜纹。第8腹节背面具1根尾角。常见种类有蓝目天蛾、豆天蛾、甘薯天蛾、芝麻天蛾、芋双线天蛾等。以幼虫咬食寄主叶片为害，造成叶片残缺不全。每年要可发生多代。常蛹在土中越冬。成虫飞行迅速，具强烈的趋光性。

（6）灯蛾类　属鳞翅目，灯蛾科。为中型蛾类。虫体粗壮，体色鲜艳。腹部多为红色或黄色，上生一些黑点。翅多为灰、黄、白色，翅上常具斑点。幼虫体表具毛瘤，毛瘤上具浓密的长毛，毛分布较均匀，长短较一致。以幼虫咬食叶片为害。每年发生多代。以蛹越冬。成虫趋光性，幼虫具假死性。

（7）凤蝶类　属鳞翅目，凤蝶科。为大型蝶类。体色鲜艳，翅面花纹美丽，后翅外缘呈波浪状，有些种类的后翅还具有尾突。幼虫前胸前缘背面具翻缩腺，亦称"臭丫腺"，受到惊动时伸出，并散发香味或臭味。常见种类有柑橘凤蝶、玉带凤蝶、茴香凤蝶、樟凤蝶、黄花凤蝶等。每年可发生多代。越冬形式因种而异。主要以幼虫咬食芸香料、樟科及伞形花科等植物的嫩叶、嫩梢。一般于夏、秋季为发生盛期。成虫常产卵于幼嫩叶片的叶背、叶尖上或嫩梢上。幼虫一般在早晨、傍晚和阴天取食。

（8）粉蝶类　属鳞翅目，粉蝶科。为中型蝶类。体色多为黑色，翅常为白色、黄色或橙色，翅面杂有黑色斑点。后翅为卵圆形，幼虫体表粗糙，具小突起和刚毛，黄绿色至深绿色，常见的有东方粉蝶。每年发生多代。以蛹越冬、南方部分地区不越冬。以幼虫咬食寄主叶片为害，主要为害十字花科植物。成虫对芥子油苷有强烈的趋性。

3. 钻蛀性枝干害虫

主要指蛀干、蛀茎、蛀枝条及危害新梢的各种害虫。

（1）天牛类　属鞘翅目，天牛科。中至大型。成虫长形，颜色多样。触角鞭状，常超过体长。复眼肾形，围绕触角基部。幼虫呈筒状，属无足型，背、腹面具革质凸起，用于行动。常见有星天牛、桑天牛、桃红颈天牛等。种类多、分布广、为害对象多。以幼虫钻蛀植物的茎干、枝条，成虫啃食树皮，为害叶片。幼虫常在韧皮部和木质部取食并形成蛀道。每1～3年发生1代。多以幼虫在蛀道内越冬。幼虫老熟后在蛀道内化蛹。

（2）小蠹类　属鞘翅目，小蠹科。小型昆虫。体椭圆形，体长约3mm，色暗，头小，前胸背板发达。触角锤状。常见的有柏肤小蠹，纵坑切梢小蠹等。发生世代因种而异。以成虫蛀食形成层和木质部，形成细长弯曲的坑道。雌虫在坑道内交尾并产卵其中。一年中以夏季为害严重。

4. 种实害虫

主要是指为害植物种子的害虫，危害较为严重隐蔽，在种子采集后还可继续侵食种子。

（1）豆象类　属鞘翅目、豆象科。以紫穗槐豆象为例，成虫体长2.5～3.0mm。卵圆形。前胸背板黑色，有3条红褐色的纵带。鞘翅黑色，密被灰白色或红褐色绒毛。腹部黑色密被白色绒毛，末端尤多。腹部末端露出鞘翅外。腹部末端露出鞘翅外。1年1代，以老熟幼虫在种子内越冬。来年5月上旬开始化蛹，6月上旬成虫羽化。成虫飞翔力强，有假死习性。卵产于嫩荚上，孵化后幼虫蛀入种子内部取食，种子采收入库后，在种子内继续完成其发育。

（2）卷蛾类　属鳞翅目、小卷叶蛾科。寄主植物以蔷薇科为主，苹果、梨、桃、李、杏、山楂、樱桃。幼虫为害果实，直达果心，不但食肉，还为害种子，也能为害桃梢。早期受害蛀果孔粗，有虫粪排出，孔周围变黑，形成膏药状，俗名黑膏药。晚期蛀果孔小，与桃小食心虫类似，孔周围变成青绿色。华北1年3～4代，以老熟幼虫在树上老翘皮下或根茎部位做茧越冬，也有部分的在杂草丛、果筐、堆果场等缝隙中越冬。

（3）螟蛾类　属鳞翅目、螟蛾科。以桃蛀螟为例，幼虫蛀食桃果，使果实不能发育，常变色脱落或果内充满虫粪，不可食用。华北地区1年2～3代，以老熟幼虫越冬，在果树翘皮裂缝、树洞里、梯田边、堆果场、向日葵花盘、高粱穗等处越冬，翌年5～6月成虫发生，傍晚活动，取食花蕾，夜间产卵于枝叶茂盛处果实及两个或两个以上果实互相靠近的地方。在果上以胴部最多。初孵幼虫先在果梗，果蒂基部吐丝蛀入果皮后，从果梗基部沿果核蛀入果心为害，蛀食幼嫩核仁和果肉。果外有蛀孔，常由孔中流出胶质，并排出褐色颗粒状粪便，流胶与粪便黏结而附贴在果面上，果内也有虫粪。一个果内常有数条幼虫，部分幼虫可转果为害。

5. 地下害虫

主要是指为害植物的地下部分或近地表部分的害虫。

（1）金龟子类 属鞘翅目，金龟子总科。种类多，分布广，食性杂。其幼虫称为蛴螬，是苗圃、花圃、草坪、林果上常见的害虫，主要取食植物的根及近地面部分的茎。成虫可咬食叶片、花、芽。如铜绿金龟、褐金龟、大黑鳃金龟等。

形态特征：成虫为中至大型，颜色多样，触角鳃状，前足开掘足，前翅鞘翅，多数种类腹部末节部分外露。幼虫为体灰白色，呈"C"形，体胖而多皱褶，寡足型，臀部肥大呈蓝紫色。发生特点：1至多年发生1个世代。在土中或厩肥堆中越冬。幼虫常年在有机质丰富的土中或厩肥堆下生活，取食腐殖质或植物的根。成虫具假死性，有些种类具趋光性。

（2）蝼蛄 俗称"土狗"。属直翅目、蝼蛄科。食性杂，以成虫、若虫为害根部或近地面幼茎。喜欢在表土层钻筑坑道，可造成幼苗干枯死亡。常见有非洲蝼蛄、华北蝼蛄。

形态特征：体黄褐色至黑褐色，触角丝状，前胸近圆筒形，前足为开掘足，前翅短，后翅长，折叠时呈尾须状，腹末具1对尾须。发生特点：发生世代数因种类和地区的不同而不同，多为1～3年完成1个世代。以成虫、若虫在土中越冬。每年春、夏季为害严重。成虫昼伏夜出，具趋光性，对粪臭味和香甜味有趋性。成虫喜欢在腐殖质丰富或为腐熟的厩肥下的土中筑土室产卵。

（3）蟋蟀 属直翅目、蟋蟀科。分布广，全国大部分地区均有分布。食性杂，成虫、若虫均能为害多种花木的幼苗和根。常见的有大蟋蟀、油葫芦等。

形态特征：体粗壮，黄褐色至黑褐色，触角丝状，长于体长，后足为跳跃足，具尾须1对，雌虫产卵管剑状。发生特点：1年发生1代，以若虫在土中越冬。5～9月是主要为害期。成虫具趋光性，昼伏夜出，雨天一般不外出活动，雨后初晴或闷热的夜晚外出活动更甚。地势低洼阴湿，杂草丛生的苗圃、花圃及果园虫口密度大。

（4）地老虎类 属鳞翅目、夜蛾科，俗称地蚕。分布广，食性杂。以幼虫为害幼苗。常在近地面处咬断幼苗并将幼苗拖入洞穴中食之，亦可咬食未出土幼苗和植物生长点。常见的有小地老虎、大地老虎、黄地老虎等。下面以小地老虎为例作简介。

形态特征：成虫体长16～24mm，体暗褐色。触角雌虫丝状，雄虫羽毛状。肾状纹外侧有1尖端向外的三角形黑斑，其外方有2个尖端向内的三角形黑斑，3个黑斑的尖端相对是此虫的主要特征。老熟幼虫体长37～50mm，黄褐色至黑褐色，背线明显，各节背面有2对毛片（呈黑色粒状）前面1对小于后面1对，臀板黄褐色，其上有2条深褐色纵带。发生特点：在我国范围内每年发生2～7代。以幼虫或蛹在土中越冬。全年以第1代幼虫（4月下旬～6月中旬）为害最为严重。成虫昼伏夜出，具强烈的趋光性，对酸甜味亦有强烈的趋性。幼虫具假死性、自残性和迁移性。该虫喜阴湿环境，田间植株茂密、杂草多、土壤湿度大则虫口密度大，为害重。而高温对其发育不利。

第三节　园林树木病虫害防治技术措施

病虫害防治方法，按其作用原理和应用技术可分为六类，即植物检疫、园林技术防治、化学防治、生物防治、机械和物理防治、综合防治。不同的防治方法各有其特点，实践证明，单独使用任何一种防治方法，都不能全面有效地解决病虫害问题，我国在总结国内外病虫害防治工作经验的基础上，20世纪70年代提出了"预防为主，综合防治"的植物保护工作方针，为病虫害防治指明了正确的方向。

一、植物检疫

植物检疫是由国家颁布的具有法律效力的植物检疫法规，并由专门机构进行此项工作，目的在于禁止或限制危险性病、虫、杂草人为地从国外传到国内，或由国内传到国外，或传入以后限制其在国内传播的一种措施。以保障农业生产的安全发展。植物检疫的主要任务有3个方面。

（1）禁止危险性病虫害随着植物及其产品由国外传入或从国内输出，这是对外检疫的任务。对外检疫一般是在口岸、港口、国际机场等场所设立机构，对进出口货物、旅客携带的植物及邮件进行检查。出口检疫工作也可以在产地设立机构进行检验。

（2）将在国内局部地区已发生的危险性病、虫、杂草封锁，使它不能传到无病区，并在疫区把它消灭，这就是对内检疫。对内检疫工作由地方设立机构进行检查。

（3）当危险性病、虫害侵入到新的地区时，应及时采取彻底消灭的措施。

植物检疫对象是由政府以法令规定的。检疫对象的确定原则如下：①为害严重，传入以后可能对农林生产造成重大损失的病、虫及杂草；②随种苗、原木、加工产品或包装物传播的病、虫及杂草；③国内尚未发生的或局部发生的病、虫及杂草。

二、园林技术防治

园林技术防治是利用园林栽培技术措施有目的地创造改变某些环境因子，避免或减少病虫害的发生。在栽培园林植物之初就要注意防止病虫的危害，创造有利于园林植物生长发育的条件，使其生长健壮，增强抵抗力，创造不利于病虫侵袭的条件，从而减轻病虫害的发生。采取相应的措施主要如下。

① 选择种苗　选择生长健壮、无病虫或病虫少的种苗栽种，减少病虫危害。

② 土壤处理　选择土质疏松，排水透气性好，腐殖质多的土地栽种。在栽种前翻地，可消灭部分地下害虫。

③ 合理肥水　施肥应以有机肥料和无机肥料两者兼施为宜。根据花卉特性浇水，浇水也要适时，如在冬天浇水，则应在中午进行，夏季浇水以早晚为宜。

④ 温室、圃地卫生及环境条件　环境卫生是减少病虫侵染来源的重要措施。其主要工作如下：场圃中病残体及枯枝落叶及杂草要及时收集，并加以处理，深埋或化学药剂处理。生长季节中及时摘除有病、有虫枝叶，拔出病株，并对病土进行处理以及对有虫枝叶进行人工去除。花卉在养护过程中，还要注意整枝修剪、摘

芽、中耕除草等，剪去病虫枝叶。

　　⑤ 合理的植物配置　在园林设计工作中，植物的配置不仅要考虑景观的美化效果，而且要考虑病害的问题。如海棠和桧柏、龙柏、铅笔柏等树种的近距离配置栽培，造成海棠锈病的大发生；又如烟草花叶病毒能侵染多种花卉，在园林布景中，多种花卉的混栽加重了病毒病的发生。

三、生物防治

　　利用有益生物及其天然产物防治害虫和病原物的方法称为生物防治法。生物防治是综合防治的重要内容，其优点是不污染环境、对人畜和植物安全、能收到长期的防治效果，但也有明显的局限性，如发挥作用缓慢、天敌昆虫和生物菌剂受环境特别是气象因子及寄主条件的影响较大，效果不很稳定，多数天敌的杀虫范围较狭窄，微生物生防制剂的开发周期很长等。

　　1. 保护利用害虫自然天敌

　　自然界天敌昆虫的种类和数量很多，其中有捕食性天敌（如瓢虫、草蛉、食蚜蝇、食虫虻、蚂蚁、食虫蝽、胡蜂、步甲等）和寄生性天敌（如寄生蜂和寄生蝇类）两种。另外，一些鸟类、爬行类、两栖类及蜘蛛和捕食螨类等有益动物也起着重要的害虫自然控制作用，如鸟类是果树、花木害虫的重要天敌。保护利用自然天敌有多种途径，其中最重要的是合理使用化学农药，减少对天敌的杀伤作用，其次要创造有利于自然天敌昆虫发生的环境条件，如保证天敌安全越冬，必要时补充寄主等。

　　2. 利用病原微生物

　　引起昆虫疾病并使之死亡的病原微生物有真菌、细菌、病毒、立克次体、线虫等。昆虫病原细菌种类较多，最多的是芽孢杆菌，它能产生毒素，经昆虫吞食后通过消化道侵入体腔而发病。昆虫被细菌感染后，体躯软化，变色，内腔充满刺鼻性、黏状的液体。目前应用较为广泛的有苏云金杆菌（*Bacillus thurngiensis*），它是包括多种变种的一种产晶体的芽孢杆菌，能产生内毒素和外毒素两类对昆虫有害的物质。内毒素主要是破坏昆虫的消化系统，昆虫因饥饿和败血症而死；外毒素作用缓慢，主要作用是干扰昆虫正常的变态，昆虫因脱皮困难而产生畸形死亡。真菌通过昆虫体壁进入虫体内部，进行大量增殖，并以菌丝突出体壁，昆虫死后身体僵硬，呈白色、绿色或黄色。病毒主要是通过食物或昆虫接触病虫体或其排泄物而感染，感染后昆虫表现为食欲减退，行动缓慢，腹足抓住植株，身体下垂而死。病虫体色变浅可呈淡蓝色，表皮易破裂，但无臭味。

　　在园林植物病害防治中，生物防治的实例很多，效果也很好。用野杆菌放射菌株 84 防治细菌性根癌病，是世界上有名的生物防治成功的实例，能防治 12 属植物中上千种植物的根癌病。可用于种子、插条、裸根苗的处理。野杆菌放射菌株 84 是澳大利亚人 Kerr（1972）发现的，之后在全世界推广。用它防治月季细菌性根癌病，防治效果为 78.5%～98.8%。用枯草杆菌防治香石竹茎腐病也是成功的实例。枯草杆菌还可以用来防治立枯丝核菌、齐整小菌核菌、腐霉属等病菌引起的病害。木霉属的真菌常用于病害的防治，如哈茨木霉用于茉莉白绢病的防治，取得了良好结果。绿色木霉制剂经常用来防治多种根部病害。植物线虫病害也可进行生物防治，其中用少孢节丛孢制剂防治线虫有效，药效长达 18 个月，该产品已商品化。此外，用细菌、线虫防治线虫的实例也不少。

3. 利用农用抗生素

农用抗生素是已工业生产的细菌、放线菌和真菌的代谢产物，在较低的浓度条件下能消灭或抑制植物病原微生物以及一些害虫，有效地防治植物病虫害。杀虫剂主要有阿维菌素、绿宝素等。杀菌剂主要有井冈霉素、灭瘟素、多抗霉素、春雷霉素等。

4. 利用昆虫激素和性信息素

昆虫激素是内分泌器官分泌的一类具有生理活性的物质。能够控制昆虫的正常的生长发育和变态，使昆虫能够顺利地完成生活史。而人工合成的一些激素类物质，能干扰昆虫生长发育，使幼虫或蛹异常变态死亡。目前应用较为广泛的是保幼激素及其类似物。

昆虫性信息激素是由雌虫或雄虫自身分泌的并释放到体外的一类微量生理活性物质。它主要功能是引诱同种异性昆虫前来交配。利用性诱剂不但可以干扰昆虫的雌雄交配，致使昆虫种群繁殖量下降，而且还可以进行害虫的预测预报、直接诱杀等。

5. 拮抗作用的机制

拮抗作用的机制是多方面的，主要包括竞争作用，抗生分泌物的作用，寄生作用，捕食作用及交互保护反应等。竞争作用指益菌和病原物在养分和空间上的竞争。由于益菌的优先占领，使病原物得不到立足的空间和营养源，如野杆菌放射菌株 84 的防治机理。一些真菌、细菌、放线菌等微生物，在它的新陈代谢过程中分泌抗生素，杀死或抑制病原物或害虫。这是目前生物防治研究的主要内容，如哈茨木霉能分泌抗生素，杀死、抑制茉莉白绢病病菌；又如菌根菌能分泌萜烯类等物质，对许多根部病害有拮抗作用。寄生作用是指益微生物寄生在病原物或害虫身体上，从而抑制了病原物和害虫的生长发育，达到防治病虫的目的。园林植物上的白粉菌常被白粉寄生菌属中的真菌所寄生，立枯丝核菌、尖刀镰刀菌等病原菌常被木霉属真菌所寄生。经研究发现，一些真菌、食肉线虫、原生动物能捕杀病原线虫；某些线虫也可以捕食植物病原真菌。益菌拮抗机制往往是综合的，如外生菌根真菌既能寄生在病原物上，又能分泌抗生物质，或与病原物竞争营养等。

四、机械和物理防治

应用人工、器械和利用各种物理因子如光、电、色、温度、湿度等防治病虫的方法称为物理防治。它具有简便、经济等优点，但在田间实施时难以收到彻底的防效，多为辅助防治措施。

1. 种苗、土壤的热处理

任何生物，包括植物病原物对热有一定的忍耐性，超过限度生物就要死亡。在园林植物病害防治中，热处理有干热和湿热两种。

（1）种苗的热处理　有病苗木可用热风处理，温度为 35～40℃，处理时间为 1～4 周；也可用 40～50℃温水处理，浸泡时间为 10min 至 3h。如唐菖蒲球茎在 55℃水中浸泡 30min，可以防治镰刀菌干腐病；有根结线虫病的植物在 45～65℃ 的温水中处理（先在 30～35℃的水中预热 30min）可防病，处理时间为 0.5～2h，处理后的植株用凉水淋洗。

一些花木的病毒是种子传播的，带毒种子可进行热处理。在热处理过程中种子只能有低的含水量，否则会灼伤。种苗热处理的关键是温度和时间的控制。做某种病植物的热处理首先都要进行实验。热处理时要缓慢升温，切忌迅速升温，应使植物有个适应温热的锻炼，一般从 25℃开始，每天升高 2℃，6～7 天后温度达到 37±1℃的处理温度。湿热处理休眠器官较安全。

（2）土壤的热处理　现代温室土壤热处理是使用蒸汽（90～100℃），处理时间为 30min。蒸汽处理可大幅度降低香石竹镰刀菌枯萎病、菊花枯萎病的发生。在发达国家中，蒸汽热处理已成为常规管理。

利用太阳能热处理土壤也是有效的措施。在 7～8 月份将土壤摊平做垄，垄向为南北向。浇水后覆盖塑料薄膜（25μm 厚为宜），在覆盖期间保证有 10～15 天的晴天。耕层温度高达 60～70℃，能基本上杀死土壤中的病原物。温室大棚中的土壤也可照此法处理。当夏季花木搬出温室后，将门窗全部关闭，土壤上覆膜能较彻底地杀灭温室中的病原物。

2．机械阻隔作用

覆盖薄膜增产是有目共睹的，覆膜也可达到防病的目的。许多叶部病害的病原物就是在病残体上越冬的，花木栽培地早春覆膜可大幅度地减少叶病的发生，如芍药地覆膜后，芍药叶斑病成倍地减少。覆膜防病的原因是：膜对病原物的传播起了机械阻隔作用；覆膜后土壤温度、湿度提高，加速病残体的腐烂，减少了侵染来源。

3．其他措施

人工拔除病株和利用简单的器械捕杀害虫是最简单且经常采用的措施。人工拔除病株主要是防治以初侵染为主的种子传播病害，如黑粉病、条形黑粉病、霜霉病等。对于土壤传播的根病，往往要在发病初期，人工拔除病株，消灭发病中心，同时也要对病株周围土壤进行挖除或药剂处理。拔下的病株也要集中烧毁或深埋处理。

利用害虫的趋性或其他习性进行诱集，然后加以处理。如利用昆虫的趋光性用黑光灯进行诱杀；利用昆虫对颜色的趋性，用黄板或黄皿诱蚜已广泛应用于草坪害虫的防治。还有利用高频、微波和核辐射防治病虫害等。

五、化学防治

化学防治法具有高效、速效、使用方便、效果明显、经济效益高等优点，但也存在缺点，如使用不当可对植物产生药害、引起人畜中毒、杀伤天敌及其他有益生物、破坏生态平衡，导致害虫再猖獗。长期使用还会导致有害生物产生抗药性，降低防治效果。并且还可造成环境污染。

1. 农药及其剂型

按防治对象，农药可分为杀虫剂、杀螨剂、杀菌剂、除草剂、杀线虫剂、杀鼠剂、植物生长调节剂等。防治园林植物病虫害常用的有杀虫剂、杀螨剂和杀菌剂，有时也应用杀线虫剂。

工厂制造出来未经加工的工业产品称为原药。原药中含有的具有杀虫、杀菌作用的活性成分，称为有效成分。加工后的农药叫制剂，制剂的形态称为剂型。通常的制剂名称包括有效成分含量、农药名称和制剂名称等三部分，如40%拌种双可湿性粉剂，表明名称为拌种双，制剂为可湿性粉剂，有效成分含量40%。常用的农药剂型有乳油、粉剂、可湿性粉剂、颗粒剂、水剂、悬浮剂等。

2. 施药方式

在使用农药时，需根据作物的形态与栽培方式，有害生物的习性和为害特点以及药剂的性质与剂型等选择施药方式，以充分发挥药效、减少环境污染。主要的施药方式有以下几种。

(1) 喷雾法　利用喷雾器将药液雾化后均匀喷在植物和有害生物表面。所用农药剂型一般为乳油、可湿性粉剂和悬浮剂等。

(2) 撒施法　将颗粒剂或毒土直接撒施于植株根际周围，用以防治地下害虫、根部或茎基部病害。毒土是将乳剂、可湿性粉剂、水剂或粉剂与细土按照一定的比例混匀制成。

(3) 种子处理　常用的方法主要有拌种法、浸种法和闷种法，主要是用来防治地下害虫和土传病害，保护种苗免受土壤中病原物侵染。其中拌种法有干拌和湿拌两种，粉剂和可湿性粉剂主要用干拌法，乳剂和水剂等液体可用湿拌法，即加水稀释后，均匀地喷施在种子上。浸种法是用一定浓度的药液将种子浸泡一段时间后再进行播种。闷种法是用少量药剂喷拌种子后堆闷一段时间再播种。

(4) 土壤处理　在播种前，将药剂施于土壤中，主要防治地下害虫、苗期害虫和根病。分土表施药和深层施药两种方式。土表处理是用喷雾、喷粉、撒毒土等方法先将药剂施于土壤表面，再翻耙到土壤中。深层施药是直接将药剂施于较深土壤层或施药后进行深翻处理。

(5) 毒饵法　将药剂和一些饵料如花生饼、豆饼、麦麸、青草等饵料拌匀后，诱杀一些地下害虫。

(6) 熏蒸法　在封闭或半封闭的空间中，利用熏蒸剂释放出来的有毒气体杀灭害虫或病原物的方法。有的熏蒸剂还可以用于土壤熏蒸，即用土壤注射器或土壤消毒机将液态熏蒸剂注入土壤内，在土壤中进行气体扩散，消灭害虫、线虫和病原菌。

3. 安全合理使用农药

(1) 根据防治对象正确选择用药　按照药剂的有效防治范围、作用机制、防治对象的种类生物学特性、为害方式和为害部位等合理选择药剂。当防治对象可用几种农药时，应首先选择毒性低、低残留的农药品种。

（2）选择合适的施药时期和施药用量　要科学地确定施药时间、用药量以及间隔天数和施药次数。施药时期因施药方式和病虫对象而异。如土壤熏蒸剂以及土壤处理大多在播种前施用；种子处理是一般在播种前 1～2 天进行；田间喷洒药剂应在病虫害发生初期进行。对防治对象而言，害虫的防治适期应以低龄幼虫或成虫期为主；病原菌防治适期应在侵染即将发生或侵染初期用药。对于世代重叠次数多的害虫或再侵染频繁的病害，在一个生长季节里应多次用药，两次用药之间的间隔天数，应根据药剂的持效期而定。

（3）保证施药质量　施药效果不仅与作业人员掌握相关使用技术有关，而且与施药当时的天气条件有密切关系。作业人员首先要进行培训，熟练地掌握配药、施药和器械使用技术，喷药前，应合理确定路线、行走速度和喷幅，力求做到施药均匀。喷药时宜选择无风或风力较小时进行，高温季节最好在早、晚施药。

（4）避免发生药害　药剂使用不当，可使作物受到损害，产生药害。药害分两种，在施药后几小时至几天发生明显的作物受损现象称为急性药害；在较长时间后才出现的称为慢性药害。产生药害的原因很多，如由药剂选用不当，作物对药剂敏感，药剂过期变质，添加剂或农药助剂用量不准或质量欠佳等因素造成。另外，农药的不合理使用，如混用不当、剂量过大、喷药不均匀、两次施药间隔时间太短、在植物敏感期施药以及环境温度过高、光照太强等都可能造成药害。

（5）延缓抗药性产生　抗药性是害虫或病原菌在不断地接受某种药剂的胁迫作用后，自身产生的对该种药剂的免疫或抵抗功能。长期使用单一农药品种会导致害虫或病原菌产生抗药性，降低防治效果。为延缓抗药性的产生，要注意药剂的轮换使用或混合使用作用方式和机制不同的多种农药。要尽量减少用药次数，降低用药量，协调化学防治和生物防治措施。

（6）安全用药　农药对人、畜等高等动物的毒害作用，可分为特剧毒、剧毒、高毒、中毒、低毒和微毒等级别。对施药人要进行安全用药教育，事先要了解所用农药的毒性、中毒症状、解毒方法和安全用药知识。严格遵守有关农药安全使用规定。

六、综合防治

综合防治最终要落实到具体方案的实施，一般应注意以下几个方面：①摸清当地生物群落的组成结构和病虫害种类及种群数量，以明确主要防治对象和兼治对象以及保护利用的重要天敌种群；②研究不同防治对象的主要生物学特性、环境因素对其发生消长的影响，以明确病虫种群数量变动的规律和防治的有利时期；③研究不同防治对象与寄主作物、天敌生物相互之间的关系以及病虫发生量与危害损失程度之间的关系，结合防治成本、经济效益、社会效益等因素，制定科学的经济阈值或防治指标；④在对各种防治对象和防治技术研究的基础上，按照综合防治的策略原则，协调组建系统防治措施；⑤方案的实施采取试验、示范、检验、推广的程序，并对其反馈信息加以分析总结，并不断进行改进。

第四节　常用农药及其使用方法

一、园林树木常用杀菌剂

杀菌剂对真菌、细菌有抑菌或中和其有毒代谢产物等作用。保护性杀菌剂在病原菌侵入前施用，可保护植物，阻止病菌侵染。治疗性杀菌剂能渗入植物组织内部，抑制或杀死已经侵入的病原菌，使病情减轻或恢复健康。内吸性杀菌剂能被植物组织吸收，在植物体内运输传导，兼有保护和治疗作用。

1. 波尔多液

（1）性能和作用特点　波尔多液是用硫酸铜、生石灰和水以一定比例配制而成的天蓝色胶状悬浮液，放置后会发生沉淀，呈碱性，对金属有腐蚀作用。喷在植物体表形成比较均匀的薄膜，不易被雨水冲刷，残效期较长。药膜逐渐释放出铜离子能使病原菌细胞膜上的蛋白质凝固，同时进入病原菌细胞内的铜离子，还能与某些酶结合而影响酶的活性以抑制病菌。波尔多液是抑菌谱很广的保护性药剂。因为有的植物对铜敏感，而另一些植物对石灰敏感，所以为避免作物发生药害应选用硫酸铜和生石灰不同比例的配合式。本剂对人、畜低毒，但对蚕的毒性较大。波尔多液有多种配合式，如1%等量式、1%半量式、0.5%倍量式、0.5%等量式、0.5%半量式等。如果用熟石灰，用量应增加30%。配制波尔多液需把水分成两等份，一份用来溶解硫酸铜，另一份用以配石灰乳。将硫酸铜液缓缓倒入石灰乳中，边倒边搅，即成天蓝色的波尔多液。

（2）防治对象和使用方法　可广泛用于防治多种真菌和细菌引起的树木病害。

天竺葵黑斑病，竹节蓼茎枯病，扶桑、木槿、大红花灰霉病，山茶花、茶花灰斑病，扶桑、栀子花、花椒炭疽病，绣球花褐斑病，红瑞木枝枯病，樱桃、樱花褐斑穿孔病，钱叶榕拟盘多毛孢灰斑病，发财树枝枯病，紫荆枯梢病，采用1:1:200等量式。

天竺葵冠瘿病，米兰炭疽病，珍珠梅褐斑病，国槐枝枯病，龙爪槐溃疡病，臭椿白粉病，罗汉松赤枯病，肉桂假尾孢叶斑病，苏铁壳蠕孢叶斑病，棕榈、槟榔炭疽病，樟树枝枯病，海桐白星病，冬青卫矛灰斑病，杜鹃花饼病，杜鹃花根腐病，采用1:1:100等量式。

茉莉花、蜡梅、棣棠花叶斑病，牡丹轮纹点斑病，绣球花枝枯病，连翘假尾孢叶斑病，丁香花斑病，稠李红点病，黄皮树褐斑病，旱金莲细菌性叶斑病，樟树炭疽病，蜡梅链格孢褐斑病，采用1:1:160等量式。

山茶花、茶花、金花茶炭疽病，采用1:1:300等量式。

含笑、紫藤炭疽病，白兰花盾壳霉叶斑病，月季、玫瑰褐斑病，月季、玫瑰灰斑病，采用1:0.5:100半量式。

无花果锈病，枣、龙爪槐锈病，采用1:2:300倍量式。

桂花炭疽病，采用1:2:100倍量式。

（3）注意事项　第一，要选用品质上好的硫酸铜和生石灰做原料，才能保证药液的质量。第二，配制时，先将硫酸铜液和石灰乳分别盛放，待两液温度相等，且不高于室温时才行混合；混合时，不能将石灰乳往硫酸铜液中倾倒，以免药液产生沉淀影响药效。第三，药液配好后，应立即使用，以免搁置后产生沉淀影响药效。第四，遇阴雨或多雾潮湿天气喷药，铜的游离度增大，易引起药害；在高温干燥条件下，则对石灰敏感的植物不安全。第五，对蚕有毒，不宜在桑树上施用。第六，本剂为碱性，不能与忌碱的药剂混用，也不能和石硫合剂混用或短间隔连用，一般喷波尔多液后 15～30 天内不宜喷石硫合剂。

2. 代森锰锌

（1）性能和作用特点　属二硫代氨基甲酸盐类广谱保护性杀菌剂。对真菌中的鞭毛菌、子囊菌、担子菌、半知菌等许多重要的病原以及细菌欧氏杆菌和黄单胞杆菌中的重要病原菌有活性。遇酸、碱或在高温潮湿条件下易分解。杀菌作用主要是能抑制病菌体内丙酮酸的氧化。对人畜低毒，但对黏膜和皮肤有刺激性。对鱼类有毒。该剂型的商品有代森锰锌 50WP（可湿性粉剂），70WP，80WP，30SC（悬浮剂），42SC，3SC。

（2）防治对象和使用方法　一般用作喷雾，也可做种子处理剂。在树木上使用可兼治梨木虱若虫。对多菌灵产生抗药性的病害，改用代森锰锌可以收到良好的防治效果。常与内吸性杀菌剂混配使用。

天竺葵黑斑病，含笑链格孢黑斑病，龙血树、香龙血树圆斑病，金边富贵竹叶斑病，肉桂斑枯病，鹅掌柴、大叶伞褐斑病，白兰花、白玉兰、牡丹黑斑病，枇杷拟盘多孢灰斑病，樟树、绣球花枝枯病，九里香灰斑病，紫荆褐斑病，樱桃、樱花黑色轮纹病，樱桃、樱花褐斑穿孔病，稠李红点病，银杏黑斑病，石榴疮痂病，采用 70%代森锰锌可湿性粉剂 500 倍液。

竹节蓼茎枯病，扶桑、番木瓜炭疽病，金茶花、茶梅白星病，十大功劳壳二孢叶斑病，丝兰轮纹斑病，石楠叶斑病，金边瑞香黑斑病，采用 70%代森锰锌干悬粉 500 倍液。

枸杞炭疽病，山楂锈病，采用 70%代森锰锌可湿性粉剂 1000 倍液。

苗期立枯病、猝倒病以及镰刀菌引起的根腐病等可按 28～70g 有效成分/100kg 种子的用药量拌种。

（3）注意事项　第一，贮藏药剂时，避免高温并保持干燥。第二，本品对皮肤、黏膜有刺激性，配药施药时要留意防护。第三，不能与碱性药剂和铜制剂混用。

3. 百菌清

（1）性能和作用特点　属取代苯类广谱保护性杀菌剂。化学性质很稳定，在酸性和一般碱性条件下均不易分解，但遇强碱仍能分解。对光和热也较稳定，无腐蚀作用。对人畜低毒，但对某些人可能会有皮肤刺激作用。对鱼类毒性大。药剂对真菌的作用主要是与真菌细胞中 3-磷酸甘油醛脱氢酶发生作用，与其中的半胱氨酸的蛋白质结合，破坏酶的活性，使真菌细胞的新陈代谢受到破坏而死亡。有百菌清 75WP，百菌清 40SC，百菌清 45FU（烟剂），百菌清 5DP（粉剂），百菌清 100L

（油剂）等可供选用。

（2）防治对象和使用方法　可以防治多种真菌性病害，但对土传腐霉属菌所引起的病害效果不好。对多菌灵产生抗药性的病害，改用百菌清防治能收到良好的效果。

天竺葵黑斑病，扶桑叶斑病，栀子花炭疽病，龙血树链格孢黑斑病，富贵竹链格孢叶斑病，富贵竹叶斑病，冬青卫矛灰斑病，杜鹃花叶枯病，桂花壳二孢叶斑病，棕榈叶斑病，白兰花、玉兰、白兰黑斑病，樱桃、樱花黑色轮纹病，可采用40％百菌清悬浮剂500倍液。

栀子花丝核菌叶斑病，栀子花、酒瓶兰灰斑病，金边瑞香、露兜树叶斑病，金边瑞香、月季、银杏黑斑病，米兰炭疽病，米兰叶枯病，丝兰轮纹病，龙血树、香龙血树、柿圆斑病，龙血树大茎点霉叶斑病，龙血树串珠镰孢叶斑病，龙血树疫病，冬青卫矛枝枯病，杜鹃花根腐病，茶花褐斑病，十大功劳壳二孢叶斑病，肉桂斑点病，广玉兰链格孢灰斑病，可采用75％百菌清可湿性粉剂500～600倍液。

枸杞炭疽病，可采用75％百菌清可湿性粉剂1000倍液。

月季、玫瑰灰霉病，可采用75％百菌清可湿性粉剂800倍液。

（3）注意事项　第一，为避免眼睛和皮肤接触药剂产生不适或过敏，要注意防护。第二，对鱼有毒，药液不能污染鱼塘和水域。第三，不能与碱性农药混用。第四，梨树和柿树施用百菌清容易发生药害。桃、梅、玫瑰、月季等施药浓度偏高时也会发生药害。用药时要注意掌握浓度和喷药适期。

4. 多菌灵

（1）性能和作用特点　属苯并咪唑类内吸性杀菌剂。对热较稳定，对酸、碱不稳定。在阴凉干燥处贮藏经2年性质不变。对真菌中子囊菌、半知菌和担子菌引起的许多病害防治效果良好。兼有保护和治疗作用。其作用特点是干扰病菌的有丝分裂过程中的纺锤体形成而阻碍细胞分裂。多菌灵施于土壤中时，一些土壤微生物可以很快使之分解而导致药效不稳定。对人畜低毒，对鱼类和蜜蜂低毒。其商品有多菌灵25WP，40WP，50WP，40SC，多菌灵盐酸盐60WP，多菌灵草酸盐37SP（可溶性粉剂），增效多菌灵22WP，12.5SL（可溶性液剂）。

（2）防治对象和使用方法　一般用作喷雾，也可用作种苗处理和土壤处理。

冬珊瑚叶霉病，茶花胴枯病，福建茶煤污病，石榴假尾孢褐斑病，石榴曲霉病，可采用50％多菌灵可湿性粉剂800倍液。

茉莉花假尾孢褐斑病，可采用36％多菌灵悬浮剂500倍液。

栀子花褐斑病，金边瑞香枯萎病，富贵竹尾孢褐斑病，杜鹃花、丁香、羊蹄甲假尾孢褐斑病，桂花、鹅掌柴拟盘多孢灰斑病，泡桐褐斑病，大叶榕叶枯病，接骨木斑点病，珍珠梅褐斑病，紫荆假尾孢角斑病，牡丹红斑病，日本冷杉拟赤枯病，月季、玫瑰黄萎病，梅花膏药病，可采用50％多菌灵可湿性粉剂500～600倍液。

杜鹃花根腐病，可采用25％多菌灵300倍液。

金茶花、茶梅白星病，茶花轮斑病，可采用25％多菌灵500倍液。

石榴枝孢黑霉病，散尾葵假蜜环菌根腐病，可采用50％多菌灵可湿性粉剂1000倍液。

苗木猝倒和立枯病，可采用10％多菌灵可湿性粉剂，每亩5kg，与细土混合，药与土的比例为1∶200。有苗出土后可喷洒50％多菌灵可湿性粉剂500～1000倍液。

（3）注意事项　第一，不能与碱性药剂混用。第二，本品施于土壤中，有时会很快被一些土壤微生物分解而失效。所以用作土壤处理剂时，可能各地的防效并不一致。第三，连续使用本剂容易引起病原菌的抗药性。应与其他药剂轮换使用或混用。与本剂之间有交互抗性的杀菌剂，如甲基硫菌灵等不宜作为轮换药剂。

5. 甲基硫菌灵（甲基托布津）

（1）性能和作用特点　属取代苯类内吸性药剂。在酸性和碱性介质中稳定，对光稳定。内吸性比多菌灵强。除对藻菌纲真菌无效外，对其他如子囊菌、担子菌和半知菌各纲中许多病原菌都有良好的生物活性。兼具保护和治疗作用。药剂在植物体内转化为多菌灵。作用机制为干扰病原菌的有丝分裂中纺锤体的形成，影响细胞分裂。对人畜低毒。对鸟类、蜜蜂低毒。其商品有甲基硫菌灵50WP，70WP，36SC，3PA（糊剂），50SC。

（2）防治对象和使用方法　针对不同病害可分别采用喷雾、种苗处理和病部涂布等方法施药。

紫薇、泡桐褐斑病，花旗藤黑斑病，美国凌霄、丁香、连翘假尾孢褐斑病，五针松叶枯病，福建茶煤污病，榕树叶斑病，大叶榕叶枯病，丁香白粉病，木槿、迎春花枝枯病，紫荆假尾孢角斑病，桂花壳针孢叶斑病，夏威夷椰子炭疽病，沙田柚黑斑病，梅花轮斑病，可采用50％甲基硫菌灵可湿性粉剂800倍液。

接骨木灰斑病，可采用75％甲基硫菌灵可湿性粉剂600倍液。

牡丹根腐病，可采用50％甲基硫菌灵或36％甲基硫菌灵胶悬剂600倍液。

杜鹃花花腐病，可采用50％甲基硫菌灵可湿性粉剂1000倍液预防，隔7～10天一次，至开花结束。

月季、玫瑰枝枯病，可采用36％甲基硫菌灵胶悬剂600倍液。

花木白纹羽病，可采用70％甲基硫菌灵可湿性粉剂1000倍液消毒病穴。

（3）注意事项　第一，不能与含铜药剂混用。第二，勿连续使用本品，应考虑与其他药剂轮换使用或混用，但不宜与多菌灵轮换。

6. 石硫合剂（石灰硫黄合剂）

石硫合剂是一种古老的无机杀菌兼杀螨、杀虫剂。石硫合剂可以自行熬制，也可以买到现成的不同剂型的石硫合剂。

（1）性能和作用特点　石硫合剂是用生石灰、硫黄粉加水煮熬而成。主要成分为多硫化钙，另有少量硫代硫酸钙等杂质。药液呈碱性，遇酸和二氧化碳易分解。在空气中易被氧化而生成硫黄和硫酸钙，遇高温和日光照射更不稳定。药液喷在植物体表后，逐步沉淀出硫黄微粒并放出少量硫化氢，有杀菌、杀螨等作用。对人具中等毒（水剂）或低毒（固体、膏剂），但对皮肤有强腐蚀性，对眼和鼻有刺激作用。

(2) 配制方法和剂型 常用原料比例是生石灰1份、硫黄粉2份、水10份。把优质生石灰放在铁锅中，加少量水消解。待充分消解后，再加足量水，并将事先调成糊状的硫黄粉慢慢加入石灰浆中，大火熬煮。从沸腾时开始计算时间。熬煮时要保持药液沸腾，并不断搅动，用热水补足蒸发掉的水分。大约煮100min，药液呈深红棕色时停火。滤去渣滓即成石硫合剂原液。如原料质优、熬煮火候适宜，原液可达28波美度以上。除以上介绍的自行熬制的石硫合剂原液外，现成的石硫合剂商品有29％石硫合剂水剂（石硫合剂29AS）、45％石硫合剂结晶及45％石硫合剂固体。

(3) 防治对象和使用方法 桂花壳二孢叶斑病，可采用0.3～1波美度石硫合剂。

茶花、山茶花煤污病，可采用0.5波美度石硫合剂。

贴梗海棠、垂丝海棠白粉病，可采用0.1～0.2波美度石硫合剂。

桃花白粉病，枣、龙爪槐锈病，梅花干腐病，可采用0.3波美度石硫合剂，或45％晶体石硫合剂300倍液。

桃花缩叶病，桃花细菌性穿孔病，稠李灰色膏药病，可采用4～5波美度石硫合剂。

柿炭疽病，可采用发芽前喷5波美度石硫合剂，或45％晶体石硫合剂30倍液。

松烂皮病，可采用2波美度石硫合剂，喷干。

茶树休眠期喷1～3波美度石硫合剂，或45％晶体石硫合剂30倍液，可防治吹绵蚧。

(4) 注意事项 第一，本品对人的皮肤和眼睛有害，配制和使用时要注意防护。第二，药液有腐蚀性，不能用铁、铝等金属器皿盛放。第三，原液和稀释液与空气接触后易分解。第四，石硫合剂为强碱性，不能与忌碱农药混用，也不能与波尔多液混用。第五，应在病发前或发病初期施药，但对白粉病在发病后期仍有铲除作用。

7. 农用硫酸链霉素

(1) 性能和作用特点 是几种链霉菌所产生的抗生素，在pH3～7条件下稳定，能渗入植物体内并传导，是广谱杀细菌剂。革兰阳性细菌对链霉素的反应比革兰阴性菌更敏感。对人畜低毒。商品为农用硫酸链霉素72SP。

(2) 防治对象和使用方法 均采用加水稀释喷雾法。

天竺葵细菌性叶斑病，榆叶梅细菌性火疫病，可采用72％农用硫酸链霉素可溶性粉剂2000～3000倍液。

扶桑细菌性叶斑病，可采用100mg/kg链霉素喷洒嫩梢、嫩叶，隔7～10天一次。

月季根癌病，可采用根颈处置于68％或72％农用硫酸链霉素可溶性粉剂2000～3000倍液中浸泡2～3h后栽培。

（3）注意事项　第一，不能与碱性农药混用。第二，喷药 8h 之内遇雨应补喷以保证药效。第三，与铜制剂或土霉素混用可延缓抗药性产生。

8. 甲基立枯磷

（1）性能和作用特点　属有机磷类杀菌剂。对光、热、湿度都较稳定。对丝核菌、白绢病菌、雪腐病菌等有良好的防效，能直接杀死菌丝和菌核，不仅具有预防作用，还有治疗作用。对五氯硝基苯产生抗性的立枯丝核菌菌株对甲基立枯磷不产生交互抗性。对人畜低毒，对鱼类毒性也低。其商品为甲基立枯磷 20EC（乳油）。

（2）防治对象和使用方法　主要用来防治由丝核菌和白绢病菌等引起的土传病害。

茉莉花白绢病，可采用 50％甲基立枯磷可湿性粉剂 1 份，对细土 100～200 份，洒在病部根颈处。必要时喷洒 20％甲基立枯磷乳油 1000 倍液。

丝兰白绢病，可采用 20％甲基立枯磷乳油 1000 倍液淋灌病穴和邻近植株。

杜鹃花立枯病，可采用发病初期喷洒 20％甲基立枯磷乳油 1200 倍液。

（3）注意事项　甲基立枯磷虽对植物比较安全，如用药不慎，在偏高的剂量下会抑制种子萌发。

二、园林树木常用杀线虫剂

常用的主要杀线虫剂品种主要分属于氨基甲酸酯类、有机磷酸酯类和硫氰酯类。

1. 丙线磷（克线磷、益收宝、益舒宝、灭克磷）

（1）性能和作用特点　属有机磷酸酯类。对光、酸稳定，遇碱则不稳定。本剂无熏蒸和内吸作用，只具触杀作用。可以防治多种线虫和地下害虫。在土壤中的半衰期依不同土质、不同温度和湿度而有很大变化，一般为 14～28 天。对人、畜、鱼类和鸟均为高毒。商品为丙线磷 5GR（颗粒剂），10GR。

（2）防治对象和使用方法　可在种子播种前、播种时和生长期施用。能防治多种线虫，如根结线虫、伤痕线虫、矮化线虫、穿孔线虫、茎线虫、轮线虫、剑线虫、毛刺线虫等。对土壤中危害植物根茎的害虫如鳞翅目、鞘翅目、双翅目昆虫的幼虫等也有防效。

天竺葵、栀子花、盆景榕树、牡丹、橡皮树根结线虫病，病根用 5％丙线磷 1000mg/kg 浸泡 15～30min 后换土，或用 5％丙线磷颗粒剂 6～7g 埋入盆土。

松材线虫萎蔫病，可采用丙线磷颗粒剂埋入土壤或溶液注射树干。

珠兰叶斑线虫病，生长期内用丙线磷处理土壤。

菊花线虫叶枯病，可采用 1000mg/L 丙线磷喷洒病株。

（3）注意事项　第一，本品毒性高，施药时应十分注意安全，施药后妥善处理药品包装物。第二，本品对鱼、鸟等有毒，应避免药剂污染水域及其他非靶标区域。

2. 克线丹（硫线磷）

（1）性能和作用特点　本品属有机磷酸酯类。在酸性介质中稳定，遇强碱性物质很快分解。在沙壤土和黏壤土中半衰期为 40～60 天。具有触杀作用而无熏蒸作用。低温条件下使用容易发生药害。对人、畜、鸟类等毒性高。但克线丹被植物吸收后很快被水解，所以在植物体内残留量极少。制剂在常温下贮存稳定性为 1 年。商品为克线丹 10GR（颗粒剂）。

（2）防治对象和使用方法　可在作物播种时或生长期施用，采取穴施、沟施或撒施。天竺葵、栀子花、盆景榕树、牡丹、橡皮树根结线虫病，用 5％硫线磷颗粒剂 6～7g 埋入盆土。松材线虫萎蔫病，可采用硫线磷颗粒剂埋入土壤或溶液注射树干。

（3）注意事项　本品为高毒农药，在贮放、搬运、施用、善后等工作中都必须严格按规范操作，确保安全。

三、园林树木常用杀虫剂

杀虫剂指适用于防治害虫的农药，有些杀虫剂兼有杀螨和杀线虫的作用。杀虫剂的杀虫作用方式很多，按照进入害虫体内的途径可分为触杀作用、胃毒作用、内吸作用和熏蒸作用。其他还有拒食、忌避、绝育、引诱等作用。

1. 氧化乐果

（1）作用特点和剂型　氧化乐果是内吸性杀虫、杀螨剂，并有很强的触杀和胃毒作用。低温时应用效果也很好，适于早春防治蚜虫使用。制剂有 40％乳油。

（2）防治对象和使用方法　中国绿刺蛾，长尾粉蚧，藤壶蚧，斑须蝽，幼虫危害期喷洒 40％氧化乐果乳油 1500～2000 倍液。榕母管蓟马，梨笠圆盾蚧，夹竹桃蚜，在未形成虫瘿前喷洒 40％氧化乐果乳油 1000 倍液。日本龟蜡蚧，在若虫期喷洒 40％氧化乐果乳油 500～1000 倍液。柿广翅蜡蝉、黄栀子灰蝶，在若虫期喷洒 50％氧化乐果乳油 1000 倍液。槐小卷蛾，在成虫产卵高峰后喷洒 40％氧化乐果乳油 1000～1200 倍液。柳干木蠹蛾，可采用 40％氧化乐果或乐果乳油与柴油 1∶9 的混合液涂抹被害处。青杨楔天牛，在幼虫孵化盛期或成虫羽化期喷洒 40％氧化乐果乳油 1000 倍液。

2. 马拉硫磷（马拉松）

（1）作用特点及剂型　马拉硫磷是有机磷杀虫剂中的低毒品种之一。马拉硫磷具有触杀和胃毒作用，在虫体内被氧化为毒力更高的马拉氧磷，但气温低时杀虫能力降低，故在春秋季节使用时浓度应高些。制剂有 45％乳油，25％油剂，1.2％粉剂，1.8％粉剂。

（2）防治对象和使用方法　日本龟蜡蚧，东方片圆盾蚧，椰圆盾蚧，米兰白轮盾蚧，长白盾蚧，山茶片盾蚧，黄杨并盾蚧，矢尖盾蚧，在若虫期喷洒 50％马拉硫磷乳油 600～800 倍液。苏铁褐点盾蚧，桑白盾蚧，梨笠圆盾蚧，樟网盾蚧，斑须蝽，褐边绿刺蛾，中国绿刺蛾，扁刺蛾，茶黄毒蛾，美国白蛾，在若虫（幼虫）期喷洒 50％马拉硫磷乳油 800～1000 倍液。黄栀子灰蝶，柑橘凤蝶，可采用 50％

马拉硫磷乳油 1000～1500 倍液。

3. 乐果

（1）作用特点及剂型 乐果是内吸性杀虫、杀螨剂，还具有触杀和胃毒作用。在低温和植物生长缓慢的情况下，内吸后传导作用不明显。乐果对害虫的毒力随气温升高而显著增强，但持效期短，一般为 4～5 天，对刺吸式口器害虫和螨可延长到 7 天。制剂有 40％乳油，25％和 40％蚕用乳油。

（2）防治对象和使用方法 柑橘粉虱，柿绒蚧，苏铁褐点盾蚧，梨笠圆盾蚧，矢尖盾蚧，樟网盾蚧，榕母管蓟马，在幼虫孵化盛期或成虫期喷 40％乐果乳油 800～1000 倍液。斑须蝽，在若虫危害期喷 40％乐果乳油 1000～1500 倍液。绣线菊蚜，可采用 40％乐果乳油 20～50 倍液涂干。茶二叉蚜，可采用 40％乐果乳油 2000～3000 倍液喷洒。光肩星天牛，在 8 月向有虫树干内注入 40％乐果乳油 10 倍液。

4. 溴氰菊酯

（1）作用特点和剂型 是目前菊酯类杀虫剂中毒性最高的一种，对害虫有触杀和胃毒作用。触杀大于胃毒作用，兼具杀卵作用。制剂有 2.5％乳油，0.6％增效乳油，2.5％可湿性粉剂，2.5％悬浮剂，0.006％粉剂。

（2）防治对象和使用方法 种蝇，玫瑰巾夜蛾，马尾松毛虫，在成虫发生期喷洒 2.5％溴氰菊酯 3000 倍液。麻皮蝽，在成虫产卵期或幼虫发生期喷洒 2.5％溴氰菊酯 2000 倍液。榕母管蓟马，在未形成虫瘿前喷洒 2.5％溴氰菊酯 4000 倍液。黄杨绢野螟，在幼虫孵化至 2 龄危害期间喷洒 2.5％溴氰菊酯 6000 倍液。茶蓑蛾，在幼虫低龄期喷洒 2.5％溴氰菊酯 4000 倍液。蔷薇叶蜂，在幼虫集群危害期喷洒 2.5％溴氰菊酯 4000 倍液。光肩星天牛，可用 1∶20 煤油、溴氰菊酯混合液毒杀初孵幼虫。

（3）注意事项 第一，溴氰菊酯不能在桑园、鱼塘、养蜂场所及其附近使用。第二，溴氰菊酯对人畜毒性较高，使用时应按高毒类农药加以防护。

5. 辛硫磷

（1）作用特点及剂型 辛硫磷是高效、低毒、低残留的杀虫剂。对阳光特别是紫外线特别敏感，用于茎叶喷洒的持效期只有 2～3 天。辛硫磷在黑暗条件下很稳定，适用于地下害虫。制剂有 40％乳油，50％乳油，2.5％微粒剂。

（2）防治对象和使用方法 茶细蛾，在潜叶期喷洒 50％辛硫磷乳油 1200 倍液。美国白蛾，在幼虫 3 龄期喷洒 50％辛硫磷乳油 1500 倍液。茶蚜，茶毛虫，可用 40％辛硫磷乳油 3000～4000 倍液喷雾。小绿叶蝉、黄刺蛾，用 40％辛硫磷乳油 1000～1500 倍液喷雾。黄卷叶蛾，龟甲蚧，红蜡蚧，长白蚧，黑刺粉虱，茶橙瘿螨，可采用 40％辛硫磷乳油 800～1000 倍液喷雾。种蝇，可采用 50％辛硫磷乳油 800 倍液灌根。金针虫，蝼蛄，金龟等地下害虫可用 50％辛硫磷拌种，一般剂量为药剂∶水∶种子＝1∶（30～40）∶（400～500）。

6. 敌百虫

（1）作用特点及剂型 敌百虫是低毒广谱杀虫剂。在高等动物体内，敌百虫只有很少一部分可能转化为毒性较高的敌敌畏，绝大部分会很快水解排出。在昆虫体内，本剂分解缓慢，一部分转化为敌敌畏，对害虫有很强的胃毒作用，兼有触杀作用。制剂有90%敌百虫晶体，50%敌百虫乳油，2.5%粉剂，5%粉剂，80%可溶性粉剂，25%敌百虫油剂。

（2）防治对象和使用方法　防治松毛虫，桑毛虫，天幕毛虫，梨星毛虫，草原毛虫，各种尺蠖、刺蛾、袋蛾、食心虫、荔枝椿象、柑橘角盲椿象、樟丛螟、碧皑蓑蛾、雀纹天蛾、茶蓑蛾、鼎点金刚钻、野蚕蛾等用80%可湿性粉剂800～1000倍液喷雾，或90%敌百虫晶体1000倍液，或每公顷用25%油剂2.25～3kg超低容量喷雾。

（3）注意事项　用晶体敌百虫或可溶性粉剂的药液作茎叶喷雾，宜加药液量0.05%～0.1%的洗衣粉，以增加药液的湿展能力，提高药效。

7. 灭幼脲（1号、3号）

（1）作用特点及剂型　属苯甲酰脲类杀虫剂。这类杀虫剂的特点是：对害虫主要是胃毒作用，触杀作用很小，兼有杀卵作用。药剂进入虫体后，抑制幼虫表皮几丁质的合成，阻止新皮形成，死于蜕皮障碍。对成虫无效，但有不育作用。用药量少，毒力高于有机磷和氨基甲酸酯类杀虫剂。杀虫广谱，能防治鳞翅目、鞘翅目、同翅目的许多害虫。对人畜毒性很低。制剂有25%和50%悬浮剂。

（2）防治对象和使用方法　松梢斑螟，在幼虫孵化期喷洒25%灭幼脲1号1000倍液。蔷薇叶蜂，在幼虫群集危害期用25%灭幼脲3号胶悬剂100mg/L。超桥夜蛾，丝绵木金星尺蛾，在幼虫群集危害期用25%灭幼脲3号胶悬剂1000倍液。

8. 双甲脒（螨克）

（1）作用特点及剂型　对害螨有强触杀作用，并有一定的拒食、忌避和熏蒸作用。对成螨、若螨和卵都有效，但对越冬卵效果差。药效受温度影响，在25℃以下时，药效发挥较慢，药效低。对人畜低毒。制剂为20%乳油。

（2）防治对象和使用方法　主要用于植物害螨，可兼治木虱、粉虱。一般用20%乳油1000～1500倍液喷雾。红蜡蚧、矢尖蚧等用20%乳油500～1000倍液喷雾。

（3）注意事项　施药前1周和后2周内不得施用波尔多液，以免降低药效。

思 考 题

1. 什么是植物病害的病状和病征，病状和病征都有哪些类型？
2. 简述真菌病害的特点。
3. 细菌病害的特征及其防治要点是什么？
4. 按照习性，园林害虫可分为哪几类？
5. 简述昆虫的形态特征。
6. 简述植物病虫害都有哪些防治技术。

附录　华北地区园林树木养护管理年历工作

　　园林绿化养护管理工作年历，是对一年绿化养护工作的指导和计划，也是日常生产与管理的重要依据。园林绿化养护管理是一项烦琐、复杂的工作，科学的绿化养护管理，应根据不同时期采取相应的技术措施，才能养护得当、管理到位。由于我国幅员辽阔，各地土壤和气候条件相差甚大，园林树木种类也不尽相同，现根据北京地区气候条件和养护经验，总结日常技术管理要点，按月制成养护管理年历（各地可根据实际情况参照编写）。

附表　华北地区园林树木养护管理年历

一月：全年气温最低的月份，露地苗木和草坪处于休眠状态。	二月：气温较上月有所回升，树木仍处于休眠状态。	三月：气温继续上升，树木开始萌芽。
1. 修剪：全面展开树木的冬季整形修剪工作，根据各种树木的树龄、生长习性、树型特点做到有针对性的整形修剪。 　2. 病虫害防治：冬季是消灭园林害虫的有利季节，剪除越冬皮虫囊、洋辣子蛋及潜伏越冬害虫，集中烧死，也可在树下疏松的土中挖集害虫蛹、虫茧，刮除枝干上的虫包、虫茧，结合修剪剪除蛀干害虫多的树杈，进行集中烧毁。 　3. 积雪：遇下雪天气要及时清理积雪，可以将未喷洒过盐水和融雪剂的积雪堆积在树木的根部和草坪中，喷洒过盐水和融雪剂的忌堆积，尽快清理走。 　4. 绿地卫生：受寒冷干燥、大风等气候的影响，长青树木落叶较多，及时清除。 　5. 维护巡查：随时检查苗木的防冻情况，发现防冻物有漏风的情况应及时补救，并做好相关记录。	1. 修剪：继续进行树木的整形修剪，月底前把各种苗木的修剪工作完成。 　2. 植树：除雨雪、冰冻天外，大部分树木可以开始补植，挖掘、移植、栽种各种落叶树木。 　3. 病虫害防治：结合修剪剪除树木病虫枝，清理枯枝烂叶，集中烧毁或掩埋，以消除病虫源。 　4. 做好年度园林树木养护的各项准备工作。	1. 植树：本月是植树的最佳季节，土壤解冻后，应立即抓紧时机进行补栽、植树等工作。根据规划定点挖好坑，做到随挖苗、随运苗、随栽种、随浇水，以提高成活率。 　2. 春灌：春季干旱多风，蒸发量大，保证苗木的水分需求。 　3. 施肥：土壤解冻后，结合灌水，适当地施入基肥，多为有机肥或复合肥，保证营养供给。 　4. 除草：在杂草幼嫩期除草，不使杂草蔓延。 　5. 病虫害防治：本月是防治树木病虫害的关键期，根据树种的需要，多采用喷刷药剂等措施。 　6. 拆除防寒设施：如无自然灾害，应拆除防寒物。 　7. 修剪：在冬季修剪的基础上进行复剪，特别是剪除冬季受冻害严重的枝条，并适时进行剥芽。

园林树木选择·栽植·养护

四月:气温继续回升,树木均已发芽,进入生长旺盛期。	五月:气温急剧上升,各种植物生长迅速。	六月:气温居高,天气干热,及时灌水。
1. 浇水:返青水浇灌成为本月工作的重点,保证灌水深度达到植物根系生长所达土壤深度,做到浇足浇透。 2. 植树:应抓紧时间种植萌芽晚的树木,对原有死株进行清理,对缺株进行补植。 3. 施肥:结合浇水施入基肥,本月将所有苗木都春灌一次、施肥一次,以复合肥为主。 4. 修剪:做好树木修剪、剥芽工作,随时去除多余的嫩芽和生长部位不得当的枝条。 5. 除草:随着温度上升,杂草生长加速,应加强管理。 6. 防治病虫害:随着气温逐渐升高,多种病虫害解除休眠开始危害,可喷洒相应药剂以达到预防效果。同时,加强植物检疫,对新移栽树苗检查钻柱性害虫。	1. 浇水:树木进入抽枝展叶盛期,应适时浇水满足苗木的生长要求。 2. 施肥:根据植物的生长发育情况,结合浇水追施,以氮肥为主。 3. 修剪:以剥芽、去蘖、疏枝、断截措施为主。 4. 病虫害防治:本月气温较高,病虫害对树木危害较大,及时喷洒药物。 5. 除草:杂草生长加速,及时清除草坪杂草,绿篱及色块内生出的杂生植物、爬藤等应及时予以连根清除。	1. 浇水:进入生长旺盛期,需水量很大,应及时浇水满足苗木的生长要求。 2. 施肥:根据植物的生长发育情况,遵循"弱多强少",有针对性地局部补施肥。 3. 修剪:雨季将到,对冠大根浅的苗木适当进行疏剪。 4. 病虫害防治:本月处于病虫害高发期,及时防治,防止蔓延,使用高效低毒农药。 5. 除草:及时清除各种树木下的杂草,防止草荒。 6. 排水:雨季将临,对于低洼易积水区域,应预先挖好排水沟。
七月:本月气温恒高,进入雨季,典型的高温高湿。	八月:气温较高,雨季,高温高湿。	九月:气温下降,有些树木开始落叶。
1. 浇水:应根据雨量减少浇水量和次数,并及时松土保墒。 2. 修剪:对冠大、根浅的苗木适当进行疏剪,及时去除根蘖及疯蘖。 3. 防暑抗旱工作:植物消耗的水分较多,需按照"干透浇透,稍干稍浇,湿润不浇"原则对苗木进行及时浇灌。 4. 病虫害防治工作:当前已进入防治各种主要害虫的关键时期,尤其以食叶害虫,刺吸性害虫和蛀干害虫等为主,都需要及时防治。 5. 除草:及时清除草坪及各种树木下的杂草,杂生植物,特别是爬藤类植物应及时予以连根清除,防止草荒。 6. 植树:雨季期间,水分充足,空气湿度大,可以移植常绿树。 7. 排水:雨后,对于低洼易积水区域,应及时排水防涝。 8. 维护巡查:防树木歪倒等情况。	1. 做好排涝、防风。 2. 修剪:可以适当放低修剪,增加通透性,减少病害的发生,注意疏松土壤通风透气。 3. 除草:延续上月份的除草任务。 4. 防治病虫害:本月天气炎热多雨,易发生腐霉病、褐斑病、白粉病、锈病、立枯病等,必须及时进行防治。 5. 植树:可以移植常绿树。	1. 修剪:伐除死去的苗木,修剪枯干枝,除桩蘖、疯蘖。 2. 施肥:停施氮肥,对一些生长较弱、枝条不够充实的树木,应追施一些磷肥、钾肥。 3. 及时防治病虫害。 4. 除草:及时清除各种树木下的杂草。
十月:进入初冬,树木陆续进入休眠期,防止火灾发生。	十一月:进入隆冬季节,土壤夜冻日化。	十二月:大雪节气前后,土壤全部封冻。
1. 植树:准备秋季植树,在上冻之前完成。 2. 浇水:及时浇水,下旬开始灌"冻水"。 3. 修剪:继续伐除死去的苗木,为冬季修剪做准备。 4. 防治病虫害:针对常绿植物进行防治即可。其他树木也要注意观察防治。 5. 园林安全:及时清扫落叶,严防火情发生。	1. 植树:秋季补植耐寒树木,在土壤解冻前完成,对新栽植的树木浇灌一次防冻水。 2. 浇水:继续浇灌防冻水,防冻水一定要浇匀、浇足,要在封冻前完成。 3. 施肥:结合防冻水,可以追施一些复合肥。 4. 病虫害防治:阻止病虫害越冬,可采用树干缠绕草绳的方法等,部分树种石灰涂白。 5. 注意防寒。	1. 修剪:以整形修剪为主。 2. 注意防寒。 3. 病虫害防治:清除越冬病虫体和清洁越冬场所,合理修枝,剪除病虫枝、重叠枝,可直接消灭大量越冬害虫和病源。 4. 扫雪:遇下雪天气要及时清理积雪,应把树枝上的积雪及时打掉。 5. 做好全年工作总结。

参 考 文 献

[1] 陈有民. 园林树木学. 北京：中国林业出版社，1990.

[2] 龚学坤，耿玲悦，柳振亮. 园林苗圃学. 北京：中国建筑工业出版社，1995.

[3] ［美］莱威斯黑尔. 花卉及观赏树木简明修剪法. 姬君兆等译. 石家庄：河北科学技术出版社，1987.

[4] 孙时轩. 造林学. 2版. 北京：中国林业出版社，1990.

[5] 俞玖. 园林苗圃学. 北京：中国林业出版社，1999.

[6] 张秀英. 观赏花木整形修剪. 北京：中国农业出版社，1999.

[7] 邹长松. 观赏树木修剪技术. 北京：中国林业出版社，1988.

[8] 北京市园林局. 城市园林绿化手册. 北京：北京出版社，1982.

[9] 北京市园林学校. 园林树木栽培学. 北京：中国建筑工业出版社，1999.

[10] 张兴旺. 大树移植的技术要点. 科技园地，1998，(1)：22.

[11] 李景文. 森林生态学. 北京：中国林业出版社，1997.

[12] 河北农业大学. 果树栽培学总论. 2版. 北京：农业出版社，1983.

[13] 胡长龙. 观赏花木整形修剪图说. 上海：上海科学技术出版社，1996.

[14] 郗荣庭. 果树栽培学总论. 北京：中国农业出版社，1996.

[15] 郭学望. 园林树木栽植养护学. 北京：中国农业出版社，2002.

[16] 吴泽民，何悌. 园林树木栽培学. 2版. 北京：中国农业出版社，2009.

[17] 冷平生. 园林生态学. 北京：中国农业出版社，2003.

[18] ［联邦德国］Bernatxky A. 树木生态与养护. 陈自新，许慈安译. 北京：中国建筑工业出版社，1987.

[19] 曹凑贵. 生态学基础. 北京：高等教育出版社，2002.

[20] 曲仲湘，等. 植物生态学. 北京：高等教育出版社，1983.

[21] 河北农业大学. 果树栽培学总论. 北京：农业出版社，1990.

[22] 李光晨，范双喜. 园艺植物栽培学. 北京：中国农业出版社，2000.

[23] 王晓华. 浅谈大树移植技术. 内蒙古农业，2000，(8)：37.

[24] 邓光华. 园林工程中的大树移植及其养护. 江西林业科技，1999，(6)：14-15.

[25] 关连珠. 土壤肥料学. 北京：中国农业出版社，2001.

[26] 张志梁. 大树移植应重视的几个问题. 安徽林业科技，2001，(2)：29-30.

[27] 李洪福. 提高大树移植成活率的技术措施. 广东园林，2000，(1)：20-22.

[28] 陈植. 观赏树木学. 北京：中国林业出版社，1984.

[29] 南京林业学校. 园林植物栽培学. 北京：中国农业出版社. 1991.

[30] 崔洪霞. 木本花卉栽培与养护. 北京：金盾出版社，1999.

[31] 李嘉乐. 行道树和名胜区古树在呼救. 中国园林，1998，14 (6)：15-16.

[32] 刘有良. 植物水分逆境生理. 北京：农业出版社，1992.

[33] 杨文衡，陈景新. 果树生长与结实. 上海：上海科学技术出版社，1986.

[34] 陈耀华、秦魁杰. 园林苗圃与花圃. 上海：中国林业出版社，2001.

[35] 张涛. 园林树木栽培与修剪. 北京：中国农业出版社，2003.

[36] Agrios G N. 植物病理学. 陈永萱，许志刚译. 北京：中国农业出版社，1995.

[37] 魏景超. 真菌鉴定手册. 上海：上海科学技术出版社，1979.

[38] 陈桂清，等. 中国真菌志：一卷 白粉菌目. 北京：科学出版社，1987.

[39] 庇隆（Pirone P P）. 花木病虫害. 沈瑞祥等译. 北京：中国建筑工业出版社，1987.

[40] 赵和文. 园林树木选择·栽培·养护学. 2版. 北京：化学工业出版社，2014.

[41] 田伟政，崔爱萍. 园林树木栽培技术. 北京：化学工业出版社，2009.

[42] 张秀英. 园林树木栽培养护学. 北京：高等教育出版社，2012.

[43] 叶要妹，包满珠. 园林树木栽培养护学. 4版. 北京：中国林业出版社，2017.

[44] 刘晓东，李强 . 园林树木栽培养护学 . 北京：化学工业出版社，2013.

[45] 张祖荣 . 园林树木栽植与养护技术 . 北京：化学工业出版社，2009.

[46] 祝遵凌 . 园林树木栽培学 . 南京：东南大学出版社，2007.

[47] 朱天辉 . 园林植物病理学 . 2 版 . 北京：中国农业出版社，2016.

[48] 赵和文 . 风景园林苗圃学 . 北京：中国林业出版社，2017.

[49] 孙会兵，邱新民 . 园林植物栽培与养护 . 北京：化学工业出版社，2018.

[50] 于宝民 . 园林植物栽培 . 西安：世界图书出版西安有限公司，2018.

[51] 骆永明，周倩，章海波，等 . 重视土壤中微塑料污染研究 防范生态与食物链风险 [J]. 中国科学院院刊，2018.

[52] 周雪花 . 乡土树种在本土园林绿化中的优势应用分析 [J]. 现代园艺，2019（14）：156-159.